本书受国家社科基金重点项目
"生态文明建设和绿色发展理念背景下我国气候传播的战略定位与行动策略"
（编号：19AXW006）资助

新时代中国气候传播的
战略定位与行动策略

郑保卫　等编著

中国社会科学出版社

图书在版编目（CIP）数据

新时代中国气候传播的战略定位与行动策略 / 郑保卫等编著． -- 北京：中国社会科学出版社，2024.12.
ISBN 978 - 7 - 5227 - 4482 - 7

Ⅰ．P46 - 05

中国国家版本馆 CIP 数据核字第 2024634GT1 号

出 版 人	赵剑英
责任编辑	张　玥
责任校对	赵雪姣
责任印制	戴　宽

出　　版	中国社会科学出版社
社　　址	北京鼓楼西大街甲 158 号
邮　　编	100720
网　　址	http://www.csspw.cn
发 行 部	010 - 84083685
门 市 部	010 - 84029450
经　　销	新华书店及其他书店

印　　刷	北京明恒达印务有限公司
装　　订	廊坊市广阳区广增装订厂
版　　次	2024 年 12 月第 1 版
印　　次	2024 年 12 月第 1 次印刷

开　　本	710×1000　1/16
印　　张	25.75
插　　页	2
字　　数	385 千字
定　　价	139.00 元

凡购买中国社会科学出版社图书，如有质量问题请与本社营销中心联系调换
电话：010 - 84083683
版权所有　侵权必究

本书编辑部成员

顾　问：

马胜荣，中国气候传播项目中心顾问、新华社原副社长兼常务副总编辑

黄浩明，中国气候传播项目中心顾问、中国国际民间组织合作促进会名誉理事长、深圳公益研究院副院长

主　编：

郑保卫，本项目首席专家、广西大学特聘君武荣誉教授、中国人民大学新闻学院博士生导师、中国气候传播项目中心主任

副主编：

徐红，项目组成员、中南民族大学文学与新闻传播学院教授

吴海荣，项目组成员、广西大学新闻与传播学院教授、广西大学气候与健康传播研究中心主任

编辑部成员：

张志强，项目组成员、国家气候战略中心对外合作交流部主任

王彬彬，项目组成员、北京大学碳中和研究院副研究员

付敬，项目组成员、香港科技大学（广州）全球事务处处长

覃哲，项目组成员、广西财经学院新闻与文化传播学院副教授，广西大学气候与健康传播研究中心副主任

杨柳，项目组成员、人民日报社内参部《情况汇编》室副主编、主任编辑

刘毅，项目组成员、中国日报社中国观察智库资深编辑、副译审

张伟超，项目组成员、广西大学新闻与传播学院传媒实验教学示范中心实验师

苏武江，项目组成员、新乡学院新闻传播学院副教授

郑权，项目组成员、中国传媒大学媒体融合与传播国家重点实验室博士生，广西大学气候与健康传播研究中心（兼职）研究员

序

郑保卫

2023年8月15日，在首个全国生态日到来之际，习近平总书记作出重要指示指出："生态文明建设是关系中华民族永续发展的根本大计，是关系党的使命宗旨的重大政治问题，是关系民生福祉的重大社会问题。"他要求在全面建设社会主义现代化国家新征程上，要"保持加强生态文明建设的战略定力，注重同步推进高质量发展和高水平保护，以'双碳'工作为引领，推动能耗双控逐步转向碳排放双控，持续推进生产方式和生活方式绿色低碳转型，加快推进人与自然和谐共生的现代化，全面推进美丽中国建设"[①]。

习近平总书记的指示用"三个关系"，强调了生态文明建设的重大意义，并提出了"保持加强生态文明建设的战略定力"问题，为我们进一步提高对生态文明建设在国家、民族、社会发展中的重要战略地位提供了依据，指明了方向。

一 项目申报与立项的背景和依据

气候传播国家社会科学基金重点项目是在2019年申报的。当时我已受聘广西大学新闻与传播学院院长，根据学科建设和学院发展需要，

[①] 《习近平在首个全国生态日之际作出重要指示强调 全社会行动起来做绿水青山就是金山银山理念的积极传播者和模范践行者 丁薛祥出席主场活动开幕式并讲话》，《人民日报》2023年8月16日第01版。

我把自己担任中国气候传播项目中心主任长期积累的资源,与广西大学新闻与传播学院吴海荣老师多年来做健康传播的资源做了整合,组建了融通气候传播和健康传播两个专业方向的"广西大学气候与健康传播研究中心",并以此平台申报国家社科基金项目。当时,我们综合了国家社科规划办发布的《2019 年国家社科项目选题指南》(新闻学与传播学)中的两个选题:第 48"绿色发展理念背景下的我国环境传播研究"和第 49"我国应对气候变化问题的传播对策研究",拟定了如下题目:《生态文明建设和绿色发展理念下我国气候传播的战略定位和行动策略》。

我们的依据是,党的十八大报告提出了要建设中国特色社会主义"五位一体"的总体布局,将生态文明建设与经济建设、政治建设、文化建设、社会建设相并列;党的第十八届五中全会又提出了"创新、协调、绿色、开放、共享"五大发展理念,并将其写入《中华人民共和国国民经济和社会发展第十三个五年规划纲要》。生态文明、绿色发展与应对气候变化密切相关,正如习近平主席在巴黎气候大会开幕式上的讲话所言:"中国正在大力推进生态文明建设,推动绿色循环低碳发展。中国把应对气候变化融入国家经济社会发展中长期规划,坚持减缓和适应气候变化并重,通过法律、行政、技术、市场等多种手段,全力推进各项工作。"① 党的十九大报告又把"引导应对气候变化国际合作,成为全球生态文明建设的重要参与者、贡献者、引领者",作为我国应对气候变化和建设生态文明的战略目标。

我们将该项目作为重点项目来申报,就是要在习近平生态文明思想统领下,立足生态文明建设和绿色发展这一宏大背景,借助传播学、新闻学等学科理论及方法,以促进生态文明,推动绿色发展,建设美丽中国,实现气候变化全球治理的大视野和大格局,来研究我国气候传播的战略定位与行动策略,并尝试作出顶层设计,为推动我国乃至世界生态文明建设和绿色发展进程作出自己的贡献。

---

① 《携手构建合作共赢、公平合理的气候变化治理机制——在气候变化巴黎大会开幕式上的讲话》(2015 年 11 月 30 日,巴黎),《人民日报》2017 年 12 月 1 日第 01 版。

本项目后来顺利通过了立项，成为广西也是全国第一个获得重点项目立项的气候传播国家社科基金重点项目。在开题论证会上，以李希光教授为组长的专家组一致认为这个题目站位高、视野宽、内涵深、价值大。

专家们所说的"站位高"，主要体现在我们要研究的重点问题是气候传播的"战略定位"问题。何为"战略"？简单说就是从大局、长远和大势上对事物作出判断与决策。"战略"思维，是一个政党、一个国家做一项事业任何事情都必须首先解决的根本问题。党的十八大以来，习近平总书记高度重视战略问题，注重党在百年奋斗历程中对战略策略的研究和把握，十分善于运用战略思维治国理政，通过战略定位来观大势、谋全局，在解决突出问题中实现战略突破。2023年6月，他在内蒙古巴彦淖尔考察时强调"要把握战略定位，坚持绿色发展"[①]；7月，他在全国生态环境保护大会上强调"我们承诺的'双碳'目标是确定不移的，但达到这一目标的路径和方式、节奏和力度则应该而且必须由我们自己做主"[②]，并指明了应对气候变化战略部署的推进方式。

从这些战略部署可以看出，党中央格外注重发展和治理的系统性、整体性和协调性，十分注重从战略定位着手来"绘蓝图""下大棋""算总账"，由此来牵住事物发展的"牛鼻子""衣领子"，调动一切积极因素以实现全局利益最大化。

我们的研究项目就是要从战略高度，从大局、长远和大势上，对气候传播在国家、民族、社会，乃至世界和人类可持续发展中的地位及作用，及其在解决适应、减缓和应对气候变化，以实现全球气候共治，建设美丽中国和清洁美丽世界过程中应该采取怎样的共同行动等一系列重大理论与实践问题。

近些年来，在习近平生态文明思想指导下，我国完整、准确、全面地贯彻新发展理念，构建新发展格局、推动高质量发展，把应对气

[①]《习近平在内蒙古考察时强调 把握战略定位坚持绿色发展奋力书写中国式现代化内蒙古新篇章蔡奇陪同考察》，《人民日报》2023年6月9日第01版。
[②]《习近平在全国生态环境保护大会上强调 全面推进美丽中国建设 加快推进人与自然和谐共生的现代化》，《人民日报》2023年7月19日第01版。

候变化摆在国家治理和全球治理的突出位置，积极实施应对气候变化的国家战略，将碳达峰碳中和纳入生态文明建设整体布局，把减污降碳协同增效作为经济社会发展全面绿色转型的总抓手，为构建人与自然和谐共生的中国式现代化提供了有力支撑。同时，在国际层面，我国始终倡导践行多边主义，引导和推动《巴黎协定》等重要成果文件的达成，提出了共建公平合理、合作共赢的全球气候治理体系的重要倡议，为全球气候治理贡献了务实担当、合理有效的中国智慧和中国方案。这些都是我们申报气候传播项目，研究生态文明建设和绿色发展理念下我国气候传播的战略定位和行动策略的社会背景和现实依据。

二 项目研究取得的成果

自2019年7月重点项目成功立项并顺利实施以来，我们项目组按照申报书的设计和开题论证会专家提出的建议和意见，坚持把气候传播理论研究同国家重大战略需求和经济社会发展目标紧密结合，有组织地推进基础理论研究、行动框架研究、多领域融合研究和典型案例研究，取得了一系列学术成果，产生了良好社会效益，同时为气候传播作为一门独立社会科学学科的理论体系构建作了一些探索。

（一）科学定位气候传播理论内涵（基础理论研究）

对作为项目研究核心概念的"气候传播"作出准确定位，是做好项目研究的前提和基础。我们提出并强调，所谓"气候传播"，就是要将气候变化信息及其相关科学知识为社会与公众所理解和掌握，并通过公众态度和行为的改变，以寻求气候变化问题解决为目标的社会传播活动[①]。

作为应对气候变化国家战略的重要组成部分，气候传播就是要动员全社会力量积极投身保护生态环境、实现绿色低碳发展的行动中去。也就是说，气候传播就是要引领社会与公众增强气候变化意识，提高气候传播认识，认真贯彻落实习近平生态文明思想，牢固树立"绿水

---

① 参见郑保卫、李玉洁《论气候变化与气候传播》，《国际新闻界》2011年第33卷第11期。

青山就是金山银山"的"两山"理念，积极稳妥推进碳达峰碳中和，推进国家治理体系和治理能力现代化，为实现建成"美丽中国"和"清洁美丽世界"的宏伟目标、共建地球生命共同体的意识形态，打造强大舆论阵地，积极发挥传播信息、普及知识、统一思想、引导舆论、服务社会、沟通世界的功能和作用。

此外，我们还提出了"维护生态安全""坚持气候正义""实现'六位一体'"以及"融通气候与健康传播"等一系列新概念新观点，为项目研究奠定了思想和理论基础。

（二）提出"六位一体"气候传播行动框架（行动框架研究）

应对气候变化是一项系统工程，为了搭建一整套紧密相连、相互协调的传播制度，集聚方方面面的资源，实现对气候治理的深度介入，项目组在2010年提出的"五位一体"框架基础上，进一步完善行动框架，提出了构建"政府主导、媒体引导、NGO助推、企业担责、智库献策、公众参与"的"六位一体"行动框架。这一行动框架强调在气候传播中，政府是主导者，要发挥思想引领和政策指导作用；媒体是引导者，要发挥信息传播和舆论引导作用；NGO是推动者，要发挥社会助推和民间聚合作用；企业是担责者，要承担起节能减排、环境保护、绿色发展的责任；智库是献策者，要起到知识构建和建言咨政的作用；公众是参与者，要积极投身减缓、适应和应对气候变化行动，营造良好生活环境，促进可持续发展的社会活动。

"六位一体"气候传播行动框架是以政府主导作为顶层设计，以媒体、NGO、企业、智库、公众等主体为"四梁八柱"，秉持国际国内"两路并进，双向使力"的原则，以体制机制、规律原则和基础设施互联互通等来组织和连接各子系统，推动"传播+"行动融入经济社会发展各领域各环节。

（三）开拓中国特色气候传播研究新领域（多领域融合研究）

课题组坚持以学科自身可持续发展为内在逻辑、以新时代国家社会发展需求为外在导向，确立了学术研究的四大主攻方向：气候传播基本原理、马克思主义生态观与气候传播、生态文明建设与气候传播和全球气候治理与中国话语构建。以此为重心，努力推进我国气候传播理论体系构建、学术话语创新和学术体系建设，以期产生中国特色气候传播重大原创性理论成果。

我们深入学习贯彻习近平生态文明思想，从理论、实践与历史维度，系统阐述了习近平生态传播观的理论来源、核心要义与实践路径，对我国生态传播实践、生态文明建设作为"五位一体"布局的战略意义，以及我国为全球生态环境治理所贡献的"人类—自然命运共同体"价值理念等一系列重大命题，作出了较为科学充分的体认与阐发[1]。立足我国碳中和目标，在系统梳理我国气候传播历史演变脉络和阐释其学理基础之上，对其行动框架和创新路径进行了集中论述，提出要在深入推进人与自然和谐共生的中国式现代化下做好气候传播[2]。明确了新形势和新阶段下我国气候传播的战略定位、基本原则、目标任务和总体思路，明晰了对内对外的宏观角色定位，以及政府、媒体[3]、社会组织、企业、公众[4]、智库[5]的角色定位，并据此阐明了符合新时代需要的一系列传播方式、手段与方法[6]。我们提出了"气候与健康传播"概念[7]，梳理了国内外研究的学术起源、发展脉络[8]、研究取向、主要领域[9]，总结了气候与健康融通的基础、原理、前景

---

[1] 参见郑权、郑保卫《习近平新时代生态传播观的理论来源、核心要义与实践路径》，《新闻大学》2023年第9期。

[2] 参见郑权、郑保卫《碳中和目标下我国气候传播的理论基础、行动框架与创新路径》，《西南民族大学学报》（人文社会科学版）2023年第44卷第6期。

[3] 参见郑保卫、杨柳《从中外纸媒气候传播对比看我国媒体气候传播的功能与策略——以〈人民日报〉〈纽约时报〉〈卫报〉为例》，《当代传播》2019年第6期。

[4] 参见郑保卫、覃哲、郑权《气候传播中公众的角色定位与行动策略——基于中国"绿色发展"理念下的思考》，《新闻与写作》2021年第6期。

[5] 参见刘毅《我国智库在气候传播中的角色定位与行动策略》，《智库理论与实践》2021年第6卷第4期。

[6] 参见郑保卫、郑权、覃哲《生态文明建设和绿色发展理念背景下我国气候传播的战略定位与行动策略》，《新闻爱好者》2021年第5期。

[7] 参见郑保卫《让气候与健康传播走进千家万户——在"2018气候与健康传播学术研讨会"开幕式上的致辞》，广西大学，2018年10月22日，https：//xwcb.gxu.edu.cn/info/1147/3654.htm，2023年3月22日。

[8] 参见覃哲、琚常佳《气候与健康传播研究的发展脉络与机遇》，《文化与传播》2019年第8卷第3期。

[9] 参见郑权、郑保卫《论"气候与健康传播"融通研究的源起与范式》，《青年记者》2023年第6期。

与路径[1]，对于提升应对气候变化不利影响和健康风险的沟通能力提供了理论参考[2][3]。

此外，课题组系统总结了中国气候传播从零开始扬帆起步、筚路蓝缕砥砺前行、由小到大逐渐成长的十年历程，出版了专著《从哥本哈根到马德里——中国气候传播十年》（26万字），客观记录与展现了我国在实现气候变化全球治理道路上所走过的艰难历程和所表现出的传播智慧[4]。在前期十多年研究基础上，在最终成果《新时代中国气候传播战略定位与行动策略》中，我们系统整理、集中阐述了中国特色气候传播的指导思想、历史根脉、宝贵经验、丰富内涵、精神实质、重大贡献，明晰了新时代中国气候传播的理论基础、内涵外延、基本原则、性质地位、价值功能、职责使命、根本特性、发展环境、特点规律、运行机制、方法路径等，为做好气候传播明确了前进方向，对强化国家气候变化行动力度，助力生态文明建设、"美丽中国"建设和经济社会高质量发展具有重要意义。

（四）组织编写气候传播典型案例（典型案例研究）

案例是将实践问题理论化、系统化的重要载体，是将高水平研究、教学与实践有机融合的重要途径，是深挖实践"富矿"、讲好中国故事、形成中国特色哲学社会科学理论体系的重要抓手。

近些年，我们大力推动中国气候传播案例库建设，按照政府、媒体、社会组织、企业、公众和智库"六位一体"气候传播行为主体行动框架，挖掘、整理和撰写了一批具有时代性、引领性、价值性的高质量案例，其中精选了70多个典型案例，编辑出版了作为项目研究成果之一的《为气候行动鼓与呼——中国气候传播案例集萃》（28万

---

[1] 参见吴海荣、郑权《气候与健康传播融通的基础、原理、前景与路径》，《青年记者》2022年第24期。
[2] 参见覃哲、郑权《气候变化健康风险传播第三人效果及其影响因素研究》，《文化与传播》2021年第10卷第2期。
[3] 参见覃哲、郑权《〈人民日报〉2015—2019年气候报道的特征与健康风险话语文本分析》，《文化与传播》2020年第9卷第4期。
[4] 参见郑保卫《从哥本哈根到马德里——中国气候传播研究十年》，燕山大学出版社2020年版。

字）一书，把学术与人才、智力、技术、数据等要素高效联结在一起，充分发挥了先进典型的示范引领作用，受到了社会的好评和同行的认可。

通过这些案例，可以感受到气候传播从最初的一个窄小领域，经过十多年的发展壮大，在我国已经渐成"气候"！也可以感受到作为世界上最大的发展中国家，我国克服自身经济、社会等方面的困难，实施了一系列应对气候变化的战略举措和行动决策，积极引导社会与公众参与全球气候治理，在减缓、适应和应对气候变化方面取得了积极成效，收到了很好效果，为国际社会作出了榜样。

三 项目研究的理论贡献

作为国家社科基金重点项目的最终结项成果，这本《新时代中国气候传播的战略定位与行动策略》，是对十多年来我国气候传播实践的系统经验总结和全面理论概括，特别是对新时代党和国家深入宣传贯彻习近平生态文明思想，不断推进气候变化与气候传播事业实现现代化发展的创新性理论成果。其主要理论贡献可以总结为以下三点：

（一）以"战略定位"构建中国气候传播理论体系

"系统""结构"和"功能"，是唯物辩证法的基本范畴。在进行战略分析和行动决策时，首要的便是要根据行动主体所处的内外部环境和主客观条件，综合运用各种调研方法进行科学分析和认真评估，以此来确定研究对象的战略定位、功能作用、行动方向，从而不断优化与改进系统内的各项运营体系，实现前瞻性思考、全局性谋划、战略性布局和整体性推进。

当前，我国生态文明建设仍处于压力叠加、负重前行的关键期，推进改革发展、调整利益关系往往牵一发而动全身，需要加强顶层设计和整体谋划。在这一过程中，我们课题组坚持以习近平新时代中国特色社会主义思想为指导，牢牢把握习近平总书记关于战略定位的重要论述，将气候传播视为一项复杂的系统工程，充分考虑系统与要素、结构与功能之间的关系，试图通过战略定位来设定问题解决的基本原则、路径和方法，使各主要行为主体的气候传播实践在政策取向上相互配合、在实施过程中相互促进、在实际成效上相得益彰。

在宏观战略定位上，作为生态文化体系建设的一项重要基础性工作，我国气候传播研究的主要任务并非为攻克当前突出性、急迫性环境难题提供"手到病除"的"灵丹妙药"，而是要通过对既往事实发研究，帮助人们了解气候问题的历史复杂性和现实紧迫性，避免思想认识和实践行动中出现的"短视""片面""脱节"以及"零和博弈"等问题，系统总结气候传播历史经验与客观规律，调和人与自然和谐关系，为生态文明建设提供思想知识资鉴。对此，我们将气候传播诸多要素纳入生态文明历史叙事，统筹国内国际两个大局，考察气候传播在国家气候战略、全球气候治理、人类生存和社会发展中的角色和宏观定位，把对我国气候传播的理论方法、概念话语展开系统建构，在全局和局部的辩证统一中着眼全局，确保国家重大战略部署和政策措施落地。

在各大行动主体定位上，根据战略定位思想，系统中的每个子系统都承载着能够代表该主体地位的核心要素和价值禀赋的独特功能，需要从整体和大局出发，以配合整个体系建设为目标来定位。对此，我们统筹推进政府、媒体、企业、社会组织、公众、智库六大气候传播行动主体协调发展，明确其在整个大系统中各自所承担的不同分工和功能，构成彼此依存的"气候传播共同体"，以统一的指导思想、核心关怀、精神内核来开展气候叙事和知识构建，我们试图明确各个行动主体的概念内涵外延、职能范围、知识边界，明确"由谁来做""该做什么"和"该怎么做"，从各个行动主体的传播实践中凝练出新概念、新命题、新理论，为全面推进气候传播各项工作提供科学思想方法，不断丰富中国特色气候传播的知识体系。

（二）以"核心术语"构建自主的中国气候传播话语体系

"话语体系"是思想理论体系和知识体系的外在表达形式，是一个国家软实力的集中体现，蕴含着一个国家的文化密码、价值取向、核心理论，决定其主流意识形态的地位和国际话语权的强弱。

当代中国正在经历人类历史上最为宏大而独特的实践创新，改革发展稳定任务之重、矛盾风险挑战之多、治国理政考验之大前所未有，在这一背景下，我们必须以更高站位、更宽视野、更大力度来谋划和推进新征程生态环境保护工作，谱写新时代生态文明建设新篇章。为此我们强调中国气候传播的话语建构必须站稳马克思主义立场、人民立场、中国立场、人类立场，运用马克思主义立场、观点、方法去辨明前进方向、掌握科学思维，得出合乎规律的认识，体现习近平生态文明思想的政治底色、理论品格和鲜明特质，以新的认识成果创新和发展中国气候传播知识体系，增强其主体性、自主性、时代性。

"核心术语"是构建知识体系最基本的"物件"，是传递知识与思想的基础工具。我们高度重视话语体系建设，力图围绕"新时代中国气候传播的话语是什么"，以及"为什么是这样的话语"，和"怎样建构这样的话语"，提出一系列具有原创性、开创性、时代性的思想观点，以形成逻辑严密、内涵丰富的一整套核心术语。通过对各种核心术语的挖掘、阐释、表达和传播，我们希望能够为我国气候传播话语体系的构建奠定基本的知识框架与语义基础。

例如，我们强调我国气候传播以马克思主义为指导，不断推进马克思主义生态思想及其传播观念的中国化时代化，明确构建中国气候传播话语体系的立足点是中国特色社会主义生态文明实践；对我国气候传播的历史脉络、现实基础、愿景目标与动力机制进行了系统论证，反映并凝聚中国共产党及其全面领导下的当代中国社会的绿色政治共识；提出要创新话语表述方式，使官方话语与民间话语互联互通，通过"以公众为中心"展开话语叙事，把坚持正确导向与通达社情民意和服务群众生活统一起来；强调要争取气候变化国际话语权，坚定文化自信自强，坚持不懈讲好中国气候故事、传播好中国气候声音；科学揭示中国特色气候传播的本质特征、发展道路、实践逻辑，尤其要阐释好"中国特色"的思想内涵及行动要求，以便更好地用中国特色气候传播理论解读、宣介和推动气候实践；强调要围绕人类面临的共同难题提出中国参与全球气候治理的中国主张、中国理念、中国智慧和中国方案。

通过建构新时代中国气候传播话语体系，我们希望能够发挥气候传播唤醒自然情感、培养生态品格、化育道德人心、倡导绿色生活的积极作用，体现中华文化和中国精神的时代精华，赋予中华优秀传统生态文化崭新的时代内涵。

（三）以"问题导向"构建务实有效的气候传播行动策略框架

"问题"是时代的声音，"问题意识"是中国共产党人发现问题、研究问题、解决问题的主动自觉意识，也是理论创新的驱动力。党的十八大以来，以习近平同志为核心的党中央坚持鲜明的问题导向，着眼解决新时代改革开放和社会主义现代化建设的实际问题，深入思考中国之问、世界之问、人民之问、时代之问，不断提出真正解决问题的新理念新思路新办法，创立了习近平新时代中国特色社会主义思想，成为发扬问题意识这一马克思主义理论特质的光辉典范。

"四个之问"落脚到气候传播领域，则转化为一系列"气候传播之问"，诸如：如何通过气候传播改变公众态度和行为，以寻求气候变化问题解决；如何通过信息方式和舆论手段全面推进生态文明建设与绿色发展，建设美丽中国；如何借助国际传播推进全球气候治理体系变革、倡导"共同但有区别责任"原则，构建人类社会新秩序；如何传承中华优秀传统生态文化思想精华，增强生态文化自信自强；如何借鉴国外气候传播优秀成果，增强我国气候传播话语权和影响力；等等。归根结底，就是要回答好如何满足人民群众对共同富裕、生态良好、公平正义、健康尊严、和平发展等日益增长的美好生活需要。

在构建气候传播行动框架时，我们强调以"观点"带"问题"的方式展开论述，既强调顶层设计、全面部署、整体推进，又注重牵住"牛鼻子"，抓主流问题，抓矛盾的主要方面，以实现重点突破、精准发力。比如，我们提出既要构建"政府主导、媒体引导、社会组织助推、企业担责、智库献策、公众参与"的六位一体行动框架，又要立足"大循环"促进"双循环"；既要做好"自上而下"的气候传播顶层设计，也要推进"自下而上"的公众参与，发挥全社会的传播智慧和基层探索的积极性，汇聚可持续发展的巨大合力；既重视"坐而论道"的学术探讨，又重视"起而行之"的调查研究和实践引领，尤其要坚持大道至简、实干为要的理念，通过举办各种研讨会、工作坊、主题边会、媒体记者培训班等形式，普及公众对气候变化的认知，促进社区、企业、学校和农村等单位的低碳与环保行动，为各大主体开展有效气候传播提供策略建议和理论支持。当前，在全党深入开展主题教育与大兴调查研究之际，我国气候传播研究还须继续坚持深入实际、深入生活、深入群众，切实了解实际情况，善于分析矛盾、发现问题，拿出符合实际、可行性强的工作对策，真正地实现"研"以致用。

当前，我国应对气候变化工作逐渐下沉，已经走入了寻常百姓家，绿色发展理念愈加深入人心，气候传播事业迎来了历史性突破。中国气候传播研究工作踔厉奋发、乘势而上，以前所未有的方式，在前所未有的高度上，使应对气候变化这一原本纯属科学领域的问题，成为包括中国在内的广大发展中国家民众共同关注的全球性议题，以及牵动各国最高决策者神经的重大战略性课题，其重要作用在中华文明绵延不绝的漫长时光和人类社会文明永续发展的历史长河中愈加显现。

在实现碳达峰碳中和的新征程中，还需要政府、企业、媒体、社会组织、智库以及广大公众继续努力。借由本书的出版，读者可以详细了解我国气候传播研究十多年的发展历程，深入认识我国新时代气候传播的科学理论体系，深刻把握气候传播事业在我国生态文明建设中的重要地位和战略意义。本书对政府、媒体、社会组织、企业、公众和智库等传播主体的话语体系与行动策略研究，为全方位、全地域、全过程开展气候传播提供了方法论指导。

立足世界"百年未有之大变局"和中华民族伟大复兴光明前景，我们把建构系统化、自主化的中国气候传播学作为未来目标之一。这就需要我们坚持贯通中国的历史文化传统、现实实践和未来发展，以赓续文明、创造思想和立足实践的方式来建构新的知识结构和知识范式，用中国理论有效阐释中国实践。此外，我们还要继续加强国际传播话语体系建设，以原创理论阐释好中国之路、中国之治和中国之理，形成气候传播学术研究"中国学派"，以期让世界了解"学术的中国"，为我国开展气候传播国际传播工作提供学理支撑，用中国学者的智慧与思想为全球应对气候变化事业贡献力量！

2023 年 11 月 20 日

目　录

第一章　总论 …………………………………………………（1）
　第一节　项目研究的背景、内容及方法 ……………………（3）
　第二节　我国气候传播战略定位的时代背景与实践依据 ……（17）
　第三节　新时代我国气候传播战略定位的内涵及要求 ………（22）
　第四节　新时代我国气候传播行动策略的内涵及要求 ………（32）

第二章　新时代我国政府气候传播的战略定位、话语建构与
　　　　行动策略 ……………………………………………（51）
　第一节　新时代我国政府气候传播的基本内涵、主要特点及
　　　　　实践环境 …………………………………………（53）
　第二节　新时代我国政府气候传播的角色定位 ………………（71）
　第三节　新时代我国政府气候传播的话语建构 ………………（81）
　第四节　新时代我国政府气候传播的行动策略 ………………（92）

第三章　新时代我国媒体气候传播的战略定位、话语建构与
　　　　行动策略 ……………………………………………（106）
　第一节　新时代我国媒体气候传播的基本内涵、主要特点及
　　　　　实践环境 …………………………………………（107）
　第二节　新时代我国媒体气候传播的角色定位 ………………（117）
　第三节　新时代我国媒体气候传播的话语建构 ………………（129）

第四节　新时代我国媒体气候传播的行动策略 …………… (157)

**第四章　新时代我国社会组织在气候传播中的战略定位、话语建构与
　　　　行动策略** ……………………………………………… (181)
　　第一节　我国社会组织气候传播的基本内涵、职责使命与
　　　　　　实践环境 …………………………………………… (183)
　　第二节　我国社会组织气候传播的角色定位 ………………… (202)
　　第三节　新时代我国社会组织气候传播的话语建构 ………… (215)
　　第四节　新时代我国社会组织在气候传播中的行动策略 …… (224)

**第五章　新时代我国企业气候传播的战略定位、话语建构与
　　　　行动策略** ……………………………………………… (235)
　　第一节　我国企业气候传播的基本内涵、主要特点与
　　　　　　实践环境 …………………………………………… (237)
　　第二节　新时代我国企业气候传播的角色定位 ……………… (253)
　　第三节　新时代我国企业气候传播的话语建构 ……………… (262)
　　第四节　新时代我国企业气候传播的行动策略 ……………… (272)

**第六章　新时代我国公众气候传播的战略定位、话语建构与
　　　　行动策略** ……………………………………………… (288)
　　第一节　新时代我国公众气候传播的基本内涵、主要特点与
　　　　　　实践环境 …………………………………………… (290)
　　第二节　新时代我国公众气候传播的角色定位 ……………… (302)
　　第三节　新时代我国公众气候传播的话语建构 ……………… (309)
　　第四节　新时代我国公众气候传播的行动策略 ……………… (327)

**第七章　新时代我国智库气候传播的战略定位、话语建构与
　　　　行动策略** ……………………………………………… (339)
　　第一节　新时代我国智库气候传播的基本内涵、主要特点与
　　　　　　职责任务 …………………………………………… (340)

第二节 新时代我国智库气候传播的角色定位 …………………（352）
第三节 新时代我国智库气候传播的话语建构 …………………（359）
第四节 新时代我国智库气候传播的行动策略 …………………（377）

后 记 ……………………………………………………………（392）

第一章 总论

郑保卫 吴海荣 郑 权

党的二十大系统总结了我国生态文明建设过去五年的工作和新时代十年所取得的举世瞩目的重大成就和伟大变革，深刻阐述了"中国式现代化是人与自然和谐共生的现代化"这一理论命题，提出了"积极稳妥推进碳达峰碳中和，积极参与应对气候变化全球治理"的目标任务，为推进生态文明建设和绿色发展、建设"美丽中国"、构建人类命运共同体指明了前进方向、提供了根本遵循。

当前，气候变化已成为威胁人类生存与发展的全球性问题，近些年发生在世界各地的极端天气事件及其对人类所造成的巨大生态灾害再次提醒我们，世界正处于一个令人忧心的"决定性"时刻。在百年变局和世纪疫情交互影响，以及各种风险灾害接踵而至的巨大挑战下，国际局势日益动荡，全球面临能源供应紧张、通胀高企、产业链供应链紊乱等诸多负面影响，长期的发展转型需求遭遇了巨大冲击。2022年，包括丹麦等多国计划延期碳中和目标，受俄乌战争影响，德国、法国、奥地利、荷兰等欧洲国家纷纷宣布重启燃煤发电或推迟退煤进程。这些负面因素，给全球碳中和进程带来诸多不确定性，气候变化全球治理的未来趋势不容乐观。

尽管困难重重，但应对气候变化是关乎全人类生存发展福祉的宏大事业，我们国家会一如既往地做积极应对气候变化的行动派和引领者。党的十八大以来，党中央把"生态文明建设"纳入经济、政治、文化、社会文明建设的中国特色社会主义事业的总体布局之中，在党的第十九届五中全会上又提出了"创新、协调、绿色、开放"四大发展理念。习近平总书记从"内促高质量发展、外树负责任形象"的战略高度重视应对气候变化，提出应对气候变化是我国可持续发展的内在要求，也是负责任大国应尽的国际义务。

近些年，我国应对气候变化工作已从参与者、跟随者转变为贡献者、引领者。在第七十五届联合国大会一般性辩论上，习近平主席郑重提出中国2030年前碳达峰目标和2060年前碳中和愿景，并在纪念《巴黎协定》达成五周年气候雄心峰会上，进一步宣布我国2030年提高力度的国家自主贡献目标及举措。当前阶段，我国已经确立了碳达峰碳中和的目标愿景，对内制定并出台了"1+N"政策体系，围绕减污、降碳、扩绿、增长等多领域协同推进，对外积极推动全球气候共同治理，坚持多边主义道路，为全球发展给出了中国答案。

自1979年瑞士日内瓦第一届世界气候大会召开以来，气候变化问题日益受到国际社会广泛关注，成为国际政治、大国外交和环境科学领域的热点议题。人们对以传播气候信息、服务气候行动为主旨的气候传播也越来越关注，这使得气候传播成了继科学传播、环境传播、风险传播、健康传播之后兴起的又一应用性公共传播领域。2019年，我依托新组建的广西大学气候与健康传播研究中心，以"生态文明建设和绿色发展理念下我国气候传播的战略定位与行动策略"为题，申报国家社科基金重点项目获得立项。我们希望能够通过项目研究，为应对气候变化，实现全球气候治理目标做些力所能及的贡献。

本项目拟在习近平生态文明思想统领下，立足生态文明建设和绿色发展这一宏大背景，以促进生态文明，推动绿色发展，建设美丽中国，实现气候变化全球共治的大视野和大格局，来把握我国气候传播对内对外的总体战略定位，并提出"政府、媒体、NGO、企业、公众和智库"等"5+1"行为主体相互配合、支撑和联动的行动策略，以期为我国对内实现低碳绿色发展，对外保护全球生态提供新思路和新方法。

第一节 项目研究的背景、内容及方法

本项目旨在研究生态文明建设和绿色发展理念背景下的气候传播战略定位与行动策略,基于此,本节将通过文献综述,回顾当前国内外气候传播研究的状况,明确研究的背景意义,概括研究的主要内容,阐明研究的思路方法,以期更加全面、系统、准确地揭示和表述本研究的主题及其内涵,为后续讨论打下坚实的基础。

一 国内外气候传播研究综述

(一)"气候变化"与"气候传播"的概念界定

根据中国气象局的定义,所谓"气候变化",是指"气候平均值和气候离差值出现了统计意义上的显著变化,如平均气温、平均降水量、最高气温、最低气温,以及极端天气事件等的变化"[1]。人们常说的全球变暖就是气候变化的重要表现之一。联合国气候变化框架公约(UNFCCC)将气候变化定义为,"经过相当一段时间的观察,在自然气候变化之外由人类活动直接或间接地改变全球大气组成所导致的气候改变"[2]。在我国台湾地区,一般也将气候变化称为"气候变迁"。

全球变暖与气候变化联系较为密切,在实际应用中也经常被同义替换使用。但从科学意义上说,"全球变暖(global warming)",或称"全球暖化",指的是在一段时间中,地球的大气和海洋因温室效应而造成温度上升的气候变化现象。全球性的温度增量带来包括海平面上升和降水量及降雪量在数额上和样式上的变化。这些变动也许促使极

---

[1] 中国气象局:《什么是气候变化?气候变化的原因是什么?》,中国气象网,2020年11月5日,https://www.cma.gov.cn/2011xzt/2012zhuant/20120302/2012030205/201203020501/201103/t20110314_3096060.html,2023年11月2日。

[2] 联合国:《联合国气候变化框架公约》(United Nations Framework Convention on Climate Change),1998年。

端气候（extreme weather）事件更强更频繁，譬如洪水、旱灾、热浪、飓风和龙卷风。除此之外，还有其他后果，包括更高或更低的农产量、冰河撤退、夏天时河流流量减少、物种消失及疾病肆虐。

当前和未来一段时间内的气候变化是人类行为所造成的直接和间接结果，这一点已是国内外科学界的共识，有着充分的科学证据支撑。1898年，瑞典科学家斯万特·阿伦尼乌斯推测，燃烧煤炭和石油产生的二氧化碳将导致地球变暖。1958年，科学家查尔斯·大卫·基林（Charles David Keeling）在夏威夷岛莫纳罗亚天文台进行的连续测量，得到地球大气中二氧化碳积累的图表，二氧化碳含量从工业革命前的280ppm（1ppm为百万分之一）升至315ppm，被称为"基林曲线"，成为20世纪的气候变化的标志图。1972年，联合国在瑞典首都斯德哥尔摩举行首次人类环境会议，通过《人类环境宣言》。1988年，联合国政府间气候变化专门委员会成立，并在两年后发布了首次评估报告。

当前，全球主要通过"适应"（adaptation）和"减缓"（mitigation）两种战略来应对这一威胁，这需要国际和政府间的共同努力，也需要公众的积极参与。1992年，《联合国气候变化框架公约》在巴西里约热内卢举行的联合国环境与发展大会上获得通过，该文件鼓励发达国家采取具体措施限制温室气体排放。到1997年，《联合国气候变化框架公约》第三次缔约方大会在日本京都举行，会议通过的《京都议定书》，为发达国家设定强制性减排目标。在社会和公众层面上，减缓和适应气候变化需要公众、企业、科学家（智库）、政府、社会组织和其他社会和经济参与者在地方、国家和全球层面上改变行为并制定可持续的解决方案。传播学者和新闻从业者在描述、预测和影响公众如何沟通气候变化方面发挥着重要作用。

自2009年哥本哈根气候大会以来，在全球应对气候变化大背景下，围绕气候变化而展开的气候传播日益成为学界与业界的关注焦点。究竟何谓"气候传播"，不同学科领域和知识背景的学者给出了诸多界定。这些界定分别从不同的角度强调了"气候传播"的不同特点，充分展示了"气候传播"的多学科、宽领域特征。乔治梅森大学气候传播中心主任艾德沃德·迈巴赫教授在《作为气候变化干预重要途径的传播和社会营销：公共卫生视角》一文中指出，"气候健康干预中，传播是通过信息的生产和交换，以告知、影响或激励个人、机构和社会公众"①。传播学者艾米·查德威克在《牛津大学传播学理论百科全书》中收录了"气候传播（climate change communication）"这一词条，他认为，"气候传播研究了一系列因素，这些因素影响人们就气候变化所进行的沟通交流，或被人们的沟通交流所影响"②。

为了方便对"气候传播"研究进行宏观把握，我们首先有必要确定一个合适的且能够容纳"气候传播"研究诸多领域的分析框架。我们认为，所谓"气候传播"，就是要将气候变化信息及其相关科学知识为社会与公众所理解和掌握，并通过公众态度和行为的改变，以寻求气候变化问题解决为目标的社会传播活动③。作为应对气候变化国家战略的重要组成部分，气候传播是贯彻落实习近平生态文明思想，牢固树立"绿水青山就是金山银山"的理念，积极稳妥推进碳达峰碳中和，推进国家治理体系和治理能力现代化，实现建成"美丽中国"和"清洁美丽世界"的宏伟目标、共建地球生命共同体的意识形态前沿阵地和重要支撑，发挥着传播信息、普及知识、统一思想、引导舆论、服务社会、沟通世界的关键性作用。

纵观当前国内外气候传播研究情况，大多数关于气候传播的研究都是在美国、英国、澳大利亚、加拿大和一些西方国家进行的。有必要将气候传播研究扩大到其他区域，特别是发展中国家。此外，气候传播与环境传播、健康传播有着天然的联系。因此，传播学者也应该进一步拓宽视野，以更深入了解气候传播。

---

① Maibach, E. W., Roser-Renouf, C. & Leiserowitz, A., "Communication and Marketing As Climate Change-Intervention Assets", *American Journal of Preventive Medicine*, 2008, 35 (5), pp. 488–500.

② Chadwick, A., "Climate Change Communication", *Oxford Research Encyclopedia of Communication*, 2017.

③ 参见郑保卫、李玉洁《论气候变化与气候传播》，《国际新闻界》2011年第33卷第11期。

（二）国外气候传播研究的学术史

20世纪80年代，人们逐渐意识到，人为造成的气候变化是全球性的，对整个人类的生存环境都会产生影响。1988年，气候科学家第一次在美国国会听证，让全球变暖的问题第一次进入公众视野。此后，IPCC的定期评估报告等科学报道持续引发公共讨论，探究政府应该采取什么样的合适的步骤阻止人类对全球气候变化的"危险的干预"。这一时期，一些气候传播研究开始出现，这些研究旨在了解公众对气候变化的看法，为政府部门决策提供依据。1990—1993年，美国学者肯普顿（Kempton）连续发表《全球气候变化的民众观点》《全球变暖的公众理解》《公众对全球变暖的担忧是否导致行动?》等论文，是最早使用社会科学研究方法开展的气候传播研究成果[①]。同一时期，美国耶鲁大学、乔治—梅森大学、哥伦比亚大学、皮尤研究中心等，也逐渐开始展开公众气候变化认知状况调查，并致力于通过媒体与传播来推动公众认知的提高。21世纪初，英国开始研究通过传播来提升公众对气候变化问题的认识。

气候变化领域的科学报道和科学家发出的警告也引发了关于人类健康威胁和地球生物多样性破坏等问题的调查与争论。几乎与气候传播研究同一时间，一些来自风险传播领域的学者开始进行气候变化公众认知心理模型研究，其中部分议题涉及公众对气候变化健康问题的认知。这些调查和争论推动了公众对环境政策的讨论与参与，进而导致全球层面参与式气候正义运动兴起。气候正义倡导者们普遍认为，气候变化对世界上最为贫困的人群影响最大，他们并非主要的环境破坏者却需要面临气候变化所导致的自然灾害、水资源短缺、粮食危机和健康威胁，由于现实的不平等，他们的诉求往往没有被纳入关于解决方案的讨论之中。

西方对气候传播的研究主要关注以下内容：公众如何看待气候变化问题；公众从哪里了解有关气候变化的信息；影响公众对气候变化

---

① Robert Cox, *Environmental Communication and the Public Sphere*, Los Angeles: Sage, 2013.

认知的因素有哪些；谁是气候变化信息的主要发布者；影响气候变化信息建构的因素有哪些；科学界、媒体和政府有关气候变化的话语框架是怎样构建的；各领域气候变化话语的相互影响有哪些形式。其学术成果集中体现在：公众对气候变化的认知；媒体对气候变化议题的建构；不同领域气候变化的话语框架等。对公众认知、新闻文本、话语框架，以及国际气候传播策略层面的探讨，构成了欧美气候传播研究的基本框架①。

1. 气候变化的公众认知与理解

了解公众对气候变化的认知、态度和行为，是制定相应传播引导策略的一个重要环节。在议题上，主要包括公众对气候变化、全球变暖（温室效应）以及相关的空气污染、臭氧层破坏等议题的基本认知、态度、行为意愿与应对障碍，精神健康状况（尤其是抑郁和严重焦虑）和政策支持度等。调查对象既有针对一般群众，如面向全球六大洲、全美民众的调查；也有针对专门群体，如医疗卫生人员、党派成员、社区成员、青少年、科技中心参观者等人群的调查。这些研究在实践上可以帮助政策制定者更加理性地制定相关政策，为政府、卫生组织、媒体、企业等利益相关方设计开展减缓与适应工作提供数据依据，在理论贡献上可以论证并扩充一些传播学、心理学、社会学、公共卫生的理论和研究模型。

2. 媒体气候变化新闻报道

媒体是风险信息发布的重要渠道，也是公众了解气候变化的主要途径。学者们对媒体气候报道的议程设置、框架、媒介功能等进行了探索。在议程设置上，《柳叶刀》在2019年《柳叶刀2030倒计时》报告中以《人民日报》气候与健康报道为案例，指出当前媒体的气候变化议题只占据很小比例②。学者詹姆斯·佩因特（James Painter）在

---

① 参见郑保卫、王彬彬《中国气候传播研究的发展脉络、机遇与挑战》，《东岳论丛》2013年第34卷第10期。
② The Lancet Commissions, "The 2019 Report of The Lancet Count down on Health and Climate Change: Ensuring that the Health of a Child Born Today Is Not Defined by a Changing Climate", *The Lancet*, Volume 394, Issue 10211, November 2019, pp. 1836–1878.

专著《媒体中的气候变化》提出包括健康与人身安全在内的风险框架（risk），并与灾难/隐性风险（disaster/implicit risk）、不确定性（uncertain）及机会（opportunity）等媒体常用框架进行了效果对比，发现风险框架提供了一种更复杂、更贴切的语言叙述，是分析气候挑战更有用的棱镜[1]。这些研究为明晰气候传播中媒体传播效果机制、调整媒体传播策略提供了重要启示。

3. 话语修辞和符号构建

西方社会的话语交流模式由亚里士多德的修辞劝说模式演化而来，现代传播形态尽管发生很大变化，但传播机制依然带有古典修辞学思想的烙印。目前话语修辞领域主要关注通过公共辩论、抗议、广告和其他象征行为模式进行的传播，影响社会态度和行为的目标性努力和结果性努力[2]。在气候传播中，比喻（tropes）被视为最普遍的修辞策略，如常用的"冰川融化"来形容"全球变暖"，此外，"地球母亲""临界点""碳足迹"等词语可视为一种隐喻（metaphor）。在修辞体裁（rhetorical genres）上，一些研究者对"世界末日"进行了讨论，认为这类叙述一方面能驳斥"自然征服论"，警示日趋严重的健康威胁和生态危机；另一方面可能引发气候变化"怀疑论"。在视觉图像上，学者们围绕如何"看见"全球变暖及其后果、视觉图像（视觉证据）的特点、对观看者的影响等进行了探讨。上述研究对什么语言因素或其他象征系统能够影响受众，如何才能取得改变思想或促进行动效果等提供了思考。

（三）国内气候传播研究的学术史

我国有关气候变化及相关环境议题的科学传播工作和相应零散研究最早可以追溯到在 20 世纪八九十年代。1981 年，邱杏琳在《气象科技》发表译作《1980—1983 年世界气候计划（WCP）第二部分

---

[1] James Painter, Silje Kristiansen, Mike S. Schäfer, "How 'Digital-born' Media Cover Climate Change in Comparison to Legacy Media: A Case Study of the COP21 Summit in Paris", *Global Environmental Change*, 2018, p. 48.

[2] Campbell, K. K. & Huxman, S. S., *The Rhetorical Act: Thinking, Speaking and Writing Critically*, Pennsylvania: Wadsworth, 2008.

（续）》，对世界气象组织的气候影响研究计划进行了介绍，译文提及"对发展中国家最有意义的是研究社会各个方面对气候变化和变迁的敏感性和防御能力"。此后，一些来自气象学、医疗卫生、环境学等领域的学者相继翻译和介绍了部分国外社会科学成果，如《社会、科学与气候变化》等。

我国真正以"气候传播"概念为题的系统化研究始于2010年。当年，我国也是发展中国家第一个气候传播研究机构"中国气候传播项目中心"在中国人民大学成立。项目中心主任郑保卫教授在国内率先提出了"气候传播"这一概念，并围绕气候传播的内涵定义及功能作用；气候传播各行为主体的角色定位及相互关系；气候传播的方式、手段与技巧；受众的认知与分群；传播话语体系及文本的建构等一系列涉及气候传播的理论与实践问题展开探索，开启了我国气候传播研究的进程。

近十年来，该中心在气候传播理论研究和社会推广方面取得了丰硕成果，先后出版多部专著、译著；发表了近百篇论文；举行了多次大规模的中国公众气候变化与气候传播认知状况调查（2012年、2013年、2017年）；举办了多场国内国际学术会议（2010年、2013年、2016年、2018—2022年）。项目中心负责人连续出席了自2010年以来的10届联合国气候大会，并在中国角举办"气候传播与公众参与"主题边会。目前，从中国知网检索到的气候传播学术论文有100多篇。我国内地已有近百家高等院校、科研单位、社会组织及相关机构开始气候传播理论研究和社会推广工作。我国台湾一些高校也有团队在做气候传播研究。

我国目前的气候传播研究主要集中在：气候传播的科学定位及不同视角下相关理论与实践问题的综合研究；气候传播各行为主体的角色定位及传播策略与技巧研究；气候传播现状与受众认知及行为、效果研究；中国政府气候谈判策略及其传播话语体系和国家气候变化形象建构研究等。

1. 政府气候传播研究

政府是气候传播的主导者：政府须致力于构建多元主体参与应对

气候变化的治理体系①。政府在气候传播中要发挥主导作用，让更多公众了解气候变化的相关政策及科学知识，理解应对气候变化的紧迫性，共同寻求解决气候变化问题的方法和途径②。政府运用有效传播方式促进社会公众对气候变化问题的认知，引导他们自觉节能减排，保护环境和维护生态③。

2. 媒体气候传播研究

媒体是气候传播的主力军：媒体须"提高专业性，进行深度报道；提高针对性，细化报道议题；增强贴近性，提高气候传播吸引力；实现多方互动，提升传播影响力；采取多样化形式，实现气候传播最佳效果；注重全面性，体现气候传播多样化；提高记者专业素质，提升气候传播质量与水平"④。如何在应对气候变议题上形成深层次的认同体系和集体行动，是媒体气候传播研究的重要关注点⑤。

3. 社会组织气候传播研究

社会组织（NGO）是气候传播的重要助推者：社会组织须积极助推气候传播国内化进程，还须参与国家层面气候治理规范设计⑥。我国社会组织还不够成熟，缺乏传播经验，不够客观和中立。另外，社会组织同媒体要进一步协调行动，加强合作，实现双赢目标⑦。

4. 企业气候传播研究

企业在气候传播中负有重要责任：企业须借助传播来培育绿色低碳发展企业文化；要以互联网思维为经，"串联"人际、组织、大众传播全方位地做好气候传播；须控制传播效果，实现催化效果、强化

---

① 参见张丽娜、申晓龙《我国政府应对气候变化中的信息传播问题研究》，《中国行政管理》2015年第11期。

② 参见郑保卫、李玉洁、王彬彬等《气候传播中政府、媒体、NGO的互动》，《对外传播》2010年第9期。

③ 参见郑保卫《论气候变化与气候传播》，燕山大学出版社2015年版，第289页。

④ 参见郑保卫、宫兆轩《新闻媒体气候传播的功能及策略》，《新闻界》2012年第21期。

⑤ 参见刘涛《新社会运动与气候传播的修辞学理论探究》，《国际新闻界》2013年第35卷第8期。

⑥ 参见郑保卫、王彬彬《中国气候传播研究的发展脉络、机遇与挑战》，《东岳论丛》2013年第34卷第10期。

⑦ 参见郑保卫、李玉洁、王彬彬等《气候传播中政府、媒体、NGO的互动》，《对外传播》2010年第9期。

效果与改变效果[①]。低碳营销是企业在全球气候变化背景下实现可持续发展的现实选择,企业要借助传播来促成这一目标的实现[②]。

5. 公众气候传播研究

公众在气候传播中居于中心地位:政府和媒体须大力吸引公众主动参与气候传播;公众的气候传播可以借助个人、组织和大众传媒多种媒介、手段和形式;须引导公众将通过媒体和传播所了解的气候变化信息转化为积极参与应对气候变化的自觉行动[③]。

6. 气候传播与国家形象塑造研究

中国的气候变化问题往往被西方媒体贴上各种负面标签,形成了"中国气候威胁"的国际形象[④]。《纽约时报》就建构了中国的负面形象[⑤]。英国媒体把中国描述成"世界上最大的污染者""能源饥渴的巨人""二氧化碳减排的障碍"等[⑥]。联合国气候大会是我国塑造和改善国家形象的重要平台,经过我国政府、媒体和NGO的不懈努力,国际社会对我国在国际气候谈判中态度和立场的评价已日趋客观和理性[⑦]。

总之,我国气候传播研究虽起步较晚,但发展势头良好,研究成果丰硕,社会影响明显,今后发展的空间很大,是一个应该加速开拓的学术"蓝海"。当然我们也要看到,与英美一些起步较早的国家相比,我国气候传播研究也还存在一定差距。

总的来看,已有的一些研究尚缺乏宏观意识和战略眼光,尤其是

[①] 参见王亚莘《试论公共外交视角下能源企业气候传播的战略定位与沟通策略》,《新闻论坛》2016年第4期。
[②] 参见熊开容、刘超《低碳营销传播创新:理念、策略与方法》,《新闻与传播评论》2018年第71卷第2期。
[③] 参见李玉洁《信源、渠道、内容——基于调查的中国公众气候传播策略研究》,《国际新闻界》2013年第35卷第8期。
[④] 参见张丽君《气候变化与中国国家形象:西方媒体与公众的视角》,《欧洲研究》2010年第28卷第6期。
[⑤] 参见郭小平《西方媒体对中国的环境形象建构——以〈纽约时报〉"气候变化"风险报道(2000—2009)为例》,《新闻与传播研究》2010年第18卷第4期。
[⑥] 参见刘坤喆《英国平面媒体上的"中国形象"——以"气候变化"相关报道为例》,《现代传播》(中国传媒大学学报)2010年第9期。
[⑦] 参见张丽君《联合国气候变化大会与中国国家形象的塑造》,《山西师范大学学报》(社会科学版)2014年第41卷第4期。

缺乏对气候传播在国家发展总体战略布局的大格局下，作出准确战略定位，制定有效行动策略方面的深度研究。具体来看，研究对象多集中在微观层面。而在微观层面的研究中，又主要是关于政府和媒体方面的研究较多，对 NGO 的气候传播功能、方式及效果的研究，对企业气候传播的角色定位、话语机制、传播策略的研究，以及对公众气候传播手段、方式及效果的研究，都不够系统和充分。

二　项目研究的背景意义

本研究以促进生态文明，推动绿色发展，建设美丽中国，实现气候变化全球治理的大视野和大格局，来研究我国气候传播的战略定位和行动策略，并尝试做出顶层设计。这一研究站位较高、视野较宽，不仅可以丰富当前我国气候传播理论，而且可以为其他相关研究提供学术思路和方法借鉴，拓宽气候传播研究的学术视野，提升气候传播研究的学术含量，并为构建气候传播学的科学理论与知识奠定基础，创造条件。

本研究关于我国气候传播战略定位和行动策略的研究，有助于提升政府、媒体、社会组织、企业、公众和智库的气候传播能力与水平，科学推进我国气候传播工作，同时为党和政府做好气候传播顶层设计和宏观指导提供决策依据。

三　项目研究的主要内容

从"五位一体"总体布局、"五大"发展理念、"美丽中国"和"人类命运共同体"建设，以及"气候变化全球治理"等国家战略的高度，在生态文明建设和绿色发展理念引领下，研究我国气候传播对内对外的总体战略定位，以及政府、媒体、社会组织、企业、公众和智库等传播主体的气候传播话语体系与行动策略。具体包括：

（一）我国气候传播的总体战略定位

通过系统梳理新时代国家战略发展中与生态文明和绿色发展的相关内容，如"五位一体"总体布局中的"生态文明建设"；"五大发展理念"中的"绿色发展理念";"美丽中国"建设中的"绿水青山就是金山银山";"人类命运共同体"中的"气候变化全球治理";"大国担当"中的"中国自主贡献";"气候变化国际合作"中的"参与者、贡献者、引领者"等,来确立我国气候传播对内对外的总体战略定位。

(二) 我国气候传播各行为主体的话语体系建构

研究我国政府、媒体、社会组织、企业、公众和智库等不同气候传播行为主体的角色定位及各自优势,所针对的受众人群,所拥有的传播手段、传播渠道和所擅长的传播方法,有针对性地进行气候传播话语体系建构。

(三) 我国气候传播各行为主体的行动策略

研究在气候传播中如何实现政府主导、媒体引导、NGO推助、企业担责、公众参与和智库献策,六个行为主体相互配合、支撑和联动的行动策略。

1. 政府层面:提高气候传播能力,更好地运用媒体与传播发挥好政府在气候变化政策宣传、行为引导和行动干预,以及参与全球气候治理,塑造国家良好形象等方面的主导作用。

2. 媒体层面:扮演好气候变化议题设置者、气候变化知识解释者、应对气候变化行动沟通者和气候变化舆论引导者的角色,推动气候变化社会治理和全球治理。

3. 社会组织层面:发挥好民意表达与社会沟通作用;借助传播表达民间声音,促进社会共识,引导公众实现绿色低碳生活方式,推动气候变化民间外交。

4. 企业层面:借助气候传播推进企业低碳经济转型,建构低碳绿色企业文化,做好企业社会责任传播,展示勇于担责的企业形象,通过营销向消费者传播低碳绿色的生活理念和生活模式。

5. 公众层面:确立公众在气候传播中的中心地位,针对公众对气候变化的认知状况,提出有效的传播策略,引导他们积极参与气候变化社会治理行动。

6. 智库层面:明确智库在气候传播中的独特作用,研究当前我国气候变化智库的气候传播认知、理念、做法及效果,打造智库专家气候变化国际传播工具包,更好地发挥智库在气候传播中的作用。

(四)我国气候传播主体、受众、内容与行动等各因素之间的影响

通过对气候传播各行为主体话语体系建构和行动策略的探讨,分析各种不同要素之间相互影响的关系。

四 项目研究的思路及方法

2023年3月,中共中央办公厅印发《关于在全党大兴调查研究的工作方案》要求"必须坚持问题导向,增强问题意识,敢于正视问题、善于发现问题,以解决问题为根本目的,真正把情况摸清、把问题找准、把对策提实,不断提出真正解决问题的新思路新办法"。在全党大兴调查研究之风的当下,我国气候传播研究也须坚持深入实际、深入生活、深入群众,切实了解实际情况,善于分析矛盾、发现问题,拿出符合实际、可行性强的工作对策,真正地实现"研"以致用。

(一)项目研究的思路(见图1-1)

1. 梳理我国气候传播的理论与政策基础,明确我国的气候传播对内对外总体战略定位。

2. 以政府、媒体、社会组织、企业、公众和智库为传播行为主体,研究不同传播行为主体在接触不同受众的过程中,如何建构不同的气候传播话语体系,采取不同的气候传播行动策略。

3. 研究不同行动策略、话语体系和受众之间如何相互影响。

(二)具体研究方法

1. 问卷调查法、深度访谈法、文本挖掘法

了解和研究公众对气候变化的认知、态度以及其参与应对气候变化和开展气候传播的行为意向及效果。

2. 实地调研法与深度访谈法

搜集并研究政府应对气候变化的改革方案及传播方略、媒体气候变化的报道策略及传播效果,以及NGO、企业、公众和智库参与气候传播的方式及效果。

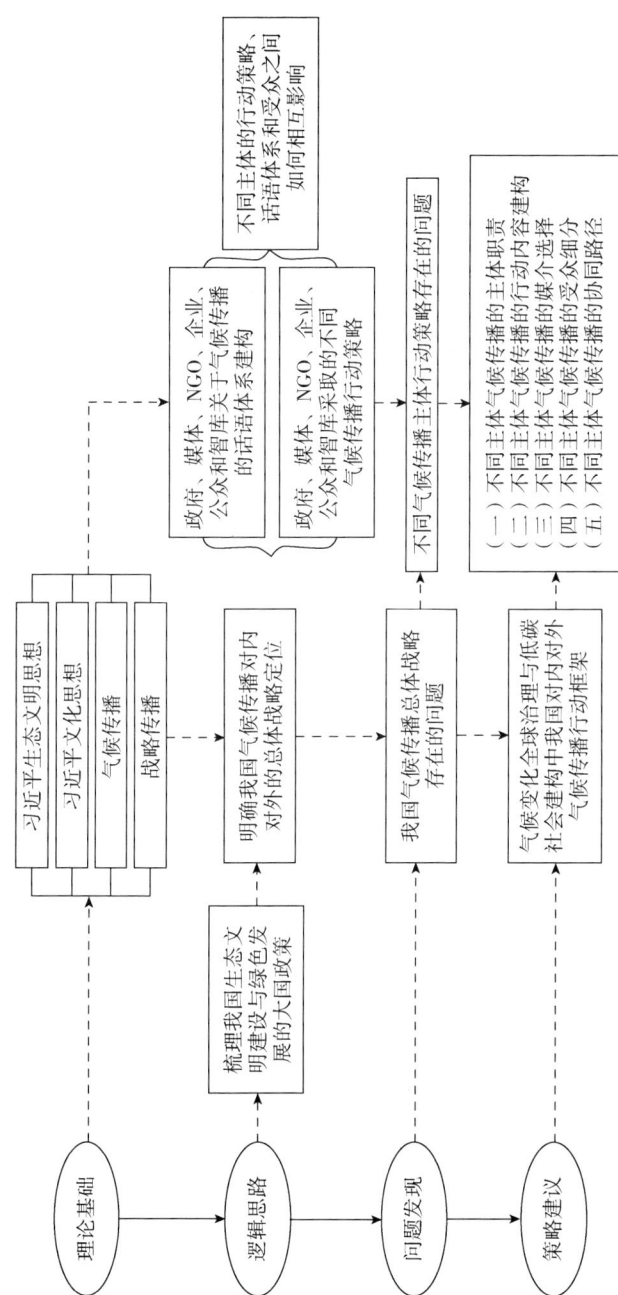

图1-1 本项目研究思路

五 项目研究的理论创新

（一）学术思想的创新

本研究是对我国气候传播战略定位和行动策略作的顶层设计和宏观研究，研究成果可以为相关研究提供新思路和新路径，在学术思想提炼和理论体系建构方面具有创新性。

（二）学术观点的创新

1. 本研究在国家一系列战略布局和气候变化全球治理的宏观背景下，研究我国气候传播的战略定位与行动策略，这既是研究方法的创新，也是学术观点的创新。

2. 本研究将气候传播作为一种系统工程，提出要实现全社会动员、多元主体参与，以及通过多领域协调，建构气候传播科学、有效的行动纲领及策略。这是本研究提出的气候传播研究新的战略目标。

3. 本研究提出要建构政府、媒体、社会组织、企业、公众和智库"六位一体"的气候传播行为主体行动框架，并提出六大行为主体须相互配合、支撑和联动，形成气候传播科学、有效的话语体系和行动策略，共同实现气候传播的战略目标。把智库作为气候传播行为主体之一是本研究在新形势下提出的新观点。

4. 本研究提出要采取"两路并进，双向使力"的传播策略，即在国际层面要通过气候传播促进气候变化全球治理目标的落实，在国内层面要通过气候传播动员全社会力量形成应对气候变化共识，采取节能减排、绿色发展和环境保护的一致行动。这是一种全方位的气候传播研究思路及路径方法。

5. 本研究提出要融通和整合"气候"与"健康"两个概念，把涉及公众切身利益的健康问题与气候变化问题联系起来，把建设"美丽中国"和"健康中国"结合起来，做好气候与健康传播，这在国内尚属首次。

（三）研究方法的创新

本研究采用多种方法相互交织和支撑的研究方法，有助于更加全面、系统、准确地揭示和表述研究的主题及其内涵，获得更加理想的研究效果。

第二节　我国气候传播战略定位的时代背景与实践依据

所谓"战略定位"，指的是谋划某一事物在宏观视野和整体布局中所处的位置。具体来说，要认识气候传播的战略定位，就要弄清楚在习近平生态文明思想统领下，立足生态文明建设和绿色发展理念这一宏大背景，气候传播应该承担什么功能、发挥什么作用、达到什么效果、实现什么目标。研究我国气候传播战略定位的时代背景与实践依据，需要我们从以下两方面加以观察和思考。

一　我国气候传播战略定位的时代背景

（一）立足新发展阶段、贯彻新发展理念、服务新发展格局

我国的气候传播的战略定位，首先要立足新发展阶段，在把握新的历史方位中强化气候传播的责任担当。"十四五"时期，是我国全面建成小康社会、实现第一个百年奋斗目标之后，乘势而上开启全面建设社会主义现代化国家新征程、向第二个百年奋斗目标进军的第一个五年，我国将进入新发展阶段。对此，我国气候传播要把握这一重要的发展战略机遇期，围绕"内促高质量发展、外树负责任形象"的战略要求集中力量办好自己的事情，反映和体现新发展阶段气候传播的战略要求和行动策略，强化在生态文明建设与绿色发展、参与全球气候治理等层面的环境守望、信息沟通与舆论引导等职责与使命担当。

我国的气候传播的战略定位，其次要贯彻新发展理念，在扫清"思想软障碍"中推动高质量发展。新发展理念就是把"创新、协调、绿色、开放"的发展理念贯彻到发展的全过程和各领域，努力实现更高质量、更有效率、更加公平、更可持续、更为安全的发展。当前，思想观念因素是制约生态文明建设与绿色低碳发展的"软障碍"，倡

导与培育全社会贯彻新发展理念具有现实的紧迫性与必要性。对此，我国气候传播要深入践行以人民为中心的发展思想，通过传播促进政府转变生态观念，呼吁企业承担生态责任，倡导公众实现低碳生活。

我国的气候传播的战略定位，最后要服务新发展格局，在"双循环"中强化信息枢纽功能。构建以国内大循环为主体、国内国际双循环相互促进的新发展格局，是以习近平同志为核心的党中央积极应对国际国内形势变化，与时俱进提升我国经济社会发展水平、顺势而上塑造我国参与国际合作和竞争新优势所作出的战略抉择。在过去十年里，我国气候传播一直秉持"两路并进、双向使力"的原则探索前行，积累了一定的国内国际传播研究经验和成果，但与新发展格局的要求尚有一定差距。在未来，我国气候传播需要针对内外两个层面增强信息枢纽功能，使气候传播成为国内大循环的强劲动力源、国内国际双循环的强大连接点。

（二）百年未有之大变局的加速演进与世纪疫情防控的常态化

深刻复杂变化的国内外环境，要求我们在研究我国气候传播战略定位时要坚持用全面、辩证、长远的眼光有效应对各种矛盾挑战，及时适应新情况新要求。首先，百年未有之大变局背景下潜伏着各种挑战，但也萌生着发展新机遇。一方面，气候变化等全球性挑战与保护主义、单边主义、逆全球化等思潮共同作用，令气候变化全球治理出现"赤字危机"，公共产品供给体系缺失，"供求矛盾"不断显现，严重阻碍《联合国2030年可持续发展议程》的进程。另一方面，作为绿色发展的坚定倡导者和行动者，我国将是全球气候治理中的最大自变量。2020年9月，中欧领导人会晤时已明确表示打造中欧绿色合作伙伴，中欧两大经济体的合作将进一步推进绿色可持续发展从国际政治倡导理念嵌入市场经济发展模式。同时，美国新一届拜登政府宣布重返《巴黎协定》也将增加全球多边气候治理的确定性。

其次，新型冠状病毒大流行重创了全球化格局，但也为全球治理带来诸多启示。可以说，疫情应对是"人类第一场非传统安全世界大战"。中国是全球首个受到疫情严重影响的国家，也是率先取得"全球抗疫"阶段性胜利、开启经济绿色复苏的国家。我国应对疫情所取得的"联防联控、全球合作"经验，能够为全球气候治理提供借鉴；同时，我国引领疫情常态化下世界经济绿色复苏的前进方向，坚持走多边主义道路，维护以联合国为核心的国际体系，也将极大提振国际社会坚定可持续发展的雄心。

在此格局下，我国气候传播需要准确把握"时与势"，在危机中孕育先机、于变局中开创新局。具体来看，需要立足"百年未有之大变局"，通过传播扩大与世界各国的交流与合作，服务绿色"一带一路"与气候外交，积极作为，科学应变，主动求变，坚定倡导多边主义，引领全球生态治理，助推国际社会向"人类命运共同体"的发展方向前进。

(三) 实现碳达峰碳中和目标愿景，推动经济社会高质量发展

力争 2030 年前实现碳达峰，2060 年前实现碳中和，这是党中央经过深思熟虑作出的重大战略决策，事关中华民族永续发展和构建人类命运共同体。这就要求我们在研究我国气候传播战略定位时，要深入贯彻习近平新时代中国特色社会主义思想，全面落实党中央、国务院决策部署，提升全民低碳环保意识与科学素质，推动经济社会发展全面绿色转型，充分发挥气候传播的各项功能和作用。

习近平总书记多次在国内外重大会议等场合提及中国"双碳"战略行动并作出重要指示。2021 年 10 月，中共中央、国务院出台《关于完整准确全面贯彻新发展理念 做好碳达峰碳中和工作的意见》强调，实现碳达峰碳中和，以习近平同志为核心的党中央统筹国内国际两个大局作出的重大战略决策，是着力解决资源环境约束突出问题、实现中华民族永续发展的必然选择，是构建人类命运共同体的庄严承诺。开展气候传播行动，是服务国家"双碳"目标愿景、积极应对气候变化、实现减污降碳协同增效、深度调整能源结构与产业结构等多领域挑战的现实需求，也是推进经济社会发展全面绿色转型、加强绿色低碳重大科技攻关和推广应用、提高对外开放绿色低碳发展水平等方面的重要抓手。

对此，必须以习近平生态文明思想及其关于实现碳达峰碳中和重要指示为统领，完整、准确、全面地贯彻新发展理念，统筹国内

国际两个大局，深化气候传播实践工作，形成政府、社会、市场等协同推进的社会化传播大格局，充分发挥气候传播工作推动创新发展、凝聚行动共识、提升国民素质、引领社会风尚的重要作用；赋能重点领域企业绿色低碳发展，把建设"美丽中国"转化为全体人民自觉行动，助推我国高质量发展迈出新步伐；开展更大范围、更高水平、更具影响力的国际传播，促进绿色"一带一路"建设与世界可持续繁荣。

二 我国气候传播战略定位的实践依据

（一）宣传好习近平生态文明思想，报道好我国生态文明建设的举措成就

习近平生态文明思想是马克思主义生态观中国化时代化的最新理论成果，也是新时代推进我国生态文明建设的根本遵循，有着十分重要且丰富的内涵，是做好气候传播的重要指导思想。宣传好习近平生态文明思想是做好气候传播的应有之义，也是其重点内容，特别是要讲清楚其发展脉络、丰富内涵、重要意义，讲清楚"环境就是民生，青山就是美丽，蓝天也是幸福，绿水青山就是金山银山；保护环境就是保护生产力，改善环境就是发展生产力"等重要理念。

报道好我国生态文明建设的举措成就，就要进一步重视人与自然和谐发展，讲好中国生态环保故事，传播好中国声音。保护生态环境是我国的基本国策，党的十七大首次提出生态文明的概念，党的十八大将生态文明建设纳入中国特色社会主义"五位一体"总体布局，并出台系列举措大力推动我国环境保护、绿色发展、生态文明建设取得历史性变革、历史性成就。近年来，我国修订了《中华人民共和国环境保护法》，动真碰硬地开展了多轮次环境保护专项督查，实现了由环保部门管环保的"小环保"，到全社会参与的"大环保"的转变，推动了我国生态环境质量的持续改善。这些新时代的鲜活环保实践和所取得的巨大成就，是气候传播研究和环境报道的富矿，值得深入挖掘①。

（二）落实《巴黎协定》指标任务，展示我国政府应对气候变化立场和决心

2015年在巴黎举行的第21届联合国气候变化大会上，196个缔约国共同签署通过了全球气候治理的里程碑文件《巴黎协定》，确定了"自下而上"地强调"国家自主决定贡献"的减排机制。可以说，《巴黎协定》代表了全球绿色低碳转型的大方向，是保护地球家园需要采取的最低限度行动，各国必须迈出决定性步伐。

2020年末，在《巴黎协定》达成5周年之际，习近平主席在气候雄心峰会上庄严承诺我国2030年提高力度的国家自主贡献目标及举措。这是继在第七十五届联合国大会一般性辩论上的讲话之后，党中央、国务院统筹国内国际两个大局基础上，就生态文明建设与绿色低碳可持续发展作出的新的重大战略决策。这一战略决策彰显了中国政府深入贯彻习近平新时代中国特色社会主义思想，坚定不移走生态优先绿色发展之路的战略定力；表明了积极落实《巴黎协定》，引领全球气候变化治理，更加坚定推动构建人类命运共同体的大国担当；指明了后疫情时代全球经济"绿色复苏"的发展路径，极大提振了国际社会并肩前行、行稳致远、共商共建共享"美丽世界"的雄心和力量。

习近平主席的重要讲话为我们认识如何落实《巴黎协定》，促进绿色发展，做好气候传播，建设生态文明和美丽中国方面的使命和任务指明了方向。对此，我们要增强问题意识、服务意识、大局意识、学术意识，让气候传播在中国，乃至在世界真正形成大气候②。

（三）建设"美丽地球"，推动共建"人类命运共同体"

在近两百多年中，以化石能源开发和利用为主导的工业革命，极大提升了社会生产力，加速了人类社会从农耕文明走向工业文明进程。

---

① 参见谢建东、郑保卫《论马克思主义生态观视域下的环境传播》，《新闻爱好者》2022年第3期。

② 参见郑保卫《让气候传播真正形成大气候——〈中国气候传播十年〉序言》，《文化与传播》2020年第9卷第1期。

但工业革命在推动社会经济巨大发展与进步的同时，也产生了严重的环境问题和不可持续性。种种现实危机不断警醒我们，"人类需要一场自我革命"，推动人类社会由工业文明转向生态文明。

2021年1月25日，习近平主席以视频方式出席世界经济论坛"达沃斯议程"对话会并发表特别致辞强调，"地球是人类赖以生存的唯一家园，加大应对气候变化力度，推动可持续发展，关系人类前途和未来"[①]。面对这一全球性挑战，必须"维护和践行多边主义，推动构建人类命运共同体"。对此，中国将继续促进可持续发展，加强生态文明建设，加快调整优化产业结构、能源结构，倡导绿色低碳的生产生活方式，并同各国一道，共建持久和平、普遍安全、共同繁荣、开放包容、清洁美丽的世界。

参与全球气候治理，共建人类命运共同体与气候传播密切相关。为了有效应对气候变化，国际社会需要凝聚共识、携手合作，帮助全社会更好地科学认识气候变化，共同参与气候治理。此外，各国还应当扩大交流，积极分享彼此在应对气候变化方面的经验教训。而这些工作的完成，都离不开充分而及时的传播。因此，我们要通过气候传播倡导人与自然和谐共生的生态理念，树立"你中有我、我中有你"的命运共同体意识，凝聚全球力量，鼓励广泛参与，对全球气候治理和经济社会发展起到了引领与示范作用。

第三节 新时代我国气候传播战略定位的内涵及要求

在习近平生态文明思想统领下，立足生态文明建设和绿色发展这一宏大背景来研究我国气候传播战略定位，需要我们从气候传播整体要求和构建"六位一体"行为主体行动框架的具体要求两方面作出准确定位。

[①] 习近平：《让多边主义的火炬照亮人类前行之路——在世界经济论坛"达沃斯议程"对话会上的特别致辞》，《人民日报》（海外版）2021年1月26日第02版。

一 新时代我国气候传播的整体定位：服务生态文明建设与实现绿色发展的国家战略

（一）对内作生态文明建设与绿色低碳发展的引领者和倡导者

党的十八大报告提出要建设中国特色社会主义"五位一体"的总体布局，将"生态文明建设"与经济建设、政治建设、文化建设、社会建设相并列；党的第十八届五中全会又提出"创新、协调、绿色、开放"发展理念，"绿色发展"成为独具新意的发展理念。在这一背景下来认识气候变化与气候传播问题，会有一种新思路、新境界和新高度。我们会发现应对气候变化，做好气候传播与加强生态文明建设和实现绿色低碳发展有着密切关联，而且作为一种国家战略，其内涵十分丰富，地位极为重要。

1. 从服务生态文明建设角度定位气候传播

气候传播在生态文明建设中占有着重要的地位，发挥着不可或缺的作用[①]。气候传播着眼于科学应对气候变化，促进低碳发展、绿色发展和可持续发展，它既能够反映和体现生态文明建设的战略要求和行动策略，也能够充当保护自然生态系统、保障生态安全的信息传播者和舆论引导者。对此，气候传播应该成为全社会参与生态文明建设的引领者。

首先，在政府环境管理与宣教上，我国气候传播尚缺乏由政府主导的系统化、专门化的顶层设计和制度安排。气候传播是一项复杂的系统工程，需要充分考虑社会各系统与要素、结构与功能之间的关系，使各主要行为主体的气候传播实践在政策取向上相互配合、在实施过程中相互促进、在实际成效上相得益彰。但目前，气候传播仅作为环境宣传教育、科普工作的一种大众化传播方式，缺乏政府出台的顶层设计文件、规范或方案。围绕新发展阶段面临的新形势、新任务、新

[①] 参见郑保卫、任媛媛《论气候传播在生态文明建设中的作用》，《现代传播》（中国传媒大学学报）2015年第37卷第1期。

要求，要进一步强化气候传播顶层设计和整体统筹，自上而下地进行系统规划，规范推进我国气候传播能力建设。

其次，在气候传播内容供给上，需要持续提升全媒体内容供给力和舆论引领力。每年联合国气候大会、生态环保节日等时间段，我国都会组织举办各类传播活动，积极宣介习近平生态文明思想、"双碳"目标相关部署，深入解读中国应对气候变化的理念和主张。但整体来说，我国气候议程还是以国家战略行动和气候事件推动，以政府政策制定以及政绩成就等话语为主，新闻报道、信息发布尚未形成常态化、系统化；内容供给上缺乏其他主体的话语声音，也很少有针对企业、基层乡村等的专门内容。我们还需要进一步提升气候变化作为公共话题的优先级，提高全社会对气候传播的重视，整合政府、媒体、社会组织、企业、公众和智库等多元主体力量，探索气候传播精细化和规模化之间的突破路径，加大力度展示中国落实国家自主贡献目标的成效和开展气候变化南南合作的成果，分享应对气候变化的中国实践、中国智慧和中国方案。

再次，我国气候传播缺乏统一平台，各类数据资源、信息系统/平台和基础设施的整合力度不够，存在"各自为政"现象。我国环境治理体系是由众多子系统构成的复杂系统，核心是党的领导。在气候传播中，要以全心全意为人民服务为根本出发点和落脚点，以提升政治功能和组织力为重点，以体制创新为抓手，探索形成"1+N"的"一核多元、融合共治"集体行动网络，促进国家环境治理和社会治理有机融合，更好推动实现人的全面发展、社会全面进步、全体人民共同富裕。

最后，气候教育体系与传播人才队伍建设工作有待进一步提升，与社会需求存在一定脱节。气候传播与低碳发展涉及多个自然学科和社会学科，相对于已经有一定发展基础的欧美国家来说，中国"双碳"工作涉及的环节更多、时间更紧、任务更重，需要一大批具备高素质、高水平的人才来支撑。据中国石油和化学工业联合会数据显示，"十四五"期间，中国需要的"双碳"人才在55万—100万名。这其中，善用"十八般兵器"的全媒化气候传播人才占据了很大部分。这有赖于进一步提升政府部门、各大高校、企事业单位对气候传播教育事业的重视，适应媒体深度融合和各行业低碳创新发展。

2. 从服务绿色发展角度定位气候传播

在党的十九届五中全会上，"广泛形成绿色生产生活方式，碳排放达峰后稳中有降，生态环境根本好转，美丽中国建设目标基本实现"被纳入社会主义现代化远景目标，"提升生态系统质量和稳定性"和"持续改善环境质量"等被置于"十四五"规划的重要内容[①]。党中央围绕生态保护与绿色发展所作的一系列重大部署，科学擘画了绿色发展的新蓝图，标志着我国的经济绿色复苏再次步入快车道。贯彻新发展理念，推进绿色发展，倡导简约适度、绿色低碳的生活方式，形成保护生态系统的浓厚氛围，均是气候传播的重要使命与职责。对此，气候传播应该成为绿色低碳发展的倡导者。

具体来看，作为生态文明建设与绿色低碳发展的引领者与倡导者，气候传播要在观念层面、制度层面、路径层面都须发挥重要作用：

在思想观念上，要倡导新发展理念，培育全社会低碳节能环保意识。联合国环境署《2020排放差距报告》指出，当前家庭消费温室气体排放量约占全球排放总量的三分之二，加快转变公众生活方式已成为减缓气候变化的必然选择。从我国碳排放结构来看，26%的能源消费直接用于公众生活，由此产生的碳排放占比超过30%。中国科学院最新研究指出，工业过程、居民生活等消费端碳排放占比已达53%。由此看来，推动碳达峰碳中和工作必须从供给侧和需求侧同时发力，相向而行。

在制度层面，要结合国家应对气候变化战略，以传播供给侧结构性改革为主线，逐步完善我国气候传播体制机制，建成党委领导、政府主导、媒体引导、社会组织推动、企业担责、公众参与的气候传播工作格局；要着力打造气候传播内容库、专家库、团队库和品牌矩阵、渠道矩阵、活动矩阵，加大内容生产和传播渠道的统筹力度，做好权威发布、专家咨询、线上传播、线下服务、专题宣传等相关工作；要

---

① 《中共十九届五中全会在京举行》，《人民日报》2020年10月30日第01版。

主动担当作为，着眼长远、兼顾当前，补齐短板、强化弱项，完善工作机制，细化工作措施，强化科学统筹，不断夯实气候传播工作基础，进一步形成气候传播新局面。

在建设路径上，气候传播要把推广绿色低碳生活方式放在突出位置，提出加快实现生产和生活方式绿色变革，有力、有序、有效做好碳达峰碳中和工作。这不仅是一次消费模式、生活方式和价值观念转变的绿色革命，还是一场倒逼产业结构和生产方式调整的经济变革，既需要政府的强力推行，更需要全社会通力配合，加快形成简约适度、文明健康、绿色低碳的社会风尚。大力推广绿色低碳生活方式，既是传承中华民族勤俭节约传统美德、弘扬社会主义核心价值观的重要体现，也是顺应消费升级趋势、推动供给侧结构性改革、培育新的经济增长点的重要手段，更是大力建设生态文明、助力碳达峰碳中和目标实现的现实需要。

（二）对外做全球生态文明与美丽地球的贡献者、推动者、建设者、促进者

在过去五年里，我国积极应对气候变化的态度十分明确，把"成为全球生态文明建设的重要参与者、贡献者、引领者"作为我国应对气候变化、参与全球气候治理的战略目标，积极落实创新、协调、绿色、开放的发展理念，坚持多边主义道路，与世界各国一道，建设生态文明和美丽地球，共建人类命运共同体。立足这一背景，我国气候传播应坚定积极应对气候变化的战略定力，做全球生态治理的重要贡献者、推动者、建设者与促进者，服务全球生态文明与美丽地球建设。

1. 作为"贡献者"，要为全球命运共同体的可持续发展不断贡献"中国方案"

面对"世界怎么了，我们怎么办"的时代命题，习近平主席在联合国日内瓦总部提出了"构建人类命运共同体，实现共赢共享"的中国方案。在2021年世界经济论坛"达沃斯议程"对话会上，习近平主席进一步强调，要"让多边主义的火炬照亮人类前行之路"。在当前全球应对疫情和气候变化双重挑战的关键时刻，气候传播要在维护

和践行多边主义，推动构建人类命运共同体上发挥积极作用。具体而言，在思想观念上，要在传播中秉持"人类命运共同体"理念，坚守和平、发展、公平、正义的人类社会共同价值，推动形成"共商共建共享"的全球治理观。在治理实践上，服务多边主义治理实践，坚持共同但有区别责任原则，尤其是要代表广大发展中国家的利益诉求。在国家形象上，要通过气候传播彰显"人类命运共同体"理念为全球治理提供"中国方案"的世界意义，诠释中国为世界和平、稳定与共同发展提供保障的时代担当。

2. 作为"推动者"，要推动中国引领全球经济绿色复苏的大方向，开创全球气候治理的新局面

习近平主席强调，"绿水青山就是金山银山，要大力倡导绿色低碳的生产生活方式，从绿色发展中寻找发展的机遇和动力。[①]"这一倡议根植于马克思主义人与自然和谐相处思想，来源于中国改革开放40多年的实践经验，有着很强的现实针对性，是全球气候治理的至善之策、治本之方。完整、准确、全面地贯彻绿色发展理念，需要我国气候传播引领疫情防控常态化背景下世界经济绿色复苏的前进方向，汇聚起可持续发展的强大合力。通过气候传播加强国际绿色低碳合作，服务低碳环保产业，倡导企业节能减排，引导公众低碳消费，为全球经济绿色复苏注入"中国力量"，为世界携手应对眼下危机、共创美好未来而努力。

3. 作为"建设者"，要在全球生态文明与"美丽地球"建设中发挥建设性作用

气候传播广泛连接政府间国际组织、各主权国家、社会组织（NGO）、企业、社会公众等主体，涵盖国际谈判、政治协商、经济合作、社会参与、环境教育等诸多领域，在以打造人类命运共同体为战略导向的全球治理实践中发挥着组织、联系、协调、协同的核心作用。具体来看，其战略性作用主要体现在以下几个方面：一是在环境监测

---

① 习近平：《继往开来，开启全球应对气候变化新征程——在气候雄心峰会上的讲话》，《人民日报》2020年12月13日第02版。

上，肩负着环境守望、风险预警、信息公开等职责。唯有洞悉世情，方能顺应世情，科学应变。二是在信息沟通上，承担着连接中外、服务绿色外交，践行"中国立场、国际表达"的使命。三是在经验交流上，主动宣介新时代中国特色社会主义习近平生态文明思想，讲好中国气候治理故事，不断贡献"中国智慧""中国经验"。四是在技术分享上，推进新能源利用、碳捕捉等技术领域国际交流合作，并行推进减缓与适应行动。

4. 作为"促进者"，要促进各国互惠共享，为携手保护人类共同家园作出贡献

随着美国拜登政府宣布重返《巴黎协定》并在2050年实现"新能源完全替代"，以及欧盟、英国、日本等相继宣布零碳排放目标，一场围绕清洁能源的"竞赛"已经全面展开，围绕气候变化的大国竞争将进入新阶段。在参与全球气候治理中，我国一直提倡多层多元的全球合作治理模式，坚持气候正义原则，推动全球气候治理朝着更加民主、公正、包容的方向发展。基于此，气候传播也应朝着建立一个公平合理、合作共赢的全球气候治理机制的目标前进，将各国的国家利益和全人类共同利益更好地结合起来，协调规范各国关系，坚持协商合作，携手应对气候变化，彰显我国应对气候变化这一全球性问题的"全球共治"的决心与愿望。

二 新时代我国气候传播行为主体的定位：构建政府、媒体、社会组织、企业、公众、智库"六位一体"的行为主体行动框架

应对气候变化、做好气候传播是一项系统工程，因此这些年我们一直在强调要构建"政府主导、媒体引导、社会组织助推、企业担责、公众参与、智库献策"的"六位一体"的行为主体行动框架。即在气候传播中，政府是主导者，要发挥思想引领和政策指导作用；媒体是引导者，要发挥信息传播和舆论引导作用；社会组织是推动者，要发挥社会助推和民间聚合作用；企业是担责者，要承担起节能减排、

环境保护、绿色发展的责任；公众是参与者，要积极投身减缓、适应和应对气候变化行动，营造良好生活环境，促进可持续发展的社会活动；智库是献策者，要起到知识构建和出谋划策的作用。

(一) 政府是主导者，要发挥好思想引领和政策指导作用

我国是全球最大的发展中国家与碳排放国，既面临发展经济、实现全面现代化等一系列目标挑战，同时，也面临着低碳转型、绿色发展的现实要求。对此，需要政府在气候变化和气候传播上起主导作用[①]：一是要作为气候战略和政策行动的顶层设计者，将生态文明、气候变化和大气污染防治理紧密结合起来，建立协同治理机制；二是要作为官方信息源和信息发布的组织者，除了发布气候变化权威信息，更要搭建信息平台，鼓励引导社会各界群众广泛参与；三是要作为气候变化科学知识、政策措施和治理成效的宣传教育者，要承担起信息沟通、舆论引导、环境宣教等职能，提升公民科学素养，建设低碳社会；四是要作为国际气候谈判的关键参与方，贯彻落实中央批准的谈判方针和方案，推动多边进程取得积极成果，维护我国和发展中国家及世界各国的核心利益，树立积极负责任大国形象。

(二) 媒体是引导者，要发挥好信息传播和舆论引导作用

新闻媒体作为政府机构、科学工作者与公众之间的桥梁，在气候传播中具有多项功能，能够发挥重要作用。具体来看，一是作为气候变化科学知识的传播者和解释者，通过运用专业化、多样化的手段对气候变化的各种科学知识进行传播、阐释与解读，进而转化为公众能够认识、理解并接受的知识和理念；二是作为气候变化议程的设置者，通过设置全球变暖、冰川融化、温室效应、气体排放、国际气候谈判以及节能减排等相关议题，对社会与公众进行气候变化问题的传播；三是作为气候变化问题的监督者，维护公众的知情权与监督权，促使相关政府部门关注并合理解决一些违背气候变化应对政策的高能耗及严重污染环境的现象和问题；四是作为应对气候变化行动的宣传者和

[①] 参见张志强《全球治理下的国家气候传播机制研究》，《东岳论丛》2017年第38卷第4期。

沟通者，动员社区、企业、社会组织，以及公众各方力量共同参与到应对气候变化的行动中来，起到信息沟通和意见交流的作用。

（三）社会组织（NGO）是推动者，要发挥社会助推和民间聚合作用

社会组织是《联合国气候变化框架公约》（UNFCCC）的重要行为体，也是主要利益相关方之一，推动有关可持续发展议题的发展与落实是社会组织的天然使命[1]。社会组织在角色定位上，一是作为国际气候谈判的推进者和监督者，通过国际气候谈判大会（开放部分）及相关会议、搭建公众参与平台、开展独立研究等多种途径和形式，参与并影响着全球气候治理进程。此外，一些国际 NGO 作为"观察员"，可以监督谈判进程的公正性，平衡发达国家与发展中国家的利益诉求与博弈力量。二是作为绿色外交的推动者，与世界各国社会组织、专家、政府代表团、媒体等对话、交流，向国际社会展示民间应对气候变化的意愿，让国际社会客观和全面了解本土社会所做的工作。三是作为民间减缓与适应行动的动员者，为本土行动提供相应策略，致力于促进政府和个人采取行动。

（四）企业是担责者，要承担起节能减排、环境保护、绿色发展的责任

长期以来，作为节能减排的主要承担者，企业在我国气候传播格局中的战略定位往往被忽视，其所拥有的"气候形象"偏负面[2]。因此，我国企业的"气候形象"要从"他者建构"转向"主动塑造"，借助传播推进企业低碳经济转型，建构低碳绿色企业文化。在绿色转型大方向上，企业要通过完善环境制度，确立绿色发展在企业战略规划中的优先程度，将低碳节能纳入企业目标体系。在绿色生产上，要从供给侧着手考虑节能降耗和循环利用等问题，采用消耗低、污染轻、预防式的环境友好生产工艺；在绿色管理上，要将环境保护的观念融于企业的经营管理之中，注重环保形象塑造，建立企业绿色文化；在

---

[1] 参见王彬彬《中国路径：双层博弈视角下的气候传播与治理》，社会科学文献出版社 2018 年版，第 95 页。

[2] 参见王亚莘《试论公共外交视角下能源企业气候传播的战略定位与沟通策略》，《新闻论坛》2016 年第 4 期。

绿色营销上，要向消费者传播低碳绿色的生活理念和生活模式，引导消费者适度消费、绿色消费。

（五）公众是参与者，要积极投身减缓、适应和应对气候变化行动

我国政府明确了构建政府为主导、企业为主体、社会组织和公众共同参与的环境治理体系，强调生态文明是人民群众共同参与、共同建设、共同享有的事业。在气候变化公共领域中，公众角色定位为以下几点[1]：一是"低碳环保倡导者"，要成为"绿色转型的推进力"，推动我国绿色低碳转型与可持续发展；二是作为"民间气候故事分享者"，要成为"信息沟通的节点"，推动我国环境治理公众参与和环境传播事业发展；三是作为"环境舆论监督者"，要成为"权力监督的镜鉴"，围绕环境保护、能源转型、大气环境污染治理等议题建言献策，推动我国生态文明建设与民主政治发展；四是作为"气候谈判助推者"，要成为"公共外交的桥梁"，推动我国同国际社会在全球气候治理方面携手共进、共同发展；五是作为"公民科学参与者"，要成为"科学知识的扩音器"，推动气候变化应对科技创新和全民科学素质提升。在生态文明建设与绿色发展理念的指导与要求下，公众与政府、企业、社会组织、媒体、智库等主体之间，体现的是合作、互动、互补、监督等关系，在信息沟通、舆论引导、舆论监督、协调联系等方面，整体上发挥着建设性作用。

（六）智库是献策者，要起到理论研习和出谋划策的作用

随着形势的发展和国家现代化进程的推进，智库在推动决策科学化、民主化，提升国家治理体系和治理能力现代化、增强国家软实力等方面的重要作用日益凸显。以习近平同志为核心的党中央就"建设中国特色新型智库"多次作出重要批示，从定位、布局、重点、功能、理念等方面勾画了建设蓝图，为智库参与气候传播提供了基本遵循。在角色定位上，中国特色智库建设要合理布局，形成合力[2]。其

---

[1] 参见郑保卫、覃哲、郑权《气候传播中公众的角色定位与行动策略——基于中国"绿色发展"理念下的思考》，《新闻与写作》2021年第6期。

[2] 参见刘毅《我国智库在气候传播中的角色定位与行动策略》，《智库理论与实践》2021年第6卷第4期。

中，政府智库要围绕党和国家的应对气候变化的中心任务和重点工作，做政策解读者、政策研究者、决策评估者，聚焦重大战略问题，提出对策建议；高校及科研院所智库要围绕提高国家气候治理能力、参与全球气候共治等理论与实践问题，做国情调研者、理论研究员，明晰发展趋势，提出咨询建议；媒体智库要发挥信息资源优势，做公共政策解读者、公众意见领袖，引导社会热点，研判社会舆情，促进国家气候与环境政策与经济社会发展深度融合。社会智库要积极做建言献策者，紧紧围绕党和政府决策，发扬民主，助推生态文明建设深入发展。

第四节 新时代我国气候传播行动策略的内涵及要求

在习近平生态文明思想统领下，立足生态文明建设和绿色发展这一宏大背景来研究我国气候传播的行动策略，需要从战略行动、理论研究和传播实践等层面加以观察和思考。

一 战略行动层面：构建"六位一体"相互配合、支撑与联动的行动框架

明确了上述六大气候传播行为主体的角色定位，更为重要的是要真正将这些角色认同付诸实践，实现政府、媒体、NGO、企业、公众和智库六大行为主体的有效互动，从而发挥各自在气候传播中的最大影响力。对此，需要把握以下三点：

（一）国内国际两路并进、双向使力，立足"大循环"促进"双循环"

生态文明建设与全球气候治理"中国方案"是以习近平同志为核心的党中央统筹国内国际两个大局所作的战略安排，两者之间具有逻辑统一性、目标一致性、问题相似性、路径同质性和效益协同性等特征。对此，气候传播要内外兼修，两路并进、双向使力，以便更好地服务新发展格局。

要坚持以国内大循环为主体，换言之就是要充分发挥我国超大规

模市场优势和内需潜力,其根本途径在于深化改革,提高供给侧质量,不断增强经济内生动力。气候传播要成为国内大循环的强劲动力源,就需要在内需体系中以服务生态文明建设为主线,倡导绿色发展,坚持"以人民为中心"的发展思想,把满足人民日益增长的美好生活需要作为气候传播工作的出发点和落脚点,集聚各方优势,发挥"六位一体"的多元行为主体协同效应,形成拉动国内经济社会可持续发展的持久而强劲的动力。

要实现国内国际双循环相互促进,就需要在需求侧嵌入全球价值链,厚植开放,推进共享。气候传播要成为国内国际双循环的强大连接点,就需要在内外循环中以打造"人类命运共同体"为主题,以满足全人类整体可持续发展为目标,发挥国内生态文明建设与全球气候治理效能的协同性,通过气候外交,引领全球生态治理,不断贡献中国模式、中国经验、中国智慧、中国方案。

(二)做好顶层设计、长远规划,加强各系统间互动的制度规范

在国外,有国际NGO提出采用"NGO以讲故事形式设置议题、媒体跟进议题引导舆论、NGO和媒体提出解决方案、政府采纳进行实施"这样自下而上的多元主体合作模式。此外,丹麦学者提出"媒体和NGO信息刺激—政府反应—推进谈判"的"刺激—反应"模式[①]。我国的六大气候传播行为主体之间,虽然存有较多互动,但仍缺乏平等对话、相互配合的体系和机制。对此,需要在国家行政系统、媒体传播系统、社会公共系统之间,重新构建良好的互动关系。

1. 国家行政系统须做好顶层设计、长远规划,通过优化制度与政策促成六大行为主体的相互促进

这其中,政府系统要加强决策系统的民主性,优化和促进气候传播与环境宣教事业工作的政策力度,营造良好的政策环境,搭建社会各界平等交流沟通平台。要统筹各方优势资源,推动各部门和单位科普行动协同增效。其中,国家发展改革委负责碳达峰碳中和工作规划、

---

① 参见郑保卫、王彬彬《中国政府、媒体、NGO气候传播策略技巧评析》,载《新闻学论集第27辑》,光明日报出版社2011年版。

行动方案以及相关保障措施的信息公开、权威发布和政策解读；生态环境部门负责企业与社会公众环境科普宣教工作的牵头协调、联动实施和权威发布；能源部门负责能源政策、能源知识、新能源技术等能源科普工作的牵头协调、联动实施和权威发布；宣传部门负责指导协调新闻宣传报道工作，做好政策解读、新闻报道、舆论引导和科学知识传播；科协组织负责联系专家制作精细化科普内容，利用自身平台、组织体系做好资源汇聚和协同传播。

2. 新闻宣传系统须加强新闻宣传工作统筹策划，引导其他行为主体积极参加气候传播行动

新闻宣传部门须统筹协调各类传统媒体和新媒体的宣传报道工作，坚持正面宣传为主，加大对各地方、各行业应对气候变化行动举措、进展成效、治理成就等的宣传报道，发掘一批行业先进人物和集体典型事迹。拓展科学传播渠道，增设气候变化科普专栏、增加相关科普内容，实现优质内容全天候、全方位、全覆盖、立体化传播。中国科协和宣传部门须共同促进媒体与科协共同体的沟通合作，增强媒体从业人员的媒介素养与科学素质，提升气候传播的权威性和专业性。把各级政府部门的政务新媒体作为国家应对气候变化战略决策行动进行信息发布、舆论引导、知识普及、科学动员的重要平台，营造良好的社会氛围，打造坚实的民意基础。

3. 社会公共系统须加强自身传播行为的规范性和专业性，自觉服务国家发展、社会需求和人民福祉

社会公共系统须进一步推进气候传播理念创新、手段创新、基层工作创新。加强气候变化公共传播能力建设，倡导社会力量成立气候传播环境宣教社会组织，鼓励现有的社会组织参与气候传播工作，自觉服务国家发展、社会需求和人民福祉。要善于利用全国科普日、全国低碳日、文化科技卫生"三下乡"等重要时段和契机，联合开展形式多样的主题宣传活动，全面推进气候传播进社区、进校园、进乡村、进机关、进企业、进家庭。

（三）搭建传播平台，做好六大行为主体功能衔接，发挥协同效应

气候传播是一项系统工程，需要各行为主体共同围绕国家发展

需要和人民生活需求，推进落实"政府主导、媒体引导、NGO助推、企业担责、公众参与、智库献策"的行动框架，发挥传播协同效应。自2010年以来，中国气候传播项目中心集聚资源和渠道推动建设国家级气候传播项目平台，举办了多次国际气候传播研讨会，组织了多次气候变化应对社会推广活动，推进了气候变化传播理论科学研究和社会实践的纵深发展，提升了气候传播的学术影响力和社会知名度。在每年一度的联合国气候大会会场的中国角举办气候传播边会，就气候变化与气候传播，以及可持续发展战略及策略问题展开研讨，在国际舞台上表达中国学者的立场和观点，展现中国民间社会应对气候变化的作为和形象，受到了国际和国内该领域专家的认同和肯定。总结十多年来的工作，我们认为做好气候传播平台建设需要做好以下三方面：

1. 发挥媒体的积极功能，打造多元传播主体网络

气候变化的治理和应对需要各方面的投入，需要多方面的配合，需要方方面面的参与和支持，其中媒体与传播是不可或缺的最有效的方式和手段。因此，要建构我国气候变化对外传播话语体系，就须高度重视发挥媒体的积极功能，要把媒体视为应对气候变化，实现气候变化全球治理的最有效的信息传播、舆论引导和社会监督手段。政府要实行对媒体应对气候变化对外传播工作的顶层设计，要制定我国媒体气候变化对外传播的整体战略和政策框架，实施基础传播工作，加强能力建设，完善相关技术措施、标准和规范，加大对传播技术的支撑。同时要加大资金投入，以尽快增强和提升我国媒体在气候变化方面的国际传播能力。此外，还要不断拓展新的媒体传播方式，发挥媒体传播的复合功能，实现传播主体的多元化和传播手段的多样化。这就需要整合媒体与政府、社会组织、企业、公众和智库多方面的传播资源，打造多元主体的传播网络，以构建多主体、多功能、立体化的气候变化对外传播网络。

2. 推行气候变化公共外交战略，发挥"意见领袖"作用

在诸多国际气候谈判场合，我国往往被一些西方国家描绘成"阻碍者"的负面形象。2009年哥本哈根联合国气候大会后，中国的国际

形象更是跌至谷底，被人说成破坏谈判的"罪魁祸首"。实际上，一些西方国家媒体及相关人士对我国的指责是完全没有道理的偏见。然而，由于当时我国政府、媒体和社会组织在话语权上的不足和在公共外交手段上的欠缺，使得我们一时陷入了舆论被动而不能有效应对。因此，要特别重视推行公共外交战略，要善于运用公共外交手段来搭建平台。如安排国家或政府领导人以及政府气候谈判代表团负责人及时就我国关于气候变化问题的主张和行动发言；制作并发布关于气候变化的影像资料，以及我国节能减排报告或白皮书；组织国际媒体来华采访报道；开展对不发达国家的绿色援助；资助和支持他国设立开展中国气候治理学术研究项目；等等。在此过程中还要特别重视发挥气候变化领域"意见领袖"的作用，特别是要注意发挥气候变化领域科学家的作用，要给他们更多的话语权，让他们早发声、多发声，更好地发挥普及气候知识和引导气候舆论的作用。

3. 加强核心概念和重要议程的传播，助力气候变化国际谈判

在有关气候变化错综复杂的国际谈判和国家间的利益博弈之中，各国会有不同的政治关切和基本立场，因此，在遵守《联合国气候变化框架公约》的前提下，随着气候变化谈判历程的进展，许多国家都会提出一些符合自身利益、具有各自特点的有关谈判的核心概念与重要议程。而如何通过多边国际谈判舞台，将本国有关气候变化的核心概念和重要议程变成他国能够接受的"国际议程"或"全球议程"，这已成为各国政府引领气候变化国际谈判政治方向、掌控国际气候谈判话语权的重要手段之一。因此，在凝聚各行为主体气候传播行动共识的过程中，要重视对我国这些基本立场和核心概念的传播，要始终保持传播口径的一致，防止给外界造成曲解或误解。同时，随着新的谈判进展，我国要努力发挥主动性和创造力，要善于提出一些西方社会能够理解并且乐于接受的表述话语，让我国应对气候变化的基本立场和核心概念能够使国外受众"想了解、听得懂、愿接受"。同时要主动设置议程，特别是要善于设置符合我国发展利益的议程，并努力使之引起国际社会的关注，以实现助推我国气候变化谈判的目的。

二 理论研究层面：构建中国特色气候传播学术体系与话语体系

习近平总书记在 2016 年哲学社会科学工作座谈会上的讲话中提出，"加快构建中国特色哲学社会科学"，对此，需要"在指导思想、学科体系、学术体系、话语体系等方面充分体现中国特色、中国风格、中国气派"[①]。我国气候传播至今已走过十多年的发展历程，当前要立足新发展阶段、贯彻新发展理念、构建新发展格局，继续推进生态文明建设与绿色发展，进一步推动全球气候共治，气候传播肩负着重要使命，承担着重大责任。对此，气候传播需要创新理论范式，把握新文科建设契机，加快构建具有中国特色的气候传播学术体系与话语体系。

（一）"立足中国土，学习马克思"，加快构建中国特色气候传播学术体系

学术体系建设是构建中国特色哲学社会科学的核心内容，其主要内容包括两大方面：一是世界观层面，包括思想、理念、原理、观点等，二是方法论层面，包括研究工具、材料、方法等。加快构建具有中国特色的气候传播学术体系，需要我们坚持"立足中国土，学习马克思"。所谓"立足中国土"，就是要把气候传播研究工作立足祖国大地，从我国气候变化面临的当下实际出发，以解决中国自己应对气候变化和参与气候变化全球治理的理论与实践问题为目的。所谓"请教马克思"，就是要把马克思主义置于指导地位，自觉地以马克思主义为指导，来构建中国特色气候传播学术体系。

1. 认真学习宣传贯彻马克思主义和习近平生态文明思想

新时代学习和践行马克思主义要体现出理论的高度和思想的深度。在纪念马克思诞辰 200 周年大会上，习近平总书记强调，"学习马克思，就要学习和实践马克思主义关于人与自然关系的思想"[②]。气候变

[①] 习近平：《在哲学社会科学工作座谈会上的讲话》，《人民日报》2016 年 5 月 19 日第 02 版。
[②] 习近平：《在纪念马克思诞辰 200 周年大会上的讲话》，《党建》2018 年第 5 期。

化问题不仅仅是科学问题，归根结底是人与自然关系和人与人关系的问题。从气候变化产生的原因看，归根结底气候变化是由资本主义不惜一切攫取剩余价值、征服自然的生产价值观念，生产和发展方式以及政治经济制度所造成的全球危机，这就决定了我们必须对人类的价值创造活动对大自然所造成的影响进行深刻反思。从气候变化应对看，气候变化直接将如何分配稀缺的全球公共资源、如何最大限度维护"人类命运共同体"的健康福祉问题凸显出来。对此，马克思主义对人与自然关系的思考，以及对资本主义发展方式的批判为我们提供了理论指引和根本遵循。我们要坚持马克思主义"人是自然的一部分"和"自然与人彼此依赖、相互依存"等思想，坚持走人与自然和谐共生的社会主义现代化建设道路。把气候与健康传播研究的世界观和价值观根植于唯物主义的自然观和历史观的辩证统一之中，动员全社会力量推进生态文明建设，共建"美丽中国"和"健康中国"。

在当下，要将认真学习宣传贯彻习近平生态文明思想作为主要政治任务，深入学习宣传贯彻习近平总书记关于应对气候变化、确保如期实现碳达峰碳中和的重要讲话，全面准确地把握其核心要义、精神实质、丰富内涵、实践要求，深刻分析当前所面临的形势、环境和条件，不断增强贯彻落实的思想自觉政治自觉行动自觉，深化相关理论学习与研究。

2. 立足中国实际，坚持问题导向，重在传播效果

气候传播要坚持从历史和现实相贯通、国际和国内相关联、理论和实际相结合的视角，对一些重大理论和实践问题进行思考和把握，自觉服务于国家建设需要和人民生活需求。气候变化涉及人类生产生活的方方面面，气候传播也应该考虑方方面面的影响。根据当前党中央决策部署，"十四五"时期是以降碳为重点战略方向、推动减污降碳协同增效的关键期，从2025年到2030年左右我国将进入碳达峰平台期，2030年后进入全面碳中和期。碳达峰易而碳中和难，根据模型估算，2030年后我国的年减排率平均须达8%—10%/年，且当前支撑碳中和的技术60%仍在概念阶段，在全球化、中美战略博弈和国内经济下行压力加大的国际国内复杂形势下，碳中和的实现路径存在较大不确定性。

应对气候变化战略行动路径不是表现为减排情景曲线，而是一系列目标、技术、资金、政策工具等综合驱动的系统行动路线图，需要从生产、消费、贸易、创新，及保障等方面多端发力，形成协同效应。此外，我国幅员辽阔，自然环境复杂多样，经济发展阶段各不相同，各地在应对气候变化与气候传播实践工作中须因地制宜；进入新发展阶段后，随着三孩政策的落地推进、工业化进程的持续加速，以及人民生活水平的不断提升，我国有望涌现一批区域性消费中心城市和国际性消费中心城市，居民的直、间接消费碳排放总量占比将不断提升……因此，气候变化问题不仅仅是环境问题，归根结底是发展问题，面对这些困难与挑战，在气候传播学术体系构建中，需要进一步融各大领域之所长，坚持系统思维，对表对标习近平总书记提出的重要要求和党中央的相关决策部署，自觉融入国家总体布局，兼顾经济发展、能源禀赋、用能安全和减排需要，科学、合理、有序推进各项工作，着力解决好气候传播能力与新形势新任务新要求不相适应的问题，以求实现气候传播的最佳效果。

3. 注重从中国思想和中华文化视角观照气候传播，增强我国气候传播的中华文化内涵

在中西话语体系相互交汇的大视域中，每个学科若离开自身的、整体的、独特的核心范畴，就等同于割断自己的思想命脉。博大精深的中华文化是我们构建具有中国气候与健康传播研究范式的根基，我国传统生态思想与健康观念是构建中国特色气候与健康传播研究话语体系的源头活水。古人认为，气候与健康之间的冲突具有多种内涵和表现形式，譬如《春秋》提及的"天有六气，降生五味，发为五色，徵为五声，淫生六疾"，其中"六气曰阴、阳、风、雨、晦、明也"，六疾是"寒、热、末、腹、惑、心"。[①] 化解冲突，需要秉持"天人合一观"。《周易》记载，"乾道变化，各正性命，保合大和，乃利贞。首出庶物，万国咸宁"。[②] 世事万物处于不断变化中，各部分各得其

---

① 杨伯峻编著：《春秋左传注》，中华书局1981年版，第1222页。
② 《朱子全书》，第1册，上海古籍出版社、安徽教育出版社2002年版，第90页。

所，保持最大的和谐，万国太和、安宁的意愿得以实现。可以说，这些璀璨的中国传统文化思想是中国生态思想的起点，也是气候传播的出发点和归附点，是我们开展气候传播实践的重要思想源泉。

（二）增强大局观念，加快构建中国特色气候传播话语体系

"话语体系"，包括学术概念、研究范畴、命题、术语等，它是学术体系的反映、表达与传播方式，是构成学术体系的纽结。正如复旦大学中国研究院院长张维为教授所说，"我们可以用西方能够理解的话语进行正本清源，积极生动地阐述中国特色社会主义所进行的大量创新和成功，从而赢得广泛的理解和支持"。对此，我们需要坚定理论自信，创建中国特色气候传播理论，用中国理论解释中国实践。

要构建中国特色气候传播话语体系，就须着力提炼能够反映中国特色社会主义生态文明建设伟大实践、马克思主义生态思想，并为学术共同体所理解和接受的，能够指导中国气候传播实践的标识性的新概念、新范畴和新表述，并引导学界开展理论研究。

事实上，通过近些年的改革发展，我国媒体在传播硬件设施及表达形式等方面均有长足发展，但遗憾的是目前我们在国际舆论场上依然面临"有理说不出""说了传不开"和"传开叫不响"的困难局面。这种情况究其根源，归根结底是我们没有形成一套国外受众能够理解并接受的知识和话语体系。因此，我们需要不断创新思维、理念和方法，尽快建构我国自主的气候传播知识和话语体系。要善于在"平实、平静、平视"的基础上，跟西方开展理性对话，通过原创性研究，提供有思想、有黏度的信息产品。要善于用中国理论解释中国实践，把丰富的气候变化与气候传播实践提升成为概念、理论、思想，唯此才能真正打破西方话语在气候变化方面对中国和世界的叙事模式，真正赢得属于我们自己的气候传播话语空间。

（三）从"宽广视角"出发，回应国家战略与时代之问

气候传播要坚持从"宽广视角"出发，努力回应国家战略与时代之问，为此需要从以下两方面入手：

1. 从宽广视角出发，超越"媒介中心主义"，突破学科壁垒

由于历史的原因，我国传播学研究很长时间里以行政主义为主导，

气候传播研究，包括与之有关的气候与健康传播、风险传播、科学传播等，也使这一研究取向占据核心地位。进入21世纪，行政主义研究范式在某种程度上已经逐渐显示出理论枯竭和视野局限。为此，我国气候传播需要超越行政主义的束缚，不拘泥于媒体传播效果的测量和说服策略研究，要从更为宽广的视角去观照气候传播和国家战略与社会发展、国际气候治理，乃至人类文明发展之间的互动。如从历史发展的眼光看，关于气候变化议题的话语争夺，是否提供了一个理解不同国家政治经济制度、文化背景、发展方式和利益诉求的有益视角？气候传播对分属不同族群、国家间的物质和精神交往存有怎样的意义？在形成当前气候变化的社会结构过程中，传播的作用是什么？……这些问题的答案探寻，不仅有益于气候传播，更能回馈整体的传播学研究，丰富整个学科的意义框架。

2. 开阔国际视野，聚焦国际议题，提升我国气候传播国际话语权

在全球气候治理与"碳中和"领域，我国国际传播的话语权与我国的大国地位还很不相匹配。从我国实施"双碳"战略行动以来，美国、欧盟等发达国家通过多种政治和舆论途径对我国施加压力。在美国气候特使约翰·克里访华期间，《华盛顿邮报》将注意力放在中国的煤炭使用上，认为中国"将能源安全和煤炭增长置于气候之上"[①]，"中国在逐步淘汰煤炭方面进展缓慢，核准新建燃煤电厂2022年批准的项目比2015年以来的任何一年都多"。克里敦促"这个世界上最大的温室气体排放国"停止建造燃煤发电厂。美国与中国打交道应对气候变化的方法已经演变，拜登政府使用关税工具，比如对钢铁和铝等污染产品征收关税。但事实上，我国能源结构的优化有一个客观过程，煤炭的清洁、高效利用一直是中国国家战略方针，近些年我国吨钢耗煤逐年下降、煤电占比不断压低，大力发展可再生能源（加上核能）。

这些年，我们关注联合国气候大会及其相关活动，总结自哥本哈根气候大会以来我国政府、媒体和NGO气候传播的经验与教训，并对

---

① Christian Shepherd, "John Kerry Hails China's 'incredible job' on Renewables, Warns on Coal", *Washington Post*, July 17, 2023.

气候传播战略和策略进行深入研究，最终目的就是提升我国在气候变化领域的国际话语权和规则制定权。为此，我国气候传播研究还需再接再厉，作出更大努力，特别是要进一步开阔国际视野，聚焦国际议题，大力提升我国在气候变化领域的国际话语权。

三 传播实践层面：完善符合新时代需要的传播方式、手段与方法

当前，我国气候传播整体仍停留在"传播气候"层面，即在传播主体上，仍以政府、媒体为行为主体，其他行为主体的传播力量仍然相对弱小。在传播内容上，已经形成了一种固定的议程设置与报道框架，即主要围绕宏观政策法规、国内外数据报告发布、联合国气候大会召开以及极端天气事件发生等，与公众生活息息相关的内容较为少见；在传播范式上，单纯向公众灌输科学知识的"科技范式"仍较明显，而动员全社会参与气候行动的"民主范式"仍处于萌芽阶段。

这种传播格局在一定程度上影响了公众参与气候行动的积极性和主动性，也阻碍了气候传播在全国真正"形成气候"的进程。在宣传报道业务方面，由于气候变化议题知识门槛较高、政治色彩较浓，应对方案较复杂，记者往往难以下笔，成稿或专业性不足，或可读性不强。在议题设置与传播方面，网络"去中心化"和"圈层化"的特点加剧了渠道壁垒，受众注意力被其他诸如政治、经济、娱乐等热点话题不断分割，有关气候变化议题的内容难以获得网民关注与讨论。这意味着当前气候传播工作亟须找到一种"出圈"的路径，尽快提升传播力、影响力和引导力，唯此才能更好地跨越知识鸿沟和话语隔阂，让气候科学从专业性话题转化为大众性话题。

（一）传播方式：从"传播气候"走向"气候传播"，在平等对话、交流互动中培育公众能动性

在社交媒体环境下，传统单一导向的"传播气候"模式已然不适用，"气候传播"应该有新理念和新起点，应该建构一种新模式。这

一新模式强调平等与对话，公众所需的风险意识和气候意识、科学素养和媒介素养在对话、交流互动中完成建构。对此，需要把握以下三方面：

1. 秉承公正原则，保持价值中立，尊重并维护多元主体的话语表达权利

我们认为，"气候正义"，是指因气候变化所带来的利益和福祉，应公平地分配给全体社会成员。作为一种对应对气候变化问题的政治伦理回应，其重要价值在于，它揭示了气候变化领域贫富之间的资源鸿沟，这也是气候正义的实质所在。在风险沟通中，传统的技术模式（technical risk communication）不承认那些深受环境危机影响最深的人们的担忧，风险传播的文化模式让受影响的公众参与风险评估，并融入风险传播活动设计。这种基于多方协作的对话式传播反映了一种民主的价值观，体现了气候正义和健康公平原则。

在当前全球气候治理进入"后《巴黎协定》时代"（Post-Pairs Era）的背景下，我国气候传播应该始终坚持"共同而有区别的原则"和多边主义立场，明确正义态度，坚持公正立场，通过平等对话、叙事共构等方式去倾听、发掘与彰显边缘群体的声音，以凸显我国作为负责任大国的国家形象，进一步巩固我国在全球气候变化应对和治理体系中的领导地位。

2. 秉持用户思维，注重个性化传播与精准传播

社会心理学研究揭示，个体在理解判断外部事物时存在"快"与"慢"两个体系，一个是依赖情感、记忆、体验和直觉，做出判断的自发的"快过程"，另一个是分析性理性的，需要调动较大努力的"慢过程"，也可称为"快系统"与"慢系统"[1]。在生活中，人们更多使用"快系统"与外部世界互动，从而快速处理各类事务。但是这一过程较容易出现认知偏差。"慢系统"相对不容易出错，而且对事物会有更深刻的理解，所做决策也更为理性。

---

[1] 参见［美］丹尼尔·卡尼曼《思考，快与慢》，胡晓姣、李爱民、何梦莹译，中信出版社2012年版，第10页。

就气候变化议题来看，当前阶段，我国公众处于一种"高认知、低关注、低参与"的现况，或者说，我国公众对于气候变化议题总体处于"较低卷入程度"阶段。这也意味着公众对于气候变化议题将长期依赖情感、记忆、体验和直觉作出相关判断。气候传播要取得预期理想效果，需要针对人们"快系统"的决策特征作出总体策略选择，也就是说需要在反复体验具体图像、影像、隐喻和故事，与气候变化议题之间的联系方面下大力气做好文章。在当前媒介化社会情境下，公众由于职业、经济收入、文化氛围、生活环境等因素，存在着不同场景、不同预设立场、不同媒介的使用倾向，对气候变化信息的获取也会抱有不同程度和层次的需求。因此，在传播过程中，要有用户思维和对话精神，需要从不同个性化角度去理解每个个体的需求，通过用户画像和圈层化传播，做到信息的精准推送。

3. 革新传播理念，从单维度信息传播走向多维度信息服务

随着物联网采集、无人机拍摄、机器人写作、5G传输等概念性技术越来越广泛的应用，在极大提升生产效率、创新媒体内容和形式的同时，也为媒介在更大范围内的资源聚合、融合发展提供了通途。"气候传播"是比"传播气候"更进一步的新的连接方式。在未来，随着"人工智能+"的聚能与落地，气候传播将进一步加速线上与线下的融合，而不再局限于媒体行业自身的资源整合和功能提升。同时，它要在更为宏大的社会范围，经过媒介化的深刻变革后融合各领域资源，连接、激活全社会生产生活要素，从便民利民的基础设施，演进为现代化建设的推动者、整合者和贡献者。

例如，上海市以政务新媒体作为窗口，利用 AI、大数据、物联网、5G 等建立的智慧气象系统，不仅能更准确地预报天气，为百姓提供生产生活便利，还能衍生多种应用场景，为智慧城市提供多元服务。上海气象局推出上海知天气 App 便民生活服务应用。这一客户端基于精细化智能网格预报和天气预警，汇聚所处区位的气象传感数据，可查询空间范围精确至周围 3 平方千米，时间范围精准至 12 小时内的天气状况，从而方便市民用户的生活出行。同时，通过与城市大数据相结合，能够服务气象风险预警、城市交通管理、城区规划建设、环境

保护等工作，实现城市智慧化管理，携手民众共建智慧社会，开创政务气候传播驱动环境治理创新的新局面。

（二）传播手段：多平台互动，跨越渠道藩篱，借助可视化手段和大数据方式

气候传播要在扩展媒体传播渠道上多下功夫，要利用多种途径扩大议题的影响力；要善用大数据与可视化技术，提升传播互动性；要顺应知识经济时代潮流，引导全社会积极参与气候传播行动。

1. 扩展媒体传播渠道，利用多种途径扩大议题影响

气候传播要善于依托官方主流媒体的专业优势、品牌及话语影响力，利用微博、微信、客户端、短视频等平台的渠道优势，达到全天候、全场景、立体化的传播效应，提高议题的覆盖力、传播力和影响力。

我国主流媒体在进行碳达峰碳中和科普时，普遍采用了短视频、漫画式图文结合等融媒体传播方式。例如，央视网新闻先以动漫短片对碳达峰碳中和进行简单介绍，再以漫画式图片介绍二者关系，将专业知识进行类比，用公众能理解的话语进行解说，取得了不错的传播效果；澎湃新闻以一纸长图，介绍"双碳"的含义、实现"双碳"目标途径等，使得读者一目了然。Blibili社区作为广受年轻用户喜爱的视频平台，在平台的科普创作区，关于碳达峰碳中和的科普类视频数量达1000条以上，内容包括"双碳"基础知识解说、"双碳"行动影响解说、应对措施类解说、会议政策解说，等等，呈现形式包括动画番剧、音乐MV、碳中和主题游戏、综艺娱乐节目、新闻会议、专家峰会、影视短片，等等，满足了年轻用户群体的知识获取需要[①]。

2. 善用大数据与可视化技术，提升传播互动性

数字技术在助力全球应对气候变化进程中扮演着重要角色。数字技术正在与能源电力、工业、交通、建筑等重点碳排放领域深度融合，提升能源与资源的使用效率，实现生产效率与碳效率的双提升，数字

---

① 参见吴海荣、张虹霞、赵沛《"双碳"科普实践：意义、问题与路径》，《科普研究》2022年第17卷第1期。

化正成为我国实现碳中和的重要技术路径。

诉诸视觉手段是一种更加贴近互联网信息消费与人际传播的表达方式，数据可视化的表达方式能够更直观反映气候变化对自然生态的影响后果，增加报道震撼力，同时依托大数据可提供多元的解读视角，甚至预测事件的未来发展趋势。例如，北京海淀"城市大脑"致力于打造城市治理的中枢系统，提升城市各环节运行效率，服务政府减碳决策与监管，开启政府节能减排精细化管理新思路。"城市大脑"全方位监测时空数据、地图数据、物联感知数据、社会数据、互联网数据等城市信息，利用人工智能实现海量多源异构数据信息的识别、处理和分析。另外，人工智能平台的开放共享性，让"城市大脑"可融合各行业多模态数据，全方位摸清"碳"家底，实现城市碳排放监管。

3. 顺应知识经济时代潮流，引导全社会积极参与气候传播行动

当前，无论是环境传播、科学传播还是风险传播，都开始强调从公众理解的"技术范式"转向关注公众参与"民主范式"转变，我国的气候传播也需要传播更多本土的、实地的、与公众更贴近的故事，对此，需要激活全网用户资源，助力气候知识生产和传播的大众化。北京中国科技馆开展"中国承诺 大国担当——'30·60'碳达峰碳中和"专题展览，设"黑色·困局""红色·觉醒"和"绿色·行动"三个展区，以此提高公众对碳达峰碳中和的了解；大连市开展"双碳"科普联合行动，科技志愿服务队成员将人与自然主题科普活动带进学校、公园、科普基地等场所，还带青少年感受自然课堂，引导青少年了解绿色植被对于碳中和的重要意义；重庆市举办主题为"全国科普日碳达峰碳中和"的宣传活动，主要通过线上方式开展，一方面在微信公众号宣传2021年全国科普日主题及内容；另一方面以线上问答形式促进公众参与活动，题目涵盖气候变化、全国科普日、碳达峰碳中和等内容，向公众普及绿色低碳知识。中国宝武成立碳中和专家智库，中石化利用企业新媒体矩阵宣传企业"双碳"行动、普及低碳环保理念，等等。这些不同主体的气候传播实践为我们提供了参照样本和成功经验。

（三）传播方法：巧妙运用框架与议程设置，适当诉诸情感与效能感

关于如何通过信息传播才能影响公众，进而促进公众低碳行为与环保意愿，学界已展开诸多探讨。埃亚尔等人发现媒体议程设置在不引人注目的议题，以及受众无法直接接触的议题，如气候变化等，其效果特别明显，最为明显的效果是媒介增强了受众对于来源于环境的风险和危机的感知[1]。有学者从认知的角度，考虑公众对议题的关心程度、整体的风险感知、环境信念，以及对原因阐释、影响后果、行动策略的知识储备等[2]。此外，也有学者从情感（affect）出发，研究恐惧、担忧等负面情绪与受众行为之间的交互作用关系。在气候传播情境下，自我效能、集体效能、应对效能等效能感也被视为促进公众参与行为的重要因素[3]。借鉴已有的研究成果和实践经验，我们为新时期气候传播提出以下建议：

1. 主动设置议程，增加气候变化议题的"能见度"

气候变化通常呈现出不可察觉，观测历时性长等特征，这一方面导致议题相较于其他事物缺乏显著性，难以吸引公众注意力。此外，即使公众通过媒体或生活经验察觉到这一威胁，也"由于风险不是有形的、可见的，因此许多人会袖手旁观，不会对它们有任何实际的举动"[4]。气候变化引发的风险的分布和影响也是不均衡的，极端气候事件的出现存在一定概率，促进公众认知的目的是唤起人们的忧患意识，但事件本身不确定性与概率性，往往会导致公众选择的感受性和侥幸心理，致使公众认为气候变化风险"遥不可及""与己无关"。

对此，我们需要主动作为，多方面发力，如加强新媒体资源创作与开发，打造权威科普网站和新媒体传播平台，围绕微博、微信、短

---

[1] Wilhoit ed., *Mass Communication Year Book*, Beverly Hills, CA: Sage, 1981, pp. 212–218.

[2] O'Connor, R. E., Bard, R. J. & Fisher, A., "Risk Perceptions, General Environmental Beliefs, and Willingness to Address Climate Change", *Risk Analysis*, 1999, Vol. 19, pp. 461–467.

[3] Lubell, M., Vedlitz, A., Zahran, S. & Alston, L. T., "Collective Action, Environmental Activism, and Air Quality Policy", *Political Research Quarterly*, 2006, Vol. 59, pp. 149–160.

[4] 参见史安斌、钱晶晶《从"客观新闻学"到"对话新闻学"——试论西方新闻理论演进的哲学与实践基础》，《国际新闻界》2011年第33卷第12期。

视频、应用程序（App）等建立传播矩阵；推进图书、报刊、音像、电视、广播等传统媒体与新媒体深度融合，鼓励公益广告增加气候变化报道内容，实现优质内容多渠道全媒体传播；引导主流媒体加大国家应对气候变化行动宣传力度，增设相关专栏；坚持正面新闻宣传，加大对气候治理行动政策举措、进展成效的信息公开力度，通过组织策划新闻发布会、媒体见面会等，规范优化新闻发布工作；开展媒体走基层活动，让媒体走进企业节能减排、绿色转型现场，发掘一批先进人物和集体的典型事迹，做好做实宣传报道。

2. 调整话语框架，寻求议题的社会内涵，加强公众与话题的"人际关系"关联

研究表明，新闻传播的演进过程经历了由"吾牠关系"到"吾汝关系"的转变，传播方式上体现出对人际传播诉求的回归①。在社交媒体领域，国内 2016 年一项关于新浪微博内容分析与框架分析的研究发现，微博场域里气候变化相关议题，无论是发布量还是网民的反馈都可谓"清冷寡淡"。气候传播在微博场域受到边缘化，在吸引网民互动上也不成功。气候变化不属于国内环境传播的热门议题，更属于国际传播的政治议题②。

当前阶段，我国气候传播亟须调整报道话语框架，要将报道的视角向微观的、个体的以及老百姓所关心的方向转移，探索议题的社会内涵，拉近公众对气候变化的心理距离。当前我国气候传播的内容框架与公众的心理距离相隔较远，政府机构及媒体在讨论气候变化议题时，多围绕"南极冰层融化""亚马逊森林火灾"或"2500 年，仅南极冰川融化就能让海平面上升 15 米"等议题展开报道，这一定程度上虽能够唤起公众关注，但是由于心理距离上与公众"此时此地"关联较弱，公众较容易用低层次的方式理解，趋向事不关己的无回应状态。相反，当气候变化风险信息所涉及的影响地点是个人觉得重要、相关

---

① 参见［英］安东尼·吉登斯《气候变化的政治》，曹荣湘译，社会科学文献出版社 2009 年版。
② 参见邱鸿峰《激发应对效能与自我效能：公众适应气候变化的风险传播治理》，《国际新闻界》2016 年第 38 卷第 5 期。

的，公众便有可能出现因应行为。因此，明示议题的时间（此时）、空间（此地）、社会关系（自己、家属还是他人）的相关性，会更加有助于增强公众低碳行动和公众参与意愿。

3. 平衡集体效能与自我效能，提升公众气候风险应对行为策略知识

从效能感角度出发，由于气候变化风险应对行动具有群体属性，因此集体效能和社会支持尤为重要，在风险沟通中，群体成员所获得的社会支持越多，集体效能感越强烈，越有可能配合集体采取支持行为。此外，根据延伸的平行处理模型（extended parallel process model）和动机保护理论（protection motivation theory），自我效能感与应对效能感也是促成公众因应行为的关键元素之一。这三类效能感的产生重要先决因素在于个体自身行为策略知识储备。

基础的风险应对策略知识不仅包括知晓哪些是有效解决问题的行为，即"需要做什么"，更在于知晓哪些行为是自己能够采取的，即"我能做什么"。当前在我国气候传播中，有关"我能做什么"的知识未得到充分强调，导致公众不知如何以行动回应。关于气候变化的影响后果的相关报道，也常见一些强调不可逆转、毁灭性的话语，这无疑也会降低公众自我效能。虽然大多数消费者对低碳概念并不陌生，有模糊的印象和观念，但并不具备足够的低碳问题知识和低碳行动知识。在风险沟通中，激发效能感的较好方法就是直接告诉人们此时此刻能做哪些事情，以及怎么做，不断提升公众气候变化风险行为策略认知，进而促进行为意愿。

4. 减少诉诸恐惧，合理引导公众负面消极情绪

学者翰森发现情绪对包含新闻网页链接和不含新闻网页链接的推文的转发率有差异性影响，在对照样本中，负面情绪促进了含有新闻链接的推文的转发，积极情绪促进了不含新闻链接的推文的转发[1]。双路径模型也表明，负面情绪与效能感之间存有交互作用关系，负面情绪的作用对于具有低回应效能感、低集体效能感的公众较为显著，

---

[1] Hansen, L. K., Arvidsson, A., Nielsen, F. Å. and Colleoni, E., "Good Friends, Bad News-affect and Virality in Twitter", 6th International Conference on Future Information Technology, Loutraki, Greece, June 28 – 30, 2011.

甚至能够让集体效能感较低的公众更愿意采取行动。尽管类似研究也表明，通过诉诸读者情绪可以提升他们对议题的关注度。但需要注意的是，延伸的平行处理模式表明，负面情绪和行为意图之间的关系，会因自我效能感的强弱而有不同，过多的负面情绪会降低公众自我效能。

在当前我国气候传播中，许多新闻报道存在负面消息过多、消极负面情绪过重的倾向，诸如"被烧伤的考拉""饿死的北极熊"等配图及视频所造成的强烈视觉冲击，虽然能够警醒人类自身行为，但由这些图片引发的恐怖诉求若过于强烈，过多使用反而会造成公众的绝望和无力感。

以上研究说明，当前阶段，我国气候传播对内为生态文明建设和绿色低碳发展的引领者、倡导者，对外为全球生态文明与美丽地球的贡献者、推动者、促进者。在传播主体角色定位上，政府是主导者，媒体是引导者，NGO是助推者，企业是担责者，公众是参与者，智库是献策者。立足新发展阶段、贯彻新发展理念、构建新发展格局，打造"人类命运共同体"，需要进一步推进"六位一体"的相互配合、支撑与联动的行为主体行动框架，构建具有中国特色的气候传播学术体系与话语体系，完善符合新时代需要的传播方式、手段与方法，形成多元主体传播协同效应。

当前，我国已经明确了构建政府为主导、企业为主体、社会组织和公众共同参与的环境治理体系，为了打赢这场保护环境的"人民战争"，我们需要把全社会方方面面的力量都动员起来，伴随党的二十大的各类顶层制度设计逐步完善落实、媒体改革与技术不断发展、环保公益性社会组织持续扩大、企业高质量发展步伐加速、公众低碳素质显著提升和中国特色新型智库建设有效赋能，我国生态文明建设和绿色低碳环保事业，以及气候传播工作必将迎来更加广阔的发展空间。

第二章 新时代我国政府气候传播的战略定位、话语建构与行动策略

张志强

气候变化是典型的全球公共产品,其成本和收益是公共性的,即各国都会享受气候环境改善的收益,也会分摊气候环境恶化的成本。这种全球公共产品的提供方式主要有三种:霸权国家提供、国际组织提供和多国联合提供。由于气候问题极强的负外部性和极高的治理成本,任何单一国家或国际组织都难以承担,故气候问题的解决主要依赖多国联合提供的全球气候治理模式/方案。从20世纪90年代至今,全球气候治理先后形成了《联合国气候变化公约》《京都议定书》和《巴黎协定》等三个重要阶段性成果,我国政府所承担的角色也从"参与者""贡献者"转向了"引领者"。

全球气候治理是动态发展的过程,也是由国内政治与国际政治经济格局双层博弈共同驱动的过程。一方面,我国气候条件差、自然灾害较重、生态环境脆弱、能源结构以煤为主、人口众多、经济发展水平较低,是全球气候变化最大的受害者之一,这些基本国情决定了我国必须着力解决资源环境约束突出的问题,全面提升减缓与适应气候变化的能力,实现经济社会的可持续发展。另一方面,由于气候变化与化石燃料燃烧有关,化石能源作为工业革命的基本要素,使气候变化与发展问题直接相关,涉及能源系统、产业结构和发展模式转型问题,这就要求我国必须着力调整产业结构,加快构建清洁低碳安全高效的能源体系,提高对外开放绿色低碳发展水平,塑造未来

大国竞争力。

在气候传播中，政府是最为核心的行为主体，是建构"政府主导、媒体引导、企业担责、NGO助推、公众参与、智库献策"的"六位一体"行动框架的重要组成部分。当下，要实现不断满足人民日益增长的优美生态环境需要，培育社会主义生态文化和生态价值观，健全党委领导、政府主导、企业主体、社会组织和公众共同参与的环境治理体系，维护和践行多边主义、推动构建人类命运共同体的目标，政府居于核心位置，属于关键性角色。

2015年《巴黎协定》的通过，代表着我国在全球气候治理方面，从过去的跟随者、参与者，真正转变为贡献者、引领者。国家主席习近平在巴黎气候大会开幕式上发表了重要讲话，开启了全球气候治理从"自上而下"的强制减排模式向"自下而上"的"国家自主决定贡献"机制转型的进程。这一阶段，我国政府气候传播坚持国内国际"两轮驱动，双向使力"的原则，对内从过去单向的环境管理、舆论监督和宣传教育，走向以提升社会环保意识为主多元主体"共商共建共享"；对外坚定倡导多边主义，掌握规则制定权和话语权，不断提升传播力和影响力，逐渐走向成熟、形成"气候"。

过去10年，在党的领导下，我国生态环境治理取得的成果有目共睹，每个人都能感受到天更蓝、水更清、空气更清新，这是催人奋进再上层楼的伟大力量。我们也欣慰地看到，生态文明理念在关键单位和关键人群中已经从"落地生根"到"根深蒂固"，习近平生态文明思想已经成为社会广泛共识。在生态文明建设过程中，经典案例比比皆是、感人故事层出不穷、先进人物不胜枚举、创新经验全面开花。目前，生态文明理念传播可谓理念清晰、成果突出、共识全面。将生态文明理念向社会更多层面推广，可谓万事俱备、水到渠成。

紧紧围绕新时代新征程党和国家的中心任务，需要我们适应国内外形势新变化，明晰当前我国政府气候传播的战略定位和创新路径。基于此，本章立足"中国式现代化"和"碳中和"目标宏大背景，试图厘清我国以政府为主导的气候传播模式的理论基础和概念内涵，在此基础上，阐述当下我国政府气候传播的战略定位和行动策略，以期为我国生态文明建设与绿色发展提供一定理论参考。

第一节　新时代我国政府气候传播的基本内涵、主要特点及实践环境

尽管我国气候传播有着坚实的实践基础和历史积累，但由于长期来对气候传播在全球气候治理进程中的作用缺乏整合与认知，我国气候传播的理论建设仍处于起步阶段，一些基础性概念尚未明确。本小节拟对政府气候传播的基本内涵、主要特点及其实践环境进行系统分析，以期为我国构建以政府为主导的气候传播行动框架和环境治理行动体系提供理论基础。

一　新时代我国政府气候传播的基本内涵

（一）我国以政府为主导的气候传播行动框架的确立

在世界范围内，不少国家关注气候变化问题的时间虽然比较早，但直到2009年才形成全球性的应对意识。其背后原因很大程度上是受2008年国际金融危机影响，因为这场危机暴露了世界以化石能源利用为主导的生产模式的不可持续性[①]。这一模式的背后是以化石能源为核心的能源利用方式所决定的东亚式生产链条，和以美元为核心的全球货币体系支撑的美国式消费链条，两者紧密联系起来的世界政治经济结构，也即"石油—美元"霸权的复杂关系。过去，我国在此霸权秩序中主要扮演参与者、合作者角色，某种程度上强化了对包括自身在内的供需各方的自我约束与控制，且在全球危机反复出现时要不断扮演"输血者"或"埋单者"。因此，我国必须突破这种"制度性压榨"，寻找可替代能源和发展新兴节能技术，主动参与全球气候治理。

由于1997年签订的《京都议定书》制定的减排目标完成情况很

---

① 参见胡鞍钢、管清友《应对全球气候变化：中国的贡献——兼评托尼·布莱尔〈打破气候变化僵局：低碳未来的全球协议〉报告》，《当代亚太》2008年第4期。

不理想，必须突破"发达国家强制减排，发展中国家通过清洁发展机制自愿参与全球减排"的减排义务计划，重新制定一份各国都能接受的减排方案。2009年12月，全球瞩目的第15届联合国气候变化大会在哥本哈根举行，时任国务院总理温家宝亲赴会场，作了大量沟通协调工作。在会上，以美国为首的西方发达国家提出的G8方案较受追捧，但该方案不但忽略了历史上发达国家的人均累计排放量已是发展中国家7.54倍的事实，而且还为发达国家设计了比发展中国家高9倍的人均未来排放权[①]。面对这份"人类历史上罕见的不平等条约"，我国秉持"共同而有区别的责任"原则和气候公平正义理念，充分考虑到历史和现实的诸多因素，率先提出"以人均历史累计排放为基础，分配碳排放权"的中国方案，得到了广大发展中国家支持，打破了西方国家对碳排放话语权的垄断。

然而由于种种原因，哥本哈根气候大会最终没能达成令各方满意的、具有法律约束力的文件，这一结果让国际社会普遍感到失望。匪夷所思的是，西方媒体竟然把责任全都推到了中国头上。2009年圣诞节前夕，英国《卫报》连续刊发三篇报道，指责中国"劫持"了哥本哈根气候大会。面对无端指责，尽管我国政府和媒体作了回应，但欧洲一些政界人士和新闻媒体却全然不理不睬，依然我行我素，使得负面舆论继续扩散、蔓延。此时，我国政府和媒体虽然也做了一些回应，但却失去了舆论先发优势，在西方媒体精心谋划和设置的议程中显得很被动。《卫报》的三篇报道何以引爆全球舆论？在我国正迈步走向世界舞台的过程中，在哥本哈根联合国气候大会这样的高端国际谈判平台上，我国应该如何制定科学完备的传播战略及策略，提升政府和媒体的议程设置能力，有效把握国际舆论话语权，以便更好地捍卫国家利益、维护国家形象？

带着这些"哥本哈根之问"，时任中国人民大学新闻与社会发展研究中心主任的郑保卫教授，倡导组建了中国气候传播项目中心，从

---

① 参见李将辉《丁仲礼院士：人均累计碳排放体现公平》，《人民政协报》2009年11月19日第C01版。

总结哥本哈根气候大会我国政府、媒体和NGO气候传播的经验与教训入手,开启了我国气候传播研究的进程。2010年5月,项目中心举办了首届气候传播国际研讨会,率先在国内亮出"气候传播"的旗帜,提出政府、媒体、NGO三方"加强互动,实现共赢"的学术主张,以及构建"政府主导、媒体引导、NGO推动、企业担责、公众参与"的"五位一体"气候传播行动框架,为我国气候传播确定了基本范畴和基本方向[①]。

(二)新时代我国政府气候传播的概念界定

在全球环境治理伦理转向和国际传播理论升维的背景下,由于我国气候传播活动独特的内在价值与外在诉求,我国政府气候传播不能是"为传播而传播",而应是政府参与气候治理的策略工具。

一方面,气候正义理念下全球环境治理的伦理转向,为我国政府气候传播提供了伦理基础。郑保卫教授认为,所谓"气候正义",是指因气候所带来的利益和福祉,应公平地分配给全体社会成员[②]。作为一种对应对气候变化问题的政治伦理回应,其诉求在于通过或多或少理想的正义概念为全球气候变化政策制定提供规范性理由。气候正义揭示了气候变化领域贫富之间的资源鸿沟,这也是气候正义的实质所在。气候正义涉及历史责任、人均公平原则,以及发展权、人权、环境权等基本议题,在实践中需要坚持分配正义、矫正正义、代际正义与种际正义等四项基本原则。其中"分配正义"涉及空间维度上各个国家和地区之间资源公平享有、平等分配问题,"矫正正义"涉及历史道德层面的人道援助与补偿问题,"代际正义"涉及时间维度的下代人可持续发展问题,"种际正义"涉及自然层面的人与其他物种间共生、和谐相处问题。

对于发展中国家而言,气候正义的主要实现路径为分配正义和矫正正义。在当前气候容量资源有限的前提下,如何界定各方的权利和义务,是气候正义关注的核心问题。但由于国际传播话语权不平等,

---

① 参见郑保卫、郑权《让气候传播在中国和世界真正形成"大气候"——访中国气候传播项目中心主任郑保卫教授》,《传媒观察》2023年第4期。
② 参见郑保卫《论气候正义》,《采写编》2017年第3期。

广大发展中国家较为关心的平等分配、经济发展与人道援助等气候正义诉求在相关议题传播中未能得到充分关注和体现。在当前全球气候治理进入"后《巴黎协定》时代"（Post-Pairs Era）背景下，美国数次"退群"和缺席，使得当前气候治理中的中美 G2 领导模式受挫。对于中国而言，明确正义态度与立场，强调坚定履行《巴黎协定》承诺，可凸显负责大国形象，进一步巩固我国在全球气候变化应对和治理体系中的领导地位[①]，为完善全球治理和世界生态文明建设提供中国方案。

另一方面，全球传播背景下气候变化议题传播的理论升维，为我国政府气候传播奠定了价值基础。作为全球共同关注的国际议题，气候变化一直都是各国话语博弈的重要场域。伴随着全球化的进程，媒体传播内容越来越呈现去地域化（deterritorialized）趋势，众多议题开始涉及跨国和洲际层次复杂流动关系。在此背景下，霍华德·弗雷德里克（Howard Frederick）提出了"全球传播（global communication）"概念：全球传播是研究个人、团体、社会、机构、政府、信息科技企业等多元主体的信息、观点、态度、价值观、数据的跨境传播过程，以及由传输此类信息的责任主体在国家与文化交流之中所引起的争议性问题的交叉学科。

与兴起于冷战时期的高度政治化的、以民族—国家文化和价值观霸权为基本取向的国际传播不同，全球传播在立场上以价值中立（value-free）为取向，强调"多元性倡导"，平等、公正、客观等是其基本遵循。在传播者层面，全球传播不同于功能—经验传播范式，它通常是多元主体基于全球受众信息需要而进行的一种职业或自发行为，传播者、目标对象、信息消费者等不共享同一民族国家参照系。在传播内容上，全球传播坚持"去政治化"和"去意识形态化"，议题聚焦经济一体化、政治格局、气候变化等，从而能够满足不同国家和文化背景下的受众信息需求，并以此实现意义和价值跨越民族—国家边

---

① 参见覃哲、郑权《联合国官方微博内容的气候正义状况分析》，《青年记者》2020 年第 30 期。

界的全球共时性流动。

"全球传播"根植于新的全球化时代,"人类命运共同体"是其核心理念,多元赋权的数字平台是场域重要行动者,全球气候变化是其重要议题。以气候变化领域为突破口,通过提供这一全球公共产品,以"讲述普遍道理、呈现共同价值"的普遍性话语方式讲好中国气候故事,传播好中国气候声音,不断为世界贡献中国智慧和中国方案,引导不同国家和地区的多元主体共同参与协商,进而达成关乎人类命运共同体的共识,是我国构建以政府为主导的气候传播行动框架的应有之义。

因此,我们认为,所谓"政府气候传播",是指以政府为传播主体,通过信息传播、新闻报道、舆论宣传等多种形式,向公众和国际社会传递气候变化与全球治理信息的传播活动,是实现全球碳中和目标的重要基础性工作。

政府气候传播是一项系统性的工作,涉及国内和国际两个方面,传播的目标主要包括以下两个方面:

从国内来看,主要目标是建立规范的气候变化信息源发布、传播和评估体系,通过向社会公众传递气候变化的相关信息,统筹社会资源积极参与气候变化传播工作,引导社会公众积极参与气候变化,倡导社会公众形成绿色低碳简约适度的生活方式。

从国际来看,中国政府积极参与全球气候治理,在"共同而有区别的责任"和"各自能力"的原则下,积极与发达国家开展气候变化国际合作,同时,帮助发展中国家提升应对气候变化的能力水平。通过对外宣传中国应对气候变化的经验和做法,贡献中国方案,并通过与世界各国加强交流与合作,推动全球气候进程。

(三)我国政府气候传播的实践状况

1. 中央层面:把碳达峰碳中和纳入生态文明建设整体布局,深化全球气候治理合作

习近平主席在第七十五届联合国大会一般性辩论上宣布,中国将提高国家自主贡献力度,采取更加有力的政策和举措,二氧化碳排放力争于2030年前达到峰值,努力争取2060年前实现碳中和。这是以

习近平同志为核心的党中央经过深思熟虑作出的重大决策，事关中华民族永续发展和构建人类命运共同体。

2021年3月15日，习近平总书记主持召开中央财经委员会第九次会议。会议强调，要坚定不移贯彻新发展理念，坚持系统观念，处理好发展和减排、整体和局部、短期和中长期的关系，以经济社会发展全面绿色转型为引领，以能源绿色低碳发展为关键，加快形成节约资源和保护环境的产业结构、生产方式、生活方式、空间格局，坚定不移走生态优先、绿色低碳的高质量发展道路。要坚持全国统筹，强化顶层设计，发挥制度优势，压实各方责任，根据各地实际分类施策。要把节约能源资源放在首位，实行全面节约战略，倡导简约适度、绿色低碳生活方式。要坚持政府和市场两手发力，强化科技和制度创新，深化能源和相关领域改革，形成有效的激励约束机制。要加强国际交流合作，有效统筹国内国际能源资源。要加强风险识别和管控，处理好减污降碳和能源安全、产业链供应链安全、粮食安全、群众正常生活的关系。

2021年11月11日，国家主席习近平在亚太经合组织工商领导人峰会上发表题为"坚持可持续发展 共建亚太命运共同体"的主旨演讲，首次阐述"1+N"政策体系的内涵，其中"1"是指中国实现碳达峰碳中和的指导思想和顶层设计，如《关于完整准确全面贯彻新发展理念做好碳达峰碳中和工作的意见》《2030年前碳达峰行动方案》等；"N"是指重点领域和行业实施方案，包括能源绿色转型行动、工业领域碳达峰行动、交通运输绿色低碳行动、循环经济降碳行动等。

2. 国家部委层面：坚决落实党中央、国务院关于碳达峰碳中和决策部署，及时举办面向社会的气候传播活动

2021年11月16日，国管局、国家发展改革委、财政部、生态环境部印发了《深入开展公共机构绿色低碳引领行动促进碳达峰实施方案》（以下简称《方案》）。《方案》坚决落实党中央、国务院关于碳达峰碳中和决策部署，明确公共机构节约能源资源绿色低碳发展的目标和任务，并针对绿色低碳发展目标提出5点举措，包括加快能源利用绿色低碳转型、提升建筑绿色低碳运行水平、推广应用绿色低碳技

术产品、开展绿色低碳示范创建、强化绿色低碳管理能力建设。围绕上述举措明确了20项具体工作，分别为着力推进终端用能电气化、大力推广太阳能光伏光热项目、严格控制煤炭消费、持续推广新能源汽车，大力发展绿色建筑、加大既有建筑节能改造力度、提高建筑用能管理智能化水平、推动数据中心绿色化、提升公共机构绿化水平，加大绿色低碳技术推广应用力度、大力采购绿色低碳产品、积极运用市场化机制，加强绿色低碳发展理念宣传、深入开展资源循环利用、持续开展示范创建活动、培育干部职工绿色低碳生活方式、推进绿色低碳发展国际交流合作，健全碳排放法规制度体系、开展碳排放考核、强化队伍和能力建设。

为落实中央关于碳达峰，碳中和的精神指示，生态环境部及时举办面向社会的气候传播活动，在国内召开各项会议贯彻落实中央计划，和各级政府有关机构合作，监督地方企业落实情况，邀请生态环保学界业界人士共同探讨。在环境宣传教育、科学普及与社会动员上，出台了《关于进一步加强环境保护科学技术普及工作的意见》，建设了一批国家生态环境科普基地，组织创作了一大批科普作品，并开展形式多样的传播活动，形成较为完善的传播工作体系，促进全社会环保意识和科学素养的整体提升，为深入贯彻落实习近平生态文明思想营造了良好社会氛围。生态环境部加强与国家部门间合作，减少污染物排放方面，生态环境部希望与国家自然科学基金委员会一道，加强顶层设计，深化部门合作研究阐明减污降碳协同效应实现机制，深入分析脱碳路径，建立健全温室气体排放管理技术体系。海洋保护方面，2021年2月4日，生态环境部与中国海油在京签署合作框架协议，加强海洋生态环境保护领域部企合作，推动海洋生态文明建设，积极践行"在保护中开发、在开发中保护"原则，守护好碧水蓝天。

针对"双碳"目标，中国气象局温室气体及碳中和监测评估中心于2021年1月22日开始运行，重点攻关温室气体及碳中和监测评估关键技术，研发综合天空地一体、标准化、长期和高精度的双向碳循环综合监测和评估方法，支撑城市碳收支的测量、报告、核查，打造温室气体及碳中和监测评估创新研究团队等。对照第十三届全国人民代表大会第四次会议上的政府工作报告提出的要求，气象部门还将制定加强应对气候变化工作方案和承载力脆弱区气候变化监测系统实施方案，参与制订碳达峰行动方案，开展气候变化监测和适应对策研究；参与联合国气候变化框架公约谈判，开展政府间气候变化专门委员会三个工作组报告政府评审等工作，支撑国家气候变化专家委员会围绕碳达峰碳中和开展决策咨询；完善碳中和愿景风能太阳能监测预报体系，开展风能太阳能资源精细化评估和重大发电基础设施气象灾害风险评估。针对社会公众，中国气象局的直属事业单位中国气象报社邀请中国科学院、中国工程院以及中国气象科学研究院等单位的专家对一些"双碳"计划进行了宣传报道，让公众了解碳达峰碳中和对应对气候变化的重要意义。

3. 地方政府层面：响应国家碳达峰碳中和战略布局，开展地方创新

截至2021年9月，全国至少有17个省区市颁布了当地的"十四五"可再生能源规划和碳达峰规划，开展地方创新，积极配合实现中国2030年碳达峰的目标。

广东省作为我国人口数量多、经济水平高、发展速度快的一个大省，省政府及相关部门严格贯彻习近平总书记关于碳达峰碳中和的重要论述精神，全面准确把握核心要义、精神实质、丰富内涵、实践要求，从各个方面为实现"双碳"作出部署。在构建清洁低碳安全高效的能源体系、推进产业结构优化升级、支持推动绿色低碳技术创新、加快完善绿色低碳政策和市场体系、促进形成简约适度绿色低碳的生活方式、提升生态系统碳汇能力等方面持续用力，加快建设节约资源和保护环境的产业结构、生产方式、生活方式、空间格局，努力走出符合广东实际、体现广东作为的碳达峰碳中和实现路径。

作为全国五个自治区之一的广西壮族自治区，在"双碳"目标实现方面，也做了很多工作。广西壮族自治区（以下简称广西）颁布相关措施，深入推动生态环保服务高质量发展，鼓励有条件设区市率先开展碳达峰实践。以降碳为总抓手，实现减污降碳协同增效，推动将碳排放影响评价纳入环境影响评价体系；指导帮助火电、钢铁、焦化、

水泥等行业超低排放改造,优先选择化石能源替代、原料工艺优化、产业结构升级等源头治理措施,协同减少温室气体排放;鼓励有条件的设区市率先开展碳达峰实践;积极参与全国碳排放权交易市场建设,深化低碳试点,推进"近零碳"排放示范工程建设。广西柳州市,作为全国第三批低碳城市试点城市,碳汇精准生态扶贫项目率先在广西打造"互联网+生态建设+精准扶贫"新模式,该项目将低碳理念从生态领域延伸至扶贫领域,普及低碳理念从城市带到农村,碳汇参与者也从传统的企业变成普通民众,以生态低碳理念助推精准扶贫,实现多赢。

作为生态旅游大省,海南省为提前实现碳达峰,制定实施碳排放达峰行动方案,支持有条件项目开展碳捕集利用与封存,研究率先达到碳排放峰值。积极参与全国碳排放权交易市场。研究推进海洋碳汇工作,探索建立海洋碳汇标准体系和交易机制。探索碳中和机制,推动建设近零碳排放示范区。加强温室气体清单编制等基础能力建设。开展气候风险评估分析,加强城市基础设施气候适应能力建设,加强海洋灾害风险管理与海岸带保护。探索建立气候变化健康风险预防机制。还积极开展深海探测、资源利用、海工装备等关键技术研发和科技成果转化。推进海洋新能源开发利用,为海南发展碳汇经济,实现碳达峰、碳中和提供技术保障。

二 新时代我国政府气候传播的主要特点

在气候传播的各个环节,政府在其中发挥了重要作用。这主要是基于政府在传播中信息的权威性和唯一性而决定的。政府气候传播作为重要一环,既具有管理职责,同时作为传播环节的重要节点,其信息传播方式又会直接影响后续传播过程。政府气候传播作为以政府为信息源,以国内外公众对受众的一种传播模式,有其自身特点:

(一)政府气候传播的权威性

气候变化的基础是科学,特别是在基础科学领域。从世界范围看,联合国相关机构不仅主导了气候变化的科学研究,还成立了政府间的合作机构（IPCC），组织全球近千名科学家对于当前的科学进展进行评估，每隔几年就会发布评估报告，到目前为止，已经发布六次评估报告，这些评估报告成为气候变化领域最有权威的信息。而各国政府机构在气候传播过程中，同样以其权威性而发挥着其他传播行为主体难以起到的重要作用。

在气候传播中，政府部门的专业性、权威性容不得打折扣。这种权威性来源于政府公信力，直接影响政府的权威和形象。对于可以行使公权力、言论具有权威性的政府部门，既要在气候变化科学信息传递和风险沟通上运用各类媒体传播，又要在协调群众关系、新闻宣传、政策发布等事项上认识到新闻传播的重要作用。政府所发布的信息绝大多数时候都是唯一标尺，分量沉重。因此，政府气候传播一方面要吸取社情民意以调整决策，提升自身气候治理能力；另一方面又要做好公众传播，使社会公众认识和了解自己，达成有效的双向意见沟通。

在新媒体环境下，以政府为主导的国家气候传播能力建设的重要性愈加凸显。在社交媒体平台上，气候事件频频成为舆论热点，在社交平台上获得大量关注和讨论，人们在互联网上接触信息的时间更多，受各种信息环境影响也较之前更大。制造应对气候变化的行动共同体意识，形成在地化的情感依附，加快构建全媒体传播新格局，不仅是忠实履行新时代政府气候治理职责的重要体现，也是我们党治国理政需要面对的时代课题。对此，各级政府部门要把做好信息公开、提高信息传播效能摆上重要工作日程，做到政府经济社会政策透明、权力运行透明，让群众看得到、听得懂、能监督，不断把人民群众的期盼融入政府决策和工作之中，努力增强提升政府公信力、社会凝聚力的"软实力"。

（二）政府气候传播的综合性

政府作为社会的管理者，具有多方面的优势，特别是在调动社会资源方面具有综合性的优势，因此，政府在气候传播的过程中，可以调动方方面面的资源，如邀请专家学者、媒体和非政府组织等共同开展气候传播活动，并且将传播写入相关的文件。如《中国应对气候变化的政策与行动》白皮书中,多次提及要加强国际合作,讲好中国故事,充分发动社会资源强化气候传播的效果。

多年来,我国政府一直重视应对气候变化领域的社会传播工作,通过设立全国低碳日,举办大型展览、进校园和进社区等方式,倡导绿色生活等方式,积极引导社会各界参与气候变化,每年还在国务院新闻办举办气候变化白皮书发布会,向公众展示社会各界应对气候变化的行动和成就,传播绿色低碳发展理念,树立推进应对气候变化的传播体系建设。我国政府一直重视通过气候传播,通过各种传播渠道,采取各种现代技术手段和传播媒介,普及气候变化科学知识、提高社会公众参与意识、传播绿色低碳发展理念,推动形成资源节约、环境友好的生产和生活方式。具体来看,我国政府气候传播综合性具有以下几点表现:

1. 形成了内外结合的传播模式

在气候传播领域,我国政府积极和运用多样化的传播手段不断拓展新的传播方式,不仅将中国控制温室气体排放的目标、政策和行动及时向媒体发布,增强了国内各界对于低碳发展的认知度,同时积极加强与国外媒体的沟通,赢得了国际社会对我国应对气候变化工作理解和支持。我国在低碳发展宣传中,积极利用各种资源建立以政府为主导的传播网络,在气候传播过程中,注重发挥环保组织的力量,引导和鼓励公众积极参与,取得了良好的效果。

为扩大对外宣传,向国际社会展示中国应对气候变化的政策和成效。自2011年开始,我国政府开始在联合国气候大会设立"中国角"。通过设立主题边会、展览展赠等多种方式宣传中国政府社会各界应对气候的政策和行动。中国角主题边会吸引了大量国内外机构参与,主题涉及低碳城市、碳市场、南南合作、行业减排、适应、青少年、传播与公众参与等主题内容。每年的中国角的合作伙伴涵盖了联合国机构、美欧和亚非等主要的合作伙伴和国际非政府组织,形成了良好的互动和传播效果。中国角活动积极地配合中国政府代表团的谈判工作,通过媒体的宣传,使国际社会更好地理解了中国在气候变化领域的行动和效果。

2. 应对气候变化和低碳发展逐步纳入国家教育体系。

我国气候变化和低碳发展教育取得了明显进步，气候变化和低碳发展被逐步纳入国家教育体系。在基础教育中，气候变化和低碳发展逐步成为日常教学的内容之一；在高等教育领域，关于应对气候变化和低碳发展方面的教学内容和科研成果不断增多，通过在各级学校及更大的范围推广气候变化和低碳发展教育，提升了全民素质教育，特别是青少年素质教育的质量和水平，有效地促进了"资源节约型和环境友好型"社会的建设，具有现实的经济效益和深远的社会效益。

针对中小学的气候教育项目，提高在校师生的环境意识。通过在中小学的开展气候变化教育项目，使青少年更多地理解全球气候变化，还有一些学校通过建设低碳校园，在学校设施中引进节能设施，减少了学校设施的碳排放水平。气候变化教育行动对我国全民素质教育，特别是青少年的素质教育，对提高国民环境意识，培养尊重自然环境、践行低碳生活的高素质国民和世界公民，有着深远的意义。同时还有效地促进"资源节约型和环境友好型"社会的建设，具有现实的经济效益和深远的社会效益。

此外，气候教育行动在国际上将有助于宣传我国政府对于适应和减缓气候变化的积极努力，有助于进一步提升我国的国际社会形象和国际政治影响力。

3. 各类培训活动工作显著增强地方低碳发展能力

近年来，我国气候变化和低碳发展培训取得了显著成效。通过各种培训，中央和地方各级领导干部、科研和技术人员、部分企业、公众对气候变化和低碳发展的危害性、气候变化和低碳发展与经济发展、气候变化和低碳发展与消费、生活方式，以及气候变化和低碳发展问题引起的各国政治经济利益争端等问题的认识、应对意识和能力有了显著提高，特别是针对教师和媒体的培训活动，增大了低碳绿色发展的传播范围，辐射面广，影响深远，不仅传播了绿色低碳发展理念，还推动了公民素质教育，具有广泛的社会影响和良好的社会效益。具体表现在以下三方面：

一是加深了中央和地方各级领导干部对气候变化问题的认识和应

对能力。在此基础上，各地纷纷编制了地方应对气候变化和低碳发展规划。大大提高了地方减缓和适应气候变化的能力。这些工作的开展对我国实现减排目标，推动国内绿色低碳发展转型具有重要而深远的意义，有效地促进了"资源节约型和环境友好型"社会的建设，具有现实的经济效益和深远的社会效益。二是增强在气象、林业、可再生能源等专业领域应对气候变化的能力，培养一批技术骨干和带头人，从而整体提高了中国在专业技术领域减缓和适应气候变化的能力。三是提升公众参与意识。通过培训和相关政策的实施，公众对于气候变化的意识有了明显提高，对于气候变化的危害性，气候变化与经济发展、消费、生活方式，以及气候变化问题引起的各国政治经济利益争端与谈判等问题取得了不同程度的共识。同时，针对教师和媒体的培训活动，增大了低碳绿色发展的传播范围，辐射面广，影响深远，不仅传播了绿色低碳发展理念，还推动了公民素质教育，具有广泛的社会影响和良好的社会效益。

（三）政府气候传播的时效性

政府作为决策者，掌握着气候变化科学资源和政策信息，因此在信息获取和发布等方面有着其他单位和机构不具备的优势。同时，政府作为气候变化相关信息的第一来源，往往在信息发布方面要快于其他机构。特别是在重要的时间节点通过新闻发布、媒体吹风等多种方式，将信息快速发布出去，同时，也会调动大量的媒体资源，建立多层次立体化的传播网络，迅速将信息全面铺开。

我国作为负责任的发展中大国，充分认识到应对气候变化的重要性和紧迫性，不仅提出了明确的温室气体排放控制目标，还在国内积极采取了各项积极，积极应对气候变化。当前，我国已成为全球温室气体排放第一大国，现阶段的发展形势又决定了在未来一段时期内我国温室气体排放量将保持缓慢达峰趋势。面对不断增加的国际压力、日益复杂的国际气候谈判进程、愈加激烈的各方博弈，需要进一步加大气候传播和舆论引导工作的力度，使各方面充分认识应对气候变化任重道远及我国所取得的阶段性成果，从而呼应、配合和支持我国政府在气候谈判方面的谈判立场和策略，在维护我国发展权益的同时，也树立积极负责任的大国形象。

2015年国家主席习近平在巴黎气候大会开幕式发表《携手构建合作共赢、公平合理的气候变化治理机制》的演讲，提出了在未来一段时间内中国政府积极参与全球气候治理的战略框架。这标志着我国已经从被动参与全球游戏规则制定转向积极参与国际事务，通过积极参与全球气候治理进程。

如今，我国气候传播已经初步形成了国家、媒体、智库、企业和社会组织多层次多主体的传播格局。从国家层面看，气候外交已经成为国家外交战略的重要组成部分，在国家领导人出访过程中，关于气候变化问题已经成为必不可少的议题，以人类命运共同体为共同利益载体，以包容、发展和求同存异为目标的合作模式得到了国际社会的广泛认可。同时，在国际舞台上，以非国家身份出现的智库发挥着重要作用，作为国家利益的执行者和防火墙，智库与国际多双边机构、智库、高校开展研讨对话等多种形式的接触，作为大国外交下的公共外交开展工作。近年来，企业也积极参与气候变化的国际合作，在国际舞台上发挥着越来越大的作用，组织专项活动等形式开展对外传播，通过这些活动，不仅提高了自身的知名度，而且在国际舞台上树立了良好的形象。联合国气候变化大会中国角是每年一度的国家气候传播的重要平台，通过组织国内外的政府、媒体、智库、企业、社会组织等组织不同主题的研讨活动，凝聚共识，对外共同发布声音，极大地增强了中国在国际舞台上的影响力。

三 新时代我国政府气候传播的实践环境

（一）新时代我国政府气候传播面临的机遇

1. 我国已成为全球气候治理的参与者、贡献者和引领者，《巴黎协定》后我国应对气候变化工作已进入一个新的阶段

党的十九大报告中指出，我国已经成为全球气候变化的重要的参与者、贡献者和引领者。2001年《京都议定书》开启了全球气候变化工作的新历程，我国政府作为最早的发展中国家向联合国递交了批准

文件，并开始按照《京都议定书》的要求积极履行国家义务。

2009年，全球气候变化在经历哥本哈根联合国气候大会的挫折之后，我国政府和其他发展中国家一道为探索新的气候变化治理模式共同努力。为达成《巴黎协定》，我国政府与美国、法国等重要发达国家签订了多个协议。正是由于我国政府努力，才使得2015年《巴黎协定》谈判、达成、签署和实施最终成为可能。习近平主席在巴黎气候大会的致辞，提出气候变化协议需要包容共同发展，我国政府将与全世界人民一起共同致力于人类命运共同体的建设。

我国作为全球气候治理的重要的参与者、贡献者和引领者，不仅改变和加快了全球气候治理的进程，还于2015年6月向联合国递交了国家自主贡献文本，提出了中国中长期的发展目标。2016年9月，我国政府向联合国提交了《中国可持续发展国别方案》。通过这两个文件，不仅将低碳发展明确作为国家战略，也明确了气候变化与环境治理是我国政府开展国际合作的重要领域。

2. 应对气候变化作为生态文明建设重要内容，气候传播的策略和方向需要调整和优化

应对气候变化工作经过近二十年的发展，国内外环境都已经发生巨大变化。在2015年我国政府提交的国家自主贡献文件中，提出了2020年、2030年的应对气候变化行动目标，并采取了调整产业结构、优化能源结构、节能提高能效、大气污染物减排、增加碳汇等一系列强有力的政策措施，积极推动产业、能源、消费领域的绿色低碳转型，积极开展控制二氧化碳排放和碳市场建设，气候变化工作取得积极成果。一是机构建设不断健全，目前全国各个省区市都已经成立了环资（气候）处，并且有18个省区市成立了专门的气候处和办事机构，在地方开展气候变化相关工作，形成了上下一致的工作机制。二是试点工作不断扩大，低碳省市和城镇试点工作不断扩大，目前已经开展了三批试点工作，并计划到"十三五"期末，试点城市达到一百家，低碳园区和低碳社区试点已经全面铺开，碳排放权交易试点已经从地区试点进行全国启动，以电力行业为碳排放权交易第一批行业试点正在密集开展。通过以上努力，我国2017年单位国内生产总值二氧化碳排

放比2005年下降46%。

2018年5月,习近平总书记在全国生态环境保护大会提出要加快构建生态文明体系,加快建立健全以生态价值观念为准则的生态文化体系等系列制度体系建设要求。原有的工作模式和政策体系需要进一步优化和加强,特别是在气候传播领域,以提升公众意识为重点的气候传播重心需要转变到引导价值观重构和以鼓励公众参与为主的传播时代。公众参与的领域已经从接受气候变化的科学知识转变到参与气候变化相关政策的前期论证和政策评估的过程中,从被动接受者转变为政府政策制定的重要参与者和修订者,民众的关注点将成为影响政策制定的重要因素之一。在气候变化政策体系中,除了现有的鼓励民众参与等制度体系,还需要制定更为具体的政策,如通过财税手段鼓励企业参与低碳技术和产品的研发,在流通领域实施碳标签制度,加强碳排放权交易和碳税的协同职能等,创造一个有利于低碳发展的经济和社会环境已经成为下一步工作的优先选项。

3. 机构改革进一步加强了气候变化在国家治理中的作用和地位

党的十九大后,我国经济开始由高速增长转为高质量发展的新阶段,同时将控制温室气候排放与大气污染进行协同治理,并推进了以职能整合为目的部门改革。气候变化工作由之前的国家发展改革委转入新组建的生态环境部。伴随着顶层改革的开展,地方应对气候工作职能也随之调整。

应对气候变化国家机构的调整,为下一步在生态环境系统开展气候变化工作提供了新的机遇。积极实施应对气候变化国家战略,源头治理和末端治理相结合,温室气体与大气污染协同治理等将成为下一步工作的重点之一。在这种情况下,气候传播工作也要与时俱进,与国家"双碳"战略目标以及一系列国家自主贡献目标相匹配,在传播手段和策略等方面也须进一步加强和提升,通过气候传播的强化行动,提升公众对于应对气候变化和绿色低碳发展的认识,并推动全社会实现从意识到行动的跨越。特别是在供给侧,通过加大对于低碳产品和技术的研发生产,提供更多可供消费者选择的低碳商品,实现从生产到消费全生命周期的绿色低碳发展,使低碳生活成为社会公众必不可少的重要选择。

(二) 新时代我国政府气候传播面临的问题及挑战

1. 对气候变化和低碳发展的宣传认识有待提高

气候变化和低碳发展本身是一个复杂的科学问题,在宣传工作中,由于对于气候变化科学的认知还存在着不确定性,低碳发展没有现成的模式可以参照,因此在宣传过程中,如何提高宣传的可信度和解释力是当前面临的主要问题。气候变化属于科学问题,由于其专业性强,公众对于气候变化的理解不可能像专业人员一样全面,对气候变化及其应对机制往往缺乏相应的专业知识。从另一角度看,气候变化与环境问题不同,气候变化是全球大尺度下的一种变化,公众对于气候变化的感知非常缓慢,一些环境问题像酸雨、水污染和大气臭氧含量增多等问题,公众可以切身感受到环境恶化带来的不良影响。气候变化问题则不同,在以十年为尺度的序列空间中,公众对于1℃—2℃的温度变化感知不明显,特别是全球气候变化伴随的不仅是全球变暖,也会出现极寒等极端气候事件。如何全面科学地介绍全球气候变化变暖对于提升公众意识,进而参与到气候变化本身是一个前提和基础。

2. 气候变化和气候教育需要确立专项战略

国家需要确立气候教育的专项战略,提供实施行动的统一政策蓝图,以确保气候变化和气候教育行动实现预期效果。现阶段我国气候教育管理分置在不同部门,特别是职业群体的气候变化和低碳发展教育,分属各自主管部门的教育机构管辖,造成原本就匮乏的教育资源比较分散,使用效率较为低下。气候变化和低碳发展教育在我国刚刚起步,适合中小学生和职业群体阅读的相关教材和科普读物严重不足,即便是高等院校环境学科的学生也缺乏系统的训练,尚未形成系统化的课程资源和教师资源,直接影响气候变化和低碳发展教育的效果和质量。另外,气候变化和低碳发展教育体系尚不健全,受众面偏小,规模严重不足。从受教育群体看,现阶段气候教育是以中小学生为主,对高等院校学生、职业群体的气候教育项目偏少。应对气候变化和低碳发展需要全社会共同行动,需要国家转变经济发展方式,公众改变消费和生活方式,只有全社会公众群体共同努力,才能最大化地实现应对气候变化和低碳发展的行动效果。气候变化和低碳发展教育资金的筹措渠道有待进一步拓宽。建立气候变化和低碳发展教育体系需要大量的资金投入。如果仅仅依靠政府财政和国际机构资助将无法满足教育需求，必须采取多种融资渠道筹措资金，特别是探索积极利用社会资金的体制机制。

3. 气候培训需要制定整体规划和政策框架

2015年8月30日，我国向联合国气候变化框架公约秘书处提交了应对气候变化国家自主贡献文件《强化应对气候变化行动——中国国家自主贡献》，提出要完善社会参与机制，强化企业低碳发展责任，强化低碳发展社会监督，以及加强公众参与和发挥媒体监督和导向作用。

为了有效解决我国气候变化和低碳发展培训工作中存在的问题，亟须从多个角度制定全面的对策建议。首先，应制订具有战略性和前瞻性的长期规划和整体设计，确保培训工作能够持续推进，避免短期行为导致的资源浪费。各级政府应建立统一的协调机制，整合培训资源，提升管理效率，避免部门条块分割。同时，应扩大培训主体范围，涵盖企业界、咨询机构、社区以及普通民众，增强培训的广泛性和针对性。其次，须加大培训资金投入，拓宽资金来源渠道。在国家财政体系中设立支持气候变化和低碳发展的专项预算科目，确保培训工作有稳定的经费来源。此外，应鼓励私营部门和社会资本参与气候培训，通过公私合作模式，引入更多的资金和资源，满足不断增长的培训需求。此外，应加强与国际机构的合作，积极参与国际交流与合作，学习借鉴国际先进经验和做法。建立与联合国及其他发展中国家的长期合作机制，推动国际气候培训项目在国内的落实与推广。通过国际合作，不仅可以提升国内气候培训的质量和水平，还能为全球气候治理贡献中国智慧和方案。最后，要发挥媒体和公众的监督与导向作用，通过多种渠道宣传气候变化和低碳发展的重要性，提升全社会的认知和参与度。建立公众参与机制，鼓励社会各界积极参与气候培训，形成全社会共同应对气候变化的良好氛围。通过这些综合性对策和措施，全面提升我国气候变化和低碳发展培训工作的效果，为实现绿色低碳可持续发展奠定坚实基础。

第二节 新时代我国政府气候传播的角色定位

政府传播的角色定位是由其自身的功能与职责所决定的。由于政府在气候传播中具有组织者、决策者和管理者的职责，这一角色定位决定了它在气候传播中有着特定地位和责任，需要担负特殊使命和任务，发挥独特功能和作用。我国是全球最大的发展中国家，也是世界上最大的碳排放国，既面临发展经济、实现中国式现代化等一系列目标要求，也面临低碳转型、绿色发展的现实挑战。对此，需要政府在全球气候治理与气候传播方面发挥主导功能，起到多方面作用。

一 气候传播规划的制定者

根据经济合作与发展组织（OECD）的定义，所谓"治理（governance）"，是指通过政府和市场手段实现公共管理的过程。其中，"良性治理（good governance）"，即政府机构为了国家和全球共同利益，通过一系列合理的、连贯的、广泛的程序，确保管理机构高效和民主地运转[1]。基于政府在信息传播中的权威性、全局性和系统性，作为国家气候战略和各项政策行动的顶层设计者，政府要做好气候传播体制机制建设，创新传播理念、内容、体裁、形式、方法、手段、业态，推动新时代气候传播的全面深化改革和深度融合发展。

气候传播须加强政府、社会组织、媒体、智库、企业和公众等各相关方的信息互动，形成合力推动应对气候变化工作。要建立气候变化公共传播机制，一是要准确定位气候变化信息传播机制中的各要素，弄清各要素之间的相互作用关系和机理；二是明确各要素之间如何分工合作，以及采用怎样的运行模式来完成信息传播的全过程；三是要制定或修订气候传播相关体制机制，来规范、约束和指导各要素间的

---

[1] 参见丁瑞常《经济合作与发展组织参与全球教育治理的权力与机制》，《教育研究》2019年第40卷第7期。

活动（如图2-1）。

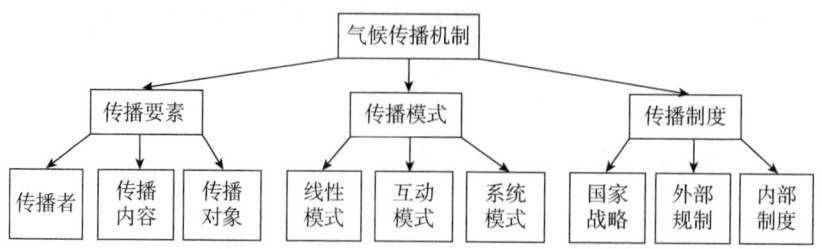

图2-1 我国应对气候变化传播机制的构成图

气候变化信息作为一种公共信息，整个传播过程主要涉及三个要素：传播主体、传播内容（话语体系）及传播目标对象。政府掌握着制定政策、执行法律和管理社会的权力职能，扮演着权威信息发布者的角色。我国应对气候变化所涉及的政府部门是以国务院牵头，涉及发改委、外交、财政、科技、工信、住建、环保、气象、林业、农业、海洋、交通等众多部门。各个部门在气候传播中的侧重点不同，地位和作用也不一样。

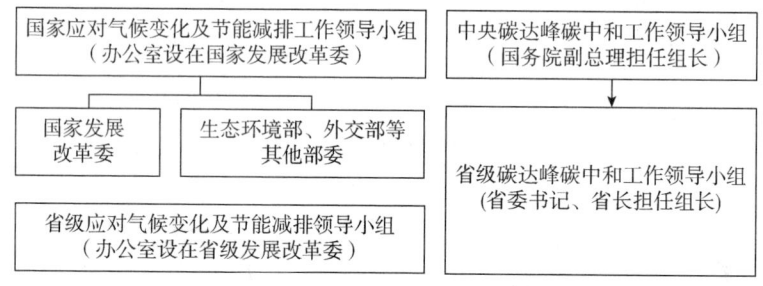

图2-2 政府气候传播领导组织机构

如图2-2所示，在政府主导的气候传播中，担任信息生产、制定、发布和传播的组织机构主要有发改委、相关部委、地方政府及其下属事业单位及各职能部门。在现阶段的气候传播机制中，政府的主导地位无法取代，但是作为信息发布者，政府需要加强与媒体、社会组织等多方进行全方位合作，在政策上多加引导和支持，增加信息公开度和透明度，这样才能为气候传播创造更好的传播空间。

气候变化导致全球温升，其本质是公共产品的个人（群体）利益与社会利益的平衡。在气候传播过程中，当社会损害不足以损害个人利益时，个人对于公共利益是漠视的。反之，当公共损害危害到个人利益时，才会触发基于个人（群体）利益的关注和行动。但是仅基于道义的意识提升，如一些气候变化和环保机构的倡导，并不能完全唤醒带动整个社会的行动意识。政府的介入将这种社会利益上升为国家利益，通过财政对于事业的投入弥补社会组织在财力和组织上的不足。在这一意义上，政府或许并不是气候变化的最早的倡导者，但却是公共利益最有力的协调者。自2008年国家发展改革委成立气候司以来，气候变化问题由原来的气象局主管科学领域逐步转向由国家发改委负责的社会经济领域。同时，低碳城镇、低碳社区和碳交易等一系列试点工作也相继开展。针对应对气候变化的现状，有关部门制定了一系列气候传播政策，在《中国应对气候变化国家方案》、《中国应对气候变化的政策与行动》系列报告、《"十二五"国家应对气候变化科技发展专项规划》和《"十二五"控制温室气体排放工作方案》等文件中都作了细致的规划设计，为我国气候传播确定了基本方向。

当前，要坚定不移实施积极应对气候变化国家战略，采取有力措施积极稳妥推进碳达峰碳中和，积极参与和引领全球气候治理，因此需要大力加强和改进政府气候传播工作，全面提升气候传播效能。近两年，国家层面重点开展碳达峰碳中和"1+N"政策体系构建工作，政策框架上细分为"2+26"，推动"十大措施"转换为"十大行动"。上海市印发了《上海市2021年节能减排和应对气候变化重点工作安排》，明确要通过加强宣传引导和倡导绿色生活开展全民行动，组织全国节能宣传周、全国低碳日、世界环境日等主题宣传活动，开展"十三五"节能评选表彰，大力推广绿色低碳出行等。江苏省计划推动构建"1+1+6+9+13+3"碳达峰行动体系，并提出了相应的组织保障，包括广泛开展国际合作、开展碳达峰专题培训，加大碳达峰行动宣传力度等。浙江省紧扣实际工作，依据"4+6+1"总体思路，提出了具体技术路线图和行动计划，明确提出要推广太阳能、风电、生物质能利用先进技术、搭建核心技术攻关交流平台、推动国内外科技合作等措施，并提出了相应的组织保障措施。

"十四五"是"碳达峰"的关键期、窗口期，要针对当前阶段的国家战略部署和重点任务，处理好发展和减排、整体和局部、短期和中长期的关系，以《国家适应气候变化战略2035》编制为契机，分阶段、分时期确定气候传播行动路线，科学推进我国气候治理社会动员和国际传播工作。

二 气候变化政策的宣教者

气候变化的基础是科学，政府不仅主导气候变化的科学研究和政策制定，还承担着信息沟通、舆论引导和社会服务等职能。从建立健全生态文明建设体制机制的角度看，力求导向清晰、多元参与、良性互动是现代环境治理体系的应有之义，这有赖于气候传播进一步发挥"高举旗帜、引领导向"的作用，坚持党的集中统一领导，承担起"围绕中心、服务大局"职责，强化政府主导作用，更好地动员社会组织和公众积极参与，以期更好地实现政府治理、社会调节与企业自治的良性互动。

在信息沟通上，政府是权威信息来源与关键意见领袖。气候变化涉及自然科学、工程和经济社会等多个领域，政府资金作为气候变化科学研究最重要的资金来源，通过国家重大科技专项、自然科学基金和社会科学基金等方式，在大学和科研院所开展气候变化科学进展、重大问题以及各项政策等进行深入的研究，同时也对涉及气候变化的重大技术进行资助，制定低碳技术目录等文件，并定期发布气候变化评估报告，组织国内专家团队编写中长期低排放战略、国家气候变化信息通报和两年更新报等，不断促进气候变化相关科学信息和政务信息公开。

在环境宣教和社会动员上，全国低碳日已经成为对内气候传播的重要载体。2012年国务院常务会议将每年6月节能周的第三天作为全国低碳日，通过全国低碳日提升社会公众的低碳意识，提高全社会参与气候变化的社会氛围。自2013年开始,由国家发展改革委、生态环境部、住房和城乡建设部、共青团中央等十四个部委开展的全国低碳日工作已经连续举办了十届。通过举办应对气候变化主题展览、影像展、论坛、进校园等系列活动,从各级政府机关、城市、园区、社区、学校等不同的领域开展的群众喜闻乐见的活动,展现国内各部门在应对气候变化领域的政策和做法,并通过中央电视台、人民日报社、新华社等为代表的各级媒体机构深入报道,社会公众对于气候变化和低碳发展的意识已经深入人心。

全国低碳日是国家法定的气候变化宣传日,相关活动突出应对气候变化与低碳发展问题与公众的关联,每年围绕一个主题向公众普及气候变化知识,宣传应对气候变化政策、行动和成效,提升公众低碳意识,倡导公众选择简约适度、绿色低碳的生活方式,营造推动绿色低碳发展的良好社会氛围(见表2-1)。

表2-1　　　　　　　　历年低碳日活动主题

年份	日期	年度主题
2013年	6月17日	践行节能低碳,建设美丽家园
2014年	6月10日	携手节能低碳,共建碧水蓝天
2015年	6月15日	低碳城市,宜居可持续
2016年	6月14日	绿色发展,低碳创新
2017年	6月13日	工业低碳发展
2018年	6月13日	提升气候变化意识,强化低碳行动力度
2019年	6月19日	低碳行动,保卫蓝天
2020年	7月2日	绿色低碳,全面小康
2021年	8月25日	低碳生活,绿建未来

各级地方政府已经开始认识到全国低碳日的作用。国家有关部门通过对天津、湖北、福建和河南等地开展专家论坛、实地考察和媒体报道,全方位展示地方在气候变化领域的政策和行动,受到了地方的欢迎,并取得了良好的效果。另外,有关部门通过举办低碳专家行活动,将低碳政策与地方实践密切地结合起来,一是通过专家研讨对于当前政策执行当中存在的问题进行剖析,二是通过实地考察切实了解

省市级的决策者、企业和社会公众对于低碳发展的看法，特别是低碳政策对于行业发展的影响。

全国低碳日在举办形式上加强与地方各级政府的联系。目前，全国低碳日活动主要通过部门发文，由各级地方政府自行操作的形式，各地举行低碳日的活动内容和主题自行确定，没有形成统一的行动和声势。另外，传统的低碳日宣传大多是以单向宣传为主，这在气候传播初期起到了较大的普及作用，如今随着公众低碳意识的不断增强，仅仅依靠政府为主的低碳宣传活动没有完全掌握社会关注的重点，公众的参与程度也会受到影响。

此外，我国政府开展的"低碳中国行"活动，行程涉及北京、天津、河南、湖北、江西、福建、贵州、重庆、新疆等省区，国家气候战略中心、中国气象局、国家信息中心、中国国际民促会以及多个地方政府，经过七年的努力，使得公众对气候变化的认知水平大幅度提高。随着公众对于环境问题的日益关注，低碳发展的内在需求也不断上升。主管部门在推动低碳试点城镇、低碳社区和碳交易等系列试点工作的深入开展，媒体、公众和企业对于低碳发展的认识也在不断深入，特别是低碳发展的模式、路径以及与公众利益相关性等不断显性化。一些企业，如蚂蚁金服等设立全民碳账号，使公众可以清晰地感受到可持续发展的意义。

利用全国科技活动周、全国科普日等重要时段和契机，联合开展形式多样、内容丰富的主题宣传活动，适时组织开展知识竞赛、作品大赛、讲解比赛等活动，正成为我国各地区推动气候传播常态化、社会化的重要举措。

三 气候传播平台的搭建者

在气候传播过程中，政府、媒体、智库、社会组织、企业和公众在相互作用下，起初会形成一个单向的传导链条。在这个链条中，政府处于主导地位，决定着整个链条信息传导的来源和数量。随着气候变化不断被社会各界所接受，媒体、社会组织、智库、企业和公众也会成为议题的设置者和发布者,单向的传播模式会逐步分化为多维度的传播模式。随着气候变化议题的泛化,气候变化在不同的领域越来越多地表现为各个利益相关方自我意志释放的载体。如企业参与气候变化,是以降低温室气候负面影响的社会责任为初始动机,但是随着碳交易规则的不断明确,通过碳市场手段创造利润的机会开始显现,企业开始主动探索低碳发展的盈利模式。

  对于当前我国政府气候传播而言,结合国家气候变化应对战略和碳达峰碳中和行动部署,集聚资源和渠道搭建传播平台,更好地连接其他行动主体,具有深远意义。约翰·彼得斯认为,各种大型、耐用和持续运行的系统或服务,以及所有支持和辅助生活与生存的系统——基础设施,都是"培养基",也即"元素型媒介"[①]。从这一视角出发,政府气候传播各种渠道和形式都可以视为一种社会基础设施,既是"信息提供者"和"意识形态提供者",也是"社会秩序提供者"。它居于"中间位置",是气候传播离散与整合、混乱与秩序的互动环流之所在,也是一个"杠杆",通过力的发散辐射,形成一种新的关系形态。

  正如"船"是人之于"大海"的媒介,"平台"便是政府之于气候传播的媒介。作为社会的管理者,政府在平台搭建上具有综合性优势。因此,政府在主导气候传播的过程中,可以调动方方面面的资源,例如邀请专家学者、媒体和社会组织等共同开展气候传播活动,将气候传播实践行动纳入政策法规和基础设施建设中;组织开展绿色出行、绿色家居、绿色消费、绿色餐饮、绿色快递、绿色旅游、绿色观影等活动,引导公众积极践行绿色生活方式;综合运用政府推动、市场参与等手段,推动更多企业、市场力量进入碳达峰碳中和行动领域,激发各大传播主体的自主性和创造性。

  早在2007年,浙江省嘉兴市就探索建立了公众参与环境治理的"嘉兴模式",2016年这一做法被写入了联合国报告《绿水青山就是金山银山:中国生态文明战略与行动》。到2020年,"嘉兴模式"已

---

① 参见黄旦《云卷云舒:乘槎浮海居天下——读〈奇云〉》,《新闻大学》2020年第11期。

在浙江省 10 多个城市得到推广。其主要内容可概括为治理结构上的"一会三团一中心"制和运行机制上的"六大参与平台"制（见表 2-2）。

表 2-2   "嘉兴模式"的运行机制

机制	流程与目的
大环保	构建"政府—企业—公众"三方治理平台，公众通过"一会三团一中心"共同参与环境治理
圆桌会	政府以圆桌会议的形式邀请利益相关方进行面对面的沟通交流与协商讨论，就环境项目的污染控制、环境宣教和环境政策制定达成共识
陪审员	通过选拔"公众代表"（包含专家和律师），根据他们自身能力对环境项目、环境行政处罚案例与环境政策进行评估、论证，为最终决策提供基础
点单式	公众代表抽查企业的环境保护措施与污染物排放等情况，根据检查出的问题同企业进行面对面的质询和讨论，提出整改意见
道歉书	如果污染企业未能在规定时间内完成整改，那么企业将会降低其环境信用评分，并需要在报纸上针对污染问题向社会公开致歉
联动化	政府部门之间、政府与社会组织和公众建立协同合作机制，对环境问题进行多方监督，共同讨论治理手段与对策

环境利益的普惠性和环境问题的整体性要求国家对环境进行统一调控，"嘉兴模式"就较好地发挥了政府的主导作用。"一会三团一中心"均由政府主导，以嘉兴市环保联合会为例，该机构的主席、副主席、秘书长等重要职位均由嘉兴市环保局或政府其他部门工作人员担任，其章程还明确规定了嘉兴市环境保护局为业务主管单位，同时受市环保局和民政局的业务指导和监督管理。这种政府主导作用的发挥使公众基于自益或公益动机的参与行动以一种有序、理性、规范、公益的状态输出，有望打破集体行动"搭便车"零和博弈困境。

"嘉兴模式"作为公众参与环境保护的地区性实践成果，对我国推动应对气候变化的工作具有重要经验启示。随着"嘉兴模式"运行机制的不断完善和推广，必将唤起更多地方更多公众参与生态环境保护的磅礴力量，为建设美丽中国和推动构建人类命运共同体作出新的贡献。

四 气候变化谈判的主导者

从国家层面看，气候外交已经成为国家外交战略的重要组成部分。近些年来在国家领导人的出访过程中，气候变化已成为必不可少的外交议题，以人类命运共同体为共同利益载体，以包容、发展和求同存异为目标的合作模式得到了国际社会的广泛认可。在国家气候传播过程中，南南合作越来越成为中国在国际社会开展气候变化工作的重要领域。随着中国政府宣布成立应对气候变化南南合作基金和实施"十百千工程"，中国政府的南南合作进入了一个新的发展阶段。与此相配合，我国作为绿色气候基金（Green Climate Fund，GCF）董事国，在为发展中国家开展项目合作方面提供了大量支持。

我国在气候变化问题上所作的贡献，及其影响力得到了国际社会的广泛认可。《金融时报》在报道中就提到，作为世界上最大的碳排放国，也是最大的可再生能源生产国，在发展中国家集团的谈判中，中国已成为一个重要的声音；与以往的气候谈判相比，中国在卡托维兹会议之前的谈判中表现得更为积极；中国在帮助其他发展中国家应对气候变化方面的努力也受到了赞扬。联合国气候变化执行秘书帕特里夏·埃斯皮诺萨（Patricia Espinosa）在卡托维茨举行的一次会议上称赞了中国的努力，并表示："我们非常感谢（中国）领导层的清晰和远见，将可持续发展和应对气候变化置于议程的中心。"

在国际合作领域，《英国卫报》报道指出，中国与欧盟等国家合作的增强，也是较为乐观的迹象之一。过去几年，加拿大、中国和欧盟一直密切合作，努力在国际舞台上推动气候行动努力，支持通过实施《巴黎协定》的明确规则。中国把落实《巴黎协定》作为自身可持续发展的内在组成部分，并采取了果断行动，取得了具体成果，这意味着中国正沿着实现关键环境目标的轨道前进。

在气候谈判中，《联合国气候变化框架公约》针对所有国家提出了要求，限制与针对的对象是国家，作为国家政策的制定及执行方，政府自然是谈判的主体。自1988年首次参与政府间气候变化专业委员会（IPCC）成立大会至今，我国已经走过了30年国际气候谈判的历程。我国的国际地位、谈判技巧以及信息与舆论传播能力逐渐提高，在国际气候谈判中发挥着日益重要的建设性作用。

每次联合国大会期间，我国政府代表团都会与联合国秘书长、缔约方大会主席、气候公约执行秘书以及主要缔约方和国家集团的部长、代表团团长们保持密切沟通交流。大会后期关键阶段，则会与大会主席和执行秘书几乎每天见面，为他们出谋划策。在重要成果出台前，主席国、秘书处都会征求我方意见。而我国代表团也会主动做一些存有分歧的主要国家和集团工作，求大同存小异，推动达成共识。

例如，在2015年巴黎会议最后时刻，会议工作团队将协定案文中"发达国家应当（should）承担绝对减排目标"误写为"发达国家必须（shall）承担绝对减排目标"，这意味着发达国家减排目标具有强制性法律约束力，美国无法接受。我国政府代表团建议公约秘书处公开承担编辑错误，对案文作出技术性修改。个别发展中国家不同意此修改，并提出其他修改意见。他们所提建议有合理之处，但有重开谈判的危险。时任联合国秘书长潘基文、美国国务卿克里、大会主席法国外长法比尤斯、公约执秘菲格里斯一起请我方出面帮忙做个别国家工作，经过代表团反复三次做工作，最终使得协定顺利通过。

为配合政府代表团的气候谈判工作，自2011年南非德班气候大会开始，我国代表团还在每年的联合国气候大会上设立中国角，到2019年西班牙马德里气候大会已经设立9届（2020年和2021年因新冠疫情原因没有举办联合国气候大会）。通过9年的联合国气候变化大会中国角工作，我国代表团在中国角举办过多场边会活动，组织邀请了有关国家、国内政府部门、高校科研机构、国际组织、企业和媒体代表近千人次参加中国角边会活动，针对我国在减缓和适应气候变化领域所开展的工作，向国际社会明确传递了我国政府在气候变化领域的措施和成效，加强了与国际合作机构的沟通。通过中国角活动，进一步显示了我国在积极应对气候变化领域的政策与措施，向国际社会展示了我国在气候变化领域的开放度，赢得了国际社会的广泛赞誉。

在中国角的平台上，许多应对气候变化的国际合作项目通过边会形式亮相国际舞台，并且吸引了更多的国际合作，形成了明显的正向效应。通过近几年中国角中外合作的边会的情况来看，中外合作项目成果越来越趋向多元化，合作方覆盖联合国多边机构、欧盟、美国以及广大的发展中国家，领域涉及资金、技术和产业合作等多个领域，通过中国角的相关活动，不仅展示了相关的合作成果，而且通过媒体的宣传，进一步扩大了我国的国际影响。

在目前已有基础上，如何更好地实现减少碳排放、联合发展中国家共同合作，以及更高效地们推动解决气候变化问题的进展，是国际社会对我国的期望。当前，在全球气候治理与碳中和领域，我国的国际传播话语权与大国地位尚不相匹配。一些西方国家对我国大打"环境牌"，多方面对我国施压，围绕生态环境问题的大国舆论博弈十分激烈。在第26届联合国气候变化大会上，西方主流媒体对我国碳达峰碳中和战略行动的目标力度、去煤路径等项目大肆指责抹黑，试图通过环境政治"污名化"攻讦中国。我国"双碳"行动政策、实际效果及目标，并没有得到世界各国的充分理解和客观认识。

对此，需要我国政府气候传播能够在引领全球生态治理，积极参与国际相关规则的制定和调整，推动多边进程取得积极成果，助推国际社会往"人类命运共同体"发展方面多做些工作。要在技术创新、产业升级、能源转型、气候政策等方面深化开放合作，扩大与世界各国的交流与合作。同时，要增加基础科学研究资源投入，深入研究碳排放相关的核心科学问题，为我国在全球气候变化的国际合作和谈判提供有力支撑。此外，还要积极搭建全球碳中和行动交流合作平台，深化科技人文交流，增进文明互鉴，更好地发挥气候传播的桥梁纽带作用。

第三节　新时代我国政府气候传播的话语建构

当前，气候变化问题已超出了单纯的环境范畴，成为关涉各国切身利益与发展空间的重大政治话题，并由此形成了各国政府、国际机构、媒体、NGO等利益相关体之间错综复杂、相互交汇的国家间的利益博弈和国际的舆论斗争。要在这样充满矛盾与斗争的利益博弈平台和国际舆论阵地上更好地传播中国声音、塑造国家形象、维护国家利益，就需要加强我国政府气候传播话语体系建设，提升我国在气候变化领域的国际话语权，以及信息传播力和舆论影响力。综合近年来在此领域的研究和思考，我们认为要探讨当前我国政府气候传播话语体系建构及其传播策略，需要注意以下几个问题：

一 对外传播话语构建：外树全球气候治理负责任大国形象

（一）促进应对气候变化的科学共识，倡导全球治理

当前西方国家少数专业人员、媒体记者和 NGO 人士对气候变化的确定性还存在一些质疑和批判，他们认为气候变化的确定性在科学界尚未形成共识，有人甚至认为气候变化是个"伪命题"，是个"全球骗局"。在他们看来，既然不存在气候变化问题，因而也就无须搞全球性行动来应对气候变化了。

针对这一现象，我国在建构气候变化对外传播话语体系时，要明确态度，积极传播主流科学家及 IPCC 各类科学报告中的基本观点，即气候变化正在发生，而且主要是由人为活动导致的。要按照《联合国气候变化框架公约》的解释来认识和诠释气候变化问题，即气候变化是"经过相当一段时间的观察，在自然气候变化之外由人类活动直接或间接地改变全球大气组成所导致的气候改变"。大量事实说明，气候变化已经对人类社会造成了严重的、不可逆转的严重破坏，我们不能以"缺乏充分的科学确定性"来作为推迟和抵制应对气候变化行动的借口。

另外，要有效应对气候变化，还需要倡导气候变化的全球治理，因为气候变化问题涉及节能减排、环境保护、生态平衡、绿色发展及可持续发展等一系列重大问题，可以说是关乎全球的共同性问题，因此单靠少数国家、少数人是解决不了的，而是需要各国政府共同应对，需要全世界的共同治理，世界上每个国家、每个团体、每个人都须行动起来，为之呼喊，为之尽力。

（二）加强核心概念和重要议程的传播，助力气候变化国际谈判

随着美国拜登政府宣布重返《巴黎协定》并在2050年实现"新能源完全替代"，以及欧盟、英国、日本等相继宣布零碳排放目标，一场围绕清洁能源的"军备竞赛"和国际规则话语权"争夺"已经全面展开，围绕"碳中和"的大国竞争将进入新阶段。

在有关气候变化错综复杂的国际谈判和国家间的利益博弈之中，各国会有不同的政治关切和基本立场，因此，在遵守《联合国气候变化框架公约》的前提下，随着气候变化谈判历程的进展，许多国家都会提出一些符合自身利益、具有各自特点的有关谈判的核心概念和重要议程而如何通过多边国际谈判舞台，将本国有关气候变化的核心概念和重要议程变成他国能够接受的"国际议程"或"全球议程"，这已成为各国政府引领气候变化国际谈判政治方向、掌控国际气候谈判话语权的重要手段之一。

我国政府在国际气候变化谈判中，始终坚持的基本立场和核心概念有："共同但有区别的责任原则""公平原则""各自能力原则""减缓、适应、技术转让和资金支持同举并重""生态文明""可持续发展"，等等。这些立场和概念代表了我国政府的政治关切和政策走向。

在我国气候变化对外传播话语体系的构建过程中，要重视这些基本立场和核心概念的传播，要始终保持传播口径上的一致，不能造成曲解或误解。同时，随着新的谈判进展，我国要努力发挥主动性和创造力，要善于提出一些西方社会能够理解并且乐于接受的表述话语，让我国应对气候变化的基本立场和核心概念能够使国外受众"想了解、听得懂、愿接受"。同时要主动设置议程，特别是要善于设置符合我国发展利益的议程，并努力使之引起国际社会的关注，以实现助推我国气候变化谈判的目的。

（三）强调气候变化归根结底是个发展问题，妥善处理好节能减排、环境保护与国家经济社会发展的关系

我国面临着气候变化方面的严峻问题，必须加快治理污染、保护环境、应对气候变化的进程。但是由于我国人口众多，经济发展水平

还较低，生态环境十分脆弱，因此在应对气候变化的同时还须力争实现发展经济、消除贫苦和改善民生的任务。这应当是我国应对气候变化所面对的现实国情，因此在建构我国气候变化对外传播话语体系时，需要明确阐释这一基本情况，要特别强调，气候变化虽然表面上看是个环境问题，但归根结底是个发展问题，它关乎国家、民族、社会乃至全人类的发展

发达国家的工业化进程造成了全球气候变化的直接后果，而气候变化的结果严重妨碍了发展中国家和不发达国家的发展，限制了它们的发展空间，加剧了这些国家的不发达和贫困的状况。

对包括中国在内的发展中国家来说，解决气候变化问题离不开发展，因而在进行气候变化对外传播时，要从发展的高度来认识气候变化问题，在强调应对气候变化重要性、必要性和紧迫性的同时，要讲清楚在应对气候变化过程中实现节能减排、环境保护与国家经济社会发展的关系。要坚持在实现经济社会发展的过程中促进节能减排和环境保护工作，同时也要用做好节能减排、环境保护工作来促进国家的经济社会发展。特别是要善于运用有效的、令人信服的事实和数据来说明在中国这样一个人口众多的发展中国家应对气候变化所面临的矛盾、困难和瓶颈，同时要大力宣传我国政府应对气候变化的信心、政策和行动，向国内外展示我国在应对气候变化方面付出的努力和成就，增进国际社会对我国气候变化应对工作的了解，使得国际社会能够全面、客观、理性地看待和认识中国在应对气候变化方面所做的工作，减少不必要的疑虑和误解。

（四）完善国际舆情采集系统，采取针对性传播策略

在气候变化对外传播话语体系建构中的一项重要工作，就是要加强对国际舆情的采集和管理，做好对气候变化国际舆情的分析和研判，并在此基础上采取具有针对性的对外传播策略。

当前我国在国际气候变化舆情采集和管理方面尚未形成常规机制，对国外舆情的监测工作还较弱，因此亟待加强我国媒体海外采编网络和传播平台的建设，在努力提高我国媒体对国际事件报道的原创率、首发率，以及国际接受度和影响力的同时，采取更加有针对性的传播

策略。这是一个需要逐步提高传播力和影响力的过程。

在当前，可以考虑首先提高我国媒体和相关研究机构对气候变化国际舆情的采集能力，特别是针对气候变化谈判中的热点问题以及极端天气等重大突发事件的采集能力，通过梳理国际主流媒体对这些热点问题和重大突发事件的报道动向，尤其是针对中国的报道倾向和反应建立起全球气候变化信息采集传播网络，制定有针对性的对外传播策略，从而增强我国对外传播的效果，为我国应对气候变化营造良好的国际舆论环境。

当下，气候变化问题已成为全球政治、经济和外交舞台上的热点议题，而随着国际地位的提升，中国在应对气候变化问题上的行动和政策必将成为国际社会关注的焦点。因而，建构起我国气候变化的对外传播话语体系，向世界全面、客观、准确地介绍和说明中国在气候变化领域的立场主张、治理理念和行动策略，也就成了一个亟须解决的重要问题，事关我国国家整体形象的塑造，也事关我国在国际气候变化谈判中的话语权和主动权。为此，我国需要在建构起技术先进、人员专业、传播快捷、覆盖广泛的现代对外传播体系的基础之上，积极推动理论创新和实践创新，加快形成既具中国特色又能与国际交流的对外传播话语体系，讲好中国故事，传播好中国声音，不断增强国际社会对中国气候变化国情，以及中国应对气候变化政策与行动的知晓度和认可度。这既是推进中国应对气候变化工作的需要，也是推进全球应对气候变化工作的需要。

（五）积极回应国际社会关切，传达好中国政府应对气候变化的决心与使命

在外媒的视角中，强调最多的仍旧是中国目前面临的困境与挑战。英国石油公司（BP）的一份报告显示，2017年中国是全球最大的煤炭生产国，煤炭产量为1.747亿吨。但在强调这一事实的同时，诸多外媒看到了中国为此所作的努力。由于中国政府对太阳能和风能行业的早期支持，中国在清洁能源的推动与使用上比其他任何国家都更环保，四分之一的电力来自太阳能或风能等可再生能源。中国在过去10年见证了可再生能源价格的显著下降，并开始向欧洲、亚洲和美国的汽车

制造商出口电动汽车电池。中国在气候变化问题上正朝着正确的方向前进，但中国经济规模如此之大，对煤炭的依赖程度如此之高，以至于需要一段时间才能实现这一目标。

联合国卡托维兹气候变化大会于当地时间2018年12月2日在波兰卡托维兹开幕，当月15日顺利闭幕。经过两周深入谈判，会议按计划通过《巴黎协定》实施细则，就全面落实《巴黎协定》、提升全球气候行动力度做出进一步安排。在此次会议上中国代表团积极建设性参与大会，为大会取得成功作出了重要贡献。据统计，会议期间，中国媒体报道共计77篇，外国媒体涉中报道约26篇，国内媒体总体倾向对气候变化大会上中国表现予以肯定，外媒相关中国报道客观公平，并给予中国更多期待。

中国在节能减排、推进此次气候大会顺利进行和国际合作方面作出了突出的贡献。生态环境部提供的数据显示，中国至今在控制温室气体排放方面已取得显著成效——2017年中国单位国内生产总值二氧化碳排放比2005年下降约46%，超过了2020年单位国内生产总值二氧化碳排放比2005年下降40%—45%的目标；煤炭消费比重从2005年的72%下降到2017年的60%；2017年非化石能源消费比重上升到13.8%。中国已成为利用清洁能源第一大国，风电、光伏发电装机规模和核电在建规模均居世界第一，清洁能源投资连续9年位列全球第一，累计减少的二氧化碳排放也居世界第一，初步扭转了过去一段时期碳排放快速增长的局面，为实现"十三五"碳强度约束性目标和落实2030年国家自主贡献目标奠定了坚实基础，也为应对全球气候变化作出重大贡献。

近年来中国推动环境治理成效显著，成为本次气候变化大会关注的热点，"中国角"也成为气候变化大会最热门的展区之一。在本次气候变化大会期间，近百名中外嘉宾登上了"中国角"的讲台，分享和交流中国应对气候变化的实践和经验，从4日到14日会议结束，一共举办了25场边会，全面、系统地向外界介绍近年来中国在应对气候变化方面的突出成就。中国应对气候变化的实践和经验也得到了参会国的广泛认可和赞誉。近年来，中国各省市陆续开展了低碳省市、低碳工业园区、低碳城（镇）、低碳社区、气候适应型城市等应对气候变化领域的试点建设，探索建设近零碳排放区示范工程，并在战略目标、发展模式、实现路径、制度创新、政策体系和国际合作等方面做出了有益的探索，形成了一批可复制、可推广的经验做法，有力推动了各项气候变化政策与措施的落实。

中国在气候变化问题上扮演着重要的角色，因此国际社会对中国贡献和中国方案有着强烈期许。在目前已有基础上，如何更好地实现减少碳排放、联合发展中国家共同合作，以及更高效地推动解决气候变化问题，是国际社会对中国的期望。我国政府应该做出更多行动支持，不断提供"中国方案"和"中国智慧"，共建公平合理、合作共赢的全球气候治理体系。

二 对内传播话语构建：内促国家经济社会高质量发展

（一）正确认识和把握防范化解气候风险，提高风险话语传播能力水平

作为应对气候变化的重要目标，实现碳达峰碳中和，不仅仅是环境领域的问题，其归根结底是发展的问题。在气候传播中，政府广泛连接政府间国际组织、各主权国家、社会组织（NGO）、企业、社会公众等主体，职责涵盖国际谈判、政治协商、经济合作、社会参与、环境教育等诸多领域，在议题阐释、概念普及、共识凝聚、行动干预等方面皆存有一定困难挑战，在传播效能全面提升上还有待实践探索。

吉登斯将现代社会风险分为两种类型：一是外部风险，比如海啸、飓风等自然灾害产生的风险；二是被人类社会制造出来的风险，比如全球气候变化等由于人类社会发展所造成的风险，并认为随着人类知识的进步、对自然掌控度的提升，被人类制造出来的风险已经成为最主要的风险来源。

无处不在的风险不仅是社会治理的问题，更是人的生存与关怀的问题、社会和谐发展的问题。政府是最具权威的风险信息来源，有着独特的环境监测功能，在风险感知、研判和化解的过程中扮演着重要

角色。及时识别风险、传递风险信息并助力风险化解实现人与自然、社会的和谐，是政府气候传播的重要职责。其较高追求是对作为社会皮肤的环境的风险化解，其次是对具体环境问题的风险化解。

既然风险社会不可避免。气候变化风险将与人类长期共存，风险管控、化解就显得尤为重要。政府气候传播要直面人类社会切实存在的环境风险，在环境风险感知、环境报道的基础上推动风险化解。当前阶段，发展仍是解决其他问题的钥匙，气候传播领域风险管控与发展的平衡，就是要推进绿色发展、共享发展可持续发展，以高质量的发展推进环境风险以及其他社会风险的化解。坚持政府主导地位，共同服务于人类个体保持生命健康追求美好生活的需要，服务于国家和社会安全发展、高质量发展的需要。

（二）坚持密切联系群众，推进气候传播理念创新、内容创新、基层工作创新

一方面，要提高政治站位。以习近平新时代中国特色社会主义思想为指导，深入贯彻和大力宣传习近平生态文明思想，立足新发展阶段，贯彻新发展理念，构建新发展格局，坚决贯彻落实党中央、国务院关于实现碳达峰碳中和目标的重大决策部署，进一步加强和改进政府气候传播工作，促进产业结构和能源消费结构调整，建立健全绿色低碳循环发展的经济体系。倡导绿色、科学、可持续的发展理念，构建市场导向的绿色低碳技术体系，推广绿色低碳前沿技术，推动经济社会绿色转型发展全面提质，高质量引领支撑我国如期实现碳达峰碳中和。坚持全国一盘棋，处理好整体和局部的关系，科学、合理、有序推进各地区、各部门、各行业工作。

另一方面，要推进政府气候传播理念创新、内容创新、基层工作创新。以身边（本地）化、眼前化、具身化、体验化为政府气候传播实施理念取向，以公众需求为导向，丰富面向社会公众的传播内容形式，全面提升传播效果。推进碳达峰碳中和科普图书、影视动画、展教具等专项创作，鼓励创作者结合地域特色和民族文化打造内容品牌。促进气候传播内容供给产业化工作，综合运用政府推动、市场参与等手段，探索建立气候传播项目化管理模式。利用全国科普日、全国低

碳日、文化科技卫生"三下乡"等重要时段和契机，联合开展形式多样的主题宣传活动，全面推进气候传播进学校、进乡村、进社区、进机关、进企业、进家庭。

（三）以政务新媒体为窗口，实现气候行动话语内容多渠道全媒体传播

政务新媒体，是指各级行政机关、承担行政职能的事业单位及其内设机构在微博、微信、抖音等第三方平台上开设的政务账号或应用，以及自行开发建设的政务网站、应用程序、移动客户端，等等。自2009年中国首个政务新媒体"桃源网"开通以来，我国的政务新媒体发展日新月异，成为推进政务公开、联通服务群众、抢占舆论高地的"主力军"。过去一段时间里，以万物皆媒、人机共生、自我进化为特征的智媒技术领域加速突破，引领新一轮数字革命，推动政务新媒体生产动能智能升级，产业生态智能迭变，媒介融合得以纵深发展。

当前，人工智能已嵌入政务新媒体信息采集、内容生产、平台分发、效果评价、舆情监测、运营管理、便民服务全环节流程，涵盖党政、公安、消防、交通、气象、文化多系统领域，政务新媒体已然成为中国智媒生态重要组成。以政务新媒体作为窗口，利用AI、大数据、物联网、5G等建立的智慧气象系统，不仅能更准确地预报天气与气候变化，为百姓提供生产生活便利，还能衍生多种应用场景，为智慧城市提供多元服务。同时，通过与城市大数据相结合，能够服务气象风险预警、城市交通管理、城区规划建设、环境保护等工作，实现城市智慧化管理。在未来，随着元宇宙、AIGC等新兴技术的聚能与落地，将进一步加速线上与线下的融合，不再局限于媒体行业自身的资源整合和功能提升，而是在更为宏大的社会范围，经过媒介化的深刻变革后融合各领域资源，连接、激活全社会生产生活要素，从便民利民的基础设施，演进为现代化建设的推动者、整合者和贡献者。各政务部门应善用新兴技术，整合优势资源，培养差异优势。在更为宏大的社会结构中，探索跨界融合，搭建公共服务平台，以期全面提升传播力、引导力、影响力、公信力，开创规范发展、创新发展、融合发展的新格局。

（四）坚持集中力量办大事，做好"两高"行业气候传播话语内容有效供给

公有制经济和非公有制经济都是我国社会主义市场经济的重要组成部分，国有企业和民营企业都是践行新发展理念、推进供给侧结构性改革、推动高质量发展、建设现代化经济体系的重要主体。根据党中央、国务院关于实现碳达峰碳中和行动的总体部署，统筹推进"两高"行业高质量发展，倡导企业绿色低碳转型升级，亟须全面开展面向企业的气候传播行动，有效提升企业的气候传播话语内容供给能力。

目前，我国在面向企业的气候传播上，尚没有集约化的传播宣教平台，缺乏顶层设计和行动机制。在打造绿色低碳循环经济、创新企业发展模式创新上，气候传播的赋能作用还有待提升。此外，在企业绿色转型发展高端智库人才聚集、企业"碳中和"示范带动效应发挥、企业绿色低碳技术推广、科学创新氛围营造等方面还比较薄弱。一些企业对"碳中和"的认知存在偏差，所作出的"碳中和"承诺缺乏科学范围标准。例如，我国三大石油公司（中石油、中石化、中海油）都表示启动碳中和，但并没有明确要在什么业务范围实现它；还有一些企业抱着先表态、再想方案的心态提出了"碳中和"承诺，出现"抢热度""中头彩""攀高峰"等不良现象；还有一些企业对"碳中和"的理解不准确，推出一些诸如"AI＋火电厂改造"等看似环保、实则与"碳中和"目标相违背的理念和做法，既没有考虑到市场经济效应，也缺乏社会责任意识。

对此，需要集聚资源和渠道推动建设重大领域、重点行业、重点企业气候传播平台，做好相关工作，强化企业低碳、零碳、负碳技术攻关和技术推广工作，厚植企业创新发展氛围，助推我国企业高质量发展。

（五）将气候传播嵌入国家话语行动体系，引导企业履行社会责任

近两年，国家政府制定并发布了一系列碳达峰碳中和工作顶层设计文件，编制 2030 年前碳达峰行动方案，制定能源、工业、城乡建设、交通运输、农业农村等分领域分行业碳达峰实施方案，积极谋划科技、财政、金融、价格、碳汇、能源转型、减污降碳协同等保障方

案，进一步明确碳达峰碳中和的时间表、路线图、施工图，加快形成目标明确、分工合理、措施有力、衔接有序的政策体系和工作格局，全面推动碳达峰碳中和各项工作取得积极成效。

企业的低碳发展取决于市场需求。在一些地方的调整的过程中，可以明显地看出，地方企业对于低碳发展的不同态度，特别是一些传统行业如钢铁、冶金和制造等，企业利润率受到大环境的影响，对于低碳发展存在"心有余而力不足"，而一些技术较为先进的企业，以及成本控制严格的企业，在低碳选择的过程中具有明显的优势。

除了工业和制造业，气候变化对于农业和养殖业的影响也是非常显著的，在福建调研的过程，由气候变化导致鲍鱼养殖的周期和成本都发生了显著的变化，特别是极端气候事件和不断上升的海洋温度对于人工养殖的影响是非常大的，但是这些还没有纳入自然灾害险的保障之中，如何发展适应性农业是当地居民面临的问题之一。

由政府主导调整产业结构是实现低碳发展首要举措。通过产业结构调整，鼓励企业投入资金技术研发低碳产品，能为市场创造出更多的低碳供给，这需要政府通过财政、税收和宣传政策鼓励引导企业。由于前期技术需要大量的投入，并且许多低碳产品，如新能源汽车、可再生能源发电等，在市场上短期内不会产生足够利润，政府引导和支持显得十分必要。同时，政府气候传播也是给市场传递了一个明确的信号，这对于扩大市场需求，明确未来的投资方向，具有正向的传导作用。

从企业自身而言，低碳既是其盈利点，也是其社会责任的一部分。气候变化的根源在于人类自身的生产活动排放了过多的温室气体，现行经济政策主要是通过外部成本的内部化和市场化的碳排放权交易等手段，来倒逼企业节能减排。在现行的制度安排下，企业适当顺势而为、主动求变，通过技术创新与低碳发展，创造新的生产经营模式，最终实现企业责任与经济发展的双赢。

（六）以绿色低碳为核心理念和重要突破口，进一步提升社会公众参与

经过国家政府及社会各界的共同努力，全社会的低碳意识已经大

幅度提升。一方面，公众朴素的低碳意识观，如"光盘行动""少开一天车""少用塑料袋"等观念已经深入人心，公众自发组织的以节约和低碳为目的的活动日益盛行，并迅速成为社会的一种风尚。在这种自发的社会化低碳活动中，公众居于主导地位，媒体进行了理念的宣传，完全是一种自下而上的传播模式。另一方面，以低碳为理念的企业经营模式，受到社会的广泛认可。例如，共享单车、共享汽车、共享健身等多种形式的共享经济的出现，对于柔性使用社会资源，减少重复建设和浪费具有明显的引导作用。公众低碳意识向经济收益的转变，带来了以低碳为理念的市场盈利模式的普及。

在过去的十多年中，气候传播从无到有，从小至大，政府的环境宣教和社会公众的诉求紧密结合在一起，绿色低碳可持续发展理念不断深入人心。目前，我国的气候变化应对工作尚未取得全民的理解和支持。要通过建立制度和机制，来保障公众参与应对气候变化的积极性，提高公众参与的积极性，使气候变化应对事业全民化。《巴黎协定》之后，中国政府向国际社会作出了进一步的承诺，确定了2030年前碳达峰的目标，无疑向国内经济社会发展提出了新的要求。气候传播作为其中的工作之一，也需要在原有的工作的基础上进行强化。在未来，还需要进一步提升政府应对气候变化的宣传力度，探索更为先进的工作机制，在组织领导、配套政策、市场机制、统计体系、评价考核、协同示范和合作交流等方面探索低碳发展模式和制度创新，挖掘更多的典型案例，推动经济社会绿色低碳转型发展不断取得新成效。只有公民责任、公民行动形成"大气候""大共识"，我们的减排和发展目标才能实现，社会经济可持续发展才能实现。

第四节　新时代我国政府气候传播的行动策略

当前阶段，结合国家气候变化应对战略和碳达峰碳中和行动部署，对于当前我国政府气候传播而言，做好顶层设计，集聚资源和渠道，搭建多元主体一体化行动框架实现传播赋能、资源共享和协同联动，具有深远意义。

一 战略行动层面：提升政府气候传播整体效能，推动实现人与自然和谐共生的中国式现代化

生态文明是人类社会进步的重要成果和时代标志。实践表明，西方式现代化所带来的工业资本主义，无法达到社会、经济和生态方面的和谐稳定状态，相反只会带来严重的生态破坏。要深入推进人与自然和谐共生的中国式现代化，就需要做好气候传播，实现物质生产意义上的现代化、以人为中心的现代化和制度建设方面的现代化这三者互嵌共融、协调发展。

（一）服务高质量发展，推动实现物质生产现代化

碳达峰碳中和是时代的命题，参与全球治理的大考，也是人类从工业文明走向生态文明的赶考，中国不能落后。面对百年未有之大变局背景下纷繁复杂的国际形势和气候变化的共同挑战，作为碳达峰碳中和战略决策实施的重要基础环节，政府气候传播不仅关乎节能减排与生态环境保护，更在于其在服务构建新发展格局、引领新一轮能源革命和工业革命、抢占科学创新制高点方面的战略作用。

碳达峰易而碳中和难。根据模型估算，2030 年后我国的年减排率平均须达 8%—10%/年，且当前支撑碳中和的技术 60% 仍在概念阶段，在全球化、中美战略博弈和国内经济下行压力大的国际国内复杂形势下，碳中和实现路径存在较大不确定性[1]。

"碳达峰碳中和"的根本出路在于高质量发展，其中所需要的政策环境、技术基础和社会创新氛围有着自身发展规律，需要超前部署和政策培育。近十年以来，在全球范围内，风电、太阳能等领域的科技创新与发展日新月异，成本大大降低，深度脱碳、零碳技术已成为科技发展前沿。作为推动高质量发展的重要力量，政府气候传播可进一步发挥创新资源禀赋优势，通过搭建信息平台，不断促进科学创新

---

[1] 参见刘晓龙、崔磊磊、李彬等《碳中和目标下中国能源高质量发展路径研究》，《北京理工大学学报》（社会科学版）2021 年第 23 卷第 3 期。

要素集成，筑牢解放和发展生产力的制度基石，推动构建生态文明制度体系，坚定不移走可持续发展的物质生产现代化道路。

(二) 坚持"人民至上"，促进实现以人为中心的现代化

生态文明理念传播工作一直以来主要由新闻宣传部门、生态文明相关业务部门来承担，如何让全社会积极行动起来传播生态文明理念？对此，只有把生态文明理念在社会各个领域的实践归纳好、提炼好、总结好并传播好，才能形成"全社会"积极传播生态文明理念的局面。因此，要持续加强生态文明宣传教育。组织开展各具特色的宣传教育活动，广泛宣传绿色低碳基础知识，充分调动广大人民群众参与碳达峰碳中和的积极性。将生态文明教育纳入国民教育体系，在学前教育体系中融入绿色低碳理念，引导青少年从小树立绿色低碳环保理念。鼓励工会、妇联等群团组织依据自身职能特点，组织贴近大众的实践活动。发挥舆论监督作用，树立学习榜样，曝光反面典型，推动全社会绿色低碳发展迈上新台阶。

(三) 坚持系统推进，夯实制度建设现代化的社会基础

我国承诺在2060年前实现碳中和，这意味着将用全球历史上最短的时间完成全球最高碳排放强度降幅，困难程度不言而喻。这一过程意味着我国以化石能源为基础的能源体系和相关基础设施的重构，也是一个重大利益重组的过程，需要协调好发展与治理、秩序与活力等方面的关系。

在碳达峰碳中和政策推进过程中，一些地方出现的"碳冲锋""运动式减碳""一刀切"等问题[1]，其原因主要在于对碳达峰碳中和的科学认知不够，尤其对"碳中和"的认知存在偏差。"碳中和"不等于零排放，而是要实现碳排放和碳吸收的平衡。因此，在顶层设计中，不仅需要做好"减法"，严控两高行业规模，更要做好"加法"，平稳有序、尽己所能调整能源结构和产业结构，注意先立后破、科学合理。

---

[1] 《中共中央政治局召开会议 分析研究当前经济形势和经济工作 中共中央总书记习近平主持会议》，《人民日报》2021年7月31日第01版。

这也再次警醒我们，统筹有序做好碳达峰碳中和工作，要坚持全国一盘棋，从生产、消费、贸易、创新、保障等方面多端发力，不断夯实现代化发展的社会基础。一方面，要努力做到经济社会可持续发展和人与自然和谐共生理念更加紧密地结合，并将其贯穿于全方位、全地域、全过程。另一方面，要把社会主义核心价值观融入社会发展各方面，维护社会与环境的公平正义，不断提升社会主义意识形态的凝聚力和引领力，为发展现代社会生活方式创造有利条件，从而推动社会的整体文明进步。此外，还需要充分发挥社会主体力量的积极性和创造性，健全共商共建共享的气候环境治理制度，为实现人的全面发展与社会全面进步提供坚实制度保障。

二 顶层设计层面：强化制度建设，创新政府气候传播体制机制

（一）持续推进制度建设，不断强化制度执行

建立气候变化传播法律和创新机制。气候传播机制的建设，需要建立和健全相关制度，这既是气候变化传播机制有效运行的基础，又是促进信息畅达、公开透明、有效传播的保证。

制定和完善系统的法律制度。加快应对气候变化立法进程，规范气候变化传播各要素的权利与义务，保障各种传播模式的有效运行。应对气候变化的信息作为一种公共政策信息，应视为作为政府信息公开的一个重要方面，应该根据中国当前的实际，尽快出台以政府信息公开为主的相关法律，将政策信息传播以及传播的原则、内容、范围、方式，及反馈机制等进行系统化、科学化规定，规范和制约传播者的随意性与不作为，充分尊重受众的知情权和话语权。

加强传播媒介的制度创新。新时期的传播媒介既是气候变化传播赖以实现的载体，又可以成为辅助的传播者，因此我们要加强传播媒介的制度创新，明确报刊、电视、广播、网络等各种媒介在信息传播方面的权利与义务，充分发挥传播媒介的舆论导向和政策引导作用，与此同时，也要保证公众的知情权。在构建社会主义和谐社会的时代

背景下，传播媒介的制度创新与有效安排是传播媒介健康发展的基本保障，是维护社会主义核心价值观念，正确引导社会舆论，实现气候变化信息有效传播的重要举措。

（二）发挥主导作用，规范过程管理

加强气候变化传播监测和应对机制。气候变化传播效果的及时、准确评估是检验传播机制的有效手段，也是对传播机制进行调整和改进的重要依据。由于目前气候变化的问题对不同的受众心理影响的深浅程度不同，所以要从受众的认知层面、态度以及行为方式等方面设立不同的衡量标准，建立及时科学的调查评价和反应机制。

建立常规性气候变化公众意识调查。民间调查是获取民意的常规做法，目前英法等国都在开展应对气候变化公众意识调查，调查的范围既包括全球重大事件与气候变化的关系，同时也包括公众对于气候变化自身的看法。中国在这一领域的工作缺乏连续性，并且样本量偏小。因此，开展常规性的公民意识调查有助于及时了解公众关注气候变化的程度和参与低碳发展意愿，这对于推进公众参与，提高气候变化决策的科学性和扩大民意基础具有重要的意义。

建立实时的舆情监测和分析机制。舆情监测是针对短期内公众关注热点的监测和分析手段。气候变化领域的舆情监测主要用于国内外气候变化的关注度和国际媒体对于中国的报道分析，而在日常的气候传播工作中还没有建立常规性的舆情监测机制。舆情监测的主要领域包括公众对于气候变化的关注度，气候变化与其他国内热点问题的关系，在气候变化和低碳领域的重大事件的公众的反应程度，公众对于气候政策的关注度和期望，特别是在重大政策，如碳市场政策出台前后，公众和行业从业人员对于碳市场政策的反应等。通过建立实时的舆情监测和分析机制可以有效地反映舆论环境对于现行政策的反应和传播路径，这对于提高政策的有效性具有重要的参考价值。

建立应对气候变化的突发事件应对机制。全球气候变化已经是集科学、政治、经济、社会和伦理等多个领域的集合反应，不同的利益相关方由于自身利益的关系，会对气候变化作出不同的选择，特别是美国和欧洲等主要利益集团对于全球气候变化的进程具有明显的导向作用。以全球民意导向为基础，以国家利益为导向，建立政府、智库和媒体紧密联系的气候变化重大突发事件应对机制，有助于正确引导社会舆论，推进应对气候变化国际进程，提高中国的全球气候治理能力。

（三）坚持内外并举，打造国际平台

气候变化作为全球治理的重要组成部分，是国家外交的重要内容。国内媒体与国际同行之间的交流不仅是单纯的媒体报道的问题，而是和气候变化谈判工作一样，涉及国家的发展空间和战略选择。国际媒体对于中国的态度在近年来也发生了诸多的变化，其中一个原因是中国已经成为国际舞台上不可或缺的一支政治力量，因此对中国报道也更具有策略性，许多报道直面中国存在问题，特别是中国在大气治理和污染方面还存在着很多不尽如人意的地方。尽管中国政府积极采取措施，通过产业结构调整、提高能效和优化能源结构等措施，但是中国作为发展中国家，温室气体的排放总量还在不断上升，煤电比重过高的问题依然没有解决。正视国内发展中存在的问题，向国际社会讲述中国不断取得的成就，阐述中国方案的可行性和战略性，需要媒体机构的从业人员不仅具有专业的素养，而且对于中国积极应对气候变化进程有着深入的理解，这样才能在国际舞台上与国际同行进行有效的沟通和交流，在一些重要的场合和时点，积极设置议程，向国际社会传递积极的建设性的信号。

中国故事来源于实践，中国故事背后体现的是中国的国情和发展的内在逻辑。与此相对应的国际社会对于中国低碳发展期望和压力，基于共同但有区别的责任原则，中国的故事需要符合中国的发展阶段。同时，在区域发展的过程中，东中西部的发展也不平衡，面临的挑战也不尽相同。

在对外传播的过程中，把握传播的基准线，做好故事定位，才能有预期的效果，结合地方在传统产业改造升级、新能源和淘汰落后产能的努力，中国在气候变化的政策选择具有多维性，任何一个维度的政策都要和其他的制约条件相适应，如风电政策，过度的补贴尽管为提高新能源比重发挥了重要的作用，但是由于市场、技术等多方面的原因，却减弱了企业创新的积极性。传播的过程中，需要清晰地知晓政策的不同的结果，特别是低碳现象的深度剖析有助于国内外社会更加深入地理解中国的气候变化政策。

结合中国承诺在 2030 年前实现排放峰值，媒体要增强自身的专业知识储备，在国际上既要对当前气候变化细节问题了如指掌，也要对国际媒体对于中国的报道立场了然于胸，并有针对性的预案，特别是在领导人进行国事访问、G20 峰会和联合国气候变化大会等重大时间节点，结合国内外形势，通过系列组合新闻的形式，传播国内最新的气候变化战略部署、政策动向和行动成效，向国内外传递明确的信号。

三 传播实践层面：加强协同联动，构建全社会共同参与气候传播大格局

尽管《巴黎协定》与全球碳中和目标为今后全球应对气候变化明确了程序与方向，但其本身并不完美，各国仍需在新的起点上继续努力。正如中国气候变化事务特使、中国气候传播项目中心顾问委员会主任解振华所指出，"不要就减排谈减排，不空谈目标，而是统筹考虑发展、安全和降碳，在交流行动进展、最佳实践、困难挑战的基础上，探讨如何开展务实合作"①。对此，各国要同舟共济，团结协作，开启关键十年强化《巴黎协定》实施、加强国际合作力度的新征程，为各方 2025 年提交新的自主贡献做准备。

在学术领域，气候传播虽然备受新闻学、传播学、气象学、环境工程等多个学科领域的关注，但是相关研究数量及质量明显不足。在中国知网上，截至 2023 年 10 月，以气候传播为主题的文献数量仅为 172 篇，其中核心期刊论文数量更是屈指可数。从新闻生产和信息传播角度探究 PX 项目、雾霾、核能污染等环境议题的较多，与之相关的环境传播、风险传播、健康传播、科学传播等领域也都方兴未艾，

---

① 《气候谈判"大年"各方期待不空谈》，《中国青年报》2023 年 10 月 12 日第 03 版。

但专注于气候变化与气候传播这一更为急迫、复杂、宏大的领域的研究却很少见。在国际上，气候传播呈现着十分多元丰富的研究版图和知识框架，是"用来构建气候与环境问题及协商社会各界不同反应的一种象征性的媒介途径"[①]，涵盖了多样的社会思潮与价值取向。我国气候传播研究要同党和国家事业发展要求相适应，形成同我国综合国力和国际地位相匹配的国际话语权，就要真正形成"大气候"，不断推进理论创新，结合新的实践不断作出新的理论创造，构建具有自身特质的学科体系、学术体系、话语体系。

在实践中，我国气候传播仍面临较多困境，在通往全民行为转变的路上需要更多学理探索与支持。我们开展的多次公众认知调查结果均显示，我国公众对气候变化认知度较高，普遍愿意了解更多气候变化相关信息，对政府在节能减排、产业转型、技术开发等方面的政策也有着高度的关注和拥护，但具体落实到行动上的意愿仍然较低。气候变化议题不仅涉及环境污染与保护，而且叠加了公共政策、社会动员、环境协商与公众参与等诸多方面，仅仅依靠简单的现象告知以及对气候风险的单纯渲染来达到劝服公众目的是远远不够的，甚至存在被政治阴谋论者煽动舆论"钻空子"的危险。尤其是在网络传播环境下，公众的圈层化、意见固化更加凸显，会受到不同的经历、心理和文化模式影响。从吸引公众注意走向现实行动改变，需要更多实践经验总结与科学理论模型支撑，需要包括社会学、认知心理学、行为科学等在内的多学科知识卷入。在本书撰写过程中，我们基于不同主体十多年气候传播实践经验，总结提出了一系列气候传播话语体系与行动策略，旨在帮助政府、媒体、社会组织、企业、民间人士等利益相关方锁定目标公众，加强全社会积极参与。我们坚信，我国气候传播事业根基在人民、血脉在人民、力量在人民。

此外，在全球气候治理与碳中和领域，我国国际传播话语权把控与国家大国地位尚不相匹配。当前，利用气候议题打压中国的手法正

[①] Cox, R., *Environmental Communication and the Public Sphere*, Los Angeles: Sage, 2013, p. 171.

变得越来越隐蔽。批评声音不仅出自西方主流媒体和社交媒体等信息传播平台，还有相当数量的气候类 NGO、意见领袖、商业品牌被渗透，发表了许多错误的、带有偏见的，甚至是虚假的信息。他们将镜头对准中国时，常常加上"灰黑滤镜"，使用灰蒙蒙的色调和压抑的镜头语言，以此来丑化美丽中国形象。碳中和在中国的实现，远远要比其他发达国家的难度与阻力更大，中国政府需要投入与付出的也远比其他国家多。对此，我国气候传播要坚守立场，始终遵循国家利益至上原则，做好长期的国际舆论斗争准备。我们坚信，只要切实做到守土有责、守土负责、守土尽责，中国气候传播的巨轮必将扬帆远航、行稳致远。

在错综复杂的形势和各种风险挑战面前，新闻舆论工作最重要、最根本的经验，就是要坚持党的领导，牢牢掌握意识形态领导权和主动权。我们需时刻注意加强党的建设，改善党的领导，密切党与群众的血肉联系，完善坚持正确导向的舆论引导工作机制，有效提升舆论引导水平。从政府的角度出发，我们需要：

（一）加强政府主导职责

政府实现由主导和引导的身份转变，强化公众参与，鼓励更多的社会力量参与气候变化工作

在过去的十多年中，气候传播主要是一种"政府主导"的传播模式，这种模式的特点是所有的信息源都掌握在政府手中，社会公众只是被动地接收相关信息。这种模式在对公众启蒙阶段是十分有效和必要的。但是随着公众对于气候变化信息的接受程度的提高，特别是要求公众积极参与气候变化的进程中时，这种传播模式就会显示出其弊端。尤其是信息源的单一性。随着公众对于气候变化知识的深入了解，气候变化内部的分歧也会随之逐步公开，由于气候变化是一个涉及多学科的科学系统，内部的分歧是正常和必然的，但是由于知识的壁垒公众并不能完全清楚不同分歧之间的差别，特别是绝大多数的公众并不具备相关的专业基础，包括媒体在这些领域也不是完全的专业传播，这在某种程度会放大其中的分歧，其中一个后果公众对于气候变化的科学性基础缺乏足够的认识，面对科学界对于气候变化的内部分歧莫

衷一是，从而会削弱甚至怀疑气候变化的科学性。

随着美国宣布退出巴黎协定，气候变化的科学基础受到了很大的冲击，普通民众对于气候变化的理解也随之产生了变化，如何在新形势下加强社会公众对于气候变化的理解和支持，原有的气候传播模式已经难以适应形势的需要。在复杂国际形势下，更需要社会公众的理解和支持，政府作为信息发布的组织者，除了发布气候变化的权威信息，更要搭建公众参与的平台，鼓励社会各界积极参与，引导科学家、社会团体和NGO组织，积极宣传气候变化的科学知识、政策措施和成效。

提升社会公众的科学素养，单一依靠政府的作为信息源已经不能适应当前气候变化工作的需要，公众气候变化科学知识的获得，要鼓励公众积极参与到气候变化中来，同时，政府作为信息源最为主要的来源要引导公众了解气候变化的科学知识，让公众由被动的接受者变为主动的知识的获取者，公众的科学素养的提升有助于更为有效地提高公众接受科学的能力，特别是具有辨别是非的能力。

政府对于气候变化的引导功能，一是建设低碳社会，将生态文明、气候变化和大气污染防治治理紧密结合起来，建立协同治理机制。加强全社会的气候变化素养，特别是青少年的气候变化素养，将气候变化作为公民基本素养纳入国民教育体系中，从幼儿的认知教育和初中等科学教育中纳入气候变化的知识，引导公众低碳消费。二是建立气候变化危机意识，使公众充分了解气候变化对于地球生态系统的影响，特别是提升公众对于极端气候事件的应对能力和公众健康自我应对能力，加强公众对于气候变化对于生物多样性关注。

保障公众知情权和提升公众参政议政的能力是公众传播的基础。政府的信息公开和建立公众参与的机制化途径是一个有机的整体。随着公众对于自身利益表述途径的不断完备和气候变化科学素养的提升，公众对于生态文明和气候变化的重大法律法规和政策出台，通过向社会征求意见的形式，保障公众充分表达自身意愿的权利和能力。

公众传播的特征是碎片化传播。往往是基于某些特定事件引发公众的关注，随着舆情的扩散，公众对于原有的事件传播很快会被新的事件所替代。因此气候变化传播需要控制传播的节奏,既要避免公众的审美疲劳,也要保证一定的热度,特别是在重大事件过程中,要控制好传播方向的节奏。公众传播也是自传播的一个重要来源,通常对于公众关心的事情,公众会自发地进行传播,这种基于口碑传播的方式,虽然没有像有组织的组织传播一样具有明显的指向性,但是由于公众基数庞大,其对于其他群体的影响也不能小觑。

(二)畅通媒体传播渠道

回应公众关切,充分利用现代传媒手段进行引导性传播。现代媒体传播是一个立体化的传播体系,面对社会关注的重大题材,细化议程设置,充分利用现代传播技术的发展,形成了平面、影像和互联网平台综合发力的综合性传播体系,既包括实时的现场报道,同时也有深度的分析评论。在传播形式上,打破了传统的你说我听的单向传播模式,围绕议题开展的拓扑式传播,在传播过程中,充分利用舆情监测分析社会公众的关注点实现有效传播。

新闻媒体与专家团队相结合,充分利用现代媒体平台,结合报纸、电视台和网络等传播平台,通过新闻采访、现场直播、微信微博等多种形式,既对地方的发展的典型案例进行报道,同时,也邀请专家开展实时点评,这种传播模式在地方取得了良好的互动效果。

充分利用全国低碳日等重大活动的节点,提前谋划,重点推出系列报道,从战略布局、政策行动、地方工作、典型事例和人物专访等多个角度进行深入报道,将气候变化工作与国家战略、地方发展和人民生活紧密结合起来,使之成为整个国民经济运转体系中不可分割的一部分,人民生活不可或缺的组成部分。全国低碳日作为国内重要的低碳宣传平台,可以进一步强化其宣传功能,一是加强与地方政府的联系和合作,根据每年的主题,确定与联合的部门和省份,共同举办全国低碳日。二是加强与各级媒体的合作,通过提前选题,在电视台、广播电台和报纸进行提前预热和宣传,通过低碳日的平台表彰一批先进典型,发布一批研究成果,推广一批低碳技术、宣传一批先进个人和开展一批重大项目等重大活动,使全国低碳日成为低碳领域综合性传播平台。

气候变化传播要强化正能量传播。气候变化的根源在于人类的无节制的温室气体排放，控制温室气体排放，并通过系列碳市场交易、碳税等行政和市场的手段减少温室气体排放，其不仅关系国家的发展，还涉及每个人切身利益。减少温室气体排放，不仅是企业在生产过程中要控制温室气体的排放，社会公众在消费过程中也要控制温室气体的排放，如生活节能减少对于电力和热能的消费、减少燃油车的消费，提倡绿色出行，建立个人碳足迹中和档案等。媒体通过深入生活采访这些优秀的案例，鼓励更多的人参与到低碳生活的行列中，通过这些正能量的传播，建立有利于低碳生活的社会氛围。

讲好中国故事，需要统筹国内和国际两个平台，媒体从业者既需要有气候变化和低碳发展的专业知识，也需要有丰富的新闻实践，同时，还需要熟知国际的话语体系。气候变化工作涉及部门广，横跨多个学科领域，新闻报道需要经历多年的沉淀，才能对政策、实践和国际动态进行准确的把握。气候变化对内报道需要地方鲜活的案例做支持，特别是地方在开展低碳工作时的系统性设计和做法，以及存在的问题和解决方案。并且需要针对不同低碳省份和地区的经验进行概括和提升，讲好中国故事需要对于国内的发展了如指掌，对于国际媒体的报道也要知己知彼，特别是在重大议题的设置方面，需要媒体从业者对于气候变化的形势有着清醒的认识。国内记者对于气候变化的常规性谈判了解较少，对于其中的议题动态缺乏常态货损跟踪报道，这和国际媒体有很大的差距。因此，在做国际报道的时候，需要把国际的舆论与国内的发展紧密结合起来，利用全国低碳日和联合国气候变化大会这两个时间节点，充分向国内外报道中国故事，有理有据，向国际传递中国声音。

（三）规范企业传播责任

鼓励企业开展绿色传播，履行企业社会责任。在应对气候变化的过程中，企业是重要的组成部分，担负着绿色制造的社会责任。企业也是市场经济的主体，供给侧结构性改革的内容之一就是推动企业产品结构升级，研发制造绿色低碳产品，为消费者提供更多可供选择的产品。企业的低碳理念，贯穿于设计、研发、生产、营销、流通和循环利用的全过程。鼓励企业开展绿色传播包含两个层面，一是要把绿色生产的理念传递给消费者，让消费者了解技术进步给生活带来的便利的同时，也使得公众赖以生存的地球环境更为清洁，让绿色消费的理念深入人心。二是通过低碳产品减少对于石油、煤炭等传统能源的消耗，通过使用可再生能源和新能源产品，减少温室气体排放，从根本上减少工业生产和社会生活对于大气的污染。

生产侧开展绿色传播，通过营造良好社会环境，形成有利于企业成长的内部机制和外部环境。企业履行社会责任，通过组织更多的企业家参与生态文明建设的行列中。目前，企业家大多是通过自发组织的形式参与到绿色低碳的行动中，如阿拉善、低碳企业联盟等，这些企业自发组织的联盟大多以公益的形式开展低碳活动，所开展的活动大多和原有企业的生产经营没有直接的关系，这种以公益的方式开展低碳活动的行为，吸引了越来越多的企业家参与到低碳行动中。一些直接从事低碳宣传的企业通过影视作品，组织社会力量开展相关活动，唤起公众参与低碳的意识，将低碳理念转换为产品供给市场消费。

无论是企业的社会责任还是企业的低碳经营行为，企业都需要加强传播工作，以便于更多的人了解和认识低碳产品和消费低碳产品。企业作为市场经营的主体，企业社会责任作为社会公民一员应尽的义务。在当前的形势，这种以公益性质出现的自发行为，需要进一步加强和引导，按照市场经济的规律进行规范，以专业化的运作方式发挥更大的作用。

企业开展气候传播，重点是通过产品向消费者提供低碳产品，满足社会的低碳需求。在目前低碳的财税环境尚不健全的情况下，企业开发低碳产品还存在着很大的风险。因此，单纯依靠企业自身的行为很难支撑低碳的研发和生产，需要国家从财税政策等多个领域进行扶持。通过政策补贴来培育市场，帮助企业摊薄前期的研发成本。

（四）引导公众参与传播

5G全媒体时代的到来，让我们进入了全程媒体、全息媒体、全员媒体和全效媒体的时代，全媒体和融媒体无处不在、无所不及。并非媒体从业者的普通人也都因为技术和平台的"赋能"而具备前所未有的传播力量。一些个人和社会组织在特定议题和特定事件中的传播力、引导力和影响力甚至远超一些资深媒体机构。在这种情况下，为了让生态文明理念得到更广泛和深入的传播，就要让更多社交媒体人和具有社交媒体传播力的普通人加入传播行动。让更多人共同讲述和传播生态文明理念，才能实现"在众声喧哗中声音最响亮，在众说纷纭中信息最可信"的目标。

与此同时，为了达到更好的传播效果，不仅需要生态环境专业工作者用专业理论和专业术语讲好专业工作，还需要健康、科学、公益、政法、艺术、经济等领域的专业人士，把生态环境保护涉及的方方面面的事讲清楚、讲明白。只有把生态文明理念在社会各个领域的实践归纳好、提炼好、总结好并传播好，才能形成"全社会"积极传播生态文明理念的局面，即全社会的参与、全社会的实践、全社会的智慧、全社会的传播和全社会的共享与成功。

此外，要更加重视青少年群体，他们是大众里最特别的群体。未来取决于今天给予他们的理念与影响，其实这也是在强调协调好现在与未来、当下与长远的关系。对青少年传播生态文明理念，传播形式应更加多样化，可以融入课堂、进入影视、化身游戏，也可以融入日常穿戴与艺术生活等。新媒体属于年轻人，未来取决于今天的青少年。多聆听他们的心声、研究他们的喜好，对生态文明理念传播会大有裨益，为他们量身定制的新媒体传播方式，也会让全社会生态文明传播，不仅"全"在当下，还会延伸到未来，薪火相传，把正确的、科学的理念写进我们民族的基因，让后代获益，让民族复兴。

第三章　新时代我国媒体气候传播的战略定位、话语建构与行动策略

杨　柳

气候变化不仅关系环境与生态问题，而且涉及人类生存与发展等一系列复杂问题。气候变化问题的复杂性与重要性，需要得到社会与公众的认识与理解，唯此才能更好地吸引社会的关注和公众的参与，以便动员全社会的力量共同来应对气候变化。由此，研究气候变化，以及应对气候变化中的公共传播问题的"气候传播"越来越受到新闻与传播学界和业界的重视。

新闻媒体作为政府机构、社会组织、科学工作者与公众之间的桥梁，在气候传播中具有多项功能，能够发挥重要作用。一方面，新闻媒体须及时向公众发布有关气候变化的最新信息、最前沿研究成果，各国对气候变化的政策立场等，让公众获知气候变化发生的原因、造成的影响以及该如何应对，鼓励公众采取行动；另一方面，须站在全局高度，从国家利益和社会发展角度，塑造我国负责任大国形象，促进国内外舆论对我国应对气候变化各项政策的支持，推动世界各国共同努力，为实现气候变化全球共治采取行动。

因此，气候变化议题需要从政治、经济、生态等多角度去考量其重要性和复杂性。这就需要新闻媒体把握好气候传播的战略定位与行动路径及策略。基于此，本章将就我国媒体气候传播的战略定位、话语建构与行动策略展开论述，以期不断拓展媒体气候传播的新的路径、方式与方法，全面提升我国媒体气候传播的质量、水平和效能。

第一节 新时代我国媒体气候传播的基本内涵、主要特点及实践环境

在新媒体时代，社会价值日益多元，互联网的普及让社会个体拥有了更多的话语权，但同时也带来了社会舆情风险。信息技术的日新月异使人们陷入对工具理性的崇拜，而新闻媒体的社会责任正在于对价值理性的呼唤，其目的是使二者在新媒体环境下实现和谐统一。在气候传播中，媒体无疑是最具广泛影响的主体，发挥着环境监视、社会协调、文化传承等功能作用。随着传播形势的变化，媒体气候传播面临新的挑战。本小节拟就新时代媒体气候传播的基本内涵作出界定，归纳其主要问题及特点，把握其面临的战略机遇和风险挑战，以期为媒体切实履行社会责任，提升传播力、引导力、影响力、公信力，提供一定理论参考。

一 新时代我国媒体气候传播的基本内涵

（一）新时代我国媒体气候传播的内涵及概念界定

环境传播的概念可以追溯到20世纪60年代末。1969年，舍恩菲尔德在《环境教育杂志》创刊号上发表了题为"环境教育新在何处？"的论文，他把"环境教育"定义为："一种传播，旨在培养公民了解环境与其相关问题，了解如何帮助解决这些问题，并主动配合解决方案。"[①] 他首次把"环境"与"传播"联系起来，使"环境传播"一词出现在公众的视野。

实际上，在舍恩菲尔德界定"环境教育"和提出"环境传播"的概念之前，环境新闻，包括有关气候变化议题的媒体报道已经有很长的历史。也导致一些学者和业界人士从信息传递的角度来界定"环境

---

① 参见刘涛《"传播环境"还是"环境传播"？——环境传播的学术起源与意义框架》，《新闻与传播研究》2016年第23卷第7期。

传播"与"气候传播"。这种界定强调了传播作为一种信息传递与意义分享行动，突出大众媒介事业的"信息传播"功能。例如，《华盛顿邮报》记者盖瑞·格瑞指出：环境记者让公众看到事实，让公众警醒环境问题，记者的职责是将事实告知公众；梅杰斯认为：环境新闻记者的任务是发掘事实，将影响我们地球和我们生活的事实清晰地表达出来传达给公众[1]。

气候变化正在发生，并且主要由人类活动造成，这一结论建立在成熟的生态学基础上，并得到了大量理论及实验观测证明[2]。2009年在哥本哈根举行的联合国气候大会未能达成一项强有力的、具有法律约束力的协议，使得国际气候政策受到较大挫折。在此背景下，新闻与传播学界开始更加重视气候传播研究[3]。

因气候科学的专业性，以及传受双方客观存在的知识鸿沟，增强气候传播的针对性显得尤为重要。研究表明，气候变化基本知识的欠缺是人们采取行动的最大障碍之一[4]。因此，媒体对这一议题的报道对受众的紧迫感和行动意愿有着重要影响，不同的传播方式在诱导行为的改变上有着不同的效用。安妮莉丝（Anneliese）等人认为，将科学从研究转为现实世界变化是科学传播的一个中心目标，在应对气候变化领域，媒体起着至关重要的作用[5]。该团队通过社交媒体内容提取工具雷利（Radarly）对主流社交媒体平台话题#COP21#（第二十一届联合国气候变化大会）进行了内容分析，结果表明，在会议相关信息传播过程中，引入柳叶刀气候与健康委员会报告后，话题热度呈现

---

[1] 参见周怿、张增一《环境传播：一个新的学术领域》，《科普研究》2017年第12卷第1期。

[2] Nakicenovic, N., Swart, R., *Intergovernmental Panel on Climate Change. Special Report on Emission Scenario*, UK: Cambridge University Press, 2000, p. 570.

[3] Diarmid Campbell-Lendruma and Roberto Bertollinia, "Science, Media and Public P. 9erception: Implications for Climate and Health Policies", *Bulletin of the World Health Organization*, 2010, Vol. 88, pp. 242 – 242A.

[4] Lorenzoni, I., Nicholson-Cole, S., Whitmarsh, L., "Barriers Perceived to Engaging with Climate Change among the UK Public and Their Policy Implications", *Glob Environ Chang*, 2007, Vol. 17, pp. 445 – 459.

[5] Anneliese Depoux, Mathieu Hémono, Sophie Puig-Malet, Romain Pédron, Antoine Flahault, "Communicating Climate Change and Health in the Media", *Public Health Reviews*, 2017, Vol. 38, p. 7.

指数增长马祖尔（Mazur）和李（Lee）指出公众对于环境问题的关注程度往往受媒体关注程度的影响，而不是受实质性报道内容的影响①。尼尔（Neil）通过对美国、英国、法国等主流媒体气候传播框架的全面考察，表明相比较于机会、道德、伦理、经济或健康框架，灾难、科学不确定性、政治或意识形态斗争等话语框架在不同的媒体类型中更为常见。此外，迈巴赫（Maibach）等人关于媒体气候报道影响研究表明，将气候变化界定为公共卫生健康问题而非环境问题，是有助于增加公众参与应对气候变化的因素之一，并明确强调需要更好的传播与气候变化相关的健康威胁②。

在我国，覃哲认为，气候传播研究处于自然科学与社会科学的交叉口，它涉及气象学、医学、政治学、传播学等多学科领域。它通过传播活动改变公众的态度与行为，最终实现人类安全、健康、免于贫困等公共福祉③。覃哲和郑权发现，当前《人民日报》对气候变化保持着相当的报道量，近五年整体呈现较为平稳趋势，平均每年发文102.4篇，议程设置主要由国家政治行动及气候事件推动，以政府职责、政策制定以及政绩成就等话语为主。由于气候传播的政治性、学科性，以及记者专业性等问题，重视专业知识及专业权威的媒体气候传播的"科学范式"，何以弥合知识鸿沟，助推公众表达参与的"公共范式"的实现仍然任重道远④。

因此，处于气候传播"六位一体"行动框架中心节点的媒体的最大作用在于把全社会方方面面的力量都动员起来，作为引导者，发挥信息传播和舆论引导作用，共同去为应对气候变化、维护公共利益与人类福祉作贡献。对此，媒体需要重视气候变化报道，提升自身专业素养，要

---

① Mazur, A., Lee, J., "Sounding the Global Alarm: Environmental Issues in the U. S. National News", *Social Studies of Science*, 1993.

② Maibach, E. W., Kreslake, J. M., Roser-Renouf, C., Rosenthal, S., Feinberg, G., Leiserowitz, A. A., "Do Americans Understand that Global Warming is Harmful to Human Health? Evidence from a National Survey", *Ann Glob Health*, 2015, 81 (3), pp. 396–409.

③ 参见覃哲、琚常佳《气候与健康传播研究的发展脉络与机遇》，《文化与传播》2019年第8卷第3期。

④ 参见覃哲、郑权《〈人民日报〉2015—2019年气候报道的特征与健康风险话语文本分析》，《文化与传播》2020年第9卷第4期。

使气候传播避免"被操纵的公共性",重建气候传播话语公共空间。

基于这一背景,我们认为,所谓"媒体气候传播",是指以主流媒体作为主体传播者,通过信息传播、新闻报道、舆论监督、科学普及、国际传播等多种形式,将气候变化信息及其相关国家政策、市场信息、低碳文化、科学知识等,为国内与国际社会所理解和掌握,并通过公众态度和行为的改变,以寻求气候变化问题解决为目标的职业化传播活动。在我国,主流媒体作为党、政府和人民的耳目喉舌,在进行气候变化报道的时候,必须表达我国政府在气候变化问题上的立场、塑造我国作为负责任大国的国际形象。

(二)新时代我国媒体气候传播的目标任务

气候传播是一种有关气候变化及相关议题的传播活动,它以寻求气候变化问题的解决为行动目标。因此,媒体气候传播的目标是使全社会在气候变化问题上形成共识,使人们更多地关注气候变化,保护生态环境。

具体来看,媒体气候传播的目标可以分为三个层级:

第一层级,主要是传播气候变化的相关信息、知识,告知公众气候变化的相关情况、问题等,发挥媒体的信息告知、知识传播、社会服务等功能。过去,一些新闻媒体认为,将简单的气候变化信息和知识告知公众,就能改变公众的想法,并促使他们采取行动。但事实却从根本上否定了这一假设:人们对气候变化的关注和态度与他们的行为之间并不存在必然关联。与其他一般性问题相比,应对气候变化在"态度—行为差距"上要更大一些。

第二层级,主要是通过一定传播手段和形式,发挥媒体的社会动员、行动倡导和思想劝服功能,吸引公众参与气候行动。这种参与可以是生活习惯上的,如低碳出行等,也可以是政治行为上的,如支持某项政策或某个项目的公民行动等。第二层级与第一层级的区别在于,这些动员、倡导和劝服往往能促进公众的积极参与,而不是仅仅停留在与公众进行一般信息沟通和意见的交流上。气候传播中的社会动员、行动倡导和思想劝服往往具有个性化、本地化和紧迫性,旨在鼓励个人对气候问题采取行动,使他们愿意将自己的想法和意图转化为实际行动。在气候传播动员、倡导和引领活动的报道中,新闻媒体会用文字和图像向公众解释在应对气候变化行动上可以做些什么，通常会相对简单地描述这些行为，表示这些行为可以使个人和社会受益（如节约生活成本，养成更好习惯，获得社会认可，收获内心平静等）。或是像第二次世界大战期间美军在作战时动员时所做的那样，描绘出一种"危急"情况，将倡导的行动与根深蒂固的价值观联系起来，如国家安全、爱国主义等，以激励和吸引人们参与行动。

第三层级，主要是吸引公众关注更深层次的事物，不仅是希望他们参与政治行动或具体的行为改善，更希望他们在更广更深的层面上带来社会规范和文化价值观的变化。虽然人们的态度和行为之间总是存在差距，但根深蒂固的价值观可以对公众的环境行为意向产生潜移默化的影响。

第三层级和第二层级的区别是，第二层级只是在特定情境下，如在各项活动、各种组织中对公众行为施加影响，而第三层级是试图创立和改变现有的社会模式，塑造低消费、低耗能的生活方式，通过教育和某些行为规范的渗透式塑造，从根本上对公众的行为施加影响。要做到这一点，并不是要给公众"下达"一道权威指令让他们去执行，而是通过对话形式的互动，以及对实现更高质量生活的讨论等，塑造出一个可持续发展社会的新生活方式和愿景，并引领公众参与其中。

二 新时代我国媒体气候传播的主要问题及特点

（一）事件驱动多，持续关注少

我国媒体对气候变化问题保持着相当的报道量，但许多报道都是一般性报道。通常在国内外重要气候会议举行、重大气候事件发生和重要气候政策出台等情况下，相关报道的数量会迅速上升，但之后，报道数量就会迅速下降。这说明，气候报道数量的变动表现出明显受气候事件驱动（event-driven）的影响，是这些重要气候会议、重大气候事件和重要气候政策出台等直接驱高了我国媒体气候传播的报道数量[1]。其中，

---

[1] 参见覃哲、郑权《〈人民日报〉2015—2019年气候报道的特征与健康风险话语文本分析》，《文化与传播》2020年第9卷第4期。

每年举行的联合国气候大会获得了媒体最高的关注度，2008年以来，我国新闻媒体关注气候变化最多的时间段往往都是年底的联合国气候大会举办期间。此外，新闻媒体也较多地关注干旱、暴雨、雾霾、热浪等极端天气事件。有学者认为，这种季风式的报道模式对于提高民众的气候科学素养的作用有限。

（二）官方声音多，民间声音少

我国媒体的气候传播通常是官方声音多，民间声音，特别是专家的声音少，这在一定程度上反映了在气候传播中公众与科学的缺位。公众的缺位会影响社会的关注度，科学的缺位会导致民众对气候变化产生的原因、可能带来的影响认识不足，对气候变化的概念没有清晰的认知。尤其是媒体在对气候科学相关知识的传播方面往往是采取灌输式的方法，如仅仅将简单的现象告知，或单纯渲染气候变化带来的危害，抑或直接告诉民众如何来应对气候变化，虽然这些做法都对，但由于与民众的讨论与互动不足，使得他们在对气候变化缺乏感知和思考的情况下，认识往往停留在较为浅显的层次，只是知道有这个词语，或知道气候变化对人类可能产生不利影响，但这并不能完全使民众了解到气候变化问题的全部真相。

（三）会议新闻多，深度解析少

我国媒体在气候传播中关注最多的议题内容通常是气候变化会议与论坛居多，而涉及气候传播科学等深度解析的报道所占比重较小。会议新闻较多的原因，是由于我国新闻媒体把国家的大政方针政策作为非常重要的议题，而我国的大政方针和一些政策偏向，往往是"隐藏"在会议新闻之中的。

从整体上讲，我国媒体报道气候变化缺乏一些深度报道，特别缺乏深刻的探讨。对于与气候变化有关的事件以及产生的影响，缺少必要的分析和解读。贾鹤鹏和刘振华认为，这也跟媒体并没有把气候变化这样的议题真正变成一个核心议程有关[1]。气候传播还并没有成为

---

① 参见贾鹤鹏、刘振华《科研宣传与大众传媒的脱节——对中国科研机构传播体制的定量和定性分析》，《科普研究》2009年第3卷第1期。

媒体的自发的具有优先性的议程，所以，当没有外在事件的时候，我国媒体关注气候变化的报道就立刻会变少。

（四）国内信息多，国际信息少

在对联合国气候大会等重大新闻的报道中，我国主流媒体的新闻议题均是有关我国政府立场、成果与贡献的内容，或是其他国家对我国所作贡献的积极评价，而关于其他国家应对气候变化的立场、观点、做法如何，相对报道较少。随着我国国际地位的提升，这样的视野和格局不足以匹配当前所倡导的实现人类命运共同体的目标。我国新闻媒体可在联合国气候大会等国际谈判中，聚焦各国立场，呈现多方观点，展示全部景象，拓宽我国民众的国际视野。

（五）文字内容多，图片视频少

气候变化是一个报道难度较大的领域，有研究表明，大多数人都是通过图片和故事来认识世界的，而非数字、文字或技术图表。在碎片化阅读时代，相比字字珠玑的长篇大论，图像因其更强的视觉冲击力而备受读者青睐。因此，围绕政策的报道和气候研究报告的翻译可能难以引起受众的兴趣。气候传播的关键，是如何把科学报告中的技术语言"翻译"得浅显易懂，用图片和故事增加报道的可读性和活泼性。在理解科学预测的基础上，一个视觉艺术家能够把海平面上升更清楚直观地表达出来。生动的文字报道可以给读者以代入感，而图片新闻也可以有同样的效果，图片是故事可视化的一种重要形式。

三　新时代我国媒体气候传播的实践环境

（一）新时代我国媒体气候传播面临的机遇

当前，环顾全国，放眼世界，可以发现我国媒体的气候传播虽然还存在一些问题和困难，却也面临着前所未有的历史机遇：

1. 加强气候传播符合时代特征与国家战略要求

近些年，我国在国际气候治理平台上已从参与者、跟随者转变为贡献者、引领者。中国政府吹响了从"发展优先"向"保护优先"转型的号角，向全世界展示了我们的决心和意愿。在全球生态文明建设中，我国积极引导全球气候治理和气候变化合作，逐渐成为全球气候治理的关键塑造者，扮演起重要参与者、贡献者和引领者的角色。我国积极主动地承担应对气候变化的国际责任，彰显了中国负责任大国的形象。

2. 气候变化已成为当今世界最重要的议题之一

气候变化问题是全人类共同面对的重大挑战，需要世界各国通力合作，携手应对。随着人们对气候变化负面影响的认识逐步加深，气候变化不再是单一的环境议题，而成为政治、经济、社会等不同学科交叉的议题。对于追逐新闻重要性的媒体而言，全面反映和报道气候变化是不容错过的机会。从媒体自身而言，这个话题不仅重要，而且资源丰富。一方面，世界各国对气候变化投入的研究力量和资源非常大，随着气候变化产生了许多新的现象和事件；另一方面，气候变化对环境脆弱地区的灾难性影响已经很明显，能够让媒体工作者写出非常生动、有人情味的感人故事。

3. 新媒体为气候传播提供了有利条件

随着科技的飞速进步，以互联网为基础的新兴媒体已经成为人们最主要的信息来源。自媒体等新兴媒体影响舆论的能力愈发显著，释放了前所未有的公共话语权，在"全民皆记者"的"微时代"，一件小事都可能被"围观"放大成具有轰动效应的热点舆论事件。新媒体特别是社交类媒体的出现，为公众参与气候传播提供了难得的机遇和条件，我国主流媒体应充分利用各种媒体和传播渠道，特别是社交媒体和自媒体，让受众更好地接收气候变化信息，传达气候变化理念，协调应对气候变化行动，实现气候传播的社会化和大众化，增强气候传播的参与性和互动性，这是一种难得的历史机遇。

(二) 新时代我国媒体气候传播面对的挑战

机遇与挑战往往是同时存在的，有机遇就有挑战，在挑战中寻找机遇，在机遇中迎接挑战。当前我国媒体气候传播面对的挑战主要表现在以下方面：

1. 公众难以察觉和理解气候变化的复杂性

气候变化自身的复杂性、即时性以及不具可见性等特点，对普通受众来说，常常会感觉难以察觉，也难以理解。主要原因在于：

一是气候变化源自温室气体的排放,但二氧化碳等温室气体是不可见的。温室气体对人体造成的影响也不像水污染、空气污染那么直接和迅速。人们往往重视可以直接感受到的影响,却容易忽视潜在的不可见的长期影响。加之目前监测到的客观存在的气候变化往往发生于人迹罕至的高海拔区域、极地区域、海洋区域等。从直接感受角度看,公众会认为气候变化还很遥远,远不如其他社会问题那样紧迫,不值得重点关注。

二是气候变化的因果联系之间往往存在很远的地理距离和很长的时间跨度。以温室气体的排放为例,个人、家庭、企业的排放在短时间内对气候变化的影响极其有限。只有数十年甚至上百年日积月累之后,才能形成气候的可追溯、可探测的变化。这种累积效应使得气候变化对普通公众而言感受并不深刻。在日常生活中,公众容易感知天气的变化,却很难理解和认识到气候的长期变化。

三是生活在城市中的人已经与自然环境产生了一定的隔绝。经过人类的改造,城市里的建筑、公路等都已经脱离了原始的自然环境。人们日常的工作和生活都在人造建筑内,所接触的大部分是恒温的环境,很难感觉到自然温度的变化或者自然环境缓慢发生的变化。再加上一些技术手段对环境的改善,实际上公众对于气候变化的敏感性非常低,甚至很容易就会忽略气候的变化。

对于公众而言,文字描述中的经历和抽象的数据总是不如亲身经历直接且强烈。很多时候,仅仅是某一个冬天的温度下降就可以让公众认为气候并没有变暖,甚至对全球变暖这一气候变化正在发生的事实产生怀疑。

2. 公众对气候变化的认知存在一定局限性

一些群众对气候变化往往感受不深,觉得气候变化离自己很遥远,因此不愿改变自己的态度和行为,这使得气候传播更具挑战性。这种不确定的质疑声音长期存在主要有以下几方面原因:

一是气候变化问题从来就不是一个单纯的气候科学问题,它涉及国家间的利益博弈、经济社会发展等方方面面的问题。一些利益团体,为了自身发展通过传统化石燃料攫取的高额利润,不愿承认气候变化的客观现实,更不愿国际社会采取限制温室气体排放、控制化石燃料等措施来应对气候变化。这些团体便不断利用气候变化的不确定性,在国际上鼓吹气候变化是否存在并没有达成共识,持续观望才应该是最正确的态度。

二是至今为止从气候科学角度看,人类还未能建立起稳定的模型以完整地描述、解释、预测气候变化。苏珊·莫泽(Susanne Moser)和赖晨希认为,气候变化与环境系统的各个组成部分均有关联,而这一关联的复杂性,使其无法通过模型得到充分的展示与显现,导致目前还没有一个统一的科学理论能够指导气候变化研究工作。而人类自身的意志作用和主观思考作用使得当人类面对这样一个复杂且未知的问题时,更容易出现反复和怀疑[1]。

三是从受众影响角度看,气候变化离公众切身利益关系不是太密切。气候变化问题不像日常生活中的柴米油盐、房子、医疗、教育等话题那样,让公众切身感到与自身利益关系那么密切。公众看待气候变化问题,更容易觉得这是国际层面的政策问题,是各国政府应该关注的,而对于自身而言这个问题太庞大、太复杂了,不需要个人的关注和应对。

四是除了气候变化是否存在这一问题之外,还有一些关于气候变化的问题在细节上无法明确。如减少温室气体排放是否能减缓气候变化,有关技术手段是否有效、经济上是否能够承担等。对于这些问题,一方面有待科学家更加深入地研究;另一方面,新闻媒体尚需深入、详细地向公众解释现阶段的情况,但目前相关的气候传播还有欠缺。

3. 气候变化涉及领域广泛,对媒体从业者有较高的素质要求

由于气候变化涉及环境、政治、经济、法律等多个领域,这就要求媒体从业者要具备较为广博的相关知识才能胜任工作。在我国主流媒体中,科学家及学者为主要消息来源的报道不够多,可能受以下因素影响:

---

[1] 参见 Susanne Moser、赖晨希《气候变化传播:历史、挑战、进程和发展方向》,《东岳论丛》2013 年第 34 卷第 10 期。

一是我国媒体从业者大多是文科出身，学新闻学、汉语言文学、社会学等人文社会科学学科的居多，他们既缺少相关科学知识，又缺乏相关科学工作训练，还缺乏相关科学领域的采访资源，因此难以与科学家顺畅沟通。

二是一些科学家和学者忙于科研，有的不善言辞，不喜欢在新闻媒体上"抛头露面"，参与科学传播的意愿不强；有的对媒体工作和新闻规律不够了解，惧怕媒体，认为"多一事不如少一事"，这些情况也导致了媒体的相关采访难以收到好的效果，提供高质量的报道。

三是长期来我国媒体很少反映国内的气候科学研究成果，没有形成对与气候科学相关的科研成果跟踪报道的惯例，因此报道的科学性显得不足。

第二节 新时代我国媒体气候传播的角色定位

从媒体自身在信息传播、新闻宣传、舆论引导和社会服务方面所具有的功能作用及其所承担的职责使命看，新时代我国媒体气候传播应该担负起以下角色：气候变化信息的传播者、气候变化知识的解读者、气候变化问题的监督者、政府气候变化立场的宣介者、国际气候变化谈判的助推者。这些角色定位是党和国家以及社会与民众对媒体履行自身在气候传播方面的职责使命的要求，也是媒体做好气候传播的行动依据。

一 气候变化信息的传播者

作为一种信息媒介，新闻媒体是公众获取气候变化信息的最基本也是最重要的来源，因此传播气候变化信息是新闻媒体在气候传播中首先要发挥的功能、履行的职责和承担的使命。新闻媒体传播的气候变化信息能否顺利到达公众，是气候传播形成影响力和引导力的基础性条件。气候变化议题特殊，风险表征不明显，公众在生活中几乎难以察觉，需要媒体主动设置议程，及时传播气候变化信息，让公众能够准确把握相关信息，进而引导其关注并主动参与适应、减缓和应对气候变化的行动。

当前，应对气候变化、保护生态环境已成为全社会的共识。在这种情况下，新闻媒体在进行气候传播时一方面要做的就是及时、有效地向公众提供与气候变化相关的信息，以满足公众获知信息的需要，实现有效传播。另一方面，在气候传播中须尽可能提供科学、真实、准确、让公众信服的信息，并且要善于将这些信息转化为能够引导公众自觉投身应对气候变化行动的有效传播。

在气候变化背景下，极端天气气候事件在全球呈现多发频发重发态势。我国地域辽阔、自然条件复杂，且属于典型季风气候区，是世界上受灾害性天气影响最为严重的国家之一，每年都会发生若干产生重大影响的极端天气气候事件。2021年7月17日至24日河南的暴雨灾害，即为其中的典型事例。在这场暴雨中，河南有39个市县累计降水量达常年全年降水量的一半，其中郑州、辉县、淇县等10个市、县超过常年全年降水量。这场暴雨在造成重大人员伤亡和财产损失的同时，还给受灾地区人民带来了强烈的震撼和恐惧。

由于事发突然，媒体在报道时，一方面事件已经发生，需要尽快跟进报道以确保时效性；另一方面信源十分复杂，辨别真伪难度巨大。如何把握好及时和准确间的平衡，是一个不得不慎重考虑的重要问题。中国气象报社作为气象行业媒体，在7月20日郑州遭遇暴雨当天迅速组织相关报道，通过与当地气象部门密切配合，掌握最新数据，以此作为报道核心，第一时间推出报道《河南遭遇特大暴雨袭击气象部门积极应对》。稿件一方面通过第一手的气象观测数据，准确提炼出"一小时降水量201.9毫米"这一核心新闻事实，稿件信源均经过部门内部反复核实，在消息极具时效性的同时，也确保了真实性。此后，在后续报道中国气象报社持续发力，跟进推出《中国气象局召开视频会议对河南省及海河流域防汛救灾气象服务进行再部署》等政务报道，《心手相牵共克时艰——河南极端强降水应急救援气象保障服务纪实》等通讯报道，以恰当的节奏，进行了全方位、全程跟踪报道。

这一针对郑州暴雨的报道策划带来的启示是，面对极端天气气候事件发生时混乱复杂的信源，与其在社交网络、自媒体的海洋中花大力气分辨真伪，不如另辟蹊径，发挥自身优势，从能够确保真实性的信源出发策划报道。具体来说，行业媒体应当依靠自身部门、行业的权威性，发出专业的"独家"声音；党媒应当紧靠党委、政府，以筑牢宣传阵地为根本诉求，将政府的声音第一时间传达出去。各类媒体互相配合，才能在追求时效的同时，营造一个风清气正的舆论场①。

新闻媒体传播的气候变化信息包括对过去发生的与气候变化相关常规热点事件的挖掘与报道，如2017年4月6日《人民日报》刊登的《2016年全球十大环境热点揭晓》，公布了当年全球环境问题的十大热点，引起了社会与公众的关注。

新闻媒体传递的气候变化信息还包括对近期气候变化现象的报道。如《人民日报》2012年8月16日发表文章《"火炉"城市越来越多（关注·炎热天气）》公布了中国气象局国家气候中心的专家对近31年气象资料进行综合分析后排出的新"火炉"城市名单，详细介绍了这些城市的"热度"是如何统计出来的，为何近年来"火炉"城市的名单越来越长，以及如何应对气候变暖等内容，同样引发了社会与公众的关注。又如《人民日报》2015年12月2日刊登的署名文章《青藏高原气候变化：变暖变湿》，作者为中国科学院青藏高原研究所研究员徐柏青，文章讲述了其最新的研究成果——变暖和变湿将是青藏高原近期（2050年以前）和远期（2050年以后）气候变化的主要特征。

新闻媒体传播的气候变化信息还包括对近期气候变化事件发生的状况、产生的危害、应对的办法的报道。如《人民日报》生态周刊2017年9月23日发表文章《近年来登陆我国的台风强度增加，防灾减灾不可大意——台风趋强 防御加力（绿色焦点）》，并配发了一张台风袭击时的照片和一张为防御台风"泰利"，舟山市出海的4665艘渔船陆续回港避风的照片，向公众传递了台风即将袭来的信息，并通过采访专家，回答了公众关心的一些问题：今年的台风接踵而至是否

---

① 参见刘钊《极端天气报道如何把握好时度效》，《中国记者》2022年第7期。

反常？气象学家是怎么监测和预报台风的？怎样在未来提高对台风的预警水平？普通公众如何应对台风，等等。

由此可以看出，媒体气候传播的首要功能是满足公众的气候变化信息需求，即及时、准确、充分地传播公众关心的气候变化信息，如气候变化现象与事件发生的状况、引发的原因、产生的危害、应对的办法等，将其及时有效地告知公众，以满足他们的信息需要。在此过程中，新闻媒体将气候变化科学知识和为应对气候变化所采取的行动措施整合起来，形成清晰连贯、便于公众理解并且富有建设性的信息，由此促成公众形成共识，引导其积极参与应对气候变化的行动。

二 气候变化知识的解读者

气候变化不仅涉及许多抽象的专业知识，而且其形成原因及未来趋势都十分复杂。但气候变化问题又涉及公众的切身利益，以及世界各国乃至全人类的可持续发展，如果新闻媒体不能详细地向公众解读气候变化知识，公众很容易会进入两个误区：一是对于气候变化无动于衷，不愿意采取任何行动；二是对气候变化产生误解甚至听信谣言，产生恐慌情绪并采取过激行为。

媒体针对气候事件开展报道，不能仅着眼于事件本身，还要关切事件发生的气候背景。一方面，世界气象组织、联合国环境署合作成立的政府间气候变化专门委员会，对气候变化事实及其相关影响开展了科学、详尽且持续更新的评估工作，得出了一系列得到国际社会公认的科学结论。另一方面，气候变化的影响广泛深远，具备相当程度的复杂性，非专业的公众理解起来有一定困难。在这种情况下，主流媒体可以充当专家与公众之间的传声筒，及时将相关科学结论吸收转化，以公众易于理解的形式再梳理、呈现、总结，提升公众对气候变化的科学认知水平，鼓励其亲身参与我国实现"双碳"目标的伟大实践中，从长远角度看，也有助于从根本上扭转极端天气气候事件多发频发重发的局面。

例如，在大数据行业日益发展的形势下，经长期累积的气象数据逐渐凸显出传播价值。气象数据相对全面、真实、客观、准确,可信度和使用价值很高。在大数据时代,如果深入挖掘数据,将对气候传播大有裨益。同时,气候行业报道面临公众认知门槛高,科普难度大的问题,迫切需要加强数据挖掘和可视化技术在气候科普上的应用,从而提高传播的效率。2016年3月,中国天气网成立了国内首个气象数据新闻栏目"数据会说话",并成立了首个气象数据可视化工作室。该栏目致力于分析气象大数据背后的事实,寻找社会热点新闻背后的天气真相,积极创作与民生日常生活紧密联系的新闻作品,科普气象冷知识,将枯燥的数据变成形象可读的新闻,以生动形象的展示方式分析冷门晦涩的气候传播相关现象与知识,有效提高气候科普传播的水平。截至2021年8月,该栏目已经出版气候传播作品150多期,在业界和社会形成了良好品牌影响。

中国天气网开拓古气候可视化科普产品研发,将气象科研成果科普化,制作全国首个古气候数据可视化科普作品《中国旱涝五百年》H5,该作品包括电脑端和移动端两个版本,首次通过交互可视化的形式深度挖掘和分析从明朝至今(1470—2018年)各省份的旱涝气候变化,展示五百多年来我国经历的旱涝气候变化规律,挖掘那些重大旱涝灾害事件及社会历史影响,为当代社会应对旱涝灾害提供借鉴。作品运用融媒体手段糅合可个性化体验的互动地图、交互可视化图表、gif动图、老照片、图片和文字等视觉元素,可支持查看任意一年旱涝状况,80余个重点城市五百多年间的旱涝气候变化及重大历史事件。以新颖的形式向公众科普五百多年全国旱涝时空规律和分布格局,解释我国自古以来旱涝频发的原因,阐释旱涝灾害对社会生活、历史变迁以及经济发展的影响。该作品是国内首个古气候交互可视化科普作品,将气候变化研究"翻译"为新媒体传播的网络科普作品。它以"气象+"科普理念,融合历史、气象、大数据、水利、地理、可视化、防灾减灾等多领域知识,在解读旱涝气候变化中融入社会生活新视角(见图3-1)①。

---

① 参见张永宁《〈中国天气网〉:气象数据可视化传播》,载郑保卫主编《为气候行动鼓与呼:中国气候传播案例集萃》,中国社会科学出版社2023年版。

●◎○● 新时代中国气候传播的战略定位与行动策略

图3-1 《中国旱涝五百年》H5 古气候可视化作品

因此,为公众阐释和解读气候变化知识,是新闻媒体的一个基本功能。新闻媒体通过气候传播将气候变化产生的原因、可能带来的影响、应该采取的措施等告知公众,帮助公众跨越气候变化科学知识的门槛,使其对气候变化的影响范围、后果、应对措施能有更深入的了解,以提高认知度,进而对气候变化问题获得准确认知和全面理解。

可见,解读气候变化知识也是新闻媒体在气候传播中的重要功能。另外,在气候传播过程中,新闻媒体除了普及科学知识外,还应向公众传播和宣传客观理性的科学精神,以及谨慎严密的思维方式,使社会上形成相信科学、尊重科学、崇尚科学的价值观和氛围。

三 气候变化问题的监督者

新闻媒体通常被称为"社会耳目""社会监视器"和"环境监测者",其原因就在于它具有预警和监督功能,可以对政府、社会及各社会成员起到监测、预警、调试、护卫的作用。当社会上出现某些不良现象,或者社会成员的个人行为侵害了公共利益的时候,新闻媒体有责任对这些现象和行为提出批评,实行监督。这些都是新闻媒介所应当承担的社会责任。而承担这些社会责任的目的,就在于维护社会与公众的利益不至于因此受到侵害,保证社会良性运行。

气候变化往往会给自然生态、人类生活,以及社会发展的方方面面会带来各种各样的负面影响,因此需要全社会联合起来共同应对气候变化。新闻媒体在气候传播中的重要角色之一,就是充分发挥新闻媒介的监督和预警功能,及时发现生态保护、环境治理,以及卫生健康等方面出现的问题,提出批评和进行监督,以引发政府、社会和民众的关注,借助媒体和舆论的力量促使问题得到有效解决。总之,在环境与生态治理过程中,新闻媒体可以通过舆论监督来释放我国社会主义民主制度的优势和治理效能,维护公众的知情权与监督权,发挥环境守望和舆论监督的职责。

"人民网"(People's Daily Online)是世界十大报纸之一——《人民日报》建设的以新闻为主的大型网上信息交互平台,也是国际互联网上最大的综合性网络媒体之一,坚持"权威、实力,源自人民"的理念,以"权威性、大众化、公信力"为宗旨,以"多语种、全媒体、全球化、全覆盖"为目标,以"报道全球、传播中国"为己任。作为我国重点新闻网站的排头兵,"人民网"对气候变化舆论监督给予了高度重视。

"人民网"注重吸收民间智慧,倾听民间声音,解决人民问题。在互动栏开设有领导留言板、强国论坛和维权三个板块,可以在关键词下面检索与"气候变化"相关的互动内容。用户有跟气候变化相关的好的议题与观点可以投稿,强国论坛会将好的议题与观点择优发布

（见图3-2）。有跟气候变化有关的问题可以通过领导留言板和维权反映，"人民网"在收到信息时会及时处理相关问题并及时将结果反馈给用户，从而实现与用户的双向互动（见图3-3）。此外，与用户并

图3-2 "人民网"强国论坛投稿（2021年9月6日）

图3-3 "人民网"领导留言板互动（2021年9月6日）

不仅仅限于互动栏留言板可以反映问题,还可以通过短视频渠道、微博、微信公众号等渠道反映相关问题,实现与用户的多点位互动。

由此可以看出,监督气候变化问题也是新闻媒体在气候传播中的重要角色和功能之一。新闻媒体可以通过调查性报道曝光和揭发破坏生态环境、浪费自然资源的行为,进而形成舆论压力,督促公众抵制和揭发破坏生态环境的行为,使公众认识到"节约光荣,浪费可耻",在全社会树立起正确的生态文明观,形成保护环境的良好氛围,强化公众保护生态的责任意识。

需要注意的是,新闻媒体在气候传播中应注意适度和准确地描述气候变化所带来的影响,避免故意夸大负面影响引起公众恐慌。同时,还须防止一些别有用心的组织或个人故意散布谣言,借极端天气和自然灾害引发社会动荡。

四 政府气候立场的宣介者

在气候变化领域,每年年底联合国气候大会期间各国政府代表团所进行的谈判,都是世界舆论关注的一件大事。作为媒体,特别是主流媒体如何积极主动并准确充分地表达和宣介我国政府的气候变化立场至关重要。如果不能很好地承担这一职责,完成这一使命不但会造成政府的被动,还会严重损害政府的形象。

在国际传播中,发展中国家的新闻媒体往往显得十分被动,很少主动出击,发达国家的新闻媒体则总是居高临下,根据自己利益需求和价值观任意混淆是非,颠倒黑白,动辄对我国内部事务横加指责。从技术层面看,国际舆论场的语言形态主要以英语为主,国际上的主流媒体也都以英语为主要语言工具,西方国家在话语权的争夺中占据了"主场优势",发展中国家无论在发言可见度还是在语言精度方面,都存在天然劣势。

经过改革开放以来几十年的发展,我国国力日渐强盛,国际地位不断上升,中外沟通交流也日益增多,但西方国家的一些新闻媒体对我国的误解和误读并没有因此消失,反而还给我国贴上"寻求全球经济霸权""向全世界输送专制制度"等标签,并热衷于炒作"中国威胁论"等,千方百计地对我国进行诋毁、攻击、打压和污名化,企图遏制我国发展。

长期以来,一些西方媒体总是借助人权等各种问题、通过各种手段向我国施压,花样百出地干涉我国内政。气候变化问题就是其中的一个重要议题。一些西方国家媒体不断地从政治和外交方面片面解读气候变化议题,就是想给我国的和平发展制造障碍。媒体话语权的竞争,其实也是国与国之间意识形态的竞争、价值观的竞争、文化影响力的竞争。习近平总书记在2013年8月19日全国宣传工作会议讲话中明确指出,在对外传播时,"要讲清楚每个国家和民族的历史传统、文化积淀、基本国情不同,其发展道路必然有着自己的特色……讲清楚中国特色社会主义植根于中华文化沃土、反映中国人民意愿、适应中国和时代发展进步要求,有着深厚历史渊源和广泛现实基础"[①]。

习近平总书记关于国际传播工作的新论述,对于现阶段国际传播工作具有重要的理论和现实指导意义。在此基础上,讲好中国故事、传播好中国声音,才能做好加强国际传播能力和对外话语体系建设。

从这个维度上讲,我国新闻媒体的软实力亟待提升。应在与国际上其他新闻媒体的交流过程中努力做好沟通阐释工作,努力讲好中国故事。从树立良好国家形象的角度上讲,新闻媒体责任艰巨、使命光荣。需要始终保持担当精神、增强创新意识、提高专业水平,以"讲好中国故事"为目标和要求,提升自己的能力。

五 国际气候谈判的助推者

近年来,气候变化所带来的危害已经严重威胁人类生存。作为负责任的大国,中国始终高度重视气候变化问题,积极参与气候变化国

[①] 《习近平在全国宣传思想工作会议上强调 胸怀大局把握大势着眼大事 努力把宣传思想工作做得更好》,《人民日报》2013年8月21日第1版。

际谈判，并且作出了重要贡献。随着中国持续加强生态环境保护和节能减排，中国在应对气候变化方面的领导力和影响力也日益提升，受到国际社会高度关注。

自2009年到2019年，中新社对联合国气候大会（以下简称"气候大会"）的报道共186篇，结合报道内容，报道主题主要分为以下几类：气候大会进程动态；中方参会立场及行动；中国推动国内节能减排的措施及成效。其中，气候大会进程动态的报道居多，共108篇；中方参会立场及行动相关报道次之，55篇；中国推动国内节能减排的措施及成效23篇。

具体来说，对气候大会进程动态的报道数量历年起伏较大，这与某届气候大会本身的重要性有关，有里程碑性质的成果需要达成、气候谈判面临关键节点的"大年"发稿数量往往较多。如2012年多哈气候大会是《京都议定书》第一承诺期结束、讨论2020年后应对气候变化措施的"德班平台"开启的关键节点，外界关注度高，中新社发稿密度也随之加大，接连发出《综述：发达国家"一退再退"多哈谈判艰难启程》《专家展望多哈气候大会：三项议程期待突破》《〈京都议定书〉新承诺期谈判几无进展》《综述：气候谈判遇"三重大山" 多哈期待部长"破局"》《多哈花絮：主席笑点"鸳鸯谱" 美国邀功"泄天机"》《多哈大会：发达国家不愿出钱 南南合作展开"气候自救"》《多哈谈判冲刺 基础四国亮出三大底牌》《关键议题僵局未解 气候谈判或再入"加时"》《2分钟突破2周障碍 多哈气候大会"戏剧"落幕》等19篇消息、综述稿件，完整呈现了多哈气候大会从开始到谈判陷入僵局再到漫长延期后艰难落幕的全程。

再如，2015年巴黎气候大会需要达成新的协议，敲定2020年后应对气候变化的国际机制，是人类应对气候变化合作进程中的关键节点，全球高度关注。中新社从大会开幕前就发出《巴黎气候谈判大幕将启 147位元首助力气变"新秩序"》前瞻稿，大会开幕后又接连发出《巴黎气候大餐"备料"完毕等待"烹调"》《巴黎谈判首周盘点：进度顺利 进展不足》《气候谈判通宵鏖战 巴黎"力拼"准时闭幕》《巴黎气候大会最后阶段：欧美联手推出"雄心联盟"》《巴黎协议尘

埃落定 人类应对气候变化迈出"历史性一步"》等解读分析稿。

对中方参会立场及行动的报道，初期主要集中在"焦点人物"、时任中国代表团团长、中国气候变化事务特别代表解振华身上，以解振华之口传递中方立场和态度。如《巴黎气候大会受阻四大分歧 解振华给出中国方案》《解振华：中国不和"穷哥们"争钱 南南合作资金明年翻番》《澳大利亚要中国"做得更多" 解振华：他们该做好自己的事》《解振华：气候谈判不追求"零和"》《专访解振华：中国将如何改善全球气候治理"大气候"？》等。这些稿件均着眼于展现中国推进全球气候治理的坚定立场和贡献。从2016年起，开始关注中国代表团"群像"，发出了《在史上最长气候大会为中国谈判的年轻"老兵"们》等稿。

相比之下，中国推动国内节能减排的措施和成效是中新社在气候大会期间报道总体最少的。2016年起，随着中国加大节能减排力度，这类报道开始逐渐增加，如《马拉喀什浮现中国应对气候变化"全景图"》《中国减排成效在联合国气候大会获多方点赞》等①。

从上述案例可以看出，新闻媒体应在气候谈判中承担起助推器的功能，在进行气候传播时，作为信息沟通者以及意见交流者，新闻媒体为政府、科学家、企业、NGO和公众等提供了表达观点、展示态度、可共同讨论的平台，帮助社会各个阶层减少误解，缩小分歧，使他们在应对气候变化过程中互相配合、促进，以实现共赢。同时，详细介绍本国应对气候变化的立场观点、具体措施，如减排目标、行动方案等，及时回应境内外舆论关切，驳斥西方新闻媒体的错误观点，减少国际社会对我国的偏见。

综上所述，助推气候谈判是新闻媒体在气候传播中的重要功能。我国主流媒体可在这些方面进行更多的探索和提升，自觉承担起联结中外、驳斥谬误、澄清事实的重任。让不同国家围绕气候变化寻求最大共识。让发展阶段和利益诉求都不完全相同的世界各国求同存异，

---

① 参见李晓喻《中新社气候大会报道："跳出气候看气候"》，载郑保卫主编《为气候行动鼓与呼：中国气候传播案例集萃》，中国社会科学出版社2023年版。

以最大公约数达成协议，共同应对气候变化这一全人类的挑战，减少温室气体排放量，建设清洁美丽世界。

第三节 新时代我国媒体气候传播的话语建构

新时代十年，习近平总书记高度重视意识形态话语体系建设工作，强调要不断推进马克思主义中国化、时代化、大众化，构建具有中国特色的哲学社会科学学科体系、学术体系、话语体系，强调要讲好中国故事、传播中国声音、坚定中国自信，将中国的经济发展优势转化为文化优势、话语优势。

话语是呈现思想内容、反映理论逻辑、表达思维取向、引导实践行为的方式方法。当前，我国媒体气候传播面临多重挑战：一是还未进入主流话语；二是难以获得受众关注；三是公众从态度到行为之间存在的差距和鸿沟难以跨越；四是国际话语权与大国地位不匹配。而要解决这方面的问题，建构民族的、科学的、大众的媒体气候传播话语体系是重要一环。在建构能够为全社会所广泛接受的话语体系基础上，营造理性对话交流的空间与条件，从而推动各参与主体达成气候治理的行动共识。

一 新时代我国媒体气候传播话语体系建构的意义

当代中国正经历着我国历史上最为广泛而深刻的社会变革，也正在进行着人类历史上最为宏大而独特的实践创新。在"广泛而深刻的社会变革"和"宏大而独特的实践创新"中，蕴含着丰富多彩的中国气候故事。党的十八大以来，国际形势风云变幻，我国凭借自身实力与贡献，日益走近全球应对气候变化舞台中央，办成了不少大事难事，国际影响力、感召力、塑造力进一步增强。新形势下，进一步讲好中国故事、传播好中国声音，是媒体应有的担当与责任；如何做、怎么做，亟须媒体的思考与实践。

正如习近平总书记阐明的，"中国不乏生动的故事"，"我们有本事做好中国的事情,还没有本事讲好中国的故事?我们应该有这个信心"①。讲好中国气候故事,传播好中国气候声音,需要更好地构建话语体系,提炼时代内涵,廓清叙述逻辑,创新表达载体。对此,首先需要媒体明确气候传播话语体系建设的重要意义。

(一) 强化议题传播影响力,促进公众行动参与

在新媒体带来的"信息过载"与"信息过窄"并存的内容生态中,临时性的议题往往盖过了长期性的和有深度的议题。但是,应对气候变化需要长期的关注与行动。如何把这一议题置于公众关切的前端?如何让气候变化走入更多普通百姓的视野,并成为他们愿意付出一定行动的议题?从前述内容来看,我国媒体亟须转变观念,将气候变化议题置于更重要的位置。

最初作为科学议题进入公众视野的气候变化报道,科学家的研究成果及预警是其核心部分。随后在我国媒体上,气候变化多是作为一个政治议题和外交议题存在,有关气候变化的报道往往都成为气候变化会议、领导人讲话、外交新闻的衍生品。关于这些气候变化研究成果的争议,诸如前文提到的"气候门"由于充满戏剧性,吸引了不少读者的目光。随着我国在国际气候治理中的角色变化,以及美国退出巴黎协定,气候变化议题的政治戏剧性正在退潮,此外,由于有关气候变化的科学发现和预警也已经反复被报道,对于受众来说,作为科学议题的气候传播也不再对公众具有新鲜感。在这种情况下,媒体如何找到新的切入点将故事讲得有足够吸引力呢?

约翰·金登在其经典作品《议程、备选方案和公共政策》一书中提出,既定时刻的议程是不同关切"流"之间互动的结果。他把这些"流"标记为"问题流""政策流"和"政治流"。它们有时会汇合在一起,但更多的时间基本上是各自独立的流动,有着它们自身的规则和惯例,真正能够产生影响的议程是离不开这些"流"的交汇点的②。

---

① 习近平:《举旗帜聚民心育新人兴文化展形象 更好完成新形势下宣传思想工作使命任务》,《人民日报》2018年8月23日第01版。
② 参见[美]约翰·W.金登《议程、备选方案与公共政策》(第二版·中文修订版),丁煌、方兴译,丁煌校,中国人民大学出版社2017年版,第55页。

由于记者面临的气候变化是一个缓慢的、逐渐发生的过程，而作为记者又不能等着气候变化引起灾害发生了再作报道。所以，他们面对的挑战是要把这样一个缓慢发生的、逐渐发生的过程与正在发生的新闻事件联系起来。经验说明，媒体可将气候传播与最新的科学发现、焦点事件、相关政策和国内国际政治联系在一起。如"问题流"是通过指标、焦点事件等进入公众眼帘的。反映在气候传播中，当某种变化被人们看到时，如温度上升或冰川融化时，一个连续的议题就可能成为一个"问题"。一个焦点事件可以是任何一次占据头版头条或引发公众关注的事情，这说明，将气候变化与焦点事件联系起来，便可获得公众的关注。

如 2017 年夏天中国和美国都遭遇了超强台风（飓风）的袭击，相关报道也占满了两国社交媒体的空间。与此同时，在近些年有关水灾的报道中，一些媒体频繁引用气象学家"百年一遇""几十年一遇"的说法，也使得部分读者提出疑问：为什么台风、暴雨、洪水似乎变得越来越常见了。成功的气候变化报道往往可以在此时抓住机会，深入浅出地解释背后的科学问题。

要实现好的传播效果，媒体的议程设置作为话语体系的基础性环节十分重要，媒体气候传播可以通过这一环节来确定话语范畴，引领话语表述。

1. 提供解决方案

媒体须坚持将气候变化问题和潜在的补救措施、解决办法联系在一起报道。这些解决办法本身必须具备"显著性"——它们必须提供行动的动力。以极端气候灾害为例，公众往往更希望知道为什么会突然出现这样的灾害，是否能做到提前预警，在这种情况下自身应该采取什么样的应对措施等。

如新华社在 2017 年 9 月发表通信，记录了迈阿密如何应对水位升高的危机。讲述了迈阿密海滩市提出一个叫"升高"的项目，计划到 2025 年投资 4 亿美元，将 60% 的路段抬高大约 60 厘米，并在相关地段安装抽水系统。可以说，国内的沿海城市也面临着虽然程度不同但性质类似的问题。从类似的研究出发，记者不难找到在当中受到影响的人和故事，并探索解决问题的办法。

2. 做深会议报道

笔者在访谈中发现，不少编辑、记者都认为，国际气候变化谈判是一个小众话题，只能够在专业人士或者小部分读者中引起兴趣，对公众很难产生持久的吸引力。且气候变化谈判涉及专业、法律术语众多，各国政府、社会组织在锁定整体目标的前提下，也各有其利益诉求，这也要求记者具备快速学习的能力，对大局有通盘的掌握，对主要争议问题有比较明晰的认识，对不同话题的采访对象有事先的了解，才不至于在谈判现场迷失在数量众多的新闻稿和发布会中。

受众喜爱丰富的细节。对于记者来说，可在正式宣传报道前获取更多背景信息支撑自己的故事。面对面交流是获取这种细节的最好方式。中国新闻社记者李晓喻认为，在联合国气候大会现场，能够准确传递会场情绪、为读者创造身临其境之感，同时又能够解释清楚各个国家争议焦点，"在吵什么"的故事，会赢得读者的关注。

原南方周末记者袁瑛提到，在气候变化谈判中，虽然表面波澜不惊，但往往暗流涌动，记者需要孜孜不倦地跟踪各方寻找分歧，这样才能对原本藏于暗处的争议在爆发之初就有足够的敏感度，抢得头筹。同时，和任何其他领域的报道相同，有意思的人物故事特写永远可以吸引读者的注意。

除此以外，作为世界第二大经济体和第一大温室气体排放国，中国在联合国气候变化谈判中越来越发挥举足轻重的作用。这和中国在国际社会中政治、经济、外交领域中身份角色的转变也密不可分。这样使得外界对于中国的气候政策深感兴趣。在美国总统特朗普宣布退出《巴黎协定》之后，中国如何回应各方的期待？这些问题或许可以在气候变化大会中找到一些答案。

3. 加强背景支撑

过去，许多学者认为，公众对一些事情缺乏关注是因为他们懒得去了解。但是缺乏了解的动力并不是全部原因。一些有关气候变化的新闻常常缺乏背景支撑，没有特定议题的基本事实的阐述，导致公众丧失兴趣。政治学教授艾米丽·索森（Emily Thorson）进行的一项实验表明，如果在新闻报道中提供有关深度内容的背景信息，人们会对深度议题有更开放的心态。该实验对调查对象提供了两个有关美国联邦预算的新闻版本，一个在文中提供了背景信息，另一个则没有。她发现，阅读带有背景信息的版本的人在被问及报告的预算信息时，提供的答案比另一组实验对象更为准确。

综合考察近些年来国内外关于气候变化及其全球治理方面的理论研究及行动实践发现，我国新闻媒体可在气候传播中强调以下三个方面的背景：

一是人为因素造成的气候变化的确发生并存在。2014年11月2日，IPCC通过对世界各个大洲的观测与分析，明确了人类活动确实对地球的气候和生态系统有一定影响，并且影响范围正逐步扩大，程度也越来越深。如果放任人类社会的温室气体排放不加任何控制，生态系统因人类产生的变化也会反作用于人类社会，气候变化对人类社会的影响将是普遍的、严重的甚至是不可逆的。IPCC将上述判断发布于第五次评估报告，建议通过实施严格的减缓活动确保将气候变化的影响保持在可管理的范围内，从而可创造更美好、更可持续的未来。[1] 这是有史以来最全面的气候变化评估报告。工业革命以来，人类大规模使用煤炭、石油等化石能源，以及大规模的毁林拓荒，排放了大量的温室气体，使得人类活动首次成为全球气候变化问题的主导因素。

二是发达国家需要担负起历史责任，减少温室气体排放。从20世纪开始到21世纪初的100多年，全世界发达国家排放的温室气体达到了全球总量的80%，特别是前50年，这一指标甚至达到了95%。而发达国家实际只有不到全球20%的人口。因此，在全球气候变化过程中，发达国家应该承担不可推卸的历史责任。这一结论已经在《联合国气候变化框架公约》（UNFCCC）中明确。《京都议定书》更是确定了各个发达国家的具体减排指标及其总体承诺。

三是面对气候变化这个全人类共同的生存危机，只有适应和减缓

---

[1] IPCC, *Climate Change 2014: Synthesis Report.* Contribution of Working Groups Ⅰ, Ⅱ and Ⅲ to the Fifth Assessment Report of the Intergovernmental Panel on Climate Change [Core Writing Team, R. K. Pachauri and L. A. Meyer (eds.)]. IPCC, Geneva, Switzerland, 2014, p.151.

气候变化才能转危为机、共同促进人类文明的可持续发展。气候变化危机的全球性特征使得其影响关系到世界各个国家,且其与每个国家的利益都息息相关。在这场应对气候变化的战争中,所有国家都在为自己获得最大限度的利益而战。而全世界的共同利益便是要一起应对气候变化。

(二)加强协商话语说服力,推动多元主体协同治理

亚里士多德曾将人定位为"能言说的存在",认为言说代表了人的政治生活,并成为人的构成条件。政治学者阿伦特也看到,在城邦活动中,言说与行动成为社会治理中两种相互独立而又同等重要的活动。人们影响政策过程的主要形式就是言说和行动。在政治学者哈贝马斯看来,民主意志的形成过程不仅取决于多元主体在立法环节的博弈过程,更取决于社会公众通过在公共领域的自由商谈与沟通互动而达成"对情境的共同界定"[①]。

在当前的传播形态下,某一气候变化事件发生时,往往不以人们身体的在场为条件,而是以公共空间的话语符号为存在方式。话语实践成为推动气候变化的重要动员力量和特征。气候传播的参与主体多元,这些参与主体包括政府、媒体、公众、科学家、气候变化民间组织等,不同主体代表不同的利益阶层和价值取向,彼此之间往往存在冲突的话语关系。因此,我国媒体气候传播的话语实践应建立在对话的基础上,重视话语协商与互动体系的建设,消除话语摩擦、达成话语的共识。

在纸质媒体的话语中,政府在气候变化的应对、治理等方面占据绝对的主导地位。但在以交互性为本质特征的社交媒介上,媒体自上而下的精英话语格局被打破,以公众话语格局为代表的新语境正成为一种新的、替代性的补充。同时,自媒体的兴起使公众获取信息和传播信息的方式均发生了改变,并逐渐成为公众表达意愿和参与公共事务的重要途径,这同时也使媒体对于气候变化的讨论和低碳生活的动员与传播变得更加便捷。但遗憾的是,这种讨论还未有从话语大规模

---

① 侯振武:《哈贝马斯交往合理性理论研究》,博士学位论文,南开大学,2015年。

转向现实行动。

媒体作为气候传播的重要形式和载体之一，在气候传播的话语实践中发挥着重要的调和作用。它既通过多种话语表达方式对气候变化议题进行建构，同时成为联结其他话语主体的桥梁。

从这个角度来看，我国新闻媒体应该努力增进不同主体，即政府、社会组织、企业、媒体和公众等角色之间的沟通和互动，逐渐建立起政府主导，企业和公众参与，NGO和媒体助推的互动体系。这样的互动体系有利于发挥各方面的力量，增加气候传播的影响力，在全社会形成应对气候变化的浓厚氛围。

郑保卫教授建议，为应对气候变化这一全球性复杂课题，我国应建立"五位一体"的行为主体框架，即"政府主导、媒体引导、NGO推助、企业担责、公众参与"，从而实现应对气候变化的全社会角色参与。在这样的行为框架下，每个个体都积极参与进来，推动应对气候变化成为全社会的共识，促进气候传播在全社会的普及。在这样的框架体系中，五个主体相互配合、相互沟通、相互支撑，互为保障，成为应对气候变化的核心基础。

作为核心"引导者"，新闻媒体应该切实发挥纽带的作用，增进各角色之间的互动和联系，积极宣传国家制定的政策，协助社会组织推动公益宣传，鼓励并监督企业承担相应责任落实应对气候变化，推动公众积极参与其中，从"被教育者""行动执行者"转变为"参与者""氛围塑造者"，了解气候变化并采取措施应对气候变化，力争形成保护地球生态系统的良好社会氛围。特别是企业和公众，新闻媒体要把他们作为核心受众，促进企业自觉遵守国家政策，节能减排，控制污染，履行行为主体的责任。同时，在公众中普及应对气候变化的常识，促进公众自觉维护生态文明。

在气候传播中，新闻媒体还可多借鉴"他山之石"，主动了解其他国家在应对气候变化上的政策和措施，汲取经验和教训。而在对内传播时，新闻媒体也要积极报道在应对气候变化中表现突出的企业案例，争取将这些先进的经验普及全国。社会组织也是应对气候变化的重要力量，新闻媒体应当鼓励他们推广一些科学的思路、办法，吸引公众关注气候变化。国际层面要通过气候传播促进气候变化全球治理目标的落实。

(三)提升媒体报道专业度,深化对新闻专业知识的理解

在全球范围内,气候变化正在成为一个重要的科学新闻报道领域,气候变化报道不仅反映着政府、NGO、科学家围绕气候变化问题而产生的种种活动和观点,还在潜移默化地影响着阅读这些报道的普通公众对气候问题的了解和认知。

但对从事此类报道的记者来说,气候报道是一个颇有难度的领域。气候变化既是一个复杂的科学问题,其本身也具有相当的政治敏感性。气候报道记者是连接科学领域和公共领域的关键中介人,他们对气候变化知识的理解会直接影响此类新闻的生产。因此,媒体对气候变化议题的话语建构,是专业知识和新闻专业主义相互妥协的结果,同时还受到多方力量的制约[1]。它是一个具有高度专业门槛的报道领域,面对的绝大多数新闻受众缺乏教育和相关背景,记者因此需要在专家来源和受众之间进行大量调解,利用一系列归因和形象制作手段来提升他们在受众中的认知权威,并参与一系列知识性的新闻策展。

在科学传播从单向度撒播走向强调双向互动的对话模式的背景下,我国新闻媒体须避免传统"精英—无知者"科学传播模式,在厘清因果的基础上激发公众的深层次思考,引发社会的讨论,推动气候变化报道从普通的知识普及向培养公众科学素养转变。这需要媒体从科学角度将报道做得更深、更专业、更透彻,在更高、更广阔的视野和角度下分析报道气候变化事件和问题,丰富报道的深度和可读性,从而达到推动公众了解气候变化、增进气候变化认知、加深参与应对气候变化意识、落实适应和减缓气候变化行动的目的。

此外,与其他领域的报道相比,处理"不确定性"是从事气候变化报道的记者最常需要面对的问题。对于气候变化的研究已经在近些年来取得了长足的进展,然而,由于气候系统的复杂性以及决定地球

---

[1] 参见白红义《气候报道记者作为"实践共同体"——一项对新闻专业知识的探索性研究》,《新闻记者》2020年第444卷第2期。

气候的诸多因素，科学家们也无法对于气候变化作出绝对准确的预测。科学家和普通公众对"不确定性"理解上存在的鸿沟，决定了气候变化这类问题传播的难度。对于科学家来讲，不确定性是用来衡量对未知事物了解的程度；而对普通公众而言，不确定性往往意味着未知事物并非真实存在。而更易于被读者接受的报道，往往是鲜明的观点、确定的结论。

科学家往往喜欢用表示概率的数字来传达不确定性，普通公众则更常用"可能""非常可能""几乎确定"这样的字眼表述。由于每个人对"可能"的程度定义不同，记者在进行报道时可以将数字和语言描述结合在一起，以便提供更明确的信息。长期来看，谨慎和尊重科学事实的报道更容易获得读者的信任。即使在数字时代这也依然是媒体的立足之本。

此外，我国新闻媒体还要理性选择信息，平衡客观地进行气候传播。我国气候传播的主体还需更加多元，尤其是需要多采纳科学家的声音，鼓励社会各个群体参与应对气候变化的行动中来，以使报道内容更加全面、客观、平衡，有利于吸引更多公众的兴趣和关注，让公众作出自己的思考和判断。

因此，新闻媒体在气候传播中，在突出报道一种观点和声音时，还要顾及其他的观点和声音，特别是不同的声音，对不同地区、不同价值取向、不同性质的选题作出均衡的部署。一方面，全面报道事件中所涉及的各方面的事实信息；另一方面，给不同观点的不同群体以表达意见的权利，既报道大多数科学家、社会人士的观点和共识，也关注少数人的态度。从地域范围上讲，需避免局限性，传统的报道往往只关注中国和几个大的发达国家，而忽视了其他的发展中国家。其实，气候变暖等对贫穷小国的影响往往更加明显和严重。我国新闻媒体要突破这种传统报道思路的限制，避免偏向性，向受众完整地还原气候变化这一问题的全球图景。

从我国基本国情出发，由于幅员辽阔、经济发展不平衡，不同地区之间差别很大。我国的气候传播曾经只是主要关注一些经济相对发达的大城市和重要地区，这也导致国外公众只对我国这些区域有了解。

但实际上，恰恰是一些传统的老工业城市，一些经济发展相对缓慢的地区，为了应对气候变化，壮士断腕，进行产业变革，经历"阵痛"，为全球节能减排作出中国贡献。我国新闻媒体也应当关注这些区域，采用图片、视频等方式，向世界展示真实发生在这些区域的典型事件，让世界了解中国牺牲、中国贡献，提升我国在全球应对气候变化中的国家形象，增加在国际上的话语权，争取更多的国际支持和帮助。

在气候传播中，新闻媒体对破坏生态环境、浪费自然资源的揭露和批评是履行舆论监督职责、使报道更加均衡多元的方式之一。为了保证报道的客观公正，新闻媒体必须兼顾对立面的双方，将各自呈现的事实和观点同时摆出来，让公众自行判断，激发公众对气候变化问题的理性思考。

同时，也需要注意到，平衡是一门艺术，新闻工作者需要掌握好自身的立场和原则，实现报道的均衡并不意味着新闻媒体丧失自身的立场、原则和观点，否则立场不明的报道也将导致受众愈加困惑。须把客观公正和立场倾向巧妙地结合起来，在气候传播中坚持客观公正与立场倾向的统一。

总体而言，新闻媒体要善于对所报道的新闻事实作具体的、一分为二的分析，辩证地看待问题，从事物不同的侧面、角度、方向，全方位、立体式地反映和报道新闻事实。这需要新闻工作者随时根据不同的情况适时地调整和变换思维方式，防止和避免片面性，给公众提供一个有关气候变化的真实、客观、全面、立体的景象。

（四）拓宽媒体报道视野，提升我国国际传播话语权

习近平总书记关于国际传播的最新论述再次强调了"创新对外话语体系"的重大意义，指出"要加快构建中国话语和中国叙事体系"，"形成同我国综合国力和国际地位相匹配的国际话语权"[①]。国际传播中用以影响舆论的话语，是具有特定思想指向与价值定向的叙事框架和语言系统。党的十八大以来，随着习近平总书记提出的一系列重大

---

① 《习近平在中共中央政治局第三十次集体学习时强调　加强和改进国际传播工作　展示真实立体全面的中国》，《人民日报》2021年6月2日第01版。

思想、战略、理念不断成为国际舆论焦点,中国话语的世界存在得到极大提升,带有鲜明中国印记的新概念新范畴新表述不断成为国际传播的主流叙事。落实好进一步提高"中国话语说服力"的目标要求,新闻媒体要促进"中国话语"的阐述创新和叙事创新,打造具有时代气质的中国话语,构建面向未来、走向世界的话语体系。

习近平总书记强调,"要善于运用各种生动感人的事例,说明中国发展本身就是对世界的最大贡献、为解决人类问题贡献了智慧";同时,"要广泛宣介中国主张、中国智慧、中国方案,我国日益走近世界舞台中央,有能力也有责任在全球事务中发挥更大作用,同各国一道为解决全人类问题作出更大贡献"[1]。今天,中国新闻日益成为"全球刷屏"的世界新闻。新形势下讲好中国故事,我们要把中国人民的利益同世界各国人民利益进一步结合起来,把中国发展同世界发展进一步连接起来。以讲好中国"碳达峰""碳中和"故事,体现中国对全球气候变化应对的独特而重大的贡献,以讲好"发展中大国"故事展现"负责任大国"的贡献,有效说明中国是世界和平建设者、全球发展贡献者、国际秩序维护者。

长期以来,我国新闻媒体在全球话语格局中一直处于弱势的地位,这与我国对世界经济发展所作的贡献不相匹配,与我国对人类发展发挥的积极作用也不相匹配。随着我国综合国力的提升,对外交流与合作越来越多,我国新闻媒体应该将报道重点从面向国内转向面向全球,以构建人类命运共同体的理念为指引,围绕世界范围内发生的有关气候变化的大事进行报道,既开阔我国民众的国际视野,把精彩的世界呈现给国内公众,又在国际事件上发出中国的声音,贡献中国的观点和见解,引起国际社会和国外民众对我国的关注,真正担当起联通中国和世界的桥梁纽带的责任,发挥聚同化异的黏合剂的作用。

在全球化飞速发展的今天,西方和东方不能截然两分,新闻媒体应该努力拓宽自己的国际视野,破除自我设限,这对我国国际传播政

---

[1] 《习近平在中共中央政治局第三十次集体学习时强调 加强和改进国际传播工作 展示真实立体全面的中国》,《人民日报》2021年6月2日第01版。

策的制定和对外话语体系的推进也将有所裨益。

第一，我国新闻媒体可以多关注其他国家政府在气候变化领域的立场以及为适应和减缓气候变化所采取的行动和措施，其他国家社会组织、民众等为应对气候变化所采取的行动，拓宽我国民众的国际视野，让我国民众更多地了解发生在世界各国的有关气候变化的事件和观点，并参与到应对气候变化的行动中来。

第二，多报道世界上其他国家的科学家在气候科学研究领域的最新成果，以及为适应和减缓气候变化提供的看法和观点等。世界上有许多科研机构都在研究适应和减缓气候变化的科学方案。我国新闻媒体在气候传播中，可以多关注国外研究机构的最新进展和最新成果，特别是一些我们可以借鉴的新思路、新想法。

第三，作为全球重大议题，气候传播应当拓宽采访资源，提升报道可读性。气候变化是全球性问题，各国都投入了大量的专家学者资源，这都是我国媒体应该利用的采访资源。中国媒体应当不局限于只采访国内的、眼下的资源，更要打开视野，走向世界，报道全球各国的进展和专业声音。在这方面，我国媒体还有很大的提升空间。

二 新时代我国媒体气候传播话语建构的内容框架

同样的话语，其表达方式不同所产生的传播效果是有显著差异的。不同国家具有不同的社会制度、风俗习惯和舆论环境。全球化语境中的我国气候变化话语体系建构，面对的是千差万别的全球受众，不可能只提供千篇一律的通稿，而要"对症下药"。这就需要在内容框架选取上体现多样化、差异化。一方面，要转变传播理念，以适应全球传播话语方式的转变，即由宣传式话语向传播式话语转变，由文件式话语向交流式话语转变，由结论式话语向启发式话语转变。另一方面，坚持分众化原则，充分尊重和承认各国各民族的文化差异，根据话语对象的文化心理和认识结构，采取多样化、本土化和针对性的话语框架，消弭国际社会文化差异所带来的传播困境。

美国科学院、工程院和医学院的报告《有效的科学传播：研究议程》认为,"框架是以特定的方式安排信息以影响人们想什么、相信什么或者做什么"①。尤其是在具有争议性的话题中,存在着可以用不同方式进行阐释的"影响"。通过设置框架可以与信息的核心价值产生共鸣,通过对某些方面加以强调可以精简某些复杂的议题,同时也可以让公众迅速地认识到为何某个议题很重要,谁应该对此负责,以及应该采取什么行动。

当谈及为争议性议题设置框架时,不同的利益群体都会试图以最有利于他们的方式来对信息设置框架。因此,我国新闻媒体需要认识到内容框架的重要性和泛在性,并且在传播过程中刻意地设置某些特定的框架,从而实现传播效果和目标。

需要说明的是,针对不同的目标受众需要有不同的框架,也就是说要为受众"量体裁衣",不能期待一劳永逸或者说放之四海而皆准的通用做法,因为多元的受众会有多元的需求,即便是对同一个话题,不同的人看法也会千差万别。

此外,在新媒体环境下,新闻媒体在利用社交媒体进行气候传播时也要了解和适应社交平台公众所适应的框架,积极地利用框架来开展传播活动。

(一)价值观倡导框架

整体上看,我国公众对气候变化议题的关注度在过去几年里有显著提高,但认知度的提升并不能表明人们会做什么或者将采取什么样的行动。在有些情况下,倡导活动可能成功地改变了受众对气候变化的认知,但却未能动员他们或改变他们的行为。这种信仰或态度与行动的脱节被一些学者称为"态度—行为沟"(atitude-behavior gap):"我相信全球正在变暖……但相信一些事情而仍然拒绝采取你的信仰要求的行动也是可能的。"② 这个概念指出了这样一个事实——尽管个

---

① [美] 美国国家科学院、工程院和医学院:《有效的科学传播:研究议程》,王大鹏译,李正风、钟琦审译,科学出版社2019年版。
② Kollmuss, Anja and Julian Agyeman, "Mind the Gap: Why Do People Act Environmentally and What are the Barriers to Pro-environmental Behavior?", *Environmental Education Research*, 2002, 8 (3), pp. 239 – 260.

人可能就气候变化议题持有带有倾向性的态度或信念,但他们可能不会采取任何行动,他们的态度与行为是脱节的。

虽然许多人认为气候变化是真的且仍在进行,但是他们可能感觉不到任何改变自己的行为或为之发言的紧迫性。这种"认知—行为沟"也出现在消费者的行为中。例如,央视市场研究公司针对城市居民的一项研究结果表明,2010—2014 年这五年,我国民众对自己将遭受环境污染不利影响的担忧逐年攀升,但却不想为减少污染采取行动、改变自己的生活方式。这和很多人的实际感受存在差异。数据显示,每周至少乘坐一次私家车出行的比例,从 2010 年的 8% 增长至 2014 年的 33%。

美国劳伦斯伯克利国家实验室(Lawrence Berkeley National Laboratory)的研究人员在一项研究中发现,改变个人的能源消费行为很难。倡导活动经常失败的原因之一是组织者认为提供信息教育人们就够了。该实验室在考察了全美 14 个操作得最好的家庭节能项目后,得出结论:只是提供信息是不够的;气候传播必须涉及人们想要得到或感到有价值的东西,如"健康、舒适度、社区荣誉感或其他消费者关心的福祉"[1]。他们还通过将信息聚焦在节俭、爱国主义、精神信念和经济繁荣上,查看是否可以让居民采取措施节约能源、反思石油燃料。研究发现,尽管许多公众认为气候变化是一个"骗局",但他们关心如何"省钱",这才是真正能激发他们的东西。研究者因此建议,新闻在交流中使用的语言和交流方式要直击消费者现有的精神框架。

大量证据表明支持环保的行为与某些价值观念相关[2]。与环境行为相关的价值观有三个比较大的范畴:关注自我的利己考虑(如健康、生活质量繁荣、便利等);关注他人的社会—利他考虑(如孩子、家庭、社区、人类等);关注所有生物的生物圈考虑(如植物、动物、

---

[1] Fuller, Merrian, et al., "Driving Demand for Home Energy Improvements", *Lawrence Berkeley National Laboratory*, LBNL-3960E, 2010.

[2] Crompton, John, L., "Empirical Evidence of the Contributions of Park and Conservation Lands to Environmental Sustainability: The Key to Repositioning the Parks Field", *World Leisure Journal*, 2008, 50 (3), pp. 154–172.

树木等)。

因此,我国新闻媒体可确定与气候传播目标相关的重要价值观,以建构价值观倡导框架的主旨信息(message)或劝服性诉求,动员或影响受众的行为,促使将公众对于地球生态系统价值的被动支持转化为活跃的需求,从而采取行动保护这些价值观。劝服公众认为这里有一个特定的、即刻存在的威胁,它威胁了环境价值、生态系统或者人类社区,从而促使人们萌发保护地球生态系统的想法。

气候变化的形成是一个长期和复杂的过程,如何应对气候变化也因此具有长期性与复杂性。如何使应对气候变化的措施执行到位,也需要一部分先行者发挥示范和带头作用。因此,我国媒体需要广泛地向公众宣传生态文明知识,提高公众的绿色行动参与意识。鼓励民众采取绿色低碳的生活方式,在日常生活中减少能源消耗等。

例如,《人民日报》2017年2月25日在生态周刊用两个版的篇幅,在"绿色焦点"栏目发表了文章《致霾,或多或少人人有份;治霾,或大或小人人有责　大家行动起来　才能降伏雾霾》《驱散雾霾,他们是"行动派"》,并配发评论《一起干,别旁观》,以及图片和图表、二维码视频。文章详细介绍了公民应履行怎样的环境责任,在保护环境、降伏雾霾中该如何做。通过采访专家,了解专家学者怎么说,采访应对气候变化的公众典型人物,向读者介绍行动起来的公民怎么做。文章强调减少雾霾污染不仅需要企业转型升级、变革生产方式,也需要普通公众改变自己的生活习惯,需要社会各个阶层、每一个人都用自己的实际行动来应对。

此外,新闻媒体还可利用主旨信息、迷因(meme)等,让"低碳生活"成为流行概念。主旨信息是一个短语或句子,它简明地表达一项活动的目标和首要受众做决定时持有的价值观[1]。主旨信息本身通常是短暂的、引人注目的和令人难忘的,且出现在活动所有的传播材料中。

---

[1] Taylor, Paul, A., et al., "Open Environment for Multimodal Interactive Connectivity Visualization and Analysis", *Brain Connectivity*, 2016, 6 (2), pp. 109–121.

迷因是一个很广泛的概念，通常是指由复杂的信息提炼出一个简明概念，它具有吸引力，且便于理解和传播。这个词在1976年由演化生物学家理查·道金斯在《自私的基因》一书中创造。迷因包含甚广，包括宗教、谣言、新闻、知识、观念、习惯、习俗甚至口号、谚语、用语、用字、笑话等。我们在日常生活中接触的迷因同样很多，最典型的例子莫过于各类网络流行语，如"皮皮虾我们走""为××打Call"。互联网迷因以病毒般传播力著称，如果气候传播能够借助迷因的力量，无疑是极有帮助的。通过模仿公众交流的方式，将气候变化宣传的内核放入公众流行用语体系中，气候行动会更具倡导性。

需要注意的是，在运用价值观倡导框架时应向公众给出具体的行动建议，避免沦为口号式的宣传。

（二）风险沟通框架

德国社会学家乌德里希·贝克在《风险社会》(Risk Society)等著作中认为，"风险社会"即来自现代社会自身的对人类健康和安全的威胁。现代社会在应对它的技术和经济发展所带来的后果方面，因"进步"所带来的增益已经被越来越多的生产危机超越[1]。风险社会（risk society）的本质是其危机规模巨大，而且来自现代性自身的风险对人类生命构成的威胁不可逆转。这些危机包括核电站事故、全球气候变化、化学污染和生物多样性破坏等，其中包括诸如墨西哥湾英国石油公司漏油事件、日本福岛核电站事故、格陵兰岛冰层融化等"黑天鹅"事件[2]。

尽管在实践上人类生产生活中进行风险沟通古已有之，但现代科学意义上关于风险沟通的研究直到20世纪80年代中期才开始[3]。20世纪80年代，公众对环境破坏的恐惧给美国政府施加了诸多压力，倒逼美国联邦政府进行更为准确的风险评估工作，并与受影响的社区开

---

[1] Beck, U., *Risk Society: Towards a New Modernity*, Newbury Park, CA: Sage, 1992, p. 13.
[2] Taleb, N. N., *The Black Swan* (2nd ed), London: Penguin, 2010, p. 37.
[3] Plough, A. & Krimsky, S., The Emergence of Risk Communication Studies: Social and Political Context. Science, *Technology, & Human Values*, 1987, 12, pp. 4–10.

展沟通交流。1984年,美国环保署署长威廉姆斯·拉克尔肖斯提出将风险评估(risk assessment)这一专业术语作为本机构监管方案合法化通用语言。到80年代末,风险修辞已经成为美环保署与药品监督管理局证明决策合理性主要用语[1]。

在早期,以美国环保署(USEPA)为代表的官方风评机构采用技术分析路径进行风险评估,其将风险定义为"由于接触刺激源,人体健康和自然生态系统受到有害影响的概率"[2],并通过一些政府官方和专家的研究数据结果来进行风险评估。因风险评估的技术模式存在风险范围认同分歧、数据误差、评估代表性及客观性问题,这一模式引发了较多争议。对于不同利益方而言,什么是风险,以及什么构成了可接受的风险成为现实难题。因技术模式常常忽略被迫生活于风险中的弱势群体,大多数公共机构在进行风险评估时,开始征求受影响的社群的意见。危机传播学者阿隆佐·普劳等人提出了经验—文化评估模式(cultural-experiential model),其认为风险是由政府、NGO、专家以及社会公众之间交流促成的社会性建设[3]。

风险的技术模式和文化模式之间的差异带来一个更为重要的问题,即如何将有关风险的信息传递给公众。在早期,风险沟通的经验来自政府项目管理需求,因此其传播范式深受技术风险评估模式的影响,这种风险沟通模式也被称为技术风险传播模式(technical risk communication),即向目标受众解释关于环境或健康风险的科学数据,同时教育目标受众[4],该模式也被一些学者指责为欠缺模式[5]。然而,风险传播在其实践目的和对目标受众的假设中包含着更具体的含义,风险

---

[1] Andrews, R. N. L., *Managing the Environment, Managing Ourselves: A History of American Environment Policy* (2nd ed.), New Haven, CT: Yale University Press, 2006, p. 266.

[2] United States Environmental Protection Agency, Risk Assessment: Basic Information, August, 2010.

[3] Plough, A. & Krimsky, S., "The Emergence of Risk Communication Studies: Social and Political Context", *Science, Technology, & Human Values*, 1987, 12, pp. 4–10.

[4] Robert Cox, *Environmental Communication and the Public Sphere*, Los Angeles: Sage, 2013.

[5] Katherine E. Rowan, "Obstacles, and Strategies in Risk Communication: A Problem-solving Approach to Improving Commnication about Risks", *Journal of Applied Communication Research*, 1991, p. 303.

技术沟通模式难以说服受众采信和接受风险评估的结果，甚至动摇风险管理机构和政府的公信力。诸多学者意识到将公众知情与公共参与作为风险管理基本原则重要性，提出了风险传播的文化模式（cultural model of risk communication），让受影响的公众参与风险评估，并融入风险传播活动设计之中。

到了20世纪90年代，风险沟通的概念范畴不断被完善。美国国家研究委员会发布的《改善风险沟通》，明确将风险沟通界定为"在关注健康或环境风险的个人、群体、机构间交换信息和意见的互动过程"[1]。学者科韦洛（Covello）将风险沟通定义为"在利益团体之间，传播或传送健康或环境风险的程度、风险的重要性或意义，或管理、控制风险的决定、行为、政策的行动"[2]。威廉姆斯（Williams）和奥拉尼兰（Olaniran）提出风险沟通是关于风险本质、影响、控制与其他相关信息的意见交换过程[3]。

作为典型风险之一，气候变化具有不确定性等风险特征。因此，风险沟通可以成为气候传播工具或传播过程中的话语框架，使受众更加准确全面地了解气候变化的相关应对原则和主动应对的效果。

从我国新闻媒体当前的风险沟通实践来看，这一路径往往被定义为向目标受众解释关于环境或健康风险的技术数据，同时教育目标受众，告知和改变行为。这种传播过程通常是单向的，也就是说媒介将专家的风险评估向公众和非专业受众进行解释。

一是向公众和当地社群告知一项环境或健康危害。即告知公众其人身、财产或社区存在潜在危害的过程。风险传播是一种以科学为基础的方法，其目的是通过形成对可能存在的危害的科学上有效的感知，来帮助受影响公众理解危机评估和管理。

---

[1] National Research Council, *Improving Risk Communication*, Washington: National Academy Press, 1989, p. 2.

[2] Vincent T. Covello, "Risk Communication: An Emerging Area of Health Communication Research", *Annals of the International Communication Association*, 1992, Vol. 15, No. 1, pp. 359–373.

[3] Williams, D. E., Olaniran, B. A., "Expanding the Crisis Planning Function: Introducing Elements of Risk Communication to Crisis Communication Practice", *Public Relations Review*, 1998, Vol. 24, No. 3, pp. 387–400.

二是改变有风险的行为。即警告公众注意有风险的个人行为,以避免类似的危险。我国新闻媒体经常通过在报道的警示中注入更多专业知识,以减轻公众对环境危害的恐惧和担忧,这样受影响的公众可以更理性地评估他们所面对的风险。

危险是真实的,但风险却是一种社会建构。良好的风险传播应该具备知识启蒙、知情权、态度行为改变、降低风险、公共参与等功能,能进一步促进各主体之间的了解,并对风险有更清晰的界定,使公众认知了风险的存在,可以变被动为主动,采取积极的接纳态度。风险沟通机制建立后,公众可寻求降低风险的策略并采取保护性的行动。

互联网扩展了风险传播的广度和渠道,同时也为利益相关者提供了新的机会去影响信息。多样化的媒介构成了这样一个公共领域,在其中来自不同消息来源的主张就风险问题进行辩争。记者们不仅要平衡各种不同的声音,还要平衡新闻价值的各种规范,尤其是需要赢得读者和观众。面对公民意识的不断增强,以及微博、微信公众号等公共空间中"意见领袖"的影响力不断加大,我国媒体亟须确立风险传播双向沟通对话意识,以获得公众的信任。

(三)责任与后果框架

尽管现代社会各项制度日趋完善,但面对气候变化等灾难,却"没有一个人或一个机构非常明确地为任何事负责"。从反面来讲,这也意味着在地球上生存的每一个人都需要为适应和减缓气候变化负责。责任与后果框架就是强调气候变化是由人类活动引起的,将给地球生态带来种种后果,生活在地球上的每个人都将受到影响,所有人都有责任行动起来参与应对。从前文可知,采用责任与后果框架的气候变化报道在社交媒体中往往能获得较高的阅读量,因此,我国新闻媒体可继续用好这一框架。

后果可唤醒公众对未来风险的担忧,而对未来风险的担忧可以被用作公众舆论的激发因素。生动的影像、电影镜头、隐喻、个人感受、真实世界的类比和具体的比较等,都可用来创造、唤醒、激发受众的情绪共鸣。具体而言,可采用隐喻(metaphor)等比喻手法,通过

"用另一种事物来说明一个事物"而引起对比①。例如，将人们个人对全球变暖的影响称为"碳足迹"，用"临界点"（tipping point）提前警告公众如果气候变化持续，会导致何种不可挽回的灾难性后果。

在气候传播中，凝缩符号的使用也经常被视为一种传播手段，凝缩符号是一个词或者一个词组（或者图像），"它激起受众对最基本的价值取向的深刻印象"②。例如，在气候传播中，脆弱的北极熊的图像就是人们对气候变化的担忧的凝缩符号。这些符号可以帮助人们建构对什么是气候问题的理解。但对于大多数人来说，冰川融化和北极熊灭绝不是发生在自己身边的事，紧迫性相对较低。

科学家詹姆斯·洛夫洛克曾使用图片警告全球变暖对人类文明潜在的灾难性影响。他警示说，"在本世纪结束之前，数十亿人将死亡。只有极少数北极地区的人能生存下来，因为那里的气候还可以忍受"。然而，这种说法也容易被人们指责过于夸张。这使得新闻媒介往往面临一个两难的困境：如何增强公众对未来由于气候变化而引起的严重后果，如海平面上升、地区冲突的重视，同时又不用依赖"耸人听闻"的警告？

此外，人们能够担忧的事情也是有限的。学者们将这种有限的"容量"定义为"有限焦虑池"。在适用于气候变化问题时主要体现在三方面：一是因为人们每次所担忧问题的数量是有限的，人们对一种风险的担忧程度上升时，对另一种风险的担忧程度就会减弱。换言之，与长期风险相比，人们倾向于更关注近期而不是长期威胁。

二是诉诸情感系统能够引起一部分人短期内对某个问题的关注，但很难使他们一直保持这种关注程度。除非一直给予他们参与的理由，否则人们的注意力很容易转移。

三是担忧会导致情感麻木。在现代媒体环境里，人们每天从新闻

---

① 参见郑权、郑保卫《论"气候与健康传播"融通研究的源起与范式》，《青年记者》2023年第6期。

② Nevo, Eviatar, Avigdor Beiles, and Rachel Ben-Shlomo, "The Evolutionary Significance of Genetic Diversity: Ecological, Demographic and Life History Correlates", *Evolutionary Dynamics of Genetic Diversity: Proceedings of a Symposium*, Manchester, England, March 29 – 30, 1984.

故事到惊悚电影得以体验各种情感经历,情感系统受到"过度威胁"的风险非常高。为避免受众对气候变化的麻木,应该确定哪些范围的风险要让公众知道得更多,并展示各种风险之间的关联,譬如气候变化和疾病之间的关系。

因此,我国新闻媒体需要以更多的分析信息来平衡引起情感回应的信息。认可公众有其他急需解决的问题,在原有的担忧和将要讨论的气候变化问题之间建立起平衡。同时,让公众知道麻木的各种后果。

这要求记者在进行气候变化科学相关的报道时,将新发现用平实的语言解释给读者听。当然,夸大的解释、制作耸人听闻的标题可以吸引更多的点击,然而,这并非负责任的做法,因为重复这样做可能会增加公众对这一话题的麻木。

(四) 健康安全框架

不少公众最关心的是有关经济、健康和安全的消息。气候传播诉诸这三者无疑更为有效。健康框架中广泛应用的行为改变模型包括:强调公众对疾病的易感性;强调疾病或不健康行为的严重性;健康行为的风险与收益等。公众是否采纳健康行为是这四个因素交织在一起的产物[1]:健康、慢性病、儿童以及不断增多的健康问题和气候传播中目标受众思想的基本框架。

但近几年,记者在对气候变化如何影响人类健康这个问题上所作的报道很少。气候变化和健康的信息会给人们带来一定的担忧,但目前还缺少这方面的具体事实报道,数量不大。覃哲和郑权从气候变化、公共卫生与媒体关系出发,以《人民日报》在2015年至2019年间所刊气候报道为研究对象,利用内容分析、文本挖掘等方法,分析了近五年气候报道的基本特征与话语内容,并重点聚焦气候与健康报道的呈现状况。研究发现,气候变化正变成一个核心议程,实现了从被动跟踪到自发性议程设置的转变;不同主题在五年里报道数量、表现力

---

[1] Rosenstock, Irwin M., "The Health Belief Model and Preventive Health Behavior", *Health education monographs*, 1974, 2 (4), pp. 354–386.

度与动态变化也呈现较大差别。气候议题主要由国家政治行动及气候事件推动，以国家责任、政策制定以及治理成就等话语为主；报道内部不同话语之间相关性上表现出"单线串联、局部割据"特征，话语之间呈现出分化隔绝状态，健康信息及其相关科学话语处于极端缺位状态①。

我国新闻媒体今后可在这方面予以加强。如，2017年11月1日，中国新闻网刊登了《气候变化对人类健康的影响比想象中更严重》一文。文章介绍了专家在著名医学期刊《柳叶刀》上的报告，指出气候变化已经对人类健康产生了影响。该报告以翔实的数据向公众传递了这一结论。在21世纪的前15年中，有多达75亿人的健康受到了气候变化的影响。从人体健康角度来讲，温度的升高增加了中暑、心脑血管疾病的发生概率。从生态系统来讲，温度的升高增加了一些疾病的流行和传播，比如通过蚊子传播的登革热。自20世纪50年代以来，登革热患者人数几乎每十年翻一番，这和温度上升导致蚊子活跃的地理范围增加有直接关系。

（五）气候正义框架

由于一些西方国家始终力图否认自己在全球气候治理方面的历史与现实责任，此前，气候正义话语及框架一直被排除在官方会议和西方国家的主流媒体之外。气候正义人士因此在寻求建立一个可替代的传播结构，以使气候正义话语及框架能被更多的公众知晓。

我国作为世界最大的发展中国家，有理由也必须强调在全球气候谈判与治理中气候正义的重要性。我国新闻媒体在报道中运用气候正义框架可成为气候传播策略中的重要一环。可强调，世界上各个国家被气候变化所影响的程度是不完全平等的。引起气候变化的大部分排放是由工业化国家造成的，但其影响在世界最贫困的地区感受最深。基本的社会正义感会推动人们减少这种影响。

回溯联合国气候大会的创建历程，欧盟是发起单位。欧盟是欧洲

---

① 参见覃哲、郑权《〈人民日报〉2015—2019年气候报道的特征与健康风险话语文本分析》，《文化与传播》2020年第9卷第4期。

一系列国家建立的联盟组织,这样的联盟组织要求成员具有一致的认可和利益追求,并追寻有别于他国的价值导向。气候变化问题刚好为其提供了这样一个增加凝聚力和一致性的平台,在气候变化谈判中,欧盟国家往往联合起来,一致对外,削弱他国的利益。欧盟建议成立联合国气候大会的初衷也是希望通过这样的一个平台,在气候谈判过程中,重塑世界的政治经济地位与话语权,限制其他国家的发展空间,固化目前的世界格局与贫富差异,集中自身的技术优势,削弱别国的经济优势。

能源是发展的动力和基础。国家想要发展,必须有稳定的、经济上可承受的、持续的能源供给。而能源的使用又一定程度上带来了温室气体的排放,所以气候谈判,各国争取的实际上是各自的发展空间。

归根结底,在气候变化谈判过程中,每个国家都在追求自身的发展利益和发展空间。因此,我国的新闻媒体要厘清国内国外的气候传播差异。对内,是如何推行绿色发展理念、宣传节能减排、普及低碳生活的问题;而对外,是如何维护国家主权和利益的斗争。面对复杂多变的国际经济政治局面,我国主流媒体应当认真分析国际格局,厘清各国利益,主动做好议程设置,熟悉公共外交手段,引导国内国际舆论,维护我国利益。

三 新时代我国媒体气候传播话语建构的方式方法

任何一种具有影响力的话语体系及其话语权,都具有五个核心要素,即政治性意蕴、学理性支撑、哲学性思维、通识性表述、有效性传播。这分别表达的是立场、观点、方法、表达、传播。这五个核心要素具有内在逻辑联系,是一个由内容到形式的逻辑进程,可看作建构中国哲学社会科学话语体系的一种"分析框架"[①]。建构中国特色气候传播话语体系,同样需要从这五个核心要素及其内在逻辑联系入手。

---

① 参见韩庆祥《话语体系建构的核心要义与内在逻辑》,《学习时报》2016年10月31日第04版。

建构中国特色气候传播话语体系，除了前文所述的内容层面的话语框架策略调整外，还要注重"有效性传播"，着重从传播技术、传播形式和传播方式方法等方面下功夫。

在现今新媒体大环境下，由于从移动端获取新闻不需要受到任何时间和空间的限制，因此，大多数公众通常更乐于通过这种便捷迅速的方式获取新闻。但是公众对内容的需求还是一如既往，我国新闻媒体只有不断丰富报道形式，利用音频、视频等技术优化传播方式，才能提升传播效果，有效扩大信息传播覆盖面。

(一) 数据新闻与可视化

一直以来，主流媒体喜欢靠直观的数据和科学的论证说话。科学家依靠严谨的数值模式进行估计和预测，以保证他们的结论有说服力。这样的宣传策略是有意义的。当新闻媒体提议低碳生活时，必须拿出有说服力的数据和科学结论来佐证自己的观点。例如，我们还可以排放多少二氧化碳？升温2℃地球会变得如何？科学家论证了升温将让地球变得荒凉，乃至无法居住。这或许能成为人们采取行动遏制气候变化的动力。用数字讲故事，一方面是用视觉效果将数字变化背后隐藏的总势直观地展示出来。比如，彭博新闻社关于北极地区海冰融化的报道。另一方面，记者可以尝试运用数据新闻的操作来发掘可报道的新闻故事。

在气候传播中，新闻媒体往往喜欢直接使用数字展示问题，但这些数字对于不了解这一领域的公众而言，往往很难理解其所代表的量级。如媒体中经常出现的，"碳排放已超过500亿吨""到某某年碳排放量降低60%"等。公众难以理解这些数字背后的意义，反而容易产生排斥心理，从而降低传播效果。又比如，有的报道写道，"预计海洋表面气温会升高6℃"。6℃在普通公众对于天气温度的理解中，不是一个具有冲击意义的数字，而报道又没有讲清楚升温所带来的影响和后果。这样的传播显然会大大降低公众对风险的感知。这就要求新闻媒体给出这些数字的阐释和说明，以帮助公众形象地理解这些数字。

《纽约时报》气候变化报道团队的编辑汉娜·费尔菲尔德（Hannah Fairfield）此前曾有15年在视觉部门的工作经验，她特别强调可视化在气候传播中的作用:"大概没有什么比气候变化中关于自然变迁的报道更适合视觉化的传播了,具有视觉冲击力的图片、视频,可以直观地把受气候变化冲击最严重的前线信息带到读者眼前。同一地点、不同年份的照片比对——无论是退缩的冰川,还是因海平面上升而改变的海岸线——比文字描述更容易让读者感受到气候变化带来的影响。"

视觉化当然不仅仅局限于多媒体的应用,我国新闻媒体还可尝试在数字媒体时代更适合手机和平板阅读的新设计和新叙事方法。

我国纸质媒体的版面可辩证地对待国外媒体版面设计的经验,让报纸的视觉元素变得更加丰富,进一步突出视觉化效果:

一是运用大尺寸照片。从世界各国气候传播的经验来看,具有视觉冲击力的大幅图片配合大标题的形式已经成为主流。大字体通栏标题已经占到了美国报纸头版的百分之八十。大照片的加入,瞬间成为报纸版面的视觉中心,直接向受众传达信息。而对于气候变化这一议题而言,极端气候灾难、民众生活变化等都适合用照片来进行展示。这种大尺寸照片的展示方式可以直击读者眼球,更直观地体现气候变化的影响。

二是增加图片的数量。报纸刊载图片数量的增加,给传统的阅读增添了意趣和快感,也是报纸抓住读者视觉的重要有效方式之一。在重大事件报道中,摄影照片日趋成为报道的常用手段。重要的报道都应尽可能地配发图片。图片形式可以多种多样,比如通过组合照片、图表等作为新闻的解释和佐证;通过图表、图示等将抽象难懂的文字报道转化为直观、形象的图像展示。

三是优化版面语言。版面语言不再局限于文字,而是具有表现力和感染力的摄影作品、经过设计的标题样式、特殊色彩的线条点缀,甚至是更特殊意义的版面留白的组合。组合过后的版面将具备强烈的视觉震撼力。须扭转对于摄影作品的定位,摄影作品并不是点缀,而是核心信息的直观展示,可以充分地表达和传递文字无法呈现的内容和情感。

(二)体现接近性

与长期的威胁相比,近在眼前的灾难可以吸引更多读者;与全球性的危机相比，读者也更关心身边在发生什么。但从受众影响角度来看，气候变化离公众切身的距离较远，不像日常生活中的柴米油盐、房子、医疗、教育等话题对公众而言显示得更为迫切。普通公众看待气候变化，更容易觉得这是国际层面的政策问题，是各国政府应该关注的，而对于自身个体而言，这个问题太庞大、太复杂了，不需要个体的关注和应对。所以，我国主流媒体需将全球趋势作为背景，从当下和眼前入手，透过"气候变化"来考量新闻事件。

一是可在报道中突出由于气候变化的影响给人们生活带来的变化，以公众的衣食住行为切入点。如引述一些生动的、在人们身边切实发生的气候变化案例，包括海平面的上升导致海岛消失、岛上居民颠沛流离；企业家抓住气候变化带来的新机遇，开发新能源技术获得成功等。

二是转变"重宣传、重说教"的传播方式，更多地采用平等交流、潜移默化的传播方式，上述研究中发现，我国新闻媒体还面临公众信任缺乏的困境，应侧重受众的接受习惯，在平等的沟通和交流中获取公众的信任，可参考"人民日报微博官方账号"以及微信公众号"侠客岛"的"人设"。

三是用公众能理解的数字说话，细算生活经济账。数字比文字更直接更有力，特别是公众能理解的与日常生活相关的数字，更能给公众留下深刻的印象。在气候传播中，可注重向公众强调参与气候变化将给生活带来的好处。这样的报道能够让读者产生气候变化与自己的利益息息相关，促使公众尽早参与到应对气候变化的行动中来。

例如，低碳可以与公众的生活挂钩，人们在日常生活中注意节约用电，在不降低生活质量的前提下，为节能减排作出贡献。2013年4月27日，中国新闻网一篇题为《河北家庭住宅光伏干点首次成功并入国家电网》的报道，给公众算了一笔经济账，鼓励家庭安装分布式光伏板。

气候变化是关于人的故事。从更长远的时间尺度来看，无论是将近200个国家在谈判场上为解决方案争执不下，小岛国基里巴斯前总统在邻国买地计划举国搬迁，还是美国总统在飓风重创波多黎各后与当地市长"打嘴仗",都是在气候变化这个大背景下的人类历程。也正因为如此,同任何领域的新闻报道一样,讲述有血有肉的人的故事,唤醒读者的个人经验,引起共情,才能达到好的传播效果。被报道的对象可以是气候变化前线最脆弱的群体,也可以是常年从事煤炭挖掘生产的工人,因煤炭资源枯竭而转型为太阳能行业的从业人员,以记录普通人在中国从高碳模式走向低碳发展路途中的足迹。

给谈判席上一贯不苟言笑的职业外交官增加一些人性化的描述,就立刻能拉近他们和读者的距离。比如,曾有记者这样讲述美国前气候变化特使斯特恩:"这是一个滴水不漏的男人。'斯特恩'这个姓氏在英语中的意思是'严肃',简直是名如其人。他很少会露出笑容,经常是一副心事重重的样子。"中国谈判代表团前团长苏伟在 2009 年谈判中有一句"这些钱都不够在丹麦首都买一杯咖啡,或是在穷国买一具棺材"的快人快语,点出气候变化在不发达国家是个"生死存亡"的问题,也被诸多媒体津津乐道。

中国新闻社记者李晓喻认为,在气候变化报道过程中,第一手的信息往往是比较难懂的专业话语,记者要在自身的报道中将这些语言转化成公众可理解的通俗话语,使受众看得懂、能理解。从事报道的记者要注意积累知识,增强自身的专业理解力,也要灵活思考,善于想办法,减少简单的复制粘贴,多加些自己的理解和创新,力争做到报道清晰易读,让受众既感兴趣又有收获。

(三)多模态话语方式

通过内容分析发现,《人民日报》2009—2018 年有关气候变化报道的新闻体裁中排在前三位的消息(50%)、通信(20.5%)和评论(9.0%)的占比之和为 75%。文字加视频的方式仅为 1%。新闻体裁相对单调,需要进一步丰富体裁的类型。可以尝试增加图片、视频、专访、特写等体裁,改变以消息、通信为主的单一方式。

从媒体话语表达形式而言,随着互联网与手机为代表的新型媒介形式的发展,我国媒体的气候传播可以通过多种媒体融合传播形式出现,通过多模态话语方式来呈现气候变化议题。利用微信、微博、客户端等新媒体平台作为与公众沟通的平台,构建一个更加开放的传播空间，收集公众意见，促进政府、企业、公众、媒体等不同角色之间的沟通和互动，也使纸质媒体在以往话语权的基础上扩大既有的话语力量。

例如，在文字报道基础上，增加图片、视频、直播、H5等多种形式。以人民日报为例，在党的十九大会议期间，微博@人民日报曾制作多款视频、动画等，将政策解读与新媒体报道方式相结合，收获了巨大的阅读量。针对中国社会的变化，"@人民日报"采用了动画的形式浓缩了五年时间的典型事件，将社会变化形象地展现在受众面前。此外，思维导图也是另一个可选择的新方式，例如反映工作报告的《十九大思维导图》将所有精华浓缩到一张图片上，清晰、准确、一目了然，获得广大网友好评。这都是在气候传播中可以借鉴的经验。

此外，我国新闻媒体的微博和微信账号也需要经营"人设"。微博和微信的受众更乐于和有个性、有感情、有思想的"账号"交流。因此主流媒体的微博，都应把账号人格化，并保持一致的"人设"。同时，拟人化的经营也更方便开展生动活泼的互动，人更愿意与"人"交流，而非冷冰冰的。

微博的本质仍是一个轻关系的"社交平台"。在微博上，我国新闻媒体的微博账号可与一些关注气候变化的大V互动交流，在同一个主题或议题下面，联合行动，从不同的角度发布内容；或是彼此间形成良性互动和呼应，形成规模化的联动效应，如此打通不同的受众圈层，实现传播效果最大化。

新闻媒体在进行气候传播还可寻找更多元化、更有魅力的代言人，在各行各业、社会各个领域充分传播气候变化的事实与积极应对的理念，一个富有魅力的代言人能够让这项工作事半功倍。

需要注意的是，在新媒体的语境下，任何人都有可能成为信息的发布者、传播者，由于每个人的利益诉求不同，若任由新闻媒体和自媒体在商业利益的驱使下为吸引眼球而跟风报道，可能造成气候变化影响被任意夸大，影响社会秩序和舆论情绪。因此，必须加强管理、明确导向，在社会主义核心价值观的引领下，坚持党的集中统一领导，坚持新闻媒体的人民导向，防止舆论场的混乱和无序。

第四节 新时代我国媒体气候传播的行动策略

公众获取气候变化信息的最主要渠道是新闻媒体，可以说，新闻媒体在某种程度上为公众建构了对气候变化的认知图景。西方国家的新闻媒体在 20 世纪 80 年代就已开始涉足气候传播，尤其是英国。目前，一些西方国家的记者已有 20 多年跟踪报道气候变化议题的经验。相比之下，我国新闻媒体的气候传播实践起步较晚，在哥本哈根气候大会之后，公众才逐渐关注气候变化议题，而后陆续有记者开始从报道科技、环境等条线转到气候传播。为了承担好上述新闻媒体在气候传播中的角色和功能，实现气候传播三个层级的目标，我国新闻媒体一是可加强气候传播的科学性，从科学视角报道气候变化，以促进公众对气候变化的认知；二是须增强国际视野，加强对其他国家应对气候变化观点和政策的报道；三是站在国家利益和社会发展的高度上，讲好气候变化的中国故事，传递我国应对气候变化的决心；四是加强气候传播的专业性，增加报道深度；五是在媒体融合的背景下，创新方式方法，提升气候传播的效果。

一 关注气候科学，促进公众认知

正确的科学观点是气候传播的基础。只有用科学的态度诠释气候变化事件、用科学的知识指导公众应对气候变化，气候传播才能发挥其意义。科学的传播可以提升公众的气候科学素养。如果一篇有关气候变化的新闻，连最基本的科学性都不具备，那便成了假话、错话，是对公众的误导，可能会带来严重的后果。此外，科学和专业的新闻报道能够影响公众的认知和行为，特别是在气象灾害等极端气候变化事件发生时，给公众起到"主心骨"的作用。

（一）跟踪气候变化前沿科学

首先，新闻媒体工作者要保持和科学家、气候传播研究人士、政府官员等相关人士的沟通和交流，持续关注跟踪最新的科研成果，保持与学术界的定期互动。随时关注气候变化领域的最新事件和最新进展，第一时间获得新闻报道线索。气候变化领域的科学研究时常有新的进展，新闻报道线索更是转瞬即逝，这就要求媒体记者经常关注了解该领域，持续报道事件发展和研究成果，提升报道的时效性。因为一旦错过了第一轮的报道时机，即便是再跟进报道，新闻媒体也容易因为首轮效应而导致落后。在第一时间报道新闻事件的同时，新闻媒体也可以尝试拓宽消息来源，采访、捕捉社会各行各业人士关于气候变化新闻事件的态度和看法，并将多种观点呈现给公众。多角度的分析可以使报道更加充实和丰富，也可以让公众觉得更加可信，提升说服力，避免新闻媒体自说自话。

其次，新闻工作者须具有扎实的新闻专业功底，具备较完备的科学知识和专业素养，对气候变化的成因、现状、未来发展有比较全面的科学认知和理解，同时掌握各种论点的基本概念，了解碳排放、碳强度、厄尔尼诺现象等专业术语的内涵。须注重加强自己的全球视野和科学背景知识，在报道中以科学为基础，兼具专业性、权威性和通俗性，关注受众的兴趣点和想法，涉及专业词语和特定说法时，尽量用受众可以理解的语言进行解释。

以极端气候灾害为例，公众往往更希望知道为什么会突然出现这样的灾害，是否能做到提前预警，在这种情况下自身应该采取什么样的应对措施等。但是新闻媒体经常容易忽视从科学角度解释灾害的影响力和应对难度，而重点关注政府所采取的应对措施。这会使得公众将所有的灾害责任都归咎于政府处理的不力，而忽视灾害本身的破坏力。

最后，建立专业的科学内容审核程序，完善审稿制度。针对科学相关的新闻，要建立健全专业的审查制度。气候传播涉及科学内容，可以聘请专业的科学顾问，对相关稿件进行审核把关。涉及采访专家的报道，最好能够得到专家本人的审阅认可。2010年，"千年极寒"的虚假新闻轰动一时，这提醒新闻工作者一定要保持科学思维和理性判断。

（二）真实反映气候变化影响

我国新闻媒体有必要在报道中进一步反映气候变化的影响。这其中需要注意的是，应该完全按照客观事物的本来面貌反映和报道它。气候变化的影响是怎么样，新闻里就说怎么样；有多少影响，就反映多少，既不夸大，也不缩小；事实没有的，就不应该弄虚作假，搞"合理想象"，更不能无中生有，凭空捏造。

首先，可通过气候变化的研究成果准确反映气候变化影响。如2017年11月1日，中国新闻网刊登了《气候变化对人类健康的影响比想象中更严重》[①]一文。文章介绍了专家在著名医学期刊《柳叶刀》上的报告，指出气候变化已经对人类健康产生了影响。该报告以翔实的数据向公众传递了这一结论。在21世纪的前15年中，有多达75亿人的健康受到了气候变化的影响。从人体健康角度来讲，温度的升高增加了中暑、心脑血管疾病的发生概率。从生态系统来讲，温度的升高增加了一些疾病的流行和传播，比如通过蚊子传播的登革热。自20世纪50年代以来，登革热患者人数几乎每十年翻一番，这和温度上升导致蚊子活跃的地理范围增加有直接关系。这种持续追踪报道将气候变化的影响从较长的时间维度通过统计数据直观地呈现在受众面前，使受众更加清晰和深刻地感受到气候变化的切实存在和影响。

其次，可在报道中突出由于气候变化的影响给人们生活带来的变化。如引述一些生动的、在人们身边切实发生的气候变化案例，包括海平面的上升导致海岛消失、岛上居民颠沛流离；企业家抓住气候变化带来的新机遇，开发新能源技术获得成功等。原《卫报》记者保罗·布朗（Paul Brown）曾对中英两国从事气候传播的新闻工作者说，新闻媒体因其自身定位的不同，对气候变化影响的报道也有所不同。英国的 *HELLO* 杂志面向年轻的读者，该杂志这样写气候变化对年轻人的影响——英国年轻人到65岁的时候，他们储蓄养老金的金融机构可能有很多已经受到气候变化的影响而倒闭，这将导致他们没有办法领

[①]《报告：气候变化对人类健康的影响比想象中更严重》，中国新闻网，2017-11-01，https://www.chinanews.com.cn/gj/2017/11-01/8365607.shtml，2023年11月2日。

回自己的养老金。而伦敦《东区快报》所作的报道，则因其定位，重点集中在报道气候变化海平面上升可能淹没伦敦东区的问题。《东区快报》围绕这一问题，制作了醒目的大标题，并利用4个版面进行了完整、震撼的报道，使受众切身地感受到如果任由气候变化发展下去，自己的家园将不复存在。这样的报道也推动政府尽快制定相关措施，应对气候变化。因此，我国新闻媒体在报道气候变化的影响时，也可从本媒体面向的受众的需求的角度出发，进行有差异性的报道，反映本地化的内容。

最后，摄影照片也能直观地凸显气候变化的影响，特别是气候变化事件的灾害照片，或是有对比效果和反差效果的照片。在海平面上升的背景下，马尔代夫许多美丽的、供人们度假的岛屿可能会被海水淹没。有新闻媒体特地选择度假胜地马尔代夫的照片放在报纸版面头版。这张照片就生动地体现了气候变化所产生的影响。

（三）引导公众理解气候变化的不确定性

气候变化是否真实存在这一问题经历了长时间的讨论。目前来看，国际上已经达成共识，大部分公众都已意识到气候变化问题的客观存在。但气候变化自身具有不确定性和复杂性，导致人类既无法直观地看到其存在的客观证据和因果链条，也不能准确地对其发展趋势进行预测。因此，在西方的一些国家，还有少数人对气候变化的真实性不断提出质疑和挑战。他们中有来自政府、媒体的人士，也有社会组织成员。有些人甚至提出气候变化问题是一个"骗局"，是根本不存在的。这些否定和怀疑的声音，在某种程度上，制约了全球适应和减缓气候变化行动的一致性和有效性。在这种充满不确定的局面下，气候传播更应该肩负起解释说明的职责，帮助公众在复杂的情况下认识到自身在全球适应和减缓气候变化、构建人类命运共同体这一伟大战略中的角色和定位，进而落实到个体具体的行动中来。

首先，新闻媒体应该向公众更加清晰地说明气候变化中的不确定性。"可能""有很大或很小概率"等词语往往出现在专业的气候变化报告中，这是一种科学性的体现。新闻媒体在气候传播中也经常直接采用这些表述。但当公众阅读这些报道时，往往会困扰于这些词语，无法理解"可能"究竟是多大概率,而"很大或很小的概率"又究竟是哪个数字。这些模糊不清的数据的使用,会让公众徒增烦恼,丧失阅读的兴趣。为了解决这个问题,新闻工作者应当提升自身的科学素养,自己先弄懂科学报告中的科学语言,并向相关专家及时请教,利用专家的专业表述和解释向公众说明问题。同时,还可引用第二位、第三位专家的话来相互印证,使报道中的论据充分、结论经得起推敲。

其次,善用心理暗示和启发来调动人们的情感认知,促使公众对气候变化有更加深入的了解,并采取行动。暗示是人类最基础、最典型的条件反射之一。心理暗示可以通过语言或者非语言的形式来产生,个体通常在无意识的条件下接受这种信息并做出反应。在日常生活中,心理暗示处处存在。比如老师对学生的鼓励暗示,上级对下级的表扬等。当我们对一件事情怀有热切期望的时候,通常会产生积极的效应。我们想让某个人向好的方向发展时,会给他传递积极的希望和暗示。积极的暗示,可以帮助人们激发积极的心态,战胜困难和复杂性环境;反之,消极的暗示,则有可能摧毁人们的信心,产生负面的效果。我国的新闻媒体也可善用心理暗示和启发,通过对优秀典型案例的宣传和表扬,以及对破坏环境的案例的揭露和批评,加强公众对气候变化的认知,采取相应的行动。

(四)增强公众的认知度

中国气候传播项目中心发布的《2017年中国公众气候变化与气候传播认知状况调研报告》显示,在4025个受访者中,在对气候变化问题的认知度方面,97%的受访者表示了解气候变化,但其中57.3%的受访者认为自己"只了解一点";在对气候变化影响的认知度方面,75.2%的受访者认为其经历过气候变化,26%的受访者认为自己没有经历过气候变化;在对气候变化政策的认知度方面,支持中国落实《巴黎协定》的受访者达到了94%,而支持开展国际合作的受访者达到了96.8%;在个体执行应对气候变化行动方面,77%的受访者选择可以增加花费以推动气候友好型产品发展。

通过调查报告可以发现,我国城市居民对低碳有了一定的认识,但对深入的概念和相关知识认识有限。气候传播应当发挥起普及和引导的作用，提升中国公众对气候变化的理解和认知。为实现这一目标，新闻媒体应当做到：

首先，须加强对气候变化的普及和宣传。气候传播项目中心2013年的调查显示，有将近一半的城市居民认为我国新闻媒体的低碳宣传仍需加强，仅有7%的公众认为"非常充足"，这提醒新闻媒体及相关机构，仍然需要加强气候传播的力度和有效性，满足公众气候变化相关信息的获知需求，让公众的气候科学素养进一步提高。在具体的应对气候变化的宣传内容上，可以从与公众生活紧密相连的低碳生活方式入手，制作通俗易懂、生动形象的低碳政策宣传广告等，帮助公众提高低碳生活的意识，倡导绿色低碳的生活方式。

其次，气候传播涉及科学和技术的内容会增加普通公众的理解难度。新闻媒体有必要在气候传播中对气候变化的特定或专业词语作出解释。通过对国内的气候传播内容分析发现，针对气候传播中常见的专业术语，如"2℃红线""厄尔尼诺现象""热浪天气"等，在大部分报道中都缺乏通俗的解释和说明，这导致公众很难理解这些专业名词，进而很难理解气候变化现象和影响。因此，对这些词语进行形象生动的解释与说明，有的适当配以图片和图表，可以帮助受众更好地理解气候变化及其相关内容，也可以进一步激发受众的潜在兴趣。

最后，在气候传播中，新闻媒体往往喜欢直接使用数字展示问题，但这些数字对于不了解这一领域的公众而言，往往很难理解其所代表的量级。这就要求新闻媒体给出这些数字的阐释和说明，以帮助公众形象地理解这些数字。如媒体中经常出现的，"碳排放已超过500亿吨""到某某年碳排放量降低60%"等。公众难以理解这些数字背后的意义，反而容易产生排斥心理，从而降低传播效果。又比如，有的报道写道，"预计海洋表面气温会升高6℃"。6℃在普通公众对于天气温度的理解中，不是一个具有冲击意义的数字，而报道又没有讲清楚升温所带来的影响和后果。这样的传播显然会大大降低公众对风险的感知。

正如联合国环境规划所宣称那样，只有那些知晓低碳政策、被激励进而作出节能减排承诺的公众才能帮助我们整个社会实现低碳目标。

因此，让公众知晓气候变化议题是促使他们行动的重要前提。

二　增大国际视野，实现信息多元

我国新闻媒体在气候传播中可加大对有关气候变化的国际事件的报道力度，多方面展示气候变化的现状和不同观点与立场等，增加信息含量，拓宽报道范围。

（一）增大与拓展国际视野

长期以来，我国新闻媒体在全球话语格局中一直处于弱势的地位，这与我国对世界经济发展所作的贡献不相匹配，与我国对人类发展发挥的积极作用也不相匹配。随着我国综合国力的提升，对外交流与合作越来越多，我国新闻媒体应该将报道重点从面向国内转向面向全球，以构建人类命运共同体的理念为指引，围绕世界范围内发生的有关气候变化的大事进行报道，既开阔我国民众的国际视野，把精彩的世界呈现给国内公众，又在国际事件上发出中国的声音，贡献中国的观点和见解，引起国际社会和国外民众对我国的关注，真正担当起联通中国和世界的桥梁纽带的责任，发挥聚同化异的黏合剂的作用。

习近平总书记在"8·19"讲话中强调："对国外的东西，要坚持古为今用、洋为中用、去粗取精、去伪存真，经过科学的扬弃后使之为我所用。"[1] 在全球化飞速发展的今天，西方和东方不能完全两分，新闻媒体应该努力拓宽自己的国际视野，破除自我设限，这对我国国际传播政策的制定和对外话语体系的推进也将有所裨益。

第一，我国新闻媒体可以多关注其他国家政府在气候变化领域的立场以及为适应和减缓气候变化所采取的行动和措施，其他国家社会组织、民众等为应对气候变化所采取的行动，拓宽我国民众的国际视野，让我国民众更多地了解发生在世界各国的有关气候变化的事件和观点，并参与到应对气候变化的行动中。

---

[1]《习近平在全国宣传思想工作会议上强调　胸怀大局把握大势着眼大事　努力把宣传思想工作做得更好》，《人民日报》2013年8月21日第01版。

第二，多报道世界上其他国家的科学家在气候科学研究领域的最新成果，以及为适应和减缓气候变化提供的看法和观点等。世界上有许多科研机构都在研究适应和减缓气候变化的科学方案。我国新闻媒体在气候传播中，可以多关注国外研究机构的最新进展和最新成果，特别是一些我们可以借鉴的新思路、新想法。

第三，多报道目前其他国家的气候变化现象，以及给当地民众生产生活所带来的影响等情况。其他国家正在经历的气候变化，也可以作为反映气候变化影响的鲜活案例。我国的新闻媒体可以报道其他国家的气候变化现状以及带来的实际影响，并从中总结经验，吸取教训。

中国新闻社记者李晓喻（2017）认为，作为全球重大议题，气候传播应当拓宽采访资源，提升报道的可读性。气候变化是全球性问题，各国都投入了大量的专家学者资源，这都是我国媒体应该利用的采访资源。中国媒体应当不局限于只采访国内的、眼下的资源，更要打开视野，走向世界，报道全球各国的进展和专业声音。在这方面，我国媒体还有很大的提升空间。

（二）实现信息多元与均衡

新闻媒体要理性选择信息，平衡客观地进行气候传播。从体裁上讲，新闻媒体既不能夸大其词，太多关注负面消息，造成社会恐慌；也不能虚无缥缈，总是说些离公众太遥远的话题，让公众难以确切地感受到风险。从地域范围上讲，要避免局限性，传统的报道往往只关注中国和几个大的发达国家，而忽视了其他的发展中国家。其实，气候变暖等对贫穷小国的影响往往更加明显和严重。新闻媒体要突破这种传统报道思路的限制，避免偏向性，向受众完整地还原气候变化这一问题的全球图景。

以往我国的气候传播中，主流媒体较多地引用了官方话语，利用官方语言说服公众，有利于提升气候传播的权威性。但与此同时，新闻报道的全面性和均衡性也会受到影响。官方发布、新闻通稿、政府官员等固然是重要的、权威的信息来源，但不是唯一的信息来源。实现信息的多元化与均衡，一方面可以调动企业、公众等各个阶层的人士参与适应和减缓气候变化行动的积极性，提升他们对应对气候变化采取行动的意愿。另一方面，可以使报道内容更加全面、客观、平衡，有利于吸引更多公众的兴趣和关注，让公众作出自己的思考和判断。

因此，新闻媒体在气候传播中，在突出报道一种观点和声音时，还要顾及其他的观点和声音，特别是不同的声音，对不同地区、不同价值取向、不同性质的选题作出均衡的部署。一方面，全面报道事件中所涉及的各方面的事实信息，另一方面，给不同观点的不同群体以表达意见的权利，让各方都有说话的机会，使公众有机会更为理性地分析和看待问题。但同时，也需要注意到，平衡是一门艺术，新闻工作者需要掌握好自身的立场和原则，实现报道的均衡并不意味着新闻媒体丧失自身的立场、原则和观点，否则立场不明的报道也将导致受众愈加困惑。对于如何把握新闻报道的客观公正和立场倾向这一问题，我国新闻媒体既要坚持客观公正的报道原则，善于用事实说话，又要坚持自身的政治立场和思想原则，通过客观公正的报道恰如其分地表达自己对于新闻事实的态度和看法，体现自身应有的立场和观点。总之，新闻媒体需要把客观公正和立场倾向巧妙地结合起来，在气候传播中坚持客观公正与立场倾向的统一。

在气候传播中，新闻媒体对破坏生态环境、浪费自然资源的揭露和批评是履行舆论监督职责、使报道更加均衡多元的方式之一。为了保证报道的客观公正，新闻媒体必须兼顾对立面的双方，将各自呈现的事实和观点同时摆出来，让公众自行判断，激发公众对气候变化问题的理性思考。

(三) 拓宽报道主体的范围

政府、社会组织、企业、普通公众等社会不同阶层、不同群体都可以成为我国新闻媒体的消息来源。在应对气候变化过程中，需要政府制定正确的政策，需要社会组织推动政策实施，需要企业切实落实节能减排，也需要社会公众身体力行，响应低碳生活的号召。因此，新闻媒体可适当在报道中增加除政府外的消息来源的比例。将这些群体作为均衡的消息来源，有利于实现应对气候变化的互动共赢，在全社会形成"绿色发展""低碳生活"的氛围。

首先，新闻媒体可充分调动这些群体的参与意识。通过气候传播，让企业认识到自己在应对气候变化中的主体责任，强化公众环保意识，真正参与到应对气候变化的行动中。例如，可尝试多采访不同的专家学者，关注不同的声音、不同的观点；着眼于普通公众的生活，报道公众身边的故事，体现气候变化对各行各业的影响，拉近与受众的距离。

其次，新闻工作者可深入基层和与气候变化有关的事件一线，尽可能多地了解不同职业类型、不同文化背景、不同年龄层次、不同家庭状况的人群对于气候变化的态度和看法。新闻媒体可以报道他们为适应和减缓气候变化所采取的行动，也可以报道气候变化对他们实际生活产生的影响。这样一方面可以让公众感受到气候变化真的就在身边，另一方面也可以鼓励普通公众学习效仿并参与到节能减排、绿色生活的实际行动中。

最后，在气候传播中，新闻媒体可不断利用新的传播工具和传播方式，构建多层级、立体化的传播网络，提升传播效果。如，通过微博、微信、客户端等新媒体快速精准地收集公众意见，广泛了解各种不同的声音，认真分析舆情，理解并回应公众关切，为政策决策者提供可供参考的观点和意见，不断优化顶层设计。

总体而言，新闻媒体要善于对所报道的新闻事实作具体的、一分为二的分析，辩证地看待问题，从事物不同的侧面、角度、方向，全方位、立体式地反映和报道新闻事实。这需要新闻工作者随时根据不同的情况适时地调整和变换思维方式，防止和避免片面性，给公众提供一个有关气候变化的真实、客观、全面、立体的景象。

在报道内容上，我国新闻媒体既须关注气候大会、国际论坛等正式严肃的场合，从宏观层面关注世界各国的立场观点、应对气候变化的政策、宣传我国节能减排成就等，也须聚焦细处，报道公众日常生活中与气候变化有关的凡人小事，宣传践行绿色低碳生活方式的典型，介绍公众在适应和减缓气候变化中能够做的事情和发挥的作用，以激发公众的关注和兴趣，调动他们参与的积极性。针对气候谈判，既要关注不同国家不同的立场和观点，又要深刻分析背后深层次的背景和原因，聚焦一致性和未来的解决思路。既要报道大多数科学家、社会人士的观点和共识，也要关注少数人的态度。

三 服务国家大局，讲好中国故事

在气候谈判中，每个国家都会选择对自己最有利的谈判策略，并制定好相应的气候传播议程，以期在谈判过程中营造对自身有益的舆论氛围。利用气候传播引导舆论，争取谈判的掌控权和话语权已经成为一些西方国家的重要手段。因此我国新闻媒体也要努力提升自身的业务能力，主动设置符合我们国家利益的议事日程，服务好国家大局，讲好中国故事。

（一）阐释环境问题的历史脉络

气候变化问题不是一蹴而就的，而是有其发展过程。我国新闻媒体在进行气候变化报道的时候，既要关注气候变化的时间紧迫性，也要让公众知晓气候变化问题产生的历史脉络和背景根源，需要向公众明确，我国积极参与全球气候治理的立场始终坚定，同时，在应对气候变化的过程中，发达国家应与发展中国家承担不同历史责任，在现阶段应承担的不同减排任务。促进应对气候变化的科学共识，倡导全球治理。

《联合国气候变化框架公约》对气候变化作如下定义，本质上，气候变化是"经过相当一段时间的观察，在自然气候变化之外由人类活动直接或间接地改变全球大气组成所导致的气候改变"。此外，气候变化并不是某一个国家、某一个地区、某一个组织的问题，而是全世界、全人类的问题。气候变化与社会发展、民众生活息息相关，绝不可能通过少数国家、少数组织、少数人群解决。应对气候变化，新闻媒体需号召世界各国联合起来，共同治理、共同应对、共同行动。

作为世界第二大经济体和最大的发展中国家，我国应对气候变化的一言一行必然成为国际社会关注的焦点。新闻媒体在气候传播中应该以事实为依据，告诉公众气候变化客观存在，并且已经对世界造成了严重的不可逆转的影响。气候传播应当通过对专家的采访、对国际会议的报道等，传递主流观点，展示气候变化由人为所导致并正在发生这一事实。

(二) 厘清世界各国的利益范畴

能源是发展的动力和基础。国家想要发展，必须有稳定的、经济上可承受的、持续的能源供给。而能源的使用又一定程度上带来了温室气体的排放，所以气候谈判，各国争取的实际上是各自的发展空间。

首先，世界上各个国家被气候变化所影响的程度是不完全平等的。从国际气候变化谈判格局可以看出，呈现出发展中国家和发达国家两极分化的趋势，其中既有显而易见的南北矛盾，也有根植在发达国家内部的自我矛盾，还有发展中国家内部的矛盾和对排放大国之间的矛盾。[1] 复杂的矛盾显示出复杂的利益冲突。目前，由于人口体量大、发展需求大，我国已经成为世界上最大的温室气体排放国，这是我国发展中国家的现状和经济社会发展客观规律所导致的。面临这种情况，我国率先作出表率，制定各种措施，严格控制温室气体排放，防治各类污染。因此，我国新闻媒体须讲明我国当前发展的特殊阶段，以及我国在应对气候变化上所作的突出贡献。

其次，气候变化也是一个国际政治问题。回溯联合国气候大会的创建历程，欧盟是发起单位。欧盟是欧洲一系列国家建立的联盟组织，这样的联盟组织要求成员具有一致的认可和利益追求，并追寻有别于他国的价值导向。气候变化问题刚好为其提供了这样一个增加凝聚力和一致性的平台，在气候变化谈判中，欧盟国家往往联合起来，一致对外，削弱他国的利益。丁仲礼院士认为，欧盟建议成立联合国气候大会的初衷也是希望通过这样一个平台，在气候谈判过程中，重塑世界的政治经济地位与话语权，限制其他国家的发展空间，固化目前的世界格局与贫富差异，集中自身的技术优势，削弱别国的经济优势。

最后，未来排放权的争夺是气候变化谈判的核心。从减排角度来看，发达国家基于其历史因素应当减少温室气体排放，发展中国家基于其发展诉求应当减缓温室气体排放。为了应对气候变化，发达国家曾承诺为发展中国家提供援助资金和相关技术，但遗憾的是这笔钱至今没有到位。不仅如此，发达国家总是想要逃避其应该履行的责任和

---

[1] 苏伟：《气候变化国际谈判脱轨难行》，《人民日报》2010年1月5日第23版。

义务。例如，在2009年哥本哈根气候大会泄露的丹麦文本中，8个发达国家提出了一个如同切蛋糕似的方案，分配了世界各国的温室气体排放额度，少数的发达国家拥有的排放额度是大多数发展中国家总和的8倍。若按照此分配方案，中国只用10年就会用完所有的排放额度。这显然无法让人接受。

归根结底，在气候变化谈判过程中，每个国家都在追求自身的发展利益和发展空间。因此，我国的新闻媒体要厘清国内国外的气候传播差异，对内，是如何推行绿色发展理念、宣传节能减排、普及低碳生活的问题；而对外，是如何维护国家主权和利益的斗争。面对复杂多变的国际经济政治局面，我国新闻媒体应当认真分析国际格局，厘清各国利益，主动做好议程设置，熟悉公共外交手段，引导国际国内舆论，维护我国利益。

我国主流媒体一方面拥有大量官方信息渠道和政府资源，另一方面也较为容易获得较多公众关注，可在联合国气候大会召开前，进行充分准备。例如，收集国际上有关气候变化的相关舆情，分析他国新闻媒体报道中的立场和观点，特别是针对中国的报道倾向和态度。形成有关气候变化的国际舆情分析网络，获取足够资源，再有针对性地制定我国的气候传播策略，积极切入谈判，并与政府、科学家、社会组织、企业、公众等密切配合，及时回应国际社会关切，澄清事实，营造对我国有利的国际舆论氛围。

（三）讲好气候变化的中国故事

在我国，应对气候变化已经纳入中长期发展规划，成为国家层面的战略方针。我国已经开始了应对气候变化的积极行动。因此，我国的新闻媒体要向世界展示中国参与全球气候治理的决心，讲好中国故事，彰显中国承诺。我国新闻媒体应把国际关注的气候变化热点问题和宣传我国应对气候变化的方针、政策、实践结合起来，把正面宣传我国为全球气候治理作出的突出贡献与开展必要的国际舆论斗争结合起来，有效化解国际舆论压力，拓展我国的发展空间，维护我国的发展利益。

我国新闻媒体可以从以下三个方面着手，讲好气候变化的中国故事：

一是构建强有力的、覆盖世界主要国家的对外传播话语体系，向世界客观准确地介绍我国在应对气候变化领域的切实行动和突出贡献。如，在气候谈判中，我国新闻媒体可向国际社会介绍我国的立场、主张和为应对气候变化采取的积极举措，我国对其他国家应对气候变化所提供的技术援助、资金援助等；也可以利用图片、影像等资料，展示我国的实际行动，邀请国外媒体了解、报道我国的气候治理。

二是创新理论体系，找到东西方文化的共通之处，挖掘东西方文化的契合点，形成容易为国际社会所接受的话语体系，增加国际社会对中国国情的了解，推动国际社会对中国立场的理解，增进认同度。在具体表达手法上，尝试采用西方社会能够理解的话语和易于接受的说法，将保持中国特色的故事，用西方国家公众喜闻乐见的方式讲述出来，实现中西方价值观的对接，让西方国家的民众"愿意了解，理解得了，能够接受"，在国际上营造中国积极正面的形象。

三是加大新闻报道的原创率和首发率，逐步掌握话语权，不断提升在气候传播领域的影响力和控制力。在这一过程中，气候科学领域的"意见领袖"往往发挥着重要的作用。这一领域的"意见领袖"，是指在气候变化研究领域具有权威性的科学家。这些科学家的发声能够起到宣传科学知识和引导舆论的作用。以欧洲国家为例，"温室效应""低碳经济"这些术语都来自欧洲国家，就是因为这些国家在最早投入力量，展开气候变化研究，培养了很多这个领域的科学家。这些科学家在后期成为"意见领袖"，发挥了舆论引导的作用。正是凭借这些"意见领袖"，在相当长的一段时间内，欧洲牢牢抓住了全球气候治理的话语权。因此，我国也可培养气候科学领域的"意见领袖"，发出中国关于气候变化的科学、权威的声音。

我国还可做以下尝试，以塑造良好的国家形象、展示我国的文化软实力、提升国际地位和影响力、增加我国在气候变化有关国际事务的参与性和话语权，如注重国外媒体的新闻报道，放宽外国记者在我国境内采访的限制，借助国际新闻媒体的影响力来客观报道中国；制作我国积极参与全球气候治理的相关形象片，在一些西方国家媒体上播放，并在使馆节庆、外交酒会等外事活动中展示等。

四 提高专业素养，增加报道深度

纸质媒体容量大，适合深度报道。在气候传播中，纸质媒体要充分利用这个优势，主动策划有深度的新闻报道，向公众阐述清楚气候变化事件发生背后的因果关系，引发公众思考。

（一）报道要实现专业化

一是全天候、无缝隙地对重大气候事件进行跟踪报道。随着气候变化影响的不断增加，极端天气和重特大自然灾害越来越多。洪涝灾害、地质灾害、台风等极端天气事件都构成了新闻事件，其对人类社会和经济生活产生的巨大影响受到公众的重点关注。不管是国际上的自然灾害事件，如美国的飓风、加拿大的暴雪等，还是国内的极端气候事件，如洪水、干旱等，都会引起国内外舆论的重点关注。针对这样的事件，新闻媒体应该策划专题报道，全天候、无缝隙跟进。

二是对气候变化有关的事件进行深度解析。公众往往希望从气候传播报道中了解到背后的深层次原因，即平时不常接触但又希望知道的核心问题。目前的气候传播报道多集中在关注典型的气候事件，往往更加重视表面现象而忽视背后的真正原因。气候传播新闻报道应该以此为目标，全面深入地分析气候事件背后的因果关系，而不是仅仅停留在表面描述气候事件的现象。新闻媒体报道应该在厘清因果的基础上激发公众的深层次思考，引发社会的讨论，从而达到推动公众了解气候变化、增进气候变化认知、加深参与应对气候变化意识、落实适应和减缓气候变化行动的目的。面对气候变化这种涉及面广、构成复杂、影响广泛的问题，气候传播应当着力从多角度报道，向公众提供专业的信息。新闻媒体可以推动新闻报道从普通的知识普及向培养公众科学素养转变。通过气候科学相关文章的刊发，从科学角度将报道做得更深、更专业、更透彻，让读者在潜意识中了解气候变化。还可在更高、更广阔的视野和角度下分析报道气候变化事件和问题，丰富报道的深度和可读性。

三是组建专业的气候传播队伍。《气候变化研究进展》编辑部主任沈永平认为，我国政府应进行气候传播的顶层设计，制定国家层面的气候传播整体战略，加大气候传播领域的资金和技术投入，培养专业人才，尽快提升我国新闻媒体在气候传播领域的能力。在气候传播人才方面，可以不局限于国籍，更多地利用全球各地的机构和组织，也可以网络世界顶尖人才、"意见领袖"和专业团队，采用国际分工的方式，让专业的人做专业的事，占有全球气候传播竞争中的战略优势。

（二）叙述要尽量故事化

当前我国一些新闻媒体在气候传播中用的还是"重宣传、重说教"的传播方式，而不是平等交流、潜移默化的传播方式，导向性意识与诉求较为明显。由于缺少对受众心理的分析，没能侧重受众的接受习惯，使得新闻报道总是自说自话，不能与受众形成共鸣。郑保卫、叶俊认为，从我国媒体气候传播的实践来看，应向重事实、重故事进行转变，用事实说话，讲好故事。

《中国环境报》记者徐琦认为，气候变化自身不只是环境科学，对民众带来的影响也是多方面的。因此，气候传播要做到接地气，贴近民众，用通俗易懂的话将气候变化相关问题传递给受众，将报道做"厚"、做"深"。

中国新闻社记者李晓喻认为，在气候变化报道过程中，第一手的信息往往是比较难懂的专业话语，记者要在自身的报道中将这些语言转化成公众可理解的通俗话语，使受众看得懂、能理解。从事报道的记者要注意积累知识，增强自身的专业理解力，也要灵活思考，善于想办法，减少简单的复制粘贴，多加些自己的理解和创新，力争做到报道清晰易读，让受众既感兴趣又有收获。

好的故事最触动人，公众普遍喜欢听故事，不喜欢被说教，所以好的故事就像水一样，缓缓流过，润物细无声。故事更注重于个人的生命体验。而将观点寓于故事中，是最适合的传播方式。讲好故事应做到以下几个方面：

一是新闻工作者必须下基层抓"活鱼"。基层是新闻的沃土，生活是新闻的源头。最美的风景在路上，最好的故事在生活里。为提升传播效果，新闻媒体在气候传播中应该从公众角度出发，谈公众普遍关心的话题，如气候变化问题对日常生活具体的影响等。新闻工作者需善于在普通群众的生活中发现问题，认真观察和思考，从中获取有价值的信息。

二是故事要有画面感和现场感。细节是文章打动读者、引起共鸣的关键。细节，或是对人物形象的刻画，或是对一举一动的描绘。要描绘好细节，就要写好场景。比如报道气候大会，会场的讨论情况，现在的讨论重点，下一步的计划，未来的难点，有什么成果又有什么措施等，都可作为新闻工作者重点关注的新闻点，通过自己的描述，将一幅生动形象的现场场景呈现给受众，给受众身临其境的代入感。

三是讲好故事最好的技巧是真情。好的故事要晓之以理，动之以情，才能引起读者的共鸣。做有情怀的记者，讲有温度的故事。一名优秀的新闻工作者，他的脚下有多少泥土，他的笔下就有多少真情；他的笔下有多少真情，他的报道就有多少力量。新闻记者是个特殊的职业，记录家国情怀、社会风云、人间冷暖，好的故事中，折射的是新闻工作者观察、守望的初心真情和使命担当。如果新闻工作者只用简单的灌输式报道和口号式宣传，就难以让公众产生共鸣，并说服公众。气候传播只有切中公众关切，才有"含金量"。这些"账目"理清了，气候传播的传播效果才有保证。

（三）表达要体现人性化

现阶段的气候传播中，在气候大会召开时，往往从政治经济视角来报道的情况较多，而在日常报道中，则多是报道气候变化现象与事件，或是简单宣讲气候变化知识，对于普通公众而言，这些报道都太过遥远，可能导致公众认为气候变化与自身关系不大。因此，新闻媒体应将有关气候传播的思考与社会公众的日常生活有机地联系在一起，展现气候变化的人性化色彩。

李晓喻认为，新闻工作者要有关联的眼光和发散的思维，要能够将看似离民众生活较远的气候变化事件转化为与公众日常生活密切相关的身边问题。以洪涝灾害这种极端天气事件为例，从其自身来看，表面上只是一条社会新闻或者时事新闻。而如果新闻工作者能够站在公众的角度，讲清这种气象事件的起因和发展，介绍可能产生的影响和需要采取的防范措施，便可以让公众觉得离自己很近，既可以了解清楚这种气象事件，又可以学到如何应对。如果是报道气候变化产生的影响，新闻工作者要善于发现在日常生活中的点滴变化，从细微处联系到宏观，缩短与公众的距离感。公众看到这样的报道，才会觉得气候变化并不是在"云里雾里"，而是切实就在身边，在自己的日常生活中。这种直观的感受能够促进受众积极投入应对气候变化的行动中。

《人民日报》"绿色焦点"栏目刊发的《传统节气还跟得上气候变化吗?》[①]一文，可以称得上是一篇展现人性化色彩的佳作。文章旨在描述气候变化，但却从广大民众都熟悉的"二十四节气"讲起。作者采访了涉及气象和农业等领域的专家，介绍了当前正发生的气候变化对我国传统二十四节气的影响，以及需要怎样的改变才能更加匹配和适应"新的气候"。这种气候变化对于既有传统的影响和改变，让受众觉得非常熟悉，仿佛就在身边，起到了"入耳、入脑、入心"的效果。

综上所述，要在故事中展现人性化色彩，可从以下几点入手：

第一，增强贴近性，以公众的衣食住行为切入点。对于普通公众而言，之前的气候变化报道往往离自己的实际生活较远，所以认知度不高，兴趣度也不大。通常情况下，受众都会选择和接受自己感兴趣且与自身相关的信息。因此，气候变化新闻报道要以公众的生活为切入点，讲"百姓事"，话"百姓理"，将日常生活和气候变化有机地联系在一起，让公众深刻体会到气候变化就在身边，且时刻影响着自身的生活。

第二，用公众能理解的数字说话，细算生活经济账。数字比文字更直接更有力，特别是公众能理解的与日常生活相关的数字，更能给公众留下深刻的印象。在气候传播中，可注重向公众强调参与气候变化将给生活带来的好处。这样的报道能够让读者产生气候变化与自己的利益息息相关，促使公众尽早参与到应对气候变化的行动中。

第三，细分领域，提高报道的针对性。气候变化这个国际性议题

---

① 参见刘毅《传统节气还跟得上气候变化吗?》，《人民日报》2017年2月第09版。

掺杂着不同国家、不同组织之间复杂的彼此关系和利益博弈。气候传播应当努力厘清上述问题的不同层面，细分报道领域，有针对性地提供不同受众感兴趣的传播内容，提升传播效果。

五 创新方式方法，增强公众参与

随着科技的发展和社会的进步，传统媒体和新媒体的融合发展不断加速，纸质媒体在气候传播中也应当与新媒体相结合，"他山之石可以攻玉"，利用新媒体丰富报道形式，利用音频、视频等技术优化传播方式，提升传播效果。

（一）促进媒介融合

随着科技的飞速进步，以互联网为基础的新兴媒体已经成为人们最主要的信息来源。自媒体等新兴媒体影响舆论的能力愈加显著，释放了前所未有的公共话语权，在"全民皆记者"的"微时代"，一件小事都可能被"围观"放大成具有轰动效应的热点舆论事件。在这种情况下，我国传统媒体须加快媒介融合的脚步，适应新的传播手段和话语体系，利用新媒体传播速度快、影响广泛的特点，提升自身的影响力，扩大自身的话语权。具体而言，在媒介融合领域，传统媒体可以在以下方面着力改进：

首先，利用微信、微博、客户端等新媒体平台作为与公众沟通的平台，构建一个更加开放的传播空间，收集公众意见，促进政府、企业、公众、媒体等不同角色之间的沟通和互动，也使纸质媒体在以往话语权的基础上扩大既有的话语力量。

其次，纸质媒体可以依托新媒体履行舆论监督职责。在一个公众话语日益壮大的时代，公众的表达欲望也前所未有强烈，而传统媒体的技术特征导致其难以满足受众的表达需求。此外，在新媒体群体参与的环境中，公众参与公共事务的积极性和监督意识都会被激发和提升。新媒体覆盖面广、时效性强，是各类信息的集散地，纸质媒体可利用新媒体搜集与气候变化相关的各类信息，监督社会各阶层应对气候变化相关政策和举措的落实情况。

最后，传统媒体和新媒体可以实现线上和线下的结合，优势互补，强强联合，丰富报道形式和信息呈现方式。以《人民日报》为例，通过在报纸上印刷二维码的方式，实现了线上与线下的融合，读者只要用手机扫二维码，便可以读取与报纸上文章有关的图片、视频。新闻媒体还可通过制作 H5 和短视频等其他新闻可视化途径，突破传统的文字、图片、视频等单一手段呈现信息。通过媒介融合，提升报道的吸引力，增加公众的关注度。

此外，随着我国经济实力的强大和国际地位的提升，要纠正国际上对我国的一些偏见，是一个长期的过程，既要有迅猛惊雷般的惊醒，又要有润物细无声的浸润，需要纸质媒体和新媒体的良好配合。在这种情况下，我国传统媒体与新媒体的融合在对外话语权方面就上升为一种战略层面的策略，如何最大、最优地发挥二者之间的积极作用，是从根本上提升我国新闻媒体话语权的重要环节。除了纸质媒体的强大发声，新媒体也需要充分参与到这个过程中。

需要注意的是，在新媒体的语境下，任何人都有可能成为信息的发布者、传播者，由于每个人的利益诉求不同，若任由新闻媒体和自媒体在商业利益的驱使下为吸引眼球而跟风报道，可能造成气候变化影响被任意夸大，影响社会秩序和舆论情绪。因此，必须加强管理、明确导向，在社会主义核心价值观的引领下，坚持党的集中统一领导，坚持新闻媒体的人民导向，防止舆论场的混乱和无序。

（二）丰富报道形式

在现今新媒体大环境下，由于从移动端获取新闻不需要受到任何时间和空间的限制，因此，大多数公众通常更乐于通过这种便捷迅速的方式获取新闻。但是公众对内容的需求还是一如既往，纸质媒体只有与新媒体结合得更加紧密，不断丰富报道形式，才能做到不落伍。我国报纸媒体可以从以下几个方面丰富气候传播的报道形式：

一是丰富体裁形式。通过内容分析发现，《人民日报》2009—2018 年有关气候变化报道的新闻体裁中排在前三位的消息（50%）、通讯（20.5%）和评论（9.0%）的占比之和为 75%。文字加视频的方式仅为 1%。新闻体裁相对单调，需要进一步丰富体裁的类型。可以尝试增加图片、视频、专访、特写等体裁，改变以消息、通讯为主的单一方式。

二是美化版面设计。改变文字为主的呈现方式，尝试通过增加图片和图表、配置标题等吸引公众的注意力，提升公众对相关议题的关注度。设立大幅图片和大标题等，以图传意，以题引人。提升版面冲击力，在吸引读者的同时，清晰准确地传递信息，同时给受众增添了赏心悦目的感觉。

三是优化表述方式。使报道语言更加生动和形象。新闻工作者需擅长在日常生活中发现报道线索，使气候传播更加贴近公众的日常生活。在新闻报道写作时，将复杂难懂的科学语言转化为公众可以理解的通俗语言，增强报道的可读性和故事性。

四是增加与公众的互动。可以利用新媒体，设计公众感兴趣的话题，邀请公众进行分享和讨论。这种亲身参与的过程可以让公众切身体会到气候变化问题的影响。而公众自身对气候传播的参与则打破了传统意义上被动接受信息的模式，可提升公众的兴趣和关注，达到良好的传播效果。

五是报道形式推陈出新。在文字报道基础上，增加图片、视频、直播、H5等多种形式。以人民日报为例，在党的十九大会议期间，微博"@人民日报"曾制作多款视频、动画等，将政策解读与新媒体报道方式相结合，收获了巨大的阅读量。针对中国社会的变化，"@人民日报"采用了动画的形式浓缩了五年时间的典型事件，将社会变化形象地展现在受众面前。此外，思维导图也是另一个可选择的新方式，例如反映工作报告的《十九大思维导图》将所有精华浓缩到一张图片上，清晰、准确、一目了然，获得广大网友好评。这都是在气候传播中可以借鉴的好的经验。

（三）开设专栏专版

总体而言，我国近年来气候变化报道数量呈现平稳态势，但热点时间段和平常时间段报道数量差异比较大。当有关气候变化的重要会议召开或者有新的相关政策发布时，气候变化报道数量便会显著增加，但平时无会议或者无重要动态的时候，报道数量就相对较少。气候传播应当具有持续性和稳定性。阶段性增加或只在有重要会议时集中报道，平时不加重视，容易让公众认为这样的话题是昙花一现，不值得重视。因此，我国的新闻媒体应设置专门版块，维持报道数量和报道质量，不断向公众传递气候变化相关信息和应对举措。

最近几年，我国的一些媒体已有所实践。例如，自2006年以来，《中国日报》便在其旗下的《中国商业周刊》的能源与环境专版上开设了"节能减排中国行动"专栏，以向国际读者澄清一些事实真相，促进中外在应对气候变化方面的合作。又如《南方周末》的"绿版"，虽然这个版面并不是专门为气候传播设立，但其具有稳定性和持续性，且有较多关注气候变化的内容。党的十八大报告提出要把生态文明建设放在突出地位后，2013年1月5日，人民日报《生态周刊》应时而生，每周六刊出两个版。《生态周刊》重点是分析与生态文明建设相关的热点事件和话题，介绍先进经验，提倡节能减排，监督政策落实，同时普及相关知识。

2015年1月5日，《人民日报》又在新闻版块推出了"生态"版，每周3期，逢周一、三、五出版。生态新闻版开设了"美丽中国·调查""人与自然·数据""绿色家园·守望""说道"等栏目，及时报道生态文明建设中的新进展、新经验和新成就。与《生态周刊》相比，生态新闻版更注重新闻性和即时性。

今后，我国新闻媒体可进一步利用这些版面与平台，作为气候传播的主阵地，提高这些栏目的影响力，培养固定的受众群体。在重要会议或重要事件发生时，可以整版面专题报道，在平常时期，持续介绍气候变化相关常识、最新科研成果等，保持气候变化在受众群体中的"存在感"，不断推动公众的环保意识觉醒和应对气候变化的自觉行动。

（四）提升版面视觉

传统的气候传播中，文字是主要的报道形式。但从对国外媒体特别是《卫报》的内容分析中，可以看出，图片的作用越来越重要。《卫报》资深环保记者保罗·布朗说，对于气候传播而言，图片至关重要。图片往往更加吸引受众的注意，也可以更直观、更震撼、更形象地向受众表达所要传递的信息，给受众留下深刻的印象。从联合国气候大会报道经验来看,图片和视频是重要的传播途径和报道手段。

从我国基本国情出发,由于幅员辽阔、经济发展不平衡,不同地区之间差别很大。我国的气候传播曾经只是主要关注一些经济相对发达的大城市和重要地区,这也导致国外公众只对我国这些区域有了解。但实际上,恰恰是一些传统的老工业城市,一些经济发展相对缓慢的地区,为了应对气候变化,壮士断腕,进行产业变革,经历"阵痛",为全球节能减排作出中国贡献。我国新闻媒体也应当关注这些区域,采用图片、视频等方式,向世界展示真实发生在这些区域的典型事件,让世界了解中国牺牲、中国贡献,提升我国在全球应对气候变化中的国家形象,增加在国际上的话语权,争取更多的国际支持和帮助。

报纸的视觉元素可以变得更加丰富,进一步突出视觉化效果:

一是运用大尺寸照片。从世界各国气候传播的经验来看,具有视觉冲击力的大幅图片配合大标题的形式已经成为主流。许正林通过研究发现,大字体通栏标题已经占到了美国报纸头版的百分之八十。大照片的加入,瞬间成为报纸版面的视觉中心,直接向受众传达信息。而对于气候变化这一议题而言,极端气候灾难、民众生活变化等都适合用照片来进行展示。这种大尺寸照片的展示方式可以博取读者眼球,更直观地体现气候变化的影响。

二是增加图片的数量。报纸刊载图片数量的增加,给传统的阅读增添了意趣和快感,也是报纸抓住读者视觉的重要有效方式之一。在重大事件报道中,摄影照片日趋成为报道的常用手段。重要的报道都应尽可能地配发图片。图片形式可以多种多样,比如通过组合照片、图表等作为新闻的解释和佐证;通过图表、图示等将抽象难懂的文字报道转化为直观、形象的图像展示。

三是优化版面语言。版面语言不再局限于文字,而是具有表现力和感染力的摄影作品、经过设计的标题样式、特殊色彩的线条点缀,甚至是更特殊意义的版面留白,组合过后的版面将具备强烈的视觉震撼力。须扭转对于摄影作品的定位,摄影作品并不是点缀,而是核心信息的直观展示,可以充分地表达和传递文字无法呈现的内容和情感。

(五) 加强互动传播

我国新闻媒体应该努力推动互动传播,增进不同主体,即政府、社会组织、企业、媒体和公众等角色之间的沟通和互动，逐渐建立起政府主导，企业和公众参与，NGO 和媒体助推的互动体系。这样的互动体系有利于发挥各方面的力量，增加气候传播的影响力，在全社会形成应对气候变化的浓厚氛围。

郑保卫教授建议，为应对气候变化这一全球性复杂课题，我国应建立"五位一体"的行为主体框架，即"政府主导、媒体引导、NGO 推助、企业担责、公众参与"，从而实现应对气候变化的全社会角色参与。在这样的行为框架下，每个个体都积极参与进来，推动应对气候变化成为全社会的共识，促进气候传播在全社会的普及。[①] 在这样的框架体系中，五个主体相互配合、相互沟通、相互支撑，互为保障，成为应对气候变化的核心基础。

作为核心"引导者"，新闻媒体应该切实发挥纽带的作用，增进各角色之间的互动和联系，积极宣传国家制定的政策，协助社会组织推动公益宣传，鼓励并监督企业承担相应责任落实应对气候变化，推动公众积极参与其中，了解气候变化并采取措施应对气候变化，力争形成保护地球生态系统的良好社会氛围。特别是企业和公众，新闻媒体要把他们作为核心受众，促进企业自觉遵守国家政策，节能减排，控制污染，履行行为主体的责任。同时，在公众中普及应对气候变化的常识，促进公众自觉维护生态文明。

在气候传播中，新闻媒体还可多借鉴"他山之石"，主动了解其他国家在应对气候变化上的政策和措施，汲取经验和教训。而在对内传播时，新闻媒体也要积极报道在应对气候变化中表现突出的企业案例，争取将这些先进的经验普及全国。社会组织也是应对气候变化的重要力量，新闻媒体应当鼓励他们推广一些科学的思路、办法，吸引公众关注气候变化。

---

① 参见郑保卫《在波恩第 23 届联合国气候大会气候传播边会上的演讲》，人民网，2017 年 11 月 13 日，http://media.people.com.cn/n1/2017/1113/c14677 - 29642688.html，2023 年 8 月 4 日。

第四章 新时代我国社会组织在气候传播中的战略定位、话语建构与行动策略

王彬彬　张佳萱　刘婧文

20世纪80年代以来，随着改革开放的不断深入，我国社会主义事业不断发展，社会领域的变化日新月异，其中社会组织的兴起和发展特别引人注目。这种新的组织形式有效整合了分散的公众个体，集聚成为社会治理共同体中不可或缺的主体之一，在国家主导的现代化治理体系中发挥着重要作用。

进入21世纪后，在社会主义市场经济体制改革的带动下，社会力量持续发育，社会组织的数量出现大幅度增长，种类也日益多样化，在社会动员、灾害救助、环境保护、公共服务参与等方面发挥着越来越显著的作用。2007年，随着党的十七大召开，"社会建设"作为一个新的命题被提上国家治理议程，社会组织作为社会领域的重要组成元素开始在国家治理体系中崭露头角。2012年，党的十八大明确提出要"加快形成政社分开、权责明确、依法自治的现代社会组织体制"[1]。

进入新时代以来，社会组织在党的重要会议和重要文件中频繁出现，多次被专门提及。党的十八届三中全会决议提出，要"创新社会治理体制，改进社会治理方式，激活社会组织活力"[2]，明确了社会组

---

[1] 参见马庆钰、贾西津《中国社会组织的发展方向与未来趋势》，《国家行政学院学报》2015年第4期。
[2] 参见马庆钰、贾西津《中国社会组织的发展方向与未来趋势》，《国家行政学院学报》2015年第4期。

织在社会治理中的角色和作用；十九大报告则进一步指出了社会组织参与社会治理的方向，即"打造共建共治共享的社会治理格局……推动社会治理重心向基层下移，发挥社会组织作用，实现政府治理和社会调节、居民自治良性互动"；党的十九届三中全会提出"推进社会组织改革""激发群团组织和社会组织活力"，党的十九届四中全会提出"发挥群团组织、社会组织作用"；"十四五"规划纲要提出"发挥群团组织和社会组织在社会治理中的作用"①，等等，这些重要文件和举措的出台，为新时代社会组织健康有序发展提供了根本遵循。

党的二十大报告提出要"引导、支持有意愿有能力的企业、社会组织和个人积极参与公益慈善事业""加强新经济组织、新社会组织、新就业群体党的建设"② 等重要要求，强调"完善协商民主体系，统筹推进政党协商、人大协商、政府协商、政协协商、人民团体协商、基层协商以及社会组织协商，健全各种制度化协商平台，推进协商民主广泛多层制度化发展"③，为新时代社会组织健康有序发展提供了根本遵循和行动指南。当前，我们要认真学习和贯彻落实党的二十大精神，推动社会组织高质量发展。

从党和国家工作大局出发，社会组织应发挥好民意表达与社会沟通作用，发挥好自身组织协调优势，量力而行、尽力而为，助力解决经济社会发展现实问题和人民群众急难愁盼问题，重点围绕可持续发展、创新驱动发展、区域协调发展、乡村振兴、科教兴国等国家战略提供专业服务。

当前，作为一种组织化社会的制度机制安排，我国社会组织受到党和国家的高度重视，在政府扶持培育政策和政府购买服务的推动下获得了迅猛发展，在广泛参与脱贫攻坚和乡村振兴、积极参与疫情防

---

① 参见马庆钰、贾西津《中国社会组织的发展方向与未来趋势》，《国家行政学院学报》2015年第4期。

② 参见马庆钰、贾西津《中国社会组织的发展方向与未来趋势》，《国家行政学院学报》2015年第4期。

③ 参见马庆钰、贾西津《中国社会组织的发展方向与未来趋势》，《国家行政学院学报》2015年第4期。

控、提供社会公益服务、化解基层矛盾等方面发挥了积极作用。但与此同时，社会组织参与实际治理的效果仍然有限，许多社会组织仍无法深入社区，服务能力较低，似乎"隐身"于公众日常生活之中，很少与普通百姓产生关联，一些社会组织甚至出现了市场化牟利性与体制化依附性等问题。

在气候变化与气候传播中，作为"助推者"，社会组织既要积极助推气候传播国内化进程，参与国家层面气候治理规范设计，借助传播和表达民间声音，促进社会共识，引导公众实现绿色低碳生活方式；也要深度参与国际层面的交流与合作，稳妥实施社会组织"走出去"，有序开展境外合作，持续推动气候变化民间外交，积极为全球气候治理做贡献，提高中华文化影响力和中国"软实力"，助推构建人类命运共同体。

在党推进国家治理现代化的宏阔历程中，社会组织要不负党和人民的期待，进一步认识社会组织在国家和社会生活中所具有的战略地位及其重要作用，更好地履行自己的社会职责，发挥自己的社会作用。基于此，本章将系统梳理和清晰呈现我国社会组织参与气候治理过程中政治性和公共性交融与统合的内在发展逻辑，从国家生态文明建设与应对气候变化战略出发，明确社会组织气候传播的战略定位和行动策略，以有助于更准确地理解中国特色社会组织绿色可持续发展之路，并对社会组织参与气候治理具有前瞻性的预期。

第一节　我国社会组织气候传播的基本内涵、职责使命与实践环境

社会组织在气候传播方面可以发挥重要作用。它们可以通过组织活动、宣传和社交媒体等渠道传播气候变化的信息，提高公众对气候问题的认识和意识。此外，社会组织还可以促进政策倡导和环保行动，鼓励个人和企业采取可持续发展的做法，以减缓气候变化的影响。通过社会组织的努力，我们可以共同努力应对气候挑战。本章节将就社会组织气候传播的基本内涵、职责使命与实践环境展开论述，以期为

新时代我国社会组织气候传播工作提供一定理论参考。

一 新时代我国社会组织在气候传播中的基本内涵

(一) 我国社会组织在气候传播中实践的历史脉络

社会组织在气候传播方面的历史可以追溯到20世纪初,但在当时并没有像现在这样广泛和深入的影响。在全球层面,关注环境问题的社会组织最早出现于20世纪五六十年代。当人类社会开始逐渐意识到工业生产所带来的环境污染对人体健康和生态系统带来的危害时,世界自然基金会 (World Wide Fund for Nature, 1961年创立)、大自然保护协会 (The Nature Conservancy, 1951年创立)、绿色和平 (Greenpeace, 1971年创立) 等环保社会组织就开始积极参与本土和全球性的环境运动[1]。而自气候变化成为一项重要的全球公共事务以来,社会组织便一直处于气候治理与传播的前沿[2]。1972年,全球瞩目的斯德哥尔摩会议举行,吸引了来自113个国家和超过400个社会组织代表。此次会议为气候变化问题带来了空前的全球性关注,也是社会组织以独立的政治力量首次登上国际环境会议舞台。尽管不被允许在全体会议上发言或参与工作组的专门会议,社会组织通过密集发布会议报道、组织并参与非正式讨论和边会 (side event)、组织集会和游行、动员媒体和舆论等活动,影响了谈判会议室内的动向[3]。这次会议也为日后社会组织参与世界环境大会创造了成功案例和固定模式:尽管社会组织在环境谈判中通常没有正式的决策权,但却通过其倡导活动对国家间的环境进程施以正面影响。社会组织可以通过加入政府代表团作为顾问来追求内部战略,也可以作为谈判场所的游说者或活动家来追

---

[1] Doyle, T., McEachern, D. and MacGregor, S., *Environment and Politics*, Routledge, 2015, p. 8.

[2] Doyle, J., *Climate Action and Environmental Activism: The Role of Environmental NGOs and Grassroots Movements in the Global Politics of Climate Change*, Peter Lang, 2009, pp. 103 – 116.

[3] Nilsson, P., "NGO involvement in the UN Conference on the Human Environment in Stockholm 1972. Interrelations Between Intergovernmental Discourse Framing and Activist Influence", *Ekonomiska Institutionen*, 2004.

求外部战略①。相关实践范例包括关于《卡塔赫纳生物安全议定书》②、联合国《关于森林问题的原则声明》③《国际捕鲸管制公园》④《联合国防治荒漠化公约》⑤ 和《京都议定书》⑥ 谈判等。

1992年《联合国气候变化框架公约》签订后,联合国气候大会便成为社会组织进行气候传播、参与全球气候治理的重要场所。社会组织通过观察员身份参与其中,人数上往往超过各国政府、媒体、公众等其他参与主体的代表。其中,主办和组织边会,是社会组织等非国家行为体开展气候传播参与国际气候谈判的重要载体和形式。相关研究指出,边会作为一个信息传播的场所,能为机构能力建设提供重要机遇,从而帮助实现大会更为广泛的官方目标。许多受访者,尤其是来自非洲、77国集团和欠发达国家的参会代表,都认为边会活动对他们的工作有所帮助⑦。

除面向公众的边会活动外,社会组织还通过组织与政府、学界、国际组织和企业之间的非正式对话影响谈判进程。研究发现,由社会组织参与的非正式对话中有60%—75%与当前或未来的气候谈判议题直接相关,如清洁发展机制、减少毁林和森林退化造成的温室

---

① Rietig, K., "Public Pressure Versus Lobbying-How do Environmental NGOs matter most in Climate Negotiations?", *Grantham Research Institute on Climate Change and the Environment Working Paper*, 2011, No. 70.

② Burgiel, S. W., "Non-state Actors and the Cartagena Protocol on Biosafety", *NGO Diplomacy: The Influence of Nongovernmental Organizations in International Environmental Negotiations*, 2008, pp. 67–100.

③ Humphreys, D., "Redefining the Issues: NGO Influence on International Forest Negotiations", *Global Environmental Politics*, 2004, Vol. 4, No. 2, pp. 51–74.

④ Andresen, S. and Skodvin, T., "Non-state Influence in the International Whaling Commission, 1970 to 2006", *NGO diplomacy: The Influence of Nongovernmental Organizations in International Environmental Negotiations*, 2008, pp. 119–148.

⑤ Corell, E., "NGO Influence in the Negotiations of the Desertification Convention", *NGO Diplomacy: The Influence of Nongovernmental Organizations in International Environmental Negotiations*, 2008, pp. 101–118.

⑥ Betsill, M. M., "Environmental NGOs and the Kyoto Protocol negotiations: 1995 to 1997", *NGO diplomacy: The Influence of Nongovernmental Organizations in International Environmental Negotiations*, 2008, pp. 43–66.

⑦ Hjerpe, M. and Linnér, B. O., "Functions of COP Side-events in Climate-change Governance", *Climate Policy*, 2010, Vol. 10, No. 2, pp. 167–180.

气体排放（REDD+），适应、融资、技术转让等。此类非正式对话有效促进了国家代表对于相关问题的认识与了解，进一步促进了大会谈判的成果①。

在联合国气候大会会场之外，两次气候变化大会之间的间隔期，社会组织仍可积极参与气候治理与传播。例如，在国际会议之前，社会组织通过收集到的信息和进行的科学研究识别出新出现的环境问题，并通过向政府表达意见、提出建议，抑或施加压力来促成相应的协议；在会议结束之后，社会组织则可以积极促进或亲自参与环境协议的实施，监督国家的政策与行为是否符合国际协议，并通过气候行动和相关研究积累信息，为下一次会议作准备。

我国环境保护事业最早可以追溯到新中国成立初期，当时主要是由政府发起和主导这方面的工作。但由于受计划经济影响，此时社会组织活动空间不大，作用有限。1988年，民政部成立"社团管理司"，为社会组织的健康有序发展奠定了组织基础。我国环保领域社会组织在这一时期出现并蓬勃发展，1994年3月31日，"自然之友"的成立标志着我国第一个在民政部注册成立的民间环保团体诞生。2004年全国人民代表大会的政府工作报告提出"把不该由政府管的事交给企业、社会组织和中介机构"，这是"社会组织"概念首次进入官方文件。

在三十多年的实践中，社会组织始终自觉与党中央的决策部署同频共振、与国家发展同向发力。2007年，我国在民政部门登记注册的生态环境类社会组织超过5700个。许多社会组织开始关注气候变化领域并开展相关的实质性传播活动。从组织类型来看，我国社会组织可分为境外在华社会组织与本土社会组织两大类。前者开展工作较早且影响相对较大，包括世界自然基金会、绿色和平、美国环保协会、能源基金会（The Energy Foundation）、保护国际（Conservation International）、气候组织（The Climate Group）、美国大自然保护协会（The Nature Conservancy）、乐施会（Oxfam）等知名国际社会组织，他们有

---

① Schroeder, H. and Lovell, H., "The Role of Non-nation-state Actors and Side Events in the International Climate Negotiations", *Climate Policy*, 2012, Vol. 12, No. 1, pp. 23–37.

的在中国设立分支机构或办事处,有的只是开展项目活动。本土社会组织在气候变化领域比较活跃的有全球环境研究所(GEI)、自然之友、地球村、绿家园、公众与环境研究中心、中国民间气候变化行动网络(CCAN)和中国青年应对气候变化行动网络(CYCAN)等。

在2015年联合国气候大会通过的《巴黎协定》,确立了"自下而上"的国家资助贡献机制之后,国际社会组织在气候治理中的参与程度不断深入。我国社会组织逐渐从学习、协助和观察的角色转变为参与者、联络者、助推者和贡献者,许多社会组织被邀请参与到气候变化相关的立法过程中。我国社会组织在气候谈判中的参与日渐深入,并与其国内的公众宣传、实地项目、科学研究等相结合。例如,中国青年应对气候变化行动网络(CYCAN)带领青年代表参加了历次气候变化大会(COP13-COP26),还在会议前后推出引人注目的品牌项目:全国百校大学生节能联合宣传行动、中国青年应对气候变化行动日、"绿由心生"倡导活动、绿色奥运志愿者、青年气候大使、中国青年可持续发展计划、高校低碳节能建设、中美青年可持续发展论坛等,促进了中外青年社会组织在气候变化问题领域的沟通与交流。

随着2020年"双碳"目标的提出,我国在全球气候治理中的影响力不断加强,自身也积累了丰富的科学知识与先进经验,在可再生能源、可持续交通、基于自然解决方案等绿色发展领域已经走到世界前列。另外,我国本土社会组织不仅限于以往单纯的"对内传播",也逐渐开始把中国应对气候变化的经验与研究成功传播到国际舞台。

民政部提供的数据显示,我国社会服务机构占社会组织半数以上,是增加基本公共服务供给总量、维护群众根本利益、实现全体人民共同富裕的重要力量。在环保领域,我国社会组织通过不同形式环保倡导,如主办专题活动、协助媒体报道、建立协调工作组、组织环保活动等,不断增强影响力,成为国家气候治理体系和治理能力现代化伟大实践的重要参与者、构建者、助推者。

纵观我国社会组织的发展历程,党和政府、社会组织自身以及全社会,始终都在大胆尝试,共同探索社会组织发展中面临的一系列问题的最佳答案。伴随着一系列改革举措,社会组织运行更加公开、透明，创新活力得到激发和释放，高质量发展、健康发展、有序发展正在成为现实。

(二) 我国社会组织在气候传播中的概念界定

"社会组织"，有广义与狭义之分。广义上的社会组织，是指政府和企业以外两个以上的人或组织为实现特定目标而建立共同活动的群体，都可被称为社会组织，包括没有登记注册的民间组织、免登记和不登记的群众团体、在编办注册的事业单位、在省级公安部门注册的境外非政府组织等。狭义上的社会组织，仅仅是指在县级以上民政部门登记注册的社会团体、基金会和社会服务机构三类组织。

其中，"社会团体"，是指由自然人、法人和其他组织作为会员自愿组成，为实现会员共同意愿并按照章程开展活动的非营利性社会组织，强调基于一定目的的社会关系的联结，如行业协会、商会、校友会、环保协会等。"基金会"，是指利用自然人、法人或其他组织捐赠财产，以从事公益事业为目的的非营利性社会组织，通过自身运作和资助方式为社会提供财力支持。"社会服务机构"，是指由非国有资产举办，以提供公益服务为核心目标的社会组织，强调最终的结果导向，如民办教育机构、民办卫生院所、社区服务中心等。民政部数据显示，截至2021年2月，各级民政部门共登记社会组织超过90万个，其中全国性社会组织2292个[1]。它们共同构成了社会治理的重要力量。

当前，全球气候治理架构是多层次和碎片化的，其特征是私人和公共权力的混合[2]。尽管全球气候治理仍由国家政府主导，但地方政府、国际组织、私营部门和公民社会等各种利益相关方也广泛参与其中，有效扩大了全球治理网络的影响。2015年联合国气候大会在《联合国气候变化框架公约》基础之上签署的《巴黎协定》，是当前国际

---

[1] 《新版"中国社会组织政务服务平台"上线民政部：全国各级民政部门共登记社会组织已超过90万个》，人民网，http://finance.people.com.cn/n1/2021/0209/c1004-32027119.html，2021年2月9日。

[2] Bäckstrand, K., "Accountability of Networked Climate Governance: The Rise of Transnational Climate Partnerships", *Global Environmental Politics*, 2008, Vol. 8, No. 3, pp. 74-102.

社会应对气候变化的主要正式文本依据。《巴黎协定》中规定，包括社会组织在内的非缔约方利害关系方在与国家缔约方合作参与气候减缓与适应行动中发挥着积极作用①。尽管并没有被赋予法律权威，社会组织同媒体、企业、智库、工会、跨国网络等其他非国家行为体一起，在减缓和适应气候变化方面扮演着重要角色②。

因此，我们认为，所谓"社会组织气候传播"，是指以社会组织为传播主体，借助各种传播形式或协商机制，将气候变化信息及其相关科学知识，为国内外公众所理解和掌握，并通过公众态度和行为的改变，以寻求气候变化问题解决为目标的组织化、专业化的信息传播活动。作为气候变化与气候治理的"助推者"，新时代我国社会组织在气候传播方面可以发挥多方面的功能作用。

二 新时代我国社会组织在气候传播中的职责使命

（一）社会组织在气候传播中的功能作用

政府间气候变化专门委员会（IPCC）第六次评估第一工作组撰写的最新报告《气候变化2021：自然科学基础》显示，世界可能将在未来二十年内达到甚至超过1.5℃的温升水平，这比之前的预计结果提前了近十年。依据该报告提供的数据，在高排放情境下，到2100年全球温度可能上升5.7℃，这无疑将造成灾难性的后果③。在此背景下，合力减排控温是唯一的出路，全球能否在仅存的窗口期内通力合作，加大减排行动力度并提高效率，变得愈加关键。IPCC第六次评估第二工作组于2022年2月28日发布的最新报告《2022年气候变化：影响、适应与脆弱性》，全面检视了气候风险带来的日益加剧的冲击及其潜

---

① Agreement, P., "Paris Agreement", Report of the Conference of the Parties to the United Nations Framework Convention on Climate Change (21st Session, 2015: Paris), December, 2015.

② Kuyper, J. W., Linnér, B. O. and Schroeder, H., "Non – state Actors in Hybrid Global Climate Governance: Justice, Legitimacy, and Effectiveness in a Post – Paris Era", *Wiley Interdisciplinary Reviews: Climate Change*, 2018, Vol. 9, No. 1, p. 497.

③ Working Group I Contribution to the Sixth Assessment Report of the IPCC, *Climate Change 2021 Impacts, Adaptation and Vulnerability*, IPCC, Switzerland, 2021.

在风险，尤其是资源贫乏的国家和边缘社区可能面临的严峻挑战①。联合国秘书长古特雷斯表示，这份报告是"人类苦难图集"，是对气候领导行动不力的严厉控诉。在气候危机日益显著的当下，亟须社会组织发挥助推作用。

进入21世纪以来，越来越多来自社会运动理论、国际关系、国际政治经济学、政治科学和发展研究等领域的学者开始关注环保领域社会组织的发展，社会组织气候传播也成为新的研究方向，而探讨其功能作用是其重要研究内容。

在气候治理中，社会组织往往能利用其自身优势与资源，通过政治影响力或实际行动，致力于解决特定的议题，包括气候灾害应急处置、温室气体排放控制、降低化石能源依赖、应对粮食短缺和营养不良等。

在对内传播与社会动员上，瑞典林雪平大学的研究者将非国家行为体在广泛的气候治理过程中的行动表现与其能力相挂钩，为其设定了影响议程、提出解决方案、提供信息和专业知识、影响决策和决策者、提高认识、实施行动、评估政策和措施的后果、代表公众舆论、代表边缘化的声音等9方面行动的关键维度（也是其所能发挥的作用），行为体可以选择不同的力量来源组合，以达成特定的行动目标。行为体在参与气候治理中的力量来源则包括：象征力量（合法性、引发道德诉求的能力）、认知力量（知识、专业技能）、社会力量（接触网络）、杠杆力量（接触关键主体和决策过程）和物质力量（获得资源和在全球经济中的地位）②。研究发现，针对9方面行动的关键维度，大多数环保社会组织和青年组织在提高气候认知和代表公众意见方面表现突出，这来源于他们的认知和社会力量，因为他们关注的是特定的问题，通常有大量的成员和动员能力；环保社会组织在提高公众意识方面尤为突出，并广泛代表公众意见，这也是其具有强大的象

---

① Working Group II Contribution to the Sixth Assessment Report of the IPCC, *Climate Change 2022 Impacts, Adaptation and Vulnerability*, IPCC, Switzerland, 2022. p. 13.

② Nasiritousi, N., Hjerpe, M. and Linnér, B. O., "The Roles of Non-state Actors in Climate Change Governance: Understanding Agency through Governance Profiles", *International Environmental Agreements: Politics, Law and Economics*, 2016, Vol. 16, No. 1, pp. 109–126.

征和社会力量的标志,因为他们可以利用庞大的成员基础;但相比于商业组织、工会等非社会行为体,环保社会组织的杠杆力量和物质力量较弱,进而在制定议程或影响政策制定者方面的表现有很大提升空间。此外,以认知力量为主要力量来源的学术社会组织可以利用他们特有的气候知识和技能来引入新的想法,并制定创造性的政策解决方案。

在社会组织对外传播与参与全球气候治理方面,塞西莉亚·阿尔宾(Cecilia Albin)教授总结了七项重点作用:1. 问题定义、议程设置和目标设定;2. 原则和规范的执行;3. 信息和专业知识的提供;4. 公共宣传和动员;5. 游说;6. 直接参与国际协议的制定;7. 监督和其他协助遵守[1]。有学者将社会组织影响气候议程和谈判结果基本途径总结为两点——说服与胁迫[2]。社会组织利用其自身的认知力量向政府提供必要的专业信息,同时凭借象征力量被视为气候政治中极度正义与正当的存在[3],因而具有较强的说服(persuasion)能力;此外,社会组织还可以通过威胁或施加意识形态和物质方面的惩罚来迫使(coercion)其他行为体,如在国际谈判和媒体上的"点名"和"胁迫"策略,以及利用选民的政治和经济力量威胁抵制违反其标准的政党代表[4]。此外,还有学者指出,社会组织在公共外交中的独特价值在于社会组织的公信力、专业性和可及性[5]。社会组织往往被认为是可靠、客观的信息来源,具有相关或第一手的信息。再有,社会组织可以通过与具有共同使命和价值观的国际捐助者、当地社区和全球同行的联系,进入各种网络。社会组织具有影响力、说服力,可以

---

[1] Albin, C., "Can NGOs Enhance the Effectiveness of International Negotiation?", *International Negotiation*, 1999, Vol. 4, No. 3, pp. 371–387.

[2] Dodds, F., *NGO Diplomacy: The Influence of Nongovernmental Organizations in International Environmental Negotiations*, MIT Press, 2007.

[3] Scholte, J. A. ed., *Building Global Democracy: Civil Society and Accountable Global Governance*, Cambridge University Press, 2011.

[4] Bloomfield, M. J., "Shame Campaigns and Environmental Justice: Corporate Shaming as Activist Strategy", *Environmental Politics*, 2014, 23 (2), pp. 263–281.

[5] Yang, A. & Taylor, M., "Public Diplomacy in a Networked Society: The Chinese Government-NGO Coalition Network on Acquired Immune Deficiency Syndrome Prevention", *International Communication Gazette*, 2014, 76 (7), pp. 575–593.

接触到其他方式无法接触到的渠道或受众[①]。

上述研究都指向社会组织在气候传播中的功能作用。社会组织气候传播的过程，也是社会组织网络充分发挥其公民自由，为提高民众意识、扩大影响而进行的说服过程。特别是在坚持气候正义与社会民主的背景下，社会组织可以通过发挥杠杆和动员作用，影响关键行动者改变其态度立场，从而对全球可持续发展产生重大影响。

（二）新时代我国社会组织在气候传播中的职责使命

纵观社会组织的发展进程可见，它与国内国际双侧面的整体环境发展有着密切关系，不同的发展阶段，社会组织能够发挥不同的功能作用，承担着不同的职责使命。新时代我国社会组织在影响议程、提出解决方案、提供信息和专业知识、影响决策和决策者、提高认识、实施行动、评估政策和措施的后果、代表公众舆论、代表边缘化声音等9方面行动的关键维度上均有很大的发挥空间。我国气候传播也可以选择不同的力量来源组合，以达成助推生态文明建设和"双碳"目标落地的特定行动目标。

社会组织作为气候传播的一个重要行为主体，在传播气候变化信息及其相关科学知识，增强公众气候和环境意识，改变公众应对气候变化态度及行为，以寻求气候变化问题解决方面可以发挥多方面功能作用，而这也为其履行自身职责使命确定了范畴，提供了条件。

从社会组织的基本职责看，它应该广泛参与国际气候治理，但由于目前一些社会组织还不具备直接参与制定气候规则，或是设置议程及目标的能力，因而只能通过其自身影响力施以间接影响。因此，具体来说，社会组织在参与国际气候治理中需要从三方面承担职责，发挥作用：一是间接参与国家间的气候决策过程；二是参与气候协议的实施；三是监督政府相关的活动和规则是否符合这些国际协议[②]。

---

① Yang, Aimei, Rong Wang, and Jian Wang, "Green Public Diplomacy and Global Governance: The Evolution of the U.S-China Climate Collaboration Network, 2008 – 2014", *Public Relations Review*, 2017, Volume 43, Issue 5, No. 5, pp. 1048 – 1061.

② Tamiotti, L. and Finger, M., "Environmental Organizations: Changing Roles and Functions in Global Politics", *Global Environmental Politics*, 2001, 1 (1), pp. 56 – 76.

在实践中，我国社会组织在提供信息，进行公众宣传和动员，执行原则和规范等方面形成了一定优势，但在问题定义、议程设置和目标设定、直接参与国际协议的制定、监督和协助遵守涉及国际层面合作与博弈的能力方面还明显欠缺。因此，当前我国社会组织需要考虑在气候谈判中如何直接参与国家间的气候决策过程，更好地发挥作为气候传播行为主体的职责。

在国内生态文明建设方面，当前气候变化社会组织主要以与政府合作为主，在合作中既能帮助政府实现治理目标，又能向全社会普及新发展观念。例如，保护国际早在2004年就与国家林业局合作，在四川、云南启动"森林·碳汇·生物多样性试点项目"，将林业碳汇的CDM项目引入中国；世界自然基金会于2008年年初启动"中国低碳城市发展项目"，与地方政府开展合作，确立了上海和保定两个首批试点城市。但截至目前，我国社会组织在政府层面对气候变化领域的政策影响依然还很有限，同时也缺乏正式渠道。相对本土社会组织，一些大型国际社会组织由于其专业化程度较高，往往能与一些国家的政府建立密切联系，能够参与一些层次较高的政策讨论，这一点值得我国气候变化社会组织学习借鉴。

近些年来，我国气候变化社会组织越来越活跃，在策略上注重与政府部门合作，注重将气候变化国际机制与我国节能减排大背景结合。但是，我国社会组织在参与气候变化方面与其他国家相比总体上仍较为薄弱，影响力尚有待进一步提升。作为全球气候治理的重要行为体，也是主要利益相关方之一，推动可持续发展议题的发展与落实是社会组织的天然职责和使命。在习近平生态文明思想统领下，立足生态文明建设和绿色发展这一宏大背景，特别是在我国确立的"双碳"战略目标下，社会组织责任重大、使命艰巨。

由此，新时代我国社会组织需要承担的职责使命，从国际层面看，应积极助推全球碳中和大势，坚定落实《巴黎协定》，推动绿色经济发展，帮助国家争取在全球气候治理的领导力和话语权，同时坚持开展多边合作，努力为解决技术和资金短板问题寻找解决方案。从国内层面看，须紧随国家政策进展，积极参与气候立法，发挥自身专业和资源优势,在"自上而下"政策推行和"自下而上"社会动员之间发挥好桥梁进而纽带作用。

从对社会组织的内在要求看,当前我国社会组织要履行好新时代气候传播的职责使命,须注意把握好以下几点:

1. 不断加强党的建设

中国特色社会主义制度的最大优势是坚持中国共产党的领导。坚持和完善党的领导,是党和国家的根本所在、命脉所在,是全国各族人民的利益所在、幸福所在。因此,始终坚持党的领导,不断加强社会组织党的建设,才能确保社会组织沿着正确方向前进。新征程上,社会组织要更加自觉以习近平新时代中国特色社会主义思想为指导,不断加强党建工作。健全完善党建工作机制,有效实现党的组织和党的工作的全覆盖,将党建工作融入社会组织运行和发展的全过程。

2. 积极发挥服务功能

全面建设社会主义现代化国家,必须充分发挥亿万人民的创造伟力。社会组织在动员社会力量、整合多方资源、提供专业服务,以应对气候变化,促进气候治理方面具有独特优势,因此,在新征程上,我国气候传播需要积极回应人民群众在生态环境与健康安全方面对美好生活的新期待,在服务国家、社会和民众共同应对气候变化,推动节能减排绿色发展、实现碳达峰碳中和战略目标方面发挥更大作用。

3. 努力做好自身建设

社会组织要充分发挥在社会主义现代化建设中的作用,努力做好自身建设是重要前提。为此,需要健全社会组织法人治理结构,推动社会组织成为权责明确、运转协调、制衡有效的法人主体;加强社会组织诚信自律建设,强化社会组织管理服务意识;支持社会组织自我约束、自我管理,在机构、职能、财物、人员、外事等方面持续深化改革,发挥好提供服务、反映诉求、规范行为、促进和谐方面的重要作用。

三 新时代我国社会组织在气候传播中的实践环境

从世界范围内气候传播所面临的整体发展机遇角度看,当前国际层面全球已经达成碳中和共识，全球气候治理进入关键的落实期，绿色经济空间广阔，我国在全球气候治理方面的领导力鲜有竞争者，我国政府已经出台了"1+N"政策和行动体系，"自上而下"强力推动落实"双碳"目标，绿色发展与发展经济协同逐渐形成共识，低碳经济展现出前所未有的潜力。

而从世界范围内气候传播所面临的整体挑战角度看，全球疫情影响深远，地缘政治冲突加剧，逆全球化出现，技术资金短板仍在，在国内层面，我国气候立法节奏迟缓，经济风险加剧，缺少"自下而上"落实"双碳"目标的动力机制。

鉴于上述情况，我国气候传播的实践环境亦喜亦忧，既面临难得机遇，也面临重大挑战。

（一）我国气候传播面临的机遇

1. 我国气候传播国际层面面临的机遇

（1）碳中和理念成为全球共识

为了防止地球因全球变暖而面临重大风险，人类需要减少温室气体的排放，实现温室气体排放量与人类吸收的温室气体二者能够持平，对此国际社会已达成共识。2015年《巴黎协定》（Paris Agreement）设定了在21世纪下半叶实现净零排放（net zero）的全球框架，让各国制定明确的减排目标，逐步提高实现净零碳世界的雄心。越来越多的国家正在将其转化为国家战略，制定无碳未来的愿景。截至2022年9月，有137个国家提出了"零碳"或"碳中和"的气候目标，占据世界总人口的85%，GDP的90%，覆盖了目前碳排放的88%[1]。各国通过政治宣言、政府声明、政策文件、气候法律、提交给联合国或其他国家确定的文件中向国际社会与国内承诺碳中和的战略目标。随着碳中和的理念获得国际社会的认可和支持，全球缔约国家的各级行为体都加入了实现碳中和目标的大潮，为全球气候治理提供了强大动力。

（2）全球气候治理取得关键进展

随着气候变化带来的潜在风险引起广泛关注，全球气候治理的步伐

---

[1] NET ZERO NUMBERS, Retrieved from May 12, 2022, https://zerotracker.net/.

有所加快，同时在气候治理中也取得了部分关键进展。在 2021 年 11 月召开的《联合国气候变化框架公约》第 26 次缔约方大会（COP26）中，尽管因新冠疫情延期一年召开，全球气候治理仍有了新的突破，会议解决了《巴黎协定》第六条的遗留问题，《巴黎协定》正式进入实施阶段，这为全球气候治理注入了新动力，也标志着全球气候治理又上了新台阶。同时，各界注意到生物多样性保护与全球气候治理存在协同效益，第十五次联合国生物多样性公约缔约方会议（UNCBD COP15）第一阶段会议的成功召开也意味着国际社会在全球环境治理方面更加具有雄心，让全球气候治理的前景也更加光明。

（3）大国合作为全球气候治理共同行动注入强心剂

在格拉斯哥气候大会上，我国与美国联合发布联合宣言《中美关于在 21 世纪 20 年代强化气候行动的格拉斯哥联合宣言》（*Joint Glasgow Declaration on Enhancing Climate Action in the 2020s*），宣言指出，世界上最大的两个经济体将在"共同但有区别的责任"的原则与基于各自能力之上，加强应对气候危机的行动。

（4）我国后疫情时代实现经济绿色复苏为全球低碳发展提供新机遇

我国抗击新冠疫情取得成功，并且实现了后疫情时代的经济绿色复苏，为全球低碳发展提供了新的机遇。尽管新冠疫情给世界经济带来很大冲击，但我国坚定地走可持续发展道路，通过环境保护与经济建设的协同，促进全球经济绿色低碳发展。同时，在数字化趋势下，我国主动开发并应用信息技术和大数据技术，协同推进能源转型、交通电气化和经济去碳化进程，合理利用相关公共资源，全面提高应对气候变化的能力，积累了丰富经验，为国际社会在后疫情时代实现经济绿色复苏提供了可资借鉴的经验。

（5）科研新成果为全球气候治理奠定坚实的科学基础

近些年来，科学家在气候变化相关研究中取得了进一步成果，为全球气候治理奠定了坚实的科学基础。IPCC 委员会已发布第六份报告的相关内容，目前为止 IPCC 第一工作组与第二工作组已经相继发布了《气候变化 2021：物理科学基础》《气候变化 2022：影响、适应与脆弱性》，第六次评估报告的其他内容也将相继发布。

2. 我国气候传播国内层面面临的机遇

(1) 政府颁布若干重要气候政策

我国政府确立的碳达峰目标和碳中和目标和愿景，是我国参与全球气候治理的重要里程碑。在2020年第七十五届联合国大会一般性辩论上，我国国家主席习近平向世界庄严承诺：中国二氧化碳排放力争于2030年前达到峰值，努力争取2060年前实现碳中和。随后，《中共中央 国务院关于完整准确全面贯彻新发展理念做好碳达峰碳中和工作的意见》《2030年前碳达峰行动方案》相继发布，为实现"双碳"目标作出顶层设计，明确了碳达峰碳中和工作的时间表、路线图、施工图。此后，能源、工业、城乡建设、交通运输、农业农村等重点领域实施方案，煤炭、石油天然气、钢铁、有色金属、石化化工、建材等重点行业实施方案，科技支撑、财政支持、统计核算、人才培养等支撑保障方案，以及31个省区市碳达峰实施方案均已制定。总体上看，系列文件已构建起目标明确、分工合理、措施有力、衔接有序的碳达峰碳中和"1+N"政策体系，形成各方面共同推进的良好格局，为实现"双碳"目标提供源源不断的工作动能。

(2) 政府推动减缓气候变化与推动高质量经济发展协同增效

按照联合国可持续发展议程（SDGs）的基本原则，一个目标的达成，不应该以牺牲另外的目标为代价。诸多生态环境问题如果割裂应对，花费的成本和带来的浪费将是巨大的。而"协同增效"的应对，将带来经费的高效率使用、高质量转型和可持续发展。随着我国经济发展步入高质量发展阶段，发展绿色低碳经济已成为经济转型升级的重要方向。在疫情后经济绿色复苏的背景下，我国选择顺应绿色低碳发展大势，切实转变经济发展方式，以推动高质量发展为主题，以二氧化碳排放达峰目标与碳中和愿景为牵引，以协同增效为着力点，坚持系统观念，全面加强应对气候变化与生态环境保护相关工作统筹融合，增强应对气候变化整体合力，推进生态环境治理体系和治理能力现代化，推动解决我国面临的复合型生态环境问题与气候变化挑战。

(3) 绿色低碳经济发展具有重大潜力

研究表明，每一次全球工业革命都会开启一轮技术长周期带动的经济增长，持续60—100年。美国著名学者里夫金倡导以风光等新能源、信息技术、生物技术为代表的第三次工业革命理论。我国是世界最大的可再生能源国家，拥有世界最大的新能源汽车产销量、世界最大规模的绿色信贷市场和最大规模的碳市场。我国可以借鉴第一次工业革命和第二次工业革命的能源供给、交通消纳与金融货币协同发展模式（煤＋铁路＋英镑、石油＋汽车＋美元），采用风光新能源＋电动车＋碳市场背景下的人民币国际化的模式，抓住千载难逢的新能源发展机遇，就可以用最低成本、最高效率实现碳达峰碳中和[①]。

（4）全球气候治理领导力真空为我国提供了战略机遇

从国际政治背景看，世界国际秩序正迅速从主导19世纪和20世纪的以西方为中心的秩序，转向后西方、深度多元化的秩序。在全球治理方面，由于长久以来存在的"搭便车"问题，各国都想让其他国家提供更多的公共产品以坐享其成，导致气候领域存在"零和博弈"的决策困境。

在全球气候治理的几个主要领导力量中，美国由于其固有的选举制度，导致其在气候政策和外交行为上存在不稳定与不连贯问题，没有办法稳定地发挥其在全球气候治理上的领导作用。而欧盟受限于其作为发达国家的立场，无法兼顾发展中国家的诉求，对于"共同但有区别的责任"的理念不能真正理解与贯彻，因此在全球南方国家里缺乏话语领导权。

在此背景下，这些日益加深的气候危机为我国提供了一个扮演全球领导者角色的难得机会。作为全球最大的发展中国家，近些年来我国在气候治理方面作出重大贡献，得到了联合国及世界上许多国家的认可，这将有助于提升我国在全球气候变化领域的领导地位，更好地彰显作为负责任大国的使命担当和中国特色社会主义的制度优越性。

---

① 参见梅德文《完善中国碳市场定价机制破解发展和碳中和的两难》，《阅江学刊》2021年第13卷第3期。

(二) 我国气候传播面临的挑战

1. 我国气候传播国际层面面临的挑战

(1) 新冠疫情冲击全球气候治理格局

新冠疫情暴发给全球气候治理带来了强烈冲击，人类实现温室气体减排目标的努力受挫。虽然新冠疫情在短期内使得碳排放量有所下降，但经济衰退带来的环境改善不能长久，只有经济结构转型才是长久之计。2020年原本是国际社会重振全球气候合作信心的关键年份，是实现温室气体较2010年排放水平减少45%目标的收官之年，对21世纪中叶实现零碳排放目标至关重要。但由于新冠疫情的暴发，全球健康与卫生议题成为世界焦点，气候议题因此而被边缘化。原定于11月在英国格拉斯哥举行的第26届联合国气候大会被迫推迟。

受疫情影响，联合国的一系列工作会议被迫取消，各国对气候和环境问题的关注度有所下降，大多数国家难以按时提交国家自主减排计划，谈判进程也被推迟。疫情还触发了各国积累已久的国际矛盾，孤立主义重现，能源低碳转型进程被延缓。如欧洲最大的发电和消费国德国，就推迟了作出推动可再生能源的关键决定；高度依赖煤炭的波兰等东欧国家，以及深感生存压力的汽车行业都要求放宽碳排放限制。此外，油价和碳价的低迷打击了市场对未来节能和可再生能源项目的投资信心，风电、太阳能、蓄电池等清洁能源发展受挫，一些投资计划被暂时搁置，全球实现净零排放目标的道路将更为艰辛[1]。在资源方面，更多的资金流向应对新冠疫情的全球健康应对，全球气候治理面临的技术和资金短缺问题一直难以缓解，甚至在疫情的冲击下进一步恶化。

(2) 国际地缘政治局势加剧恶化，大国竞争加强

当前世界正处于百年未有之大变局之中，国际地缘政治局势很不稳定，战争与暴力冲突事件频发，大国竞争加剧，国家之间的对话与合作变得愈加困难。2022年2月爆发的俄乌战争加剧了世界动荡不安

---

[1] 参见陈迎《2020年全球生态主义新动向及其趋势》，《人民论坛》2020年第36期。

的局势，非洲多国也出现严重动乱局面。以美国为首的北约国家在国际舞台上试图孤立俄罗斯，对俄罗斯进行全面制裁，反映出地缘政治的急剧恶化，这也为全球气候治理和世界能源安全蒙上了阴影。

(3) 国际政治逆全球化趋势带来负面影响

当前，逆全球化趋势呈现加速且不可逆转的态势。在这样的态势下，各国都无法独善其身，经济发展、能源供应、粮食问题等都面临重大挑战。在全球贸易市场方面，原有的全球化给世界人民带来的生产商品效率最大化目前已无法达成，各国不得不开始自给自足，呈现出供应链短链化的态势，国家之间的相互依赖被迫减少。这其中，我国作为货物贸易出口大国受到巨大影响，中国亟须确保自身的经济安全、能源安全和粮食安全。逆全球化给各国官方和民间层面的文化交流也带来诸多负面影响，由此导致了相互交织、不断强化的经济、政治和社会危机，也动摇着全球化所建构的文化传播体制以及不同社会的文化实践。

(4) 全球气候治理缺少资金技术创新方案

在目前的全球气候治理进程中，各国的自主减排意愿是一个难点，影响各国减排意愿的深层次原因在于资金与减排技术的不足。发展中国家曾多次在国际气候谈判中要求发达国家提供资金和技术支持。在2009年哥本哈根气候变化大会上，发达国家集体承诺在2020年之前每年提供至少1000亿美元资金，帮助发展中国家应对气候变化挑战。然而截至目前，发达国家仍迟迟未能履行这一承诺，向发展中国家提供的资金与1000亿美元相去甚远。

在2019年的马德里气候变化大会上，发达国家对有关损失和损害资金的措辞非常警惕，大会决议文件甚至删除了所有与发达国家缔约方金融义务相关的内容，这就模糊了发达国家因其历史排放而应向发展中国家提供充分资金和技术支持的义务。

这些举动，令国际社会倍感失望，对全球气候合作造成严重负面影响。长期以来，资金与技术方案的争议一直阻碍着国际气候谈判的进程。目前全球气候治理依旧缺少资金和技术创新方案，而这个问题的症结还在于发达国家对于承担减排责任的自主意愿。

2. 我国气候传播国内层面面临的挑战

（1）相关气候法律法规尚不完善

近些年来，我国出台了一系列气候治理相关政策，体现了我国政府对于气候变化治理的重视。然而，我国气候治理的特点是在气候变化方面有丰富的政策行动方案，但缺乏具有法律约束力的法规。目前生态环境部与司法部正在积极推动出台《碳排放权交易管理暂行条例》，为全国碳市场的碳排放交易提供法律基础。在2022年的两会上，人大代表张天任提出应制定《应对气候变化法》，彰显我国参与全球气候治理的决心，巩固我国在全球气候治理中的地位。尽管相关法律条例已经在制定过程中，目前相关法律法规的缺乏仍是我国大力推行温室气体减排的一大阻力和挑战。

（2）经济发展风险因素增多，亟须加快低碳发展进程

当前，我国发展的外部环境出现较大变化，面临全球产业格局重构、全球经贸规则重塑、中美两国关系调整、全球新冠疫情大流行等一系列风险因素，中美战略竞争不断加剧，进而重构了世界经济和政治格局，这对我国的经济社会发展产生了深远影响。全球经济下行导致出口受阻，我国经济下行压力持续增大。"十四五"时期是转型应变的基础期和窗口期，在较长一段时间内，需要密切注意全球通货膨胀的发展，积极主动采取措施，避免对我国经济发展造成严重的冲击[①]。尤其是在能源转型方面，我国的低碳经济发展与人民的生活需求面临一系列的生产调整和安全保障问题，这也是国内减缓气候变化、加大减排力度面临的一大难题。

（3）一些企业和公众缺乏"自下而上"的减排动力

减缓气候变化需要减少温室气体排放，而温室气体排放在经济与企业活动中意味着须加大外部性成本。以盈利为主要目的的企业在缺少对气候变化负面影响的科学认知情况下，极有可能会回避这一发展模式。此外，气候变化议题在社会层面的传播依然不足，也造成一些

---

① 参见杨富强、陈怡心《"十四五"推动能源转型实现碳排放达峰》，《阆江学刊》2021年第13卷第4期。

群众对气候变化依然存在认知差距。我国媒体对气候变化的报道增加并不显著，许多公众对于气候变化的认知还不够充分。2022年中国气候传播项目中心开展的第三次全国公众气候认知状况调查报告显示，我国公众对于极端天气事件与气候变化的关系、气候变化对个人的影响等问题仍处在较低认知状况，一些人认为受气候变化影响最大的是动植物和子孙后代，缺少对气候危机紧迫性的认识。

我国社会组织如何充分利用在国际和国内层面所面临的历史机遇，如何有效防范在国际和国内层面面对的重大挑战，进一步认清形势，提高认识，同心同德，踔厉奋发，在新时代新征程上做好气候传播，是目标任务，也是职责使命，需要各相关机构和个人勤于实践，努力工作，用积极行动和出色成绩作出回答。

第二节 我国社会组织气候传播的角色定位

社会组织与政府、媒体、企业、公众、智库一样，都是国家治理体系的有机组成部分，是社会治理的重要行为主体，也是气候传播的行为主体，各自都具有自己的独特优势。社会组织的非政府性、非营利性、公益性与独立性等特征，决定了它在社会治理体系和气候传播中必然占据重要地位，有其独特优势。

社会组织具有提供公共服务、化解社会矛盾，保障社会稳定、扩大社会参与，促进社会主义民主政治等作用，它有利于弥补政府气候治理资源不足的情况，有利于促进环境源头治理，有利于迅速、灵活地回应社会矛盾问题，有利于实现国家气候治理的理性化、专业化。在厘清社会组织的主体职责、明确使命任务的基础上，通过进一步分析其角色定位，可以为分析新时代我国社会组织气候传播的行动策略提供支撑。

一 气候变化全球治理的推动者

所谓"气候变化全球治理的推动者"，是指作为气候行动的积极推动者和坚定践行者，在气候变化全球治理中，积极参与气候变化谈判，广泛开展应对气候变化国际合作，积极推动共建公平合理、合作共赢的全球气候治理体系，以可持续发展理念和传播实践引领全球气候治理新格局。

随着全球气候变化谈判进程不断推进，气候治理格局不断变化，社会组织在全球气候治理中的参与程度不断加深，开展气候传播的影响力也在不断扩大。具体表现包括：第一，在气候治理领域，社会组织在《联合国气候变化框架公约》（以下简称《公约》）、《生物多样性公约》、亚太清洁发展与气候伙伴关系等重要政策框架中发挥了重要作用[1]；第二，各国政府和国际组织已开始将其治理模式从监管转向与社会组织协同治理[2]，以动员非国家承诺[3]；第三，非国家行为体以跨国网络、知识社区、公私伙伴关系（PPP）和多利益相关伙伴关系的形式集中参与了气候治理[4]；第四，社会组织越来越多地以采取认证计划和/或全球标准制定的形式，担当起气候政治的管理者[5]；第五，社会组织更加频繁地参与集会、抗议等公众活动，目的是通过媒体的关注和扰乱"常规政治"来获得影响力[6]；第五，社会组织参加联合国气候大会和闭会期间会议的能力有所提升，尽管进入议程制定、政策制定和决策制定，都需要得到官方认可[7]。

李昕蕾与王彬彬在《国际社会组织与全球气候治理》一文中将社会组织的角色变化划分为三个阶段：1997—2007年社会组织制度性参与萌芽阶段、2008—2014年前社会组织影响力快速提升阶段、2014年

---

[1] Nordhaus, W., "Climate Clubs: Overcoming Free Riding in International Climate Policy", *American Economic Review*, 2015, 105 (4), pp. 1339–1370.

[2] Abbott, K. W., Genschel, P., Snidal, D. and Zangl, B., "Two Logics of Indirect Governance: Delegation and Orchestration", *British Journal of Political Science*, 2016, 46 (4), pp. 719–729.

[3] Chan, S., van Asselt, H., Hale, T., Abbott, K. W., Beisheim, M., Hoffmann, M., Guy, B., Höhne, N., Hsu, A., Pattberg, P. and Pauw, P., "Reinvigorating International Climate Policy: A Comprehensive Framework for Effective Nonstate Action", *Global Policy*, 2015, 6 (4), pp. 466–473.

[4] Bäckstrand, K., "Accountability of Networked Climate Governance: The Rise of Transnational Climate Partnerships", *Global environmental politics*, 2008, 8 (3), pp. 74–102.

[5] Green, J. F., *Rethinking Private Authority: Agents and Entrepreneurs in Global Environmental Governance*, Princeton, NJ: Princeton, 2014, pp. 24–26.

[6] Phipps, C., Vaughan, A. and Milman, O., "Global Climate March 2015: Hundreds of Thousands March Around the World—As It Happened", *The Guardian in Sydney*, 2015.

[7] Schroeder, H. and Lovell, H., "The Role of Non-nation-state Actors and Side Events in the International Climate Negotiations", *Climate Policy*, 2012, 12 (1), pp. 23–37.

后社会组织制度性参与程度不断强化阶段。其参与路径也发生了重要调整：更为灵活地利用政治机会强化上下游参与，以提升政策影响力；通过网络化策略和多元伙伴关系，建设提升结构性权力；注重专业性权威塑造及标准规范中的引领力[①]。

第一阶段（1997—2007年）：治理机制拓展中社会组织制度性参与萌芽阶段。自1997年《京都议定书》签署到2005年生效这一过程中，围绕《联合国气候变化框架公约》的周边治理机制数量猛增，包括小俱乐部型的国家集团、双边倡议、法律制度及相关贸易机制大量涌现。

这一过程分为横向和纵向两个维度。横向而言，气候变化议题不断外溢到其他国际组织，通过议题嵌入方式成为世界贸易组织、世界银行、七国集团及二十国集团等机制平台中所讨论的政治议程，且相关的低碳原则日益融入全球金融市场规则、知识产权与投资规则以及国际贸易体制中。纵向而言，超越联合国框架的地方区域性气候机制不断涌现，在一定程度上补充但冲击了联合国治理框架。特别是《京都议定书》生效后，已于2001年退出议定书的美国为了保持自身在气候变化上的话语权，主导建立了一系列地区层面的气候治理机制挑战京都模式，如2005年建立的亚太清洁发展与气候伙伴关系及2007年出现的主要经济体能源安全与气候变化会议等[②]。这一时期，以联合国为核心的《公约》框架开始注意逐步协调同其他机构之间的关系，比如在2006年的内罗毕气候变化大会上，正式宣布所有的政府间组织（International Intergovernmental Organization，IGO）和国际社会组织今后可以注册为气候变化大会的观察员，以旁听和列席会议。

第二阶段（2008—2014年）是治理行为体多元化背景下社会组织影响力快速提升阶段。自2008年国际金融危机以来，由于各国之间的权力变迁和利益计算，国家层面的气候谈判进展变得更加缓慢，这为以社会组织为代表的非国家行为体发挥积极作用提供了历史机遇。2009年哥本哈根会议因为其在全球气候治理进程中的关键作用，吸引

---

① 参见李昕蕾、王彬彬《国际非政府组织与全球气候治理》，《国际展望》2018年第5期。
② 参见李慧明《全球气候治理制度碎片化时代的国际领导及中国的战略选择》，《当代亚太》2015年第4期。

了许多非国家和次国家行为体的参加。此后,包括社会组织、企业、投资者、城市、民间社会组织等在气候治理中的作用日益提升。此后的历届气候大会,都会有众多社会组织全程参与并积极活动,其视域范围、利益诉求、政策建议都以一种前所未有的方式框定政策议程并影响气候谈判进程。

在这一阶段,气候谈判缔约方会议中注册参与的社会组织数量急剧增加,如在2008年COP14时该数目只有1000多,但2009年的哥本哈根会议(COP15)上有近1400个社会组织和政府间组织拥有了观察员地位,且社会组织的数量占九成,仅用一年时间就增加了三分之一以上[1]。在大多数气候大会上,社会组织观察员的数量都远远超过了缔约方国家的数量[2]。同时许多国家代表团也接纳社会组织、城市或商业代表加入他们的代表团,使总数进一步增加。取得观察员身份参与国际气候谈判以及在主会场外组织各种边会活动都为社会组织的参与提供了很多非正式的政治空间。值得注意的是,哥本哈根会议上各国的多边政府谈判未能达成实质性协议,而由非国家和次国家行为体所举办的各类边会却取得了重要进展,如很多城市的温室减排目标甚至高于国家目标。这标志着全球气候治理模式一定程度上发生了重心转变,从一个国家主导的政府多边合作过程演进为更加多样化、多层次、多中心的治理格局。该阶段社会组织已经开始与各类非国家行为体积极互动,推进多层多元的气候治理格局的构建,尽管尚缺乏使其充分发挥作用的稳定的互动包容机制。

第三阶段(2014年至今)是机制互动中社会组织制度性参与程度不断强化阶段。随着气候议题的全球性扩散,气候治理机制已经从一种单中心机制演进为多元弱中心的气候治理机制复合体[3]。它主要包

---

[1] Nasiritousi, N., "Shapers, Brokers and Doers: The Dynamic Roles of Non-state Actors in Global Climate Change Governance", *Linköping University Electronic Press*, 2015, Vol. 667.

[2] Schroeder, H. and Lovell, H., "The Role of Non-nation-state Actors and Side Events in the International Climate Negotiations", *Climate Policy*, 2012, 12 (1), pp. 23–37.

[3] Jordan, A. J., Huitema, D., Hildén, M., Van Asselt, H., Rayner, T. J., Schoenefeld, J. J., Tosun, J., Forster, J. and Boasson, E. L., "Emergence of Polycentric Climate Governance and Its Future Prospects", *Nature Climate Change*, 2015, 5 (11), pp. 977–982.

括两个部分，一是《联合国气候变化框架公约》下的政府间治理及其相关外延机构；二是各类非国家和次国家行为体之间融合加剧，呈现出各种跨国性的合作倡议网络及低碳治理组织，如不断涌现出的"跨国低碳政策网络""跨国气候治理倡议网络""气候合作伙伴关系""气候治理实验网络"等[1]。自2014年利马会议（COP20）以来，越来越多的学者开始提出这两个领域可以相互强化，即公共和/或私营部门行为体采取联合行动，从而形成更具韧性的治理网络，弥补国家间温室气体减排目标同最终实现2℃目标之间的"排放差距"[2]。

利马会议推动了《利马巴黎行动议程》（LPAA）的达成，支持由次国家和非国家行为体所进行的个体或者集体性气候行动；公约秘书处同时建立了非国家行为体气候行动区域（NAZCA）平台，其中包含了由INGO、城市、地区、企业、投资者和民间组织等所组成的77个跨国合作机制，总共提出了一万多项气候变化承诺[3]。这标志着以INGO为代表的非国家行为体开始拥有更多的制度性参与空间和互动路径参与到联合国主导的核心框架中。

可以说，这一发展趋势基本符合马加利·德尔马斯（Magali Delmas）和奥兰·扬（Oran R. Young）所建构的全球环境治理中较为理想的机制互动方式，即公共部门（包括国家和次国家层面的政府权威）同私营部门和市民社会的制度性互动不断增强，从而在塑造公私合作、公共—社会合作、社会—私人合作三类合作伙伴关系的同时，推进了包容性公共—私人—社会合作伙伴关系的形成。其中的治理关键便是公共部门的互动开放程度以及制度化参与渠道的设立[4]。

2015年签署的《巴黎协定》是人类历史上规模最大的协定之一。

---

[1] Hoffmann, M. J., *Climate Governance at the Crossroads: Experimenting with a Global Response after Kyoto*, Oxford University Press, 2011.

[2] Chan, S., Brandi, C. and Bauer, "Aligning Transnational Climate Action with International Climate Governance: The Road from Paris", *Review of European, Comparative & International Environmental Law*, 2016, 25 (2), pp. 238–247.

[3] LPAA, "Lima-Paris Action Agenda: Joint Declaration", 2014.

[4] Delmas, M. A. and Young, O. R. eds., *Governance for the Environment: New Perspectives*, Cambridge University Press, 2009, p. 9.

该协定明确支持气候行动中的"非缔约方利害关系方"(Non Party Stakeholder, NPS)的积极参与,并为其能力提升和政治参与提供制度性保障,同时,《巴黎协定》明确提出"自下而上"提交国家自主贡献目标的新模式,"自下而上"成为全球气候治理机制的新话语框架。2016年的马拉喀什会议作为《巴黎协定》生效后的首次缔约方大会,为了全面动员更多利益相关者的广泛参与以加强2020年前减排行动力度,会议建立了马拉喀什全球气候行动伙伴关系(MPGCA),旨在使国家和非国家部门联手促进《巴黎协定》的后期落实。2017年的波恩气候大会着重就2018年开始的"促进性对话机制"(又称"塔拉诺阿对话")进行讨论,以提倡包容、鼓励参与、保证透明为原则,使包括社会组织在内的对话参与方可以增进互信并共同寻求解决问题的办法。对话的政治进程侧重评估现有的集体努力和长期目标的差距,并探索如何通过充分发动国家、社会和市场的多方力量来强化气候行动弥补差距。

我国社会组织对气候公共外交的参与,不仅体现在国际气候谈判或多边气候会议的会场上,而且体现在推动环境、能源等议题的国际气候合作中,特别是南南气候合作中。如全球环境研究所,已走出国门,走向世界,其项目分布在东南亚和南亚地区,涉及生物多样性保护、能源与气候变化、投资贸易与环境及能力建设等领,展现了我国民间环保意愿和环保行动,丰富了国际社会对中国气候治理现实情况的认识,促进了联合国、国际社会组织和公益机构对中国国情的了解和对中国气候变化内政外交的善意理解[①]。

总之,体现"自下而上"治理核心规范的"巴黎模式"为《公约》框架之外的NPS提供了更多规范融合和机制互动的契机,很大程度上提升了社会组织正式参与气候治理渠道的制度化程度。《巴黎协定》普遍被认为是社会组织等非国家行为体参与气候治理的一个分水岭:随着全球气候治理由"自上而下"向"自下而上"转变,非政府行为体参与气候治理的渠道不断拓展,社会组织参与气候传播的影响

---

① 参见张丽君《气候变化领域中的中国非政府组织》,《公共外交季刊》2016年第1期。

力也得以显著提升①。

二 气候变化社会行动的动员者

所谓"气候变化社会行动的动员者",是指作为气候行动的推广者和示范者,在国家气候治理中,组织社会力量,发动公众广泛参与,把国家战略转化成社会行动,集中力量办大事、办难事、办急事,在汇民心、聚民力方面持续发挥保障作用。

相对于企业和政府而言,社会组织有一个重要的社会功能就是动员社会行动。它集中表现在两个方面:一方面,通过各种慈善性、公益性的募款活动筹集善款和吸纳各种社会捐赠,从而开发社会的慈善捐赠资源;另一方面,发动来自社会各个方面的志愿者参与到各种慈善公益活动或互助共益活动中,从而发掘社会的志愿服务资源。

社会组织的行动动员功能体现了社会对于社会组织的信任、认可与支持,其背后则是人们基于利他主义的公益或共益精神所采取的一种志愿行动。这种动员不同于生产者和消费者之间的交换关系,而是建立在社会成员对社会组织所倡导的公益或共益理念的社会认同基础上的一种"信托"关系,是一种基于信任、志愿和公益的资源支持与委托代理关系,在一定意义上可理解为区别于国家税收和市场交换的另一种资源配置机制。

在社会动员方面,全球气候治理在2007—2013年期间经历了从科学框架到正义框架的转变,研究认为,气候正义框架可以成为社会组织进行社会资源动员的一个重要工具。通过采用气候正义问题框架,社会组织能够吸引更多关注损失和损害问题,并在公民社会和国家伙伴之间建立更广泛的联盟。社会组织能够在气候正义框架内加强其本身的动员和资源。气候正义框架是在《联合国气候变化框架公约》成立十多年后出现的,当时气候变化主要被视为一个科

---

① Kuyper, J., Linnér, B-O. & Schroeder, H., "Non-state Actors in Hybrid Global Climate Governance: Justice, Legitimacy, and Effectiveness in a Post-Paris Era", *Wiley Interdisciplinary Reviews: Climate Change*, 2018, 9 (1), e497.

学问题①。在哥本哈根,这一框架导致使用气候正义框架的组织与那些推进基于科学框架的组织[包括主要的社会组织联盟,气候行动网络(CAN)]之间出现紧张关系②。哥本哈根会议后,气候正义框架的使用在气候社会组织中变得越来越广泛,与该问题领域的现有话语相抗衡③。这种框架上的转变让利用气候正义框架来倡导损失和损害的组织越来越多,倡导这一主题的组织也越来越多样化,包括重要的环境组织、气候正义组织、青年组织、发展组织和信仰组织。随着气候正义框架变得越来越广泛,它也成为更具争议的讨论领域。但正如许多社会组织所阐明的那样,气候正义框架提高了这个问题的道德或伦理层面,使人们注意到两个相关因素:一是它强调了谁受气候变化影响以及谁必须承担成本有关的分配问题。在此基础上,司法框架往往激发对结果公平性的关注或要求补偿。二是它强调了那些采用公正框架的人所坚持的程序公正理念的重要性,呼吁注意在正式谈判过程中没有代表或没有听到的声音。

三 气候变化社会服务的提供者

所谓"气候变化社会服务的提供者",是指作为应对气候变化社会公共利益和民生福祉的维护者,坚持以"全心全意为人民服务"为宗旨,始终弘扬自愿、无偿的奉献精神,始终面向社会,为人民群众办实事,持续开展服务活动和公益活动,体现社会组织公益性特征。

社会组织提供的公益服务遍及社会各个方面,公益慈善、救灾救济、扶贫济困、环境保护、公共卫生、文化教育、科学研究、科技推广、农村和城市社会发展以及社区建设等众多领域,这些都是社会组织开展公益服务较为集中的领域。社会组织提供社会服务的功能主要

---

① Gupta, J., *The History of Global Climate Governance*, New York, NY: Cambridge University Press, 2014, p. 26.
② Fisher, D. R., "COP-15 in Copenhagen: How the Merging of Movements Left Civil Society Out in the Cold", *Global Environmental Politics*, 2010, 10 (2), pp. 11–17.
③ Bäckstrand, K. and Loövbrand, E., "The road to Paris: Contending Climate Governance Discourses in the Post-Copenhagen era", *Journal of Environmental Policy & Planning*, 2016, pp. 1–19.

有三个方面：

首先，社会组织将其动员的社会资源，按照组织的公益宗旨和理念并遵循其对社会所作的承诺，用于开展各种形式的公益性社会服务。其次，社会组织应对各种社会问题，通过提供服务拓展公共空间，维护并增进社会公共利益。最后，社会组织通过接受政府委托或参与政府采购，加入政府公共服务体系，拓展公共服务的空间并提高其效率。

随着气候变化议题在全球范围的流行，国内的社会组织逐渐开始了在气候变化、环境保护和社会发展领域的探索。2007年3月，自然之友、北京地球村、绿家园志愿者、公众环境研究中心等民间组织通过举办研讨会和专家沙龙、参与节能减排项目、出版相关科普读物、进行气候变化民意调查等方式开展气候传播活动。

2009年后，我国本土社会组织的社会服务作用逐渐得到政府和媒体的认可。这一时期，国内公众气候意识仍较为薄弱，社会组织的气候传播目标侧重让更多人认识、了解气候变化，通过将国际极端天气事件、联合国气候大会谈判进展、国内外气候研究结果数据、气候相关的政策法规颁布等信息进行分析解读，与媒体形成配合，向公众传播气候信息、增强低碳意识、学习低碳知识、践行低碳生活方式。在这一阶段，由于我国还未形成自己的气候治理体系，低碳发展的知识与经验相对不足，一些社会组织致力于将国际上先进的知识和经验"引进来"，通过介绍欧美国家先进低碳技术与环境友好项目，在国内开展教育活动，推动国内气候行动的发展。

如今，在碳中和愿景下，随着新媒体的发展、新技术的应用，社会组织的影响力进一步扩大，得以开展影响范围更广、可推广性更强、更有效促进碳中和的公众项目。例如，"绿普惠"通过数字化技术，促进公众参与实现碳中和目标："绿普惠"借助区块链技术开发的"绿普惠云"能够量化公众绿色行为，为个人、企业和政府建立"碳减排数字账本"；绿普惠联合北京环境交易所发布"绿色出行普惠平台"旨在鼓励公民绿色出行，促进交通运输部门碳中和；绿普惠发起的"一吨碳"行动公益倡议，要求到2023年前带动百万车主参与绿色出行，减排100万吨二氧化碳。

此外，在碳中和技术领域，社会组织同政府智库、科研院所、行业协会、基金会等单位建立合作网络，合作开展碳中和研究、组织社会调查、提出政策建议，积极探索"双碳"目标实现的可能性。2020年10月，世界资源研究所（WRI）在能源基金会（EF China）的资助下发布了《抽水蓄能促进中国风光发电电能消纳研究》，探索西北地区、内蒙古自治区利用抽水蓄能技术提高风光电能消纳能力的机遇与挑战，帮助实现碳中和要求下2060年前中国可再生能源占比达70%以上的目标[1]；2021年4月，自然资源保护协会（NRDC）在气候工作基金会（ClimateWorks）与能源基金会（EF China）的支持和资助下，发布《政府与企业促进个人低碳消费的案例研究》报告，梳理中国地方政府主导发起与企业自发开展的两类个人低碳消费案例，通过分析两类项目的优劣，对未来建设低碳消费环境、推动个人践行低碳消费提出建议[2]；2021年12月，NRDC同生态环境部环境规划院合作，提出了"双碳"目标约束下电力、钢铁、水泥和煤化工四大重点耗煤行业的控煤降碳目标及不同阶段的路线图[3]。

四 气候变化社会治理的参与者

所谓"气候变化社会治理的参与者"，是指作为国家气候治理的协同者和参与者，在党委领导、政府负责、民主协商、社会协同、公众参与、法治保障、科技支撑的社会治理体系中，以共建共治共享拓展社会发展新局面，有效推动政府决策的科学化，广泛联系社会基层，在传递行业领域意见、反映百姓诉求等方面，发挥桥梁和纽带的作用。

所谓"社会治理"，就是特定的治理主体对社会实施管理。具体来说，社会治理是指在执政党领导下，由政府组织主导，吸纳社会组织等多方面治理主体参与，对社会公共事务进行的治理活动。社会治

---

[1] 世界资源研究所：《抽水蓄能促进中国风光发电电能消纳研究》，2021年。
[2] 自然资源保护协会：《政府与企业促进个人低碳消费的案例研究》，2021年。
[3] 自然资源保护协会：《碳达峰碳中和目标约束下重点行业的煤炭消费总量控制路线图研究》，2021年。

理呈现三种基本状态,即政府对于社会的治理、政府与社会组织和公民的合作共同治理以及社会自治。

在社会治理体系中,社会组织可以弥补"政府失灵"、纠正"市场失灵",在政府力不从心、市场又不愿做的公共服务领域发挥拾遗补阙的重要作用,承担社会治理功能,推动公众参与、实现社会价值;促进社会互动,化解社会矛盾;保障自由结社,推动社会民主。

社会组织在积极推动社会协调并参与社会治理方面,有三个突出特点:一是作为公民自发的组织形式,社会组织是表达民意、传达民情、实现民权、维护民生的最为直接的一种制度安排;二是社会组织以志愿参与、利他互助、慈善公益等理念实现人际沟通,在人与人、人与社会、人与自然之间搭建理解、对话、互动的桥梁;三是社会组织通过有组织的社会动员和社会参与,能帮助其成员实现人生的社会价值或更广泛的公益价值。

当前我国已经全面建成小康社会,开启全面建设社会主义现代化国家新征程。在新发展理念中,绿色发展是永续发展的必要条件和人民对美好生活追求的重要体现,也是应对气候变化的重要遵循。"以人民为中心"是中国应对气候变化新理念。应对气候变化不仅是增强人民群众生态环境获得感的迫切需要,而且可以提供更高质量、更有效率、更加公平、更可持续、更为安全的发展空间,使发展成果更多、更公平地惠及全体人民。应对气候变化要坚持以人为本,坚持人民至上、生命至上,充分考虑人民对美好生活的向往、对优良环境的期待、对子孙后代的责任,探索保护环境和发展经济、创造就业、消除贫困的协同增效,在发展中保障和改善民生,在绿色转型过程中努力实现社会公平正义,增加人民获得感、幸福感、安全感。

环境社会治理作为环境治理和社会治理的有机结合体,是两大领域的交叉重叠部分,有环境治理的成分在内,也有社会治理的成分在内,一个是环境治理体系中有关社会要素的总和,另一个是社会治理体系中有关环境要素的总和。2008年以来,许多环保社会组织积极参与社会治理,包括世界自然基金会、气候与能源解决方案中心、自然之友、世界资源研究所、地球之友、人权观察、佛教心香林纪念学院等，表现尤为突出，我国气候治理网络的驱动力逐渐由政府单向驱动向企业与社会组织驱动转变[1]。

五 气候变化公共政策的倡导者

所谓"气候变化公共政策的倡导者"，是指作为应对气候变化的公共政策活动家，通过采取符合公共利益与特点的政策倡导策略和方法，介入国家政策的酝酿、决策、执行和反馈的某一阶段或过程，协调政府的决策行动，反映人民群众的真实需求，在公民、社会与国家之间架起沟通和互动的桥梁，促成社会体系的变迁。

社会组织在立法和公共政策的倡导方面也发挥着积极的影响。这主要体现在三方面：一是作为推动社会公益事业的主体，社会组织积极参与相关立法和公共政策的制定过程；二是作为特定群体特别是弱势群体的代言人，社会组织表达他们的利益诉求和政策主张，努力在立法和公共政策过程中谋求实现更广泛的社会公正；三是社会组织通过媒体和社会舆论关注相关立法和公共政策的实施过程及其效果，倡导和影响政策结果的公益性和普惠性。另外，还有一些社会组织以公众参与的形式直接介入政策实施过程，成为政策的监督者甚至执行者，积极影响公共政策。

数据表明，社会组织已成为国家在气候治理领域的重要合作伙伴[2]。在解决特定的环境问题的过程中，社会组织的公益活动有效促进了国家社会可持续发展。面向公众，社会组织擅长通过构建环境话语来传播新兴环保议题，并组织社会运动来加强公众认知[3]；面向政府，社会组织通过教育利益相关者以获得支持和扩大影响，加强民

---

[1] Yang, Aimei, Rong Wang, and Jian Wang, "Green Public Diplomacy and Global Governance: The Evolution of the U. S-China Climate Collaboration Network, 2008 – 2014", *Public Relations Review*, 2017, Vol. 43, No. 5, pp. 1048 – 1061.

[2] Gough, C., and Shackley, S., "The Respectable Politics of Climate Change: The Epistemic Communities and NGOs", *International Affairs*, 2001, 77 (2), pp. 329 – 346.

[3] Brulle, R. J., "Environmental Discourse and Social Movement Organizations: A Historical and Rhetorical Perspective on the Development of US Environmental Organizations", *Sociological Inquiry*, 1996, 66 (1), pp. 58 – 83.

间社会与决策者之间的对话以影响政府政策,在规划和实施社会行动倡议方面发挥重要作用①。在这一过程中,新媒体技术的发展赋予了社会组织全新的气候传播策略,随着社交媒体和移动网络的普及,气候信息的潜在受众显著扩大,社会组织承担公众教育的能力不断提高②。

美国得克萨斯大学的研究者米切尔(Mitchel)提出,教育公众,采取直接行动,参与选举活动、游说和环境政策监督,在这三种战略的基础上,增加了气候变化社会组织通过获取外部支持和促进利益相关方沟通对话,以促进社会变革的能力③。德国汉堡大学传播学教授迈克·谢弗强调互联网和社交媒体对于气候传播的影响,并认为在线上气候传播领域,社会组织是最积极的倡导者,而学术机构、政治家、企业的作用则十分有限④。这是因为相对其他利益相关方,社会组织往往缺乏资源和社会影响力,因此更依赖动员公众,而相对廉价和高效的线上传播是解决这一问题的理想方式,可以帮助社会组织迅速接触到潜在的大量受众,传播他们的气候观点。谢弗(Schafer)教授将社会组织参与线上气候传播的功能概括为提供信息、吸引媒体关注、加强外部支持和动员行动。

根据《2019 年全球社会组织技术报告》,北美 97% 的社会组织拥有自己的网站,85% 的人可以接受在线捐赠,82% 的人使用电子邮件与他们的支持者和捐赠者沟通⑤,95% 的人有 Facebook 账号,56% 的人使用 Instagram,64% 的人使用 Twitter。新媒体技术已经成为社会组

---

① Al Mubarak, R. & Alam, T., "The Role of NGOs in tackling environmental issues", Middle East Institute, 2012, https://www.mei.edu/publications/role-ngos-tackling-environmental-issues.

② Y Díaz-Pont, J., Maeseele, P., Sjölander, A. E., Mishra, M. and Foxwell-Norton, K. eds., *The Local and the Digital in Environmental Communication*, Springer Nature, 2020, p. 98.

③ Yang, K. C. and Kang, Y., "Resource Mobilization Strategies for Social Changes Among Climate Change ENGOs in the United States: A Text Mining Study", *Global Perspectives on NGO Communication for Social Change*, 2021, pp. 29–48.

④ Schöfer, Mike S., "'Hacktivism'? Online-Medien und Social Media als Instrumente der Klimakommunikation Zivilgesellschaftlicher Akteure", *Forschungsjournal Soziale Bewegungen*, 2012, Vol. 25, No. 2, pp. 70–79.

⑤ Nonprofit Tech for Good, Global NGO technology report 2019, 2019, https://assets-global.website-files.com/5d6eb414117b673d211598f2/5de82e1550d3804ce13ddc75_2019-Tech-Report-English.pdf.

织资源动员战略的一个重要工具，在教育公众和游说支持气候变化政策方面建立自己的组织能力，以实施社会变化项目。信息通信技术，如电子邮件、网络、社交媒体和移动技术，已经成为社会组织技术动员的重要组成部分，是其能力建设战略实现的帮手。

但与此同时，当前的全球气候传播中，社会组织仍存在沟通不紧密、话语权分配不均等问题。美国堪萨斯大学新闻与大众传媒学院教授洪婷武借助大数据研究全球气候变化社会组织在推特（Twitter）上的联系与互动关系，发现发达国家/发展中国家的划分也体现在社会组织网络话语权的差距上：来自欧洲、北美洲和大洋洲的社会组织在推特上长期扮演着意见领袖的角色，主导着关于气候变化的对话，而亚洲、非洲和南美洲的声音却很少被听到[1]。

第三节 新时代我国社会组织气候传播的话语建构

我国社会组织在国内面向最广泛的公众，在国际上既有社会组织本身性质决定的公信力，又有政府、媒体、社会组织、企业、公众和智库等不同气候传播行为主体的角色定位及各自优势，所针对的受众人群，所拥有的传播手段、传播渠道和所擅长的传播方法，因此，可以有针对性地进行气候传播话语体系建构。

一 新时代我国社会组织气候传播话语建构的意义

"话语"本身不仅仅是作为书面文本存在的语言工具，在福柯的观点下，"话语"还包含了口头文本，以及建筑、社会组织的行为等[2]。这意味着"话语"始终与社会制度和社会实践相联系，不是一

---

[1] Vu, H. T., Do, H. V., Seo, H. and Liu, Y., "Who Leads the Conversation on Climate Change? A Study of a Global Network of NGOs on Twitter", *Environmental Communication*, 2020, 14 (4), pp. 450–464.

[2] 参见陈卫星《传播的观念》，人民出版社2004年版。

种仅仅满足相互交流的工具，而是与社会实践相互作用具有复杂关系的"在者"。当"话语"在其相互交流信息的工具性之外具有了作用于社会实践的功能，也就具有了建构的能力。《话语与社会变迁》一书中费尔克拉夫对话语的建构功能进行了分类，将话语建构的三种效果与话语建构的三种功能一一对应[①]：

一是"身份功能"，这一功能是在话语中确立社会身份的关键。在社会生活中的具体反应是话语帮助建构出了不同对象的称呼，如"社会身份"，社会"主体地位"，以及各种类型的"自我"；二是"关系功能"，这一功能涉及如何在话语参与者之间制定、协商社会关系，从而帮助建构人与人之间的社会关系；三是"观念功能"，这一功能决定了文本如何描述、说明世界，进一步的话语可以帮助建设知识和信仰体系。

正如福柯指出的，"话语"的结构有一套固有的规则，这套规则将决定人认识行为的形式和内容，它适用于多种形式、超越文化，在深层次上影响着社会。这一套固定的规则决定了社会中的知识、权力和伦理，与社会中被谈论、记录的内容，由谁来谈论、记录，以及哪一些内容需要被认真看待息息相关。因此，话语建构通过对社会生活中的身份、关系和观念的塑造，从规则上为整个社会设定了以何种方式，甚至是何种价值取向去谈论当前的社会事务，这引出了话语建构在更深层次上的功能——"赋予权力"。

话语建构"赋予权力"的功能建立在上述身份功能、关系功能和观念功能之上，与社会实践更加贴合，描述的是"话语"同"权力"之间的关系。首先，话语能够作为情景性权力的载体存在，此时话语在人与人之间分配权力，可以起到塑造社会关系的功能；其次，话语能够成为结构性权力的载体，此时话语将成为习惯、惯例和制度，作为结构性的力量影响社会实践；最后，话语能够通过对意义进行建构，生产真理，从而为权力的根基进行辩护。

---

① 王炫容：《从话语分析视角看电视"两会"报道中的话语建构》，硕士学位论文，南京大学，2014年。

话语的"工具性"不被强调，取而代之的是话语的"功能性"。话语建构的意义所在是塑造人、塑造人与人之间的关系和建立社会实践的理论基础，简而言之，话语建构将建构"社会身份"，确立"社会关系"，创造"知识系统和信仰系统"①。

话语建构的对象十分广泛，包含作为实证科学研究对象的"外部实在"，即自然世界等；作为人类进行理解和诠释对象的人类意识或无意识；作为社会科学研究与批判对象的社会分类以及其相互关系，如权力关系与支配关系。进一步阐释，话语建构的产物涵盖了认识客体（社会事实）、认识主体（人类自身）和认识结果（知识）。"没有话语，就没有社会现实；不理解话语，就不能理解我们所拥有的现实、经验和我们自己"。因此可以说，话语建构的意义就在于建构出这一套认识的客体、主体和结果②。

对于我国社会组织的话语建构而言，其意义与我国社会组织作为国际气候谈判的推进者和监督者、作为绿色外交的推动者，以及作为民间减缓与适应行动的动员者的身份息息相关。话语建构通过其功能有效服务了我国社会组织发挥上述身份作用的过程。

（一）话语建构能够帮助我国社会组织建立中国社会积极应对气候变化的形象

话语建构的"身份功能"推动了社会主体对于自我和其他社会主体的认知，进而构建出了社会的认识主体。从"赋予权力"的角度讲，话语建构通过其身份功能为社会对一个认识主体持何种观点施加影响，这与我国社会组织向国际社会展示民间应对气候变化的意愿，让国际社会客观和全面了解本土社会所做工作的目标十分契合。对于我国社会组织而言，从在联合国气候大会中以学习、协助和观察为主，了解大会的相关知识、参与相关伙伴关系对话会和边会活动，到逐渐在会场上与世界各国社会组织、专家、政府代表团和媒体等对话交流，向国际社会展示中国民间的力量和中国社会的贡献，这一努力逐渐得

---

① 参见庄琴芳《福柯后现代话语观与中国话语建构》，《外语学刊》2007年第5期。
② 参见张海柱《公共政策的话语建构：政策过程的后实证主义理论解释》，《公共管理与政策评论》2015年第4卷第3期。

到了政府和媒体的认可。在该进程中，我国社会组织进行话语建构一方面对认识主体的建构，向国际社会构建出了中国民间关注应对气候变化的形象，展示了本土社会为应对气候变化作出的努力；另一方面向社会对该认识主体持何种观点施加影响，让国际社会接受一个积极应对气候变化的中国形象。

（二）话语建构可以帮助我国社会组织影响、监督国际气候谈判

话语建构的"关系功能"作为结构性权力的载体，涉及话语参与者之间如何协商、确定关系，此时话语蜕变成为习惯、惯例和制度固定下来影响人与人之间的关系和行事准则。在后哥本哈根气候治理时期，非国家观察员的范围和权力范围都有所扩大，尤其在《巴黎协定》中非国家行为体参与的作用被以条文的形式固定下来形成了新的规范，这与社会组织等非国家行为体在此前长期的话语建构努力密不可分。《巴黎协定》中承认了非国家行为体作为管理者、实现者、专家和监督者的重要作用，未来我国社会组织将继续作为参与、影响全球气候治理进程的重要力量，也拥有监督国际谈判进程公正性，平衡发达国家和发展中国家利益诉求的责任。此时，运用话语建构的"关系功能"将有效帮助我国社会组织继续推动全球气候治理进程，形成兼顾发达国家和发展中国家诉求的新规范。

（三）话语建构可以帮助我国社会组织动员本土应对气候变化行动，促进各个利益相关方的改变

话语建构具有"观念功能"，这是对客观世界的描述，决定了人如何认识客观世界中的事物，如何构筑知识和信仰体系。我国社会组织在国内的重要作用之一是动员我国民间的减缓与适应行动。作为策略的提供者，社会组织不仅有着实现应对气候变化行动的任务，还承担着通过为应对气候变化行动提供知识和建议，以促进政府和个人采取行动的专家角色。未来应对气候变化、实现碳达峰碳中和越来越深入，我国社会组织促进政府和个人行动起来，以科学、有效的策略开展行动的需求将越来越迫切，话语建构的"观念功能"将是我国社会组织建立起相应行动策略知识体系，促进全社会统一认知，科学、有效降碳的有效工具。

二　当前国际社会组织气候传播话语建构的内容

媒体是上世纪国际社会组织气候传播的主要途径，此时受到新闻界关注气候变化相关环境行动的影响，社会组织气候传播话语建构的内容与应对气候变化的解决方案（政策）密切相关，而与气候变化的科学事实和政治取向无关[①]。

由于社会组织的主要工作是为应对气候变化提供解决方案，媒体是社会组织气候传播、话语建构的重要途径，而媒体的报道与政府的动员紧密相连，所以社会组织在进行话语建构过程中与政府的关注点保持一致——认为解决环境问题的出路在于强调其经济意义。

在社会组织气候传播话语构建早期，国际环保社会组织通常是反对政府和工业话语的领导者。在20世纪80年代末期，国际环保社会组织的话语常常与行政理性相联系，如当时任绿色和平组织的科学主任杰里米·莱格特（Jeremy Leggette）便试图采用"生存主义"的提醒来阐明当时存在的霸权主义，"我们的能源政策相当于一个自杀协议"，"气候变化的威胁是我们对资源的奢侈使用造成的"，社会组织对于存在的环境问题及其成因提出了广泛的质疑与抗争，把矛头直指向政府和资本主义。

但是在具体实践中，环保社会组织同样意识到单纯的对抗和争论将起到反作用，会进一步削弱其在气候问题治理中的地位，于是逐渐建立"合作"关系，从商业、科学和政治上寻找伙伴，以促进形成环境问题的解决方案为重点。于是，首先从态度上非政府环保组织开始转变，在保持自身批判、监督政府角色的同时积极促进环境政策的推广和实施。因此，1988年地球之友在《泰晤士报》上发表的文章中既对政府实际的行动和环境政策表示怀疑，也对撒切尔夫人转变对环境

---

① Liu, W., Dunford, M., Gao, B., "A Discursive Construction of the Belt and Road Initiative: From Neo-liberal to Inclusive Globalization", *Journal of Geographical Sciences*, 2018, 28 (9), pp. 1199–1214.

问题的立场表示适度赞扬。此外，在由地球之友、绿色和平和世界自然基金会共同发表文章中，国际环保社会组织对政府在环境问题上的积极态度表示质疑，并提出了30条保护环境的措施。

1989年7月4日，绿色和平在《卫报》上发表了一篇文章，这是社会组织用政府规则和武器以施加政治压力的有力例证。绿色和平在推理过程中运用经济视角进行分析，虽然文章中的建议和结论是从环境保护视角出发的，但是用于证明这一点的论据却同商业和政策制定对于经济效益的关注一致[1]。文章强调"为新的经济愿景提供动力"，避免了冒着在气候治理进程中被边缘化的风险直接挑战商业和政策制定应对气候变化的框架，而采用相同的术语对自身观点进行论证，从而促进应对气候变化解决方案的诞生和推广[2]。

"讲好气候故事"，是社会组织除了开展气候研究、落实社区行动、促进气候政策制定之外的重要任务之一，也是其气候传播的最核心内容和最主要形式。好的气候变化故事更可以帮助人们了解气候变化的紧迫性并积极采取行动，进一步强化气候研究、社区行动和政策制定的效果。然而，人们依旧仍然面临着错误信息、冷漠、气候否认和反应迟缓等障碍。相应地，国际社会组织开始着眼于在知识与情感的双重层面上与受众建立联系，运用技巧构建气候传播的话语。创新的数字媒体技术赋予了气候传播新的可能，社会组织得以充分发挥想象力，构建起气候变化与人类生存、日常生活、科技与文化之间的联系，驱动人们的气候行动。

水援助组织（Water Aid）期望人们关注气候变化所加剧的洪水、干旱、热浪和森林火灾等极端天气灾害，尤其是与清洁、稳定的供水相关的问题。为此，水援助组织开展了题为"见见那些受极端天气影响的人们"的气候专题宣传活动，通过故事集的形式使读者与全球遭

---

[1] Ruiu, M. L., "Representation of Climate Change Consequences in British Newspapers", *European Journal of Communication*, 2021, 36 (5), pp. 478–493.

[2] Asayama, S., Ishii, A., "Selling Stories of Techno-optimism? The Role of Narratives on Discursive Construction of Carbon Capture and Storage in the Japanese Media", *Energy Research & Social Science*, 2017, 31, pp. 50–59.

受全球变暖、干旱和极端天气影响的真实的人产生联系。气候专题以个人的故事开始：来自非洲小国马拉维的贝利塔（Belita）依靠奇尔瓦湖为生。受气候变化影响，奇尔瓦湖通常为25—40年的泛滥与干涸周期被缩短到3—5年，湖水的极端衰退严重阻碍了贝利塔（Belita）一家的划船出行、捕鱼和放牧牲畜，使他们不得不转换生活方式；来自坦桑尼亚的特奥多法·恩津戈（Teodofa Nzingo）和其他农民因为洪水泛滥而失去了工作、居住在孟加拉国的贾米拉（Jamila）被飓风摧毁了村庄的大部分沿河厕所……通过真实人物的照片、话语和视频，水援助组织成功将气候变化与人们的日常生活相联系——饮食、出行、卫生，构建了以"生存"为核心的气候话语。在文章的后半部分，水援助组织转向使用大而醒目的图片、动画和图表，展示了景观如何因干旱或洪水而消失，进一步强调了投资气候减缓与适应行动的紧迫性。

不同于关注现状与过去的数据新闻、调查报告和气候故事，世界自然基金会（WWF）着眼于未来，设计了以"如果我们继续毁坏我们的星球，2048年的奥运会是什么样子？"的气候专题。世界自然基金会利用奥运会这一属于全世界人民的文化参考点，让人们具体感受到了气候变化的影响和不采取气候行动的后果：游泳池被垃圾堵塞、绿茵足球场变为龟裂的土地、田径运动员不得不戴上面罩辅助呼吸、领奖台被洪水淹没……在文章的最后，世界自然基金会邀请读者签署一份给世界领导人的请愿书并开始采取行动。

三　新时代我国社会组织气候传播话语建构的方法

话语建构是一个漫长的过程，与社会结构和社会思潮的变革互为表里[1]。作为一个非自发、自足的现象，话语建构需要掌握一定的方法。而设计并使用一个有效方法的关键是正确掌握四种要素：话语主体（谁来说）、话语客体（对谁说）、话语内容（说什么）和话语平台

---

[1] 参见庄琴芳《福柯后现代话语观与中国话语建构》，《外语学刊》2007年第5期。

(如何说)①。

我国社会组织气候传播话语建构主要服务于我国社会组织作为国际气候谈判推进者和监督者、绿色外交推动者，以及民间减缓与适应行动动员者的身份，话语客体随着上述身份的不同而有区别，需要根据不同情景调整话语建构的策略。当我国社会组织作为国际气候谈判推进者和监督者、绿色外交推动者时，主要话语客体为国际舞台上全球各地的受众，在信息传播过程中，国际化环境中的受众一般而言更容易接受学者的意见，然后是普通民众，最后是政府，因此在推进、监督气候谈判，对外宣传我国社会应对气候变化的行动时，一定要首先注意确保学者和普通民众在话语建构中的参与，如果可以获得学者从学术角度对我国社会组织气候传播话语建构观点的有力佐证和相关解读，得到民众对相关事件的看法和评论，将会更加容易获得受众对于我国社会组织气候传播话语的认可，提升气候传播效果②。

从具体的话语建构内容上讲，话语建构的重要功能是"权力功能"，而当前，在国际舞台上实践气候传播十分重要的一点，是与主流相符合的话语建构更能够获得权力，而与主流产生较大偏差的话语建构则容易被审视与否定，进而难以产生权力的效果。如果要令自身的话语建构产生较大影响力，达到希望的效果，那么从内容上最重要的一点就是对话语建构的客体进行研究，了解清楚客体的话语体系、思维习惯和接受习惯，对症下药才能获得更好的传播效果，做到所说的话、所讲的观点有人听、能够得到承认。但是，在这一过程中通常会存在一个误区，即一味地投其所好、迎合受众的偏好，将主流观点作为自身观点，只强调主流所认同的。如此行动，虽然可以更加讨好话语建构的客体，但是也丢失了最初进行话语建构的目的。话语建构是按照自己方式说话的权利，如果在所有事情上处处迎合，失去了自身进行气候传播的核心观点与内核，是无法真正获得话语权，收到气

---

① Lefsrud, L. M., Meyer, R. E., "Science or Science Fiction? Professionals' Discursive Construction of Climate Change", *Organization Studies*, 2012, 33 (11), pp. 1477 – 1506.
② 参见叶淑兰《中国战略性外交话语建构刍议》，《外交评论》（外交学院学报）2012年第29卷第5期。

候传播话语建构效果的。因此，正确的做法是，分析受众，采用受众能够接受的方法、话语体系和思考逻辑，但在其中传递自身观点和立场，确立自身主体诉求和主体意识后利用对受众的分析，开展服务于自身目标的气候传播话语建构行动。

媒体通常是社会组织进行气候传播话语建构的主要话语平台。众多社会力量都利用媒体传播自身思想、推广自身观点。媒体也在历史上人们对生态问题现象和可能性的认识中起到了促进公众认知形成、推动环境问题构建的作用。也正是因为历史上社会组织和媒体在合作建构环境问题时的成功，二者通常被认为属于天然盟友，但这一论点并不全面。媒体不仅仅在建构受众对现实的理解中发挥着作用，还作为强化或者挑战某一论点的市场存在，在这一市场中所有社会力量都参与进来积极推动自身观点，参与论证或挑战现有论点，而媒体作为具有自身价值观和文化的社会力量之一，也在积极干预这一进程，并在实质上拥有着左右观念形成的巨大影响力。

在"低碳经济"一词首次出现之后，英国媒体便积极参与到了话语建构中，以自身实际行动深刻影响社会进程[①]。2000—2003年，媒体在报道过程中大量引用专业人士和政府官员的观点以增加"低碳经济"话题的关注度，并且通过运用表示方向的动词提升走低碳经济发展道路的迫切性，让公众形成了需要走低碳经济的态度，也为呼吁政府加快出台相关政策提供公众协商平台。此后，英国在能源白皮书中首次将低碳经济作为崭新的经济模式写入政府文件，强调了这一模式可以提供更多就业机会，并通过环境无害、可持续、可靠、具有竞争力的能源市场促进世界各地的经济发展。2009年哥本哈根气候大会后，低碳经济的关注度被媒体推上顶峰，成为"政治承诺"，逐渐被政治化。这一过程充分展示了媒体在客观报道事实的同时，也在以自身的力量影响社会进程，参与社会变革，在话语建构的过程中，媒体掌握着重要力量，影响着每个公民对生活方方面面的认知

---

① 参见钱毓芳《英国主流报刊关于低碳经济的话语建构研究》，《外语与外语教学》2016年第2期。

与感受。

因此,社会组织在和媒体的合作与沟通过程中并不总是作为坚定的盟友存在,而是在相互交流和合作之中,发生着权力的博弈,进一步产生了更加复杂的相互关系。例如,最初社会组织进行气候传播话语建构的时候,就没有将应对气候变化与经济发展停滞等悲观情景联系在一起,以获得保守派媒体的支持。

社会组织在气候传播话语建构的过程中经常作为挑战政治、经济或科学权威的角色,以此推动对于自然、社会和技术的另外一种理解。因此社会组织与媒体的关系好坏可能成为决定其影响力的关键因素。同时媒体与社会组织之间也存在着一种相互依存的互动关系,社会组织在话语建构过程中需要通过媒体的解释、评论等吸引大众,获得关注和传播,而媒体在这个过程中也获得了可以引发关注的素材。但是,从整体而言,媒体依旧在这一互动关系中拥有更大的权力,因为社会组织需要媒体来动员公众,验证社会组织具有影响力的地位,并扩大冲突的范围以促进政治、商业和观念上权力关系的改变[①]。

在传统媒体之外,社交平台等新媒体形式逐渐崭露头角,成为社会组织在气候传播话语建构过程中摆脱与媒体之间权力不平等地位的契机。新媒体形式中传播内容的发表较少受到制约,门槛低、传播范围广,不需要受到传统媒体的价值取向、文化偏好等影响,只要具有良好、吸引人的内容,就可以利用新媒体作为话语建构的平台,实现话语建构的目的。

第四节　新时代我国社会组织在气候传播中的行动策略

新时代我国社会组织的使命和任务,在国际层面是积极助推全球碳中和大势,坚定落实《巴黎协定》,推动绿色经济发展,帮助国家

---

① Gamson, W. and G. Wolfsfeld, "Movements and Media as Interacting Systems", *Annals of the American Academy of Political and Social Science*, 1993, 528, pp. 114–125.

争取全球气候治理的领导力和话语权,坚持多边合作,努力为解决技术和资金短板问题寻找解决方案。在国内层面,是积极参与气候立法,紧跟政策进展,发挥自身专业和资源优势普及碳中和知识,在自上而下推行和自下而上贯彻之间发挥桥梁的作用,为"1+N"政策和行动体系的落地探索可行路径。

纵观社会组织的主体职责可以发现,其与国际、国内双侧面的整体环境发展有着密切关系,不同的发展阶段,社会组织能发挥不同的主体职责。新时代我国社会组织在影响议程、提出解决方案、提供信息和专业知识、影响决策和决策者、提高认识、实施行动、评估政策和措施的后果、代表公众舆论、代表边缘化的声音等9个行动的关键维度上均有很大的发挥空间,也可以选择不同的力量来源组合,以达成助推生态文明建设和"双碳"目标落地的特定行动目标。

我国社会组织在气候传播中拥有的象征力量(合法性、引发道德诉求的能力)、认知力量(知识、专业技能)和社会力量(接触网络)、杠杆力量(接触关键主体和决策过程)和物质力量(获得资源和在全球经济中的地位)[①],均有待提升和进步。在七项重点作用中,我国社会组织在提供信息,进行公众宣传和动员,执行原则和规范形成了一定优势,这方面的作用可以继续发挥,但在问题定义、议程设置和目标设定、直接参与国际协议的制定、监督和其他协助遵守[②]等涉及国际层面的合作与博弈的方面能力欠缺比较明显。在气候变化议题下,社会组织不具备直接参与制定气候公约,或是设置议程和目标的能力,只能通过其自身影响力施以间接影响。我国社会组织在气候谈判中还不能间接参与国家间的气候决策过程,这些都是应该着力提升的内容,以更好地担负起其主体职责。

鉴于上述情况,从社会组织所面对的环境和所担负的职责来看,我

---

① Nasiritousi, N., Hjerpe, M. and Linnér, B. O., "The Roles of Non-state Actors in Climate Change Governance: Understanding Agency Through Governance Profiles", *International Environmental Agreements: Politics, Law and Economics*, 2016, 16 (1), pp. 109–126.

② Albin, C., "Can NGOs Enhance the Effectiveness of International Negotiation?", *International Negotiation*, 1999, 4 (3), pp. 371–387.

国社会组织的气候传播应该采取以下行动策略,以实现预期传播效果。

一　创新思维观念

新的时代背景下的机遇与挑战要求我国社会组织要摆脱思维定式,创新传播观念,在"政府主导、媒体引导、社会组织助推、企业担责、智库献策、公众参与"的"六位一体"行动框架中,有创造性地发挥社会助推和民间聚合作用。

社会组织的思维观念创新,需要建立在丰富且坚实的专业知识基础之上。目前,关于气候变化问题的错误信息和虚假信息仍普遍存在,它们是在解决气候危机方面取得进展的主要障碍。作为气候变化传播的重要主体之一,社会组织更需要接受系统、专业的气候知识教育,有能力检查信息来源,筛选并阻止错误信息,成为值得信赖的信息传播者。除了从政府政策、媒体报道、企业报告、智库研究和民间智慧中汲取能量之外,社会组织也应积极地通过独立或联合研究、实体考察与调研等,掌握科学气候知识。社会组织应当发挥自身特点,善于在行动实践中检验自己所掌握的气候变化知识,所积累的气候行动经验。

例如,乐施会在陕西省汉中市南郑区柳沟村开展紧急灾害救援和灾后重建项目,积累并传播了减缓与适应气候变化条件下绿色低碳村庄建设的经验。2012年,陕西汉中特大暴雨导致的洪水使南郑县牟家坝镇柳沟村村民损失惨重,乐施会与当地志愿者协会联合开展紧急救援,后续又开展了灾后重建和村庄环境治理项目。除了传统的气候灾害防治和废弃物管理教育之外,乐施会还在柳沟村推动生态茶园建设,引入茶园"碳中和"茶叶试点理念,开展我国首个以小农户为代表的农村社区"碳中和"试点示范等,探索出一条中国贫困农村地区将主动适应、减缓气候变化和小农生计相结合的可持续发展路径。

在积极获取充分、准确、与时俱进的专业知识的基础之上,社会组织需要创新思维观念,推动气候传播"破圈"。这要求传播者要将原本高高在上的、由科学事实和数据堆叠而成的气候议题"拉低"到普通百姓的生活之中,建立气候变化与个人生活之间的关系,消除气候变化议题的距离感。传统的气候传播往往强调北极熊等生物的栖息地丧失、珊瑚礁和海洋生物等死亡、图瓦卢等小岛国的气候难民、非洲的干旱等极端气候灾害现象，这无疑是国际NGO气候故事的重点内容。但这些议题普遍离我国民众的生活较为遥远，难以引起他们的共鸣。因此。创新气候传播思维观点，首先要求社会组织在气候变化专业领域找到一些适合本土大众传播的话题——粮食、天气、交通、时尚等，将其与日常的食衣食住行相结合，使其易于受众理解。

二 优化传播渠道

推动气候传播"破圈"的另一重要策略是优化传播渠道，在社会组织本身网站和公众平台的基础之上，积极与智库、媒体等合作，发挥新媒体和偶像等力量，打破固有的受众圈层，拓展气候传播的影响范围。

能源基金会就积极探索通过合作，拓宽气候传播渠道：2019年起，能源基金会发起了支持气候传播的小额资助计划，在2019—2020年两年的周期里，提供约200万元人民币，资助支持创绿、民促会、汲川与碳阻迹、R立方、绿普惠、青年应对气候变化行动网络等9家机构开展传播工作，包括支持民促会开展"中国气候变化故事集"系列及传播，支持汲川与碳阻迹与网易开展低碳消费漫画与碳计算器等。自2017年起，能源基金会还积极通过"策略传播能力提升计划""策略传播菁英计划"等开展气候传播能力建设活动，为超过50家机构，80位学员提供定制的传播能力建设课程，为学员们跨界对接包括生态环境部相关部门管理者，中新社、南方周末、财新数据新闻、路透社等专业新闻媒体从业人，来自奥美等市场与公关专家，京东等企业代表，新媒体公众号代表，清华大学、北京大学等新闻传播学术专家等在内的十几位专家、导师资源，促进了学员机构的传播破圈。

自然之友致力于通过与多媒体平台合作开展气候传播：自然之友通过《人民日报》《中国环境报》《法治日报》《中国青年报》《南方周末》《三联生活周刊》《中国新闻周刊》和新华社、央视、央广、财新网、财经网、腾讯新闻、澎湃新闻、界面新闻等主流媒体，传播重要环境与气候议题，引发社会公众关注与热议；自然之友在淘宝直播、抖音直播、腾讯直播等新媒体传播平台上，积极普及环保知识和低碳理念，推动环境保护议题破圈，融入公众生活。

能源基金会、自然之友和创绿研究院等社会组织的气候传播案例，展示了民间组织利用多种传播渠道促进气候传播"破圈"的成功经验。新的时代背景下，民众对"碳中和"等名词的兴趣日益浓厚，如果能将创新的传播思维与传播渠道相结合，民间组织将能极大提高气候传播的影响力，进而引导民众行为方式的转变。

三 主动设置议程

气候变化的议程设置（Agenda-setting）是气候传播的重要部分，能够对气候行动、气候政策和气候研究产生重要引导作用。根据大众传媒中的议程设置理论，传播者可以通过提供信息和设置相关议题来有效左右人们关注某些事实和意见，以及他们议论议题的先后顺序，从而实现有效的资源调度，即将有限的资源（注意力）导向议程设置者期待的领域。[①] 在新的时代背景下，我国已经从气候变化领域的参与者、跟随者变成了贡献者、引领者，这就要求我们的气候传播也承担起与之相匹配的引领作用。在这一过程中，作为重要气候传播主体之一的社会组织，也应主动发挥议程设置作用，引导全球气候行动、政策和研究的重点流向与中国特色概念和理论、发展中国家发展密切相关的议题。

以世界大学气候变化联盟（Global Alliance of Universities on Climate，简称GAUC）为例，中国的社会组织正在通过主动设置议程来参与并引领全球气候行动。联盟由清华大学在2019年1月达沃斯世界经济论坛牵头发起，并于2019年5月正式成立，GAUC成员遍布六大洲，目前由来自中国、美国、法国、英国、南非、印度、巴西、日本、澳大利亚九个国家的15所世界一流大学组成。成立以来，GAUC围绕

[①] 参见郭镇之《关于大众传播的议程设置功能》，《国际新闻界》1997年第3期。

联合研究、学生活动、人才培养、绿色校园、公众参与等开展工作，旨在通过研究、教育和公共宣传，推动气候变化解决方案，并同政府、企业和公益组织合作，促进从地方到全球的迅速行动。

2019年与2020年，GAUC先后举办两届研究生论坛，关注"净零排放技术""绿色经济—社会—生态系统建设""气候公众意识与行为""基于自然的解决方案""高质量复苏"等议题。2021年10月，GAUC将研究生论坛升级为"Climate＋"全球青年零碳未来峰会，设置"气候与自然""气候与能源""气候与健康""气候与交通"四个主要学术议题，并在一周时间内组织30场丰富多彩的活动，吸引超过150万全球关注。

联合国格拉斯哥气候大会（COP26）期间，15校校长组成的GAUC理事会全票通过倡议发起"全球青年气候周"。2022年1月，GAUC秘书处向联合国气候变化公约秘书处（UNFCCC）正式提议，将每年联合国气候变化大会前一周设立为"全球青年气候周"，托举青年登上全球治理的历史舞台，尽早接过实现碳中和的接力棒。2022年2月，时任UNFCCC执行秘书帕特里夏·埃斯皮诺萨回信，肯定这一提议对于全球气候议程而言将是一个深有影响的贡献。

四　掌握话语权力

长期以来，国际气候治理话语体系都被发达国家所掌握。而由于大部分发达国家都已经跨越了环境库兹涅茨曲线的拐点[①]，完成了工业化进程，其主导的话语体系中的环境与发展被刻意地对立起来。这种气候变化话语体系在很长一段时间内否定了发展中国家正常发展的权利，遏制了发展中国家探索气候治理与经济发展协同的可能性。在这一话语体系中，发展中国家普遍关注的农村与农业问题、生态环境

---

① 环境库兹涅茨曲线是指当一个国家经济发展水平较低的时候，环境污染的程度较轻，但是随着人均收入的增加，环境污染由低趋高，环境恶化程度随经济的增长而加剧；当经济发展达到一定水平后，也就是说，到达某个临界点或称"拐点"以后，随着人均收入的进一步增加，环境污染又由高趋低，其环境污染的程度逐渐减缓，环境质量逐渐得到改善。

问题、健康与卫生等问题没有得到充分关注。因此，作为一个发展中的大国，我国需要在新时期掌握气候传播话语体系构建的主动权，努力掌握话语权力，以保障发展中国家的基本利益。

以清华大学气候变化与可持续发展研究院出品的《基于自然的解决方案全球实践》（下文简称《全球实践》）一书为例，该书是在碳中和视角下对协同增效路径的探索，为我国公众学习、了解符合中国国情的先进国际经验，以及具有指导价值和实践意义、为推广实施的具体案例提供支持。基于自然的解决方案（Nature-based Solution，NbS）正处于发展的关键时期，我国提出了生态文明理念，并且在国内开展了诸多生态保护与气候减缓协同并举的成功实践，将我国的案例编写推广，使之能够为其他国家，尤其是发展中国家的政府、企业和组织利用NbS应对气候挑战、造福人民，提供创新且有前景的新思路。所以《全球实践》以应对全球气候变化为主要目标，初步开发了适合在我国推广NbS的评价标准，在已经建立的评价标准的基础上，综合评估了全球数百个优秀的基于自然的气候变化解决方案，展开了深入解读和分析。

在具体指标体系建构上，《全球实践》以生态文明建设理论为指导思想，充分考虑和联合国17项可持续发展目标的协同作用，并参考了世界自然保护联盟制定并发布的全球标准，结合全球标准和中国国情分别制定服务于案例筛选的6项初级指标和用于发掘案例潜力的3个高级评估组，旨在从数据库中的数百个全球案例中快速筛选出能有效应对社会挑战的案例，并确保最终入选的案例对所有发展中国家和地区有深刻的借鉴和学习意义。这些标准的构建一方面可以促进NbS在中国更好地落地生根，在科学设计、实施并归纳NbS对于气候变化的贡献和价值方面发挥重要作用，另一方面还可以让国际社会更好地了解和认识生态文明理论，让更多发展中国家可以在这个过程中学习和受益。

《全球实践》还指出目前越来越多的案例突出了NbS在生态保护领域的贡献和潜力，但还缺少从气候变化视角的审视；实现碳中和需要更多创新，也就需要解锁更多自然潜力，有越来越多的新能源是取自自然，源于自然的技术创新，是"受到自然启发、支撑并利用自然的解决方案",而世界自然保护联盟并未将这类实践归于 NbS;中国在 NbS 的议题探索上与世界领先水平同步等。《全球实践》还提出建议,未来应当从气候与生态多样性协同的角度深入研发和推进 NbS 相关工作,为未来十年全球治理的关键窗口期贡献更多应对气候变化的基于自然解决方案的优秀案例;从开放包容的角度重新思考 NbS 概念的内涵和外延,使 NbS 更具包容性,留给各方更充分的探索空间;中国作为 NbS 工作方向的引领国之一,应当在接下来的国际推广和合作中展示更多战略自信。

五 拓展伙伴关系

做大做实具有全球影响力的伙伴关系是社会组织实现气候传播"破圈"、参与议程设置、掌握话语建构权的重要实现方式之一。在传统的"社会组织+媒体"模式的基础上,通过建立与政府、其他民间组织、学界与智库、国际组织等多方的伙伴关系,社会组织可以充分调度和利用各种气候传播资源,发挥气候影响力。

在气候教育方面,中国国际民间组织合作促进会(以下简称中国民促会)与 198 个国外民间组织和国际多双边机构建立合作关系,在全国 31 个省市和自治区开展教育项目,主题覆盖乡村与社区发展、性别平等、气候变化与环境保护、社会组织发展与支持、公益研究与倡导等领域,受益人数达 766 万。中国民促会通过与广泛的民间组织、基层学校与教师合作,开展了气候变化教材开发、教师培训及后续小额资助、气候变化创意竞赛等活动,偕同政府官员、社会组织代表、专家和媒体记者共同参与应对气候变化行动,分享气候变化教育经验,探讨气候变化教育的未来趋势。中国民促会还与碳阻迹(北京)科技有限公司合作,开发了绿色会议平台,通过对项目启动会、总结会等大型活动的参会者的交通、住宿、用餐以及会场用电情况进行统计,核算出整个会议的碳足迹,并在碳中和方面提出行动建议。

在气候研究方面,清华大学气候变化与可持续发展研究院自 2020 年 4 月起,搭建了"应对气候变化的基于自然的解决方案合作平台

（C＋NbS）"，通过月度工作坊、联合研究、媒体培训等形式与来自政府、研究机构、私营部门、公益组织的伙伴共同探索创新可能。截至2020年12月，工作坊共组织9场全球直播，累计收到400多家机构报名参会，单场在线观众量突破50万人次。过程中形成的政策建议同步提交政府相关部门，为联合国生物多样性大会COP15和气候大会的成功举办建言献策。为了进一步扩大影响，研究院还积极拓展国际伙伴关系，成为"倒计时"全球倡议的中方战略伙伴，与TED品牌合作搭建向世界发声的桥梁。合作平台产出的全球案例研究报告在贵阳生态文明国际论坛正式发布中文版，在联合国生物多样性大会正式发布英文版，产生了广泛的社会影响。

在全球气候传播方面，世界大学气候变化联盟2021年全球青年零碳未来峰会设置了"三大赛道"，旨在最大限度调动不同年龄、不同背景青年的气候行动，包括：面向全球研究生征集气候科研成果的"学术赛道"、面向全球16—30岁青年征集短视频的"声音赛道"，以及面向盟校学生征集商业解决方案的"行动赛道"。其中，学术赛道由清华大学、哥伦比亚大学、牛津大学、耶鲁大学四所成员高校联合承办。同时，考虑到英国是COP26东道国，秘书处尤其邀请剑桥大学和帝国理工大学分别承办声音赛道和行动赛道，并同COP26英国大学网络形成战略伙伴关系，以进一步提升峰会传播效果。最终，三大赛道共征集了全球350余名青年的作品，声音赛道成片"现在行动（ActNow）"短视频于COP26期间在活动现场向各国气候谈判代表展播。在秘书处的充分调动和联盟成员、伙伴的通力支持下，峰会于COP26期间，为全球青年和公众献上了30场活动，全球参与人次达125万，为推进全球气候治理贡献了高等教育合力，得到包括《联合国气候变化框架公约》秘书处执行秘书帕特里夏·埃斯皮诺萨（Patricia Espinosa）、COP26主席夏尔马（Alok Sharma）、时任中国驻美国大使秦刚、英国外交部气候变化事务特别代表尼克·布里奇（Nick Bridge）、联合国气候雄心与行动特使、彭博有限合伙企业和彭博慈善基金会创始人迈克尔·布隆伯格（Michael Bloomberg）等相关人士的高度评价。

六 推进民间外交

社会组织是民间外交的重要力量，气候变化领域的民间外交在新时期中国外交中的重要性更是不断加强：一方面，气候行动的主体除国家政府外还包括广泛的民间社会、企业、智库、媒体等，对于采取或促进气候行动的效果显著，这使得民间气候外交的有效性相较于其他领域更明显；另一方面，国际地缘政治局势恶化，大国之间对抗加剧，传统外交领域的对话有所阻碍，这使得政府对民间外交的需求增加。

现任中国气候变化事务特使，曾任中国气候变化事务特别代表、2007—2018 年中国联合国气候谈判代表团团长的解振华，长期致力于推动中国民间气候外交。作为《巴黎协定》达成的重要推动者，解振华及其创立并担任院长的清华大学气候变化与可持续发展研究院自 2019 年起开始举办"巴黎协定之友"高级别对话，希望创造一个非政府、非正式的平台，邀请为《巴黎协定》及其实施细则的达成作出重要贡献的高级代表重聚，为全球气候治理建言献策。

2019 年首届"巴黎协定之友"高层对话邀请了联合国秘书长 2019 气候峰会特使路易斯·阿方索·德阿尔巴·戈恩戈拉、副特使安妮·索菲·切里索拉、新加坡环境和水资源部部长马善高、美国前气候变化特使托德·斯特恩、巴西环境部前部长伊扎贝拉·特谢拉、秘鲁环境部前部长埃努尔·普尔加·比达尔、法国前气候变化谈判大使劳伦斯·图比亚娜、南非气候变化首席谈判代表萨卡妮·恩高曼妮，以及来自我国外交部、生态环境部、国家发改委等部委和能源基金会等民间组织的代表参加。与会代表围绕达成《巴黎协定》的经验、实施阶段面临的挑战、强化行动的方向、2019 年联合国气候峰会和联合国气候大会等关乎全球气候治理未来走向的重大问题，展开多轮坦诚而富有建设性的对话，会议总结通过特使转交给了联合国秘书长古特雷斯。

随后两届"巴黎协定之友"高层对话在线上展开，由解振华与现任欧洲气候基金会首席执行官图比亚娜担任联合主席。与会嘉宾规模和影响进一步扩大，包括来自中国、美国、英国、加拿大、德国、巴西、澳大利亚、埃及、法国、秘鲁、几内亚、厄瓜多尔、爱尔兰、新加坡、波兰、意大利、西班牙、印度等国的政府官员和前谈判代表，来自联合国、欧洲气候基金会、国际能源署（IEA）、国际可再生能源署（IRENA）等国际组织的领导者，和来自智库、社会组织和企业的代表。两届会议针对新冠疫情后绿色复苏和气候多边进程开展讨论，会议总结提交给了联合国秘书长古特雷斯和联合国气候大会主席。

以"巴黎协定之友"为代表的由我国社会组织发起的民间气候外交活动，有效地促进国际气候传播与交流、弘扬多边主义，发挥了中国在气候变化领域的引领作用。

后疫情时代的绿色复苏为低碳发展提供了机遇，但地缘政治冲突和逆全球化趋势给多边合作带来了挑战。在机遇与挑战并存的国际背景下，我国正迈向领导全球气候治理的新阶段。在开展气候传播、推动全社会积极应对气候变化过程中，我国社会组织发挥着不可替代的助推作用。新时代的社会组织需要采取新的气候传播策略，通过创新传播思维与观念、优化传播媒介与渠道，发掘气候变化议题中与公众生活息息相关的部分，借助新媒体的力量扩大影响力，实现气候传播的"破圈"；通过发挥强大的洞察力与主观能动性，主动参与设置气候议程、掌握话语构建的权力，实现全球气候行动、政策与研究资源的有效配置，引导关注与发展中国家密切相关的气候议题；通过做大做实全球伙伴关系、推进民间气候外交活动，进一步扩大我国社会组织的国际影响力，传播最先进的气候知识与经验，讲好中国故事，分享中国智慧。

第五章 新时代我国企业气候传播的战略定位、话语建构与行动策略

徐 红

根据世界经济论坛（World Economic Forum）发布的《2020年全球风险报告》显示，从长期风险角度，未来10年的全球五大风险首次全部与环境相关，其中"气候变化缓和与调整措施失败"在未来10年按照发生影响严重性排序的前五位风险中位列首位。凝聚全球力量，共同应对气候变化带来的长期影响已刻不容缓。

近期，国家层面重点开展碳达峰、碳中和"1+N"政策体系构建工作，制定路线图、行动方案和保障方案等，完善相关政策体系。公有制经济和非公有制经济都是我国社会主义市场经济的重要组成部分，国有企业和民营企业都是践行新发展理念、推进供给侧结构性改革、推动高质量发展、建设现代化经济体系的重要主体。企业要正确认识和把握碳达峰碳中和，牢牢把握稳中求进工作总基调，不断提高贯彻新发展理念的能力和水平，坚持走高质量发展道路，努力推动经济社会发展全面绿色转型。

在应对气候变化与气候传播"六位一体"行动框架中，企业是担责者，承担着节能减排、绿色低碳发展、环境保护的主要责任。作为实现"双碳"目标的关键主体，企业应发挥引领作用，抢抓发展机遇，加快绿色转型升级，勇挑实现碳达峰碳中和的时代重任。此外，也需要国家通过环境政策、法律法规、经济措施、市场激励等手段，促使企业自觉履行节能减排责任，走绿色低碳发展之路。社会监督是推动企业绿色发展的坚强屏障，公众作为监督者和市场消费者，要督

促企业积极提升产品质量，引导企业履行社会责任。

"十四五"期间，我国经济仍将保持快速增长，能源需求亦将持续增加，距离碳达峰尚有一段距离，传统的钢铁、有色、化工以及建材等高耗能产业面临着脱碳技术的革新，电力行业面临着电力结构清洁化转型的压力，而随着5G、物联网、大数据等"新基建"产业的发展，互联网科技行业的用能需求将逐渐成为未来第三产业的主要耗能大户。推进碳中和目标的实现，不仅是对我国经济结构的巨大挑战，也将带来对能源供给侧和需求侧各行各业的重大变革。碳达峰碳中和是一个矛盾甚至冲突不断的复杂过程，涉及碳减排与保持经济增速、促进充分就业、保障能源安全、防范绿色金融风险等之间多重关系平衡。要遵循科学规律和市场规律，妥善处置各类矛盾冲突。

长期以来，我国企业尤其是大型国资央企在贯彻新发展理念，着力推进产业结构、能源结构优化，努力走生态优先、绿色低碳的发展道路等方面表现突出，中央企业能源消费总量、碳排放总量得到了有效控制，主要污染物排放总量持续下降，达到国家规划目标要求。但仍存有小部分碳密集型企业和行业，对碳中和战略认知不够，面临着各种不确定性因素所带来的决策风险、技术风险和市场短期效益风险。例如一些企业盲目追逐"政策热点""市场风口"，片面追求短期快速的"碳中和"，导致规划与实际脱节、管理决策失误；一些企业尚不具备相关技术、设备、市场环境等条件，盲目布局碳市场，给企业带来过高的碳中和成本。

当前，无论是全国碳交易市场的发展，还是碳减排的相关技术基础、市场环境，都尚不具备各大企业全面推进"碳中和"的现实条件。因此，企业实现"碳中和"是一个复杂的系统工程，这需要加强顶层设计和整体谋划，也需要企业从自身出发，明确企业战略定位，确定未来发展方向，系统设计、循序渐进、逐步推进，以期更好地承担起应对气候变化和节能减排责任。

基于此，本章节拟基于我国应对气候变化战略与"双碳"目标，明确新时代我国企业气候传播的战略定位，深入分析企业气候传播的优势领域和短板不足，把握企业绿色低碳发展的主攻方向，为企业碳中和行动及传播构建品牌力,厚植企业科技创新发展氛围,培育科学、绿色、低碳、可持续发展文化,推进各行业各领域高质量发展,协同社会力量、共担绿色低碳社会责任提供一定理论参考。

第一节 我国企业气候传播的基本内涵、主要特点与实践环境

全球社会信息化、传播主体多元化、媒介选择自主化的全媒体环境,催生中国企业全球身份的外部转向和公民身份(Corporate Citizenship)①的内部转换,进一步要求企业在理论研究与实践操作上提升传播工作的战略高度与专业能力。当前,日益进入国际舞台中心的中国企业,尤其是大型国企,正处于从传统信息宣传、形象建构向公共交往、关系建构迈进的关键时期,企业传播的战略意义愈加凸显。但与此同时,由于受重视程度不一,我国企业传播在理论框架、分析工具、测量体系的建立中,相较于国际成熟经验仍有一定差距,存在着明显的美誉度与贡献度不匹配、软实力与硬实力不匹配的问题。把握碳中和带来的企业传播机遇,需要更加重视"企业气候传播"的作用,以气候变化议题作为"牛鼻子",通过绿色低碳企业文化的建构,加快推进企业低碳行动,扩大企业市场声誉和品牌传播效应。对此,需要明确企业气候传播的内涵外延与功能作用,准确把握内外部环境演变对企业气候传播所提出的新要求,从而重新定位中国企业的气候传播问题,全面提升企业气候传播效能。

一 新时代我国企业气候传播的内涵及概念界定

一般来说,所谓企业,是指运用各种生产要素向市场提供商品或

---

① 企业公民(Corporate Citizenship)是企业社会责任理论的当代延展,强调企业作为权利与义务统一体的人性假设,企业不单是经济利益最大化的追求者,还是社会公益的追随者和创造者。参见 Carroll, A. B., "The Four Faces of Corporate Citizenship", *Business and Society Review*, 2003, 100-101 (1), pp.1-7。

服务的一种经济组织，这种组织是以盈利为基本目的。因此，企业的各种行为都是围绕着经营管理展开。企业的各种内外部的传播行为也是日常经营管理的一部分，对于企业生产、运营、舆论管理等有着重要作用。企业内部的传播形式以组织传播为主，此外还涉及群体传播、人际传播，核心作用是提升内部凝聚力、增进认同感，激发组织活力和效用；企业对外传播则是以大众传播形式为主，内容包括企业战略规划、业绩成果、企业文化、品牌价值等，核心作用是提升企业竞争力和影响力，维护好同政府管理部门、上下游供应链、合作伙伴、消费者等其他主体间良好关系。

企业传播的相关研究要远晚于企业传播实践。自从施拉姆等学者开创传播学以来，人们逐渐认识到传播学研究的重要性，但很长一段时间里，传播学主要研究方向集中在大众媒体的信息传播活动。随着信息产业的飞速发展，企业在社会中的地位日益增强，传播行为在企业活动中占据了重要地位，甚至直接关乎企业生存发展。为了丰富传播学的理论框架，同时给予企业传播行为提供理论指导，一些学者开始对"企业传播"（Corporate Communication）进行系统研究。

从传播学的角度看，企业传播是指企业内部成员之间或企业与外界组织的信息交流行为，侧重传播渠道和传播效果的研究[1]。在国外，企业传播研究最早始于20世纪30年代美国市场营销和公共关系领域，主要是基于功能—经验视角，考察企业产品销售和广告投放等有限的经营传播活动，旨在为后现代、后技术时代发生在组织内外部的各类传播活动的有效整合提供框架[2]，最终实现在企业赖以维系的利益相关群体中建立并维护良好声誉[3]。长期以来，企业传播处于传播学、公共关系、广告学、市场营销、企业管理等多学科交叉的领域，在研究上更加突出问题导向和实践导向，广泛借鉴使用各个学科的研究理论和方法。公

---

[1] 参见胡钰、张楚《企业传播：认识维度与分析框架》，《经济导刊》2018年第6期。
[2] 参见[英]桑德拉·奥利弗《企业传播：原则、方法与战略》，谢新洲、王金媛译，北京大学出版社2005年版，第1页。
[3] Riel, C. B. M., "Research in Corporate Communication: An Overview of an Emerging Field", *Management Communication Quarterly*, 1997, 11 (2): 288–309.

共关系理论、整合营销传播理论、"5W"模式及 CIS 企业识别系统等是目前常用的企业传播分析框架。在议题上，除了广告活动外，还包括与传播相关的企业身份（Corporate Identity）、企业形象（Corporate Image）、企业品牌（Corporate Branding）、企业声誉（Corporate Reputation）等。

在我国，现代科学意义上的企业传播活动最早可以追溯到改革开放初期。1979 年 1 月 4 日，《天津日报》刊登了天津牙膏厂一个通栏广告，开创了我国商业广告的先河[1]。1 月 28 日，上海电视台播出了新中国第一条电视广告"参桂养荣酒"，《人民日报》刊文《上海恢复商品广告业务》，肯定了商品播放广告的做法，有力地驳斥了"广告是资本主义生意经"等言论[2]。2001 年我国加入世界贸易组织后，伴随着我国融入国际资本市场，企业传播愈加受到重视。整体可划分为三个阶段：第一是信息传播阶段，以企业的信息沟通为主要目标，单向度进行宣传发布，被动应对各方诉求；第二是形象建构阶段，以企业的形象塑造为主要目标，注重在与公众的双向互动中明晰内外价值，主动预控危机传播；第三是声誉管理阶段，以企业的声誉跃升和维护为主要目标，强调以价值认同为核心吸引力、凝聚各方信任[3]。整体来说，相对国际领先经验，我国企业传播理论与实践发展依然较为落后，相关理论研究和分析工具尚未有效建立起来[4]。

2015 年，中国政府在巴黎气候变化大会上承诺将碳排放达到峰值，并努力争取早日实现。这一政策目标的确立对中国企业气候传播产生了积极的推动作用。越来越多的企业开始在其公共形象和品牌价值中融入气候责任的元素，积极展示自己在低碳发展方面的努力。2016 年，中国政府发布了《关于推进企业绿色发展的指导意见》，这一政策文件鼓励企业采取更多绿色和低碳措施，强调企业应当在气候传播中发挥积极作用。这对中国企业气候传播的发展起到了进一步的

---

[1] 参见黄升民、丁俊杰、刘英华主编《中国广告图史》，南方日报出版社 2006 年版。
[2] 参见汪志诚《第一条电视广告播出的前前后后——纪念中国电视广告 20 周年》，《中国广告》1999 年第 2 期。
[3] 参见胡钰、汪帅东、王嘉婧《论企业形象：如何成为受赞誉的企业》，中信出版集团 2019 年版，第 52 页。
[4] 参见胡钰、张楚《企业传播：认识维度与分析框架》，《经济导刊》2018 年第 6 期。

推动作用。2018年，随着《巴黎协定》的正式生效，中国企业开始更加积极地参与气候传播。一些知名企业在全球气候行动峰会等场合上积极发声，承诺加大投资力度，推动创新技术，实现碳减排目标。2020年后，随着新冠后疫情时代全球气候问题的日益紧迫，中国企业在气候传播方面持续发力。越来越多的企业将可持续发展和低碳发展融入到自身战略规划中，积极宣传和分享自己在气候保护方面的实践和经验。一些企业还加大了与政府、非政府组织和国际合作伙伴的合作力度，共同推动气候议程的落实。

在气候传播领域，作为节能减排、绿色低碳发展的主要执行者，企业可以通过研发、制造、包装、销售、回收利用等多个环节打造产品全生命周期的绿色低碳链条，实现绿色生产。还可以紧紧围绕企业的生产组织经营管理活动，借助自身拥有的传播资源，发布低碳环保信息内容，通过适配的传播渠道与手段，介绍企业绿色低碳发展理念，推介绿色低碳产品，实现企业经济利润的同时，推动自身与社会可持续性发展。此外，还可以通过社会责任传播，向社会公众宣传绿色低碳消费观念，倡导绿色低碳生活方式，展现绿色低碳企业形象的同时，切实履行社会责任。

因此，我们认为，所谓"企业气候传播"，是指企业作为传播主体，围绕着企业的生产组织、经营管理、社会责任等活动，借助各类传播渠道，通过广告、市场营销、企业身份、企业形象、企业品牌、企业声誉等形式，将气候变化信息及相关低碳环保理念，为企业内外部受众所理解和掌握，并通过各主体态度与行为的改变，以维护自身发展利益和气候变化公共利益为目标的社会传播活动。

二 新时代我国企业气候传播的职责使命

长期以来，一方面，传统经营管理模式下，企业作为生产排放的源头，高能耗低能效高排放的生产模式，导致公众对其"气候形象"评价偏负面；另一方面，国家生态文明与绿色发展战略实施以来，企业承担了节能减排、环境保护、绿色发展的重要责任，但作为节能减排的主要力量,企业在我国应对气候变化行动主体框架中的战略地位又常常被忽视,影响了企业气候传播责任的落实。因此,在气候传播中,要充分发挥企业的主人公的精神,借助气候传播推进企业绿色低碳文化与制度建设,实现企业绿色低碳经济转型;把绿色低碳的产品推介给消费者,实现消费者利益与企业利益双赢;做好企业公益和公关活动,加强社会责任传播,向消费者传播低碳绿色的生活理念,带动消费者低碳生活方式。

1. 贯彻新发展理念,强化文化引领与制度约束

在企业绿色低碳经济转型过程中,企业首先要确立应对气候变化与绿色低碳文化与制度,将绿色低碳发展理念与原有的企业文化与制度有机融合,融会贯通成新的企业文化与制度。例如,体现绿色低碳在企业发展战略规划中的优先程度,将低碳节能纳入企业目标体系;建立企业绿色低碳文化,打造企业精神中的绿色低碳内核;将绿色低碳的观念融入企业的经营管理制度,落实在管理行为之中。绿色低碳的企业战略与文化、制度是企业气候传播的重要内容源头之一,一方面,它们的贯彻与落实有赖于在企业对内开展宣传,才能统一思想,调动企业全体员工的力量,在各自的工作岗位上具体行动;另一方面,企业绿色低碳形象的塑造有赖于企业对外开展宣传,将企业绿色低碳文化与制度与社会公众进行分享,实现企业价值观与公众价值观的共鸣与共振,有利于推动社会绿色低碳文化的建构。

2. 不断提高应对气候变化力度,实现全链条的系统性节能减排

企业是绿色低碳生产的主体,打造产品全生命周期的绿色链条是企业的绿色低碳生产责任。在全生产过程中,包括采用清洁能源、研发绿色产品、使用绿色原材料、采用节能降耗减排生产工艺、打造绿色供应链、开展绿色产品的营销与售后服务、进行废旧产品回收循环利用等环节。其中,企业积极研发生产绿色产品,并通过营销传播,向社会公众推介绿色产品,普及绿色产品相关知识,让消费者接触、了解和信服绿色产品,并购买绿色产品。有效的市场营销传播会为绿色产品打开和赢得市场,实现企业经营目标,从而为企业继续生产更多更好的绿色产品注入源源不绝的市场动力。

3. 充分发挥市场引导作用，让绿色低碳生活成为新风尚

企业不仅可以通过产品传播，向消费者推介绿色产品，普及绿色产品相关知识，培育绿色产品的消费习惯，还可以通过理念传播，向消费者宣传绿色低碳的生活理念和生活方式，引导消费者适度消费、绿色消费、厉行节约、节能低碳、循环利用，进一步发起绿色低碳公益行动和公关活动，通过公益传播、公关传播，普及绿色低碳环保知识，提高绿色低碳行动能力，推广绿色低碳行动方式，影响和动员更多的主体和社会公众参与到绿色低碳行动中。

比如，腾讯开发的一款轻量级公益小游戏"碳碳岛"，目标是向社会公众传播碳中和的知识理念。在"碳碳岛"中，玩家扮演的是一位归乡的志愿者，需要帮助发展落后的"碳碳岛"进行重建和转型。在重建与转型的过程中，玩家体验"发展、减排、中和"三个阶段，模拟了一个独立区域在现实中真实的"碳达峰"和"碳中和"过程。"碳碳岛"以游戏的方式，普及了碳中和概念与知识，让公众能够具象地感知碳排放的危害，以及"减排"和"碳中和"的重要性，提升了公众节能减排意识，以数字力量倡导公众低碳生活方式。

比如，万科一直积极贯彻国家垃圾分类政策，在服务的居民社区、商业写字楼，以及公司各办公点全面推进垃圾分类工作，发起"零废弃"公众倡导。开展了零废弃办公、零废弃社区、零废弃校园、零废弃酒店活动，发布《办公新"零"感——零废弃办公行动指南》《住宅生活垃圾分类操作指引》《零废弃学校建设指南》《零废弃酒店管理制度》，指导垃圾分类和零废弃项目建设。为鼓励公众参与零废弃管理，设置生活垃圾分类公众教育志愿讲师培训项目"蒲公英计划"、可持续社区领袖和社会组织成长支持项目"星河计划"。为释放"零废弃"社会影响力，持续开拓零废弃特定场景探索，发起故宫零废弃、海岛零废弃项目，开发线上"垃圾地图"，设立零废弃日。

三 新时代我国企业气候传播的主要特点

企业气候传播通常指的是企业在社会和公众中传达有关其气候行

动和可持续发展计划的信息。气候传播是一种沟通手段，帮助企业向外界传递其在应对气候变化和环境挑战方面的努力和成就。这样的传播对于企业的形象塑造、利益相关者的信任建立以及气候保护行动的推进都非常重要。当前阶段，中国企业气候传播的主要特点可以概括如下：

一是大规模参与和减排贡献。中国是全球最大的制造业和工业生产国之一，许多企业涉及重要的能源消耗和排放。因此，中国企业在气候传播方面具有巨大的影响力。具体来看，首先是产业规模方面，中国是世界上最大的制造业国家之一，拥有庞大的工业基础和生产能力。众多行业，如钢铁、电力、石化、汽车等，都是中国企业的重要产业。这些行业涉及大量的能源消耗和温室气体排放，对气候变化产生重要影响。其次是能源消耗方面，中国的能源消耗量在全球范围内位居前列，其中煤炭是主要能源来源。大规模的能源需求导致了大量的二氧化碳等温室气体的排放，对全球气候变化贡献较大。再次是温室气体排放体量上，由于经济发展迅速，中国企业在过去几十年中的温室气体排放水平急剧增加。虽然中国政府已经采取措施减缓排放增长，但其规模仍然较大。此外，大规模生产和工业化经营带来了许多环境问题，如空气和水污染、土壤退化等。这些环境问题与气候变化问题相互交织，需要企业积极参与改善。最后是跨国影响，中国的一些企业是全球性企业，其产品和服务遍布世界各地。因此，这些企业的气候传播活动不仅影响国内，还对全球气候治理和可持续发展产生重要影响。

二是政府引导机制建立健全：中国政府意识到气候变化对经济、社会和环境的重要影响，因此采取了一系列措施来引导企业在减缓气候变化和推动绿色发展方面承担更多责任。以下是政府引导的主要方面：在环境保护法律法规上，中国政府制定了一系列环境保护法律法规，包括《大气污染防治法》《水污染防治法》《固体废物污染环境防治法》等。这些法规明确了企业在减排和环保方面的义务和责任。在减排目标上，中国政府设定了一系列减排目标，包括降低碳强度、增加可再生能源比例等。企业被鼓励和要求在这些目标下采取措施，降低温室气体排放。在碳市场建设上，中国政府启动了全国性的碳市场建设，推行碳排放权交易制度。企业可以在碳市场中交易排放权，激励减排行为。在政府激励政策上，中国政府出台了一系列激励政策，如给予低碳技术研发资金支持、享受税收优惠等，鼓励企业采取低碳和环保措施。在绿色金融支持上，政府鼓励金融机构发展绿色金融，为低碳和环保项目提供贷款和融资支持，帮助企业实施绿色转型。在企业能源消耗限制上，中国政府设定了一系列能源消耗限制措施，鼓励企业提高能源利用效率，减少能源消耗和排放。在绿色技术研发上，政府支持绿色技术的研发和应用，为企业提供更多的创新机会，推动低碳技术的发展和普及。在国际合作上，中国政府积极参与国际气候合作，与其他国家共同制定气候政策和目标。这种国际合作为中国企业参与全球气候行动提供了更广阔的舞台。政府引导对于中国企业在气候传播方面起着至关重要的作用。通过政策引导和激励措施，中国政府促进了企业转型升级，加快了低碳和环保技术的应用，推动了绿色发展。然而，要实现气候目标，政府和企业还须进一步加强合作，共同推动气候变化的全球应对。

三是科技创新领域不断突破：科技创新是中国企业在气候传播方面取得进展的重要驱动力之一。通过不断研发和应用新技术，企业能够更有效地减少碳排放，推动可持续发展，为应对全球气候变化贡献力量。政府的支持和鼓励也为企业的科技创新提供了有力保障，加速了中国企业在气候传播方面的转型升级。例如，在智能制造上，中国企业逐渐采用智能制造技术，通过数据分析和自动化控制，优化生产过程，降低资源消耗和能源消耗，从而减少碳排放。在互联网+环保领域，一些中国企业利用互联网技术，推动环保行动。通过物联网技术监测和控制工业过程，实现精细化管理，减少不必要的资源浪费。在生态城市建设方面，中国企业在城市规划和建设中积极推动生态城市的建设，通过绿色建筑、城市绿化等措施，降低城市能源消耗和碳排放。

四是跨国合作广泛展开。许多中国企业与国际企业开展合作，参与全球气候行动。这种合作有助于推动全球气候行动和可持续发展，加速技术和经验的传播。在技术交流与合作上,中国企业与国际企业之间开展技术交流与合作,通过分享先进的环保和低碳技术,加快中国企业在这些领域的发展和应用。在联合研发项目上,中国企业与国际企业共同参与研发项目,致力于解决气候变化和环境问题。这种合作可以整合各方资源,提高研发效率和技术水平。在跨国碳排放交易上,中国企业参与跨国碳排放交易,与国际企业进行碳市场交易。这种交易方式可以为企业提供更多减排和激励机会。在国际合作机构参与方面,中国企业通过与国际合作机构合作,如联合国环境规划署(UNEP)、国际能源署(IEA)等,参与全球气候治理和可持续发展议程。在组建跨国联盟方面,中国企业加入跨国联盟,如气候行动联盟(Climate Action 100+)、可持续发展目标联盟(SDG Ambition)等,与国际企业共同承诺和践行环保和低碳发展目标。在参与国际气候谈判上,中国企业在国际气候谈判中发挥积极作用,为中国企业在全球气候行动中的责任和角色发声,推动国际气候合作。在跨国合资项目运营上,中国企业与国际企业合资成立项目,共同开发和运营环保和低碳项目,促进全球绿色发展。在共同倡导绿色供应链上,中国企业与国际企业合作倡导绿色供应链,鼓励全球供应商采取环保、可持续的生产方式,共同推动全球产业链的绿色升级。通过这些跨国合作,中国企业汲取全球先进经验,吸收国际领先技术,共同应对气候变化和环境挑战。同时,中国企业也能够将自身在低碳、环保领域的经验和成果分享给其他国家和地区,推动全球气候治理进程。可以说,跨国合作为中国企业融入全球绿色发展提供了重要机遇,促进了全球气候行动的协调与合作。

五是企业社会责任情况。在中国企业的气候传播中,企业社会责任(Corporate Social Responsibility,CSR)扮演着重要的角色。企业社会责任是中国企业在经营过程中主动承担对社会和环境的责任,包括在气候传播方面采取积极措施,超越法定义务,回馈社会,追求社会、环境和经济的可持续发展。当前,越来越多的中国企业意识到气候变化的严重性,开始关注社会责任,并采取积极措施,以降低碳排放和环境影响。在环保宣传与教育上,中国企业积极开展环保宣传和教育活动，增强公众对气候变化的认识，倡导环保理念，促进社会参与。在社区支持与公益慈善上，中国企业通过支持社区发展项目和参与公益慈善活动，回馈社会，改善社区居民生活条件，帮助弱势群体。在履行碳中和承诺方面，一些中国企业主动承诺实现碳中和目标，通过技术创新和节能减排，将自身的净碳排放降至零。在可持续发展战略上，中国企业将可持续发展融入企业战略，将经济、社会和环境的可持续发展纳入考量，推动企业绿色转型。中国企业在气候传播中的企业社会责任体现了企业对于环境保护和可持续发展的积极承担，为中国乃至全球的气候行动作出了重要贡献。政府的政策引导和社会的监督也对企业社会责任的实践起到了促进和支持作用。随着时间的推移，预计中国企业将继续加大在气候传播中的企业社会责任的投入和努力，为建设更加绿色、可持续的未来贡献更多力量。

六是舆论监督范畴。舆论监督是指社会舆论对企业行为的监督和评价，通过媒体、社交网络和公众的反馈，促使企业更加透明、负责任地应对气候变化和环境问题。随着公众对气候变化问题的关注不断增加，中国企业在气候传播方面受到更加严格的舆论监督，对企业形象产生影响。当前阶段，中国企业气候传播舆论监督情况主要有以下特点：在环保报道上，媒体会对中国企业的环保行为进行报道和分析。一些媒体关注企业的减排措施、环保技术创新和环境影响等方面，通过报道向公众传递企业的环保形象和社会责任履行情况。在环保组织监测上，环保组织和非政府组织会对中国企业的环保表现进行监测和评估。这些组织会发布环境报告和排行榜，评价企业的环保绩效，推动企业改进环保行为。在社交网络和舆论压力层面，社交网络上的舆论声音也会对企业产生影响。公众通过社交媒体传播环保信息，对企业的环保行为提出质疑或支持，形成舆论压力，促使企业做出积极回应。在国际舆论监督上，国际社会关注中国企业在全球供应链中的环保行为，对企业的形象和进入国际市场产生着重要影响。此外，一些大型企业会发布可持续发展报告，向公众和利益相关者展示企业的社会责任履行情况和环保成果。这些报告接受公众和媒体的审视，有助于增加企业的透明度。可以说，积极回应舆论监督，增强企业的社会责任意识,加强透明度,改善环境行为,能够树立企业的良好形象,增强企业的竞争力和可持续发展能力。

七是教育和宣传层面。宣传和教育是中国企业在气候传播中的重要手段,通过广泛的宣传和教育活动,企业能够将气候问题置于公众议程,引导公众关注和行动。同时,宣传和教育也有助于增强企业的社会责任形象,提高企业的社会认同度,推动中国企业积极参与气候行动,共同构建绿色、低碳的未来。首先,在宣传企业环保成果上,许多企业通过企业网站、社交媒体、广告等渠道,宣传自身的环保成果和减排措施,向公众展示其积极应对气候变化和环境保护的努力,向公众传递企业的环保形象。其次,一些企业开展内部培训和教育活动,增强员工对气候变化和环保问题的认识,提高环保意识。同时,企业还会向供应商、客户和合作伙伴传递环保理念,鼓励合作伙伴共同参与气候行动。再次,在推广环保知识方面,企业通过各种形式的推广,向公众传递环保知识,提高公众对环保和气候问题的了解,包括举办环保讲座、发布环保手册、参与环保活动等。企业积极参与和组织环保活动,如清洁行动、植树活动等,动员员工和公众参与到实际的环保行动中,强化环保意识。此外,在社会动员上,企业通过宣传碳中和理念和推动绿色消费,鼓励公众采取低碳生活方式,减少碳排放和资源浪费。借助与主流媒体合作,推出专题报道、绿色栏目等,将气候变化和环保问题置于公众视野中,引导社会关注和参与。通过走进校园,许多企业主动开展气候变化宣传和教育活动,引导青少年关注环保,培养环保意识。最后,在跨界合作上,企业与环保组织、教育机构等互助共赢,共同推动气候变化宣传和教育工作,形成合力。

八是行业差异状况。不同行业在气候传播中面临的特定挑战和应对策略。不同行业的经营模式、生产过程、产品特性等因素会影响企业在气候传播中的具体做法和策略。因此在气候传播中,企业需要因地制宜,针对不同行业的特点采取相应的应对策略。政府和行业协会的政策引导和技术支持对于不同行业的低碳转型和气候传播也起到了重要的推动作用。通过行业差异化的气候传播策略,中国企业可以更好地适应气候变化挑战,促进可持续发展。

当前，许多中国企业在气候传播方面取得了长效进展，但也面临一些挑战，如技术和资金投入、转型升级、全球市场压力等。总的来说，中国企业在气候传播方面正逐渐意识到其重要性，并采取积极措施，推动低碳、环保的发展。然而，仍需要政府、企业和公众的共同努力，形成更加全面、系统地应对气候变化的战略。

四 新时代我国企业气候传播的实践环境

在人们日常的生产、生活和社会公共管理活动中产生的排放是温室气体的三大主要来源，企业是生产活动排放的主体。企业生产活动是指在企业的控制和管理下使用劳动力、资本、货物和服务等投入进行生产货物和服务的过程或活动。因此围绕企业生产货物和服务的过程或活动，包括产品研发设计、能源和原材料采购、生产加工、包装、销售、物流、售后服务、回收利用、行政管理等，都能产生耗能和排放，同时也是节能减排的重要环节。

（一）新时代我国企业气候传播面临的机遇

在国家宏观政策的影响下，从企业发展的内部环境来看，当前我国企业气候传播面临的机遇体现在以下三个方面：

宏观层面，应对气候变化与节能减排是历史的潮流和中国发展过程中的内生性需要，也是国家大政方针和阶段性行动目标，企业需要"迎风而动"。积极响应国家战略，抓住机遇，将企业的发展战略与3060目标相关联，促使企业绿色低碳转型。这就需要在企业管理层达成高度共识与认同，对应对气候变化与节能减排的重要性、急迫性、必要性、可行性产生深刻认识，形成绿色低碳发展的企业管理态度，认识到应对气候变化与节能减排是企业必须承担的经济责任、法律责任、伦理责任和慈善责任，并制定企业绿色低碳发展战略目标与阶段性目标，力争成为绿色低碳、节能减排的先锋企业，为国家减排目标作出更多贡献。形成企业管理层高度共识与认同的最重要的手段就是通过切实有效的传播。

中观层面，在国家相关政策制度的引领下，绿色低碳能力会逐步成为企业核心竞争力,率先实行绿色低碳转型的企业会成为行业标杆,在项目绿色投融资获得、碳市场履约、绿色产品的政策激励与消费者市场认同上占领先机。因此,企业绿色低碳发展战略与阶段性目标的实现需要在企业文化、企业管理制度层面予以落实,围绕企业发展战略和阶段性目标,企业要在文化层面、制度层面融入绿色低碳发展的理念,在企业绿色文化构建、企业绿色管理制度创设中予以体现。这就需要在企业内部管理中加强绿色低碳文化建设、制度建设、能力建设,凝聚全员共识,内化于心,将绿色低碳的企业文化和企业管理制度变成为企业管理的指南与标准。凝聚企业全员共识,将绿色企业文化与制度内化于心的最重要的手段还是通过切实有效的传播。

微观层面,绿色低碳的企业文化和企业管理制度有赖于企业员工的具体执行,体现与落实在每一个企业员工的岗位职责与日常工作中。内化于心的企业文化与岗位责任制需要外显于行,是被动执行还是主动执行,是按部就班执行还是创造性执行,效果大不一样。这就需要将国家应对气候变化的3060目标、绿色低碳的企业文化和企业管理制度转化为企业员工能理解、能记忆、能相信、能认同的行为规范,引导员工自觉主动创造性地去执行,形成全员低碳行动。将绿色文化与制度外显于行的最重要的手段还是通过切实有效的传播。

从企业竞争的外部环境来看,当前我国企业气候传播面临的机遇体现在以下三个方面:

在应对气候变化和绿色低碳发展的时代大背景和国家战略下,社会的绿色低碳氛围越来越浓郁,公众的绿色低碳观念也得到确立与提升,不仅看重经济社会的高速发展,也高度重视环境保护。因此,国家和公众对企业提出了更高的绿色低碳发展要求,报以了更大的环境责任期待。而企业战略、企业文化、企业管理制度是企业形象传播的重要内容,企业向社会传播绿色低碳的哲学思想、价值观念、理念风格、企业精神,契合了公众价值观,容易得到公众的高度认同,产生共鸣与共振,成为企业与公众价值共创的重要传播内容。

绿色低碳产品不仅是环保健康的,也是经济实惠的,还是时尚独特的，一旦获得消费者认同，就会成为消费者争先追捧的对象，形成流行时尚与消费潮流。在这样的流行时尚与消费潮流下，企业通过营销传播将自己生产的绿色低碳产品推介给受众，不仅可以刺激绿色低碳产品消费热潮，引导绿色低碳消费观念普及，还能进一步激发企业市场竞争活力，推动企业研发、生产更多、更好的绿色低碳产品，带动一个个新兴行业的兴起。例如，中国的新能源汽车，已经被消费者普遍接受，在最近三年中获得了市场越来越多的认同，带来的是整个新能源汽车行业的蓬勃发展，欣欣向荣。根据中国汽车工业协会最新统计显示，2022年我国新能源汽车持续爆发式增长，产销分别完成705.8万辆和688.7万辆，同比分别增长96.9%和93.4%，连续8年保持全球第一。① 目前，我国新能源汽车产业已经进入规模化、高质量的快速发展新阶段，蔚来、比亚迪、小鹏、理想、广汽埃安、哪吒、威马、吉利、极狐、零跑、魏派WEY、合创、欧拉、高合、BEIJING、岚图、长安福特、奇瑞星途、奥特能、爱驰、腾势等，品牌层出不穷，百花盛开。

企业社会责任，是指企业在创造利润、对股东和员工承担法律责任的同时，还要承担对消费者、社区和环境的责任。企业社会责任报告，就是对企业社会责任信息的公开披露。现在，面对环境污染的问题，公众保持越来越高的警觉和越来越高的要求，希望企业能够在绿色低碳发展的同时承担更多的环境责任，对企业的环境社会责任信息也越来越关注。企业社会责任报告中就有与应对气候变化和绿色低碳发展相关的环境责任内容，对企业环境社会责任信息的披露，可以让利益相关方系统了解企业绿色低碳发展理念、战略、方式方法，其经营活动对经济、环境、社会等领域造成的直接和间接影响、取得的成绩及不足等信息。一个重视企业环境社会责任、追求绿色低碳发展、组织绿色低碳公益活动、动员公众参与低碳行为的企业能够更多地获得各界的支持，从而树立良好的企业形象，形成良好的企业口碑，获

---

① 中国政府网：《我国新能源汽车产销连续8年全球第一》，https://www.gov.cn/xinwen/2023-01/24/content_5738622.htm。

得社会公众更多认同。公众对企业形象的认同会迁移到对企业产品的认同，形成企业与公众的良性互动。

（二）新时代我国企业气候传播面对的挑战

企业是二氧化碳排放的主体，也是节能减排的主体。2011年，国家在北京、天津、上海、重庆、湖北、广东及深圳7个省市启动了碳排放权交易试点工作，将石化、有色、化工、造纸、电力、建材、钢铁、航空等重点排放行业的大中型企业纳入重点控排名单，通过政策工具和市场机制促使企业节能减排。2013年起，7个地方试点碳市场陆续开始上线交易，2016年12月，福建省启动碳交易市场，作为国内第8个碳交易试点。2017年12月，经国务院同意，国家发展改革委印发了《全国碳排放权交易市场建设方案（电力行业）》。这标志着中国碳排放交易体系完成了总体设计，并正式启动。2021年6月25日，全国统一的碳交易市场开启，交易中心设在上海，登记结算中心设在武汉。2021年7月16日，全国碳排放权交易市场启动上线交易。发电行业成为首个纳入全国碳市场的行业，纳入重点排放单位超过2000家。碳市场是市场机制控制和减少温室气体排放、推动经济发展方式绿色低碳转型的一项重要制度创新，也是加强生态文明建设、落实国际减排承诺的重要政策工具。碳市场通过标杆法发放企业排放配额，按时履约，奖优罚劣，推动企业自觉主动节能减排，是实现碳达峰与碳中和目标的核心政策工具之一。这一切，都给企业气候传播带来巨大的挑战。

首先，碳达峰碳中和目标需要在企业层面的经营管理予以具体落实，而我国长期的高碳能源结构、低端制造产业、高碳生产模式和盈利模式导致大量的企业人员，包括高层管理人员对绿色低碳发展的国家战略认识不足，对企业绿色低碳发展战略思路不清晰，把节能减排与企业高速发展对立起来。而且，原有的企业战略、企业文化和企业制度中，没有绿色低碳发展理念这一块内容，使得绿色低碳发展理念与它们是"两张皮"，没有融入其中，成为企业精神内核。碳市场对企业节能减排的强制约束需要企业迎难而上，变消极被动减排为积极主动减排，在能源结构、技术与产品研发、生产、供应链、营销、物流、服务、回收利用、行政管理等全方位推进绿色低碳发展。这些都要求企业必须制订企业绿色低碳发展战略，构建绿色低碳发展的文化与制度，加强内部动员，统一观念，落实到行为。现在，企业面临重大发展转型，需要企业管理人员，尤其是企业高层管理人员首先要提高自身政策认识与领悟，增强绿色低碳管理的能力，融会贯通，结合实际进行企业绿色低碳发展战略、文化与制度创设与重构。

其次，新技术，新产品被社会接受有一个创新扩散的过程，企业积极主动追求绿色低碳发展，加大创新投入，催生了原创性、颠覆性的节能技术与绿色产品诞生，这些技术与产品在市场上进行广泛推广需要时间，促使市场接受并为企业带来经济效益，但这个过程并不容易。产业下游企业、经销商或消费者对节能技术与绿色产品的接受，会受到价格、路径依赖、配套设施、政府示范等诸多因素影响。怎样把节能技术与绿色产品的优势和下游企业、经销商或消费者的利益结合起来，找到适当的诉求点和诉求方式，在价值观、产品性能、性价比、公益性、合规性等方面获得他们认同，需要企业营销人员、传播专家认真研究传播技巧，针对不同目标受众，设计不同的沟通策略和沟通路线。

最后，企业营销经历了生产者主导、消费者主导和价值主导三个阶段，由增进产品销售到提高顾客满意度到公众价值认同。在市场激烈的竞争中，企业创新性产品、企业价值观、企业社会贡献越来越成为企业核心竞争力的共同构成元素。被公众认同的企业既要产品出众，还要价值观契合、社会贡献突出，这需要企业面面俱到，成为全方位的"优等生"。因此，企业不仅要积极研发生产绿色产品，开展绿色产品的营销传播，向社会公众普及绿色产品相关知识进行市场推广；还要积极将绿色低碳发展理念纳入企业文化建设，并对内对外进行企业绿色低碳文化宣传；更要开展绿色低碳文化的公益传播、公关传播，动员更多的主体和社会公众参与到全民低碳行动中，构建多维度立体传播框架，多维度激发公众对企业绿色低碳形象的正面态度，从而获得公众对企业价值观的认同，对企业社会贡献的认同，这样才能增进对企业及产品的认同。

第二节 新时代我国企业气候传播的角色定位

角色定位是指在特定情境或环境下，明确确定个体、组织或团体所应扮演的角色和定位。这个过程通常涉及识别和理解自身的特点、优势、责任和目标，并将其与周围的环境、需求和期望相匹配，以便更好地履行职责和发挥作用。在不同的情境中，个体或组织可能扮演不同的角色，如领导者、合作伙伴、顾问、倡导者、执行者等。角色定位有助于明确个体或组织在特定领域内的职能和责任，从而更好地发挥其潜力，实现目标，并与其他相关方共同合作。在企业气候传播中，角色定位是指企业在应对气候变化和推动环保事业中所应扮演的具体角色。例如，企业可以是先行示范者，积极参与者，信息传递者，绿色技术推动者等。通过明确角色定位，企业能够更好地把握自身的核心价值和社会责任，有效地参与气候行动，推动可持续发展。在新时代生态文明建设与绿色发展理念背景下，我国企业角色定位可以分为以下几类：

一　绿色转型示范者

所谓"绿色转型示范者"，是指在某一领域或行业中，以自身的积极行动和表现作为榜样，率先采取先进的做法和措施，以鼓励其他企业或个体跟随其示范并采取相似的行动。在企业气候传播中，先行示范者是那些在应对气候变化和环境保护方面主动积极的企业，在气候传播中发挥着重要带动作用。在低碳减排上，这些先行示范企业通过采用低碳技术、节能措施、使用可再生能源等方法，积极减少其产生的碳排放，以示范如何在经营中降低碳足迹。在绿色转型上，先行示范企业主动推动绿色转型，将环保理念融入企业的战略规划和业务模式，努力实现环境友好型的经营。在环保技术创新上，这些企业大力投入资金和资源，推动环保技术的研发和应用，以推进产业的绿色升级和可持续发展。在可持续供应链上，它们广泛关注供应链的环保和社会责任,鼓励供应商采取绿色生产和社会负责任的做法。在环境报告公开上,这些企业主动向公众公开企业的环境绩效和环保目标,增强企业的透明度,让公众了解企业的环保行动。在环保倡导上,通过参与环保宣传活动、加入环保组织,积极呼吁其他企业和公众共同关注气候问题和环保行动。在合作与分享上,这些企业乐于与其他企业分享自身的成功经验和最佳实践,鼓励业内合作,共同推动气候行动。通过先行示范企业的积极行动,其他企业可以从中汲取启示和获得动力,逐步跟进并采取类似的环保措施。这种带头示范的作用在气候传播中尤为重要,能够促进更多企业共同参与气候行动,推动社会整体朝着低碳、环保、可持续的方向发展。

企业可以在气候传播中担当先行示范的角色,通过自身积极的减排措施和绿色转型实践,树立榜样,向其他企业和社会传递积极的环保信号。例如,作为国家设立的七个碳排放权交易试点之一,湖北碳市场的成功离不开湖北碳排放权交易中心在体制机制创新、服务客户等方面的努力,也得益于湖北碳排放权交易中心长期以来对低碳传播工作的重视,通过对内、对外传播的双向发力调动全社会践行绿色低碳行为的积极性。在企业内部,湖北碳排放权交易中心在通过中心企业管理制度传播、员工岗位培训等传统方式开展内部传播的同时,因势而谋、应势而动、顺势而为,积极推进传播形态创新,积极探索多媒体、全媒体传播,做好传播手段建设和创新,通过个性化制作、可视化呈现、互动化传播,不断稳固中心企业形象传播、企业文化构建的基本盘。在对外传播上,积极推广碳市场制度传播,扩大政策影响力。湖北碳排放权交易中心立足湖北碳市场,在参与湖北碳市场建设的过程中产出了大量制度成果,积累了丰富的制度研究经验,如配合主管部门制定了《湖北省碳排放权交易试点实施方案》《湖北省碳排放权交易与管理暂行办法》;通过培训、会议论坛等推广湖北碳市场机制及经验,扩大行业影响。其中,与东盟中心深入开展合作,合力建设"一带一路"绿色大数据平台,并承担其中"低碳大数据"的相关工作。另外,碳交中心每年都受邀参加国际气候大会,并在会上发言交流,传播湖北碳市场建设经验和成效。

二 气候行动参与者

所谓"气候行动参与者"是指在气候传播中,企业主动投身到气候行动和环境保护事业中,并采取积极的措施来应对气候变化和推动可持续发展。积极参与者不仅关注自身的绿色转型,还积极响应社会和政府的呼吁,参与碳减排、环保项目,共同构建绿色生态。企业应该积极参与气候行动,响应国家和国际的气候政策。具体来看,在落实政策要求方面,积极参与者认真遵守政府的气候政策和环保法规,主动履行企业的环保义务,这不仅是出于法律要求,更是企业自身社会责任。在市场机制上,气候行动参与者积极投身全国碳市场交易,参与购买和出售碳排放权,以实现减排目标,并与碳中和企业合作,共同推动低碳发展。在环保项目合作上,企业加大环保投资,投入资金和资源进行环保设施建设和环境治理,改善生态环境;与环保组织、政府部门等合作,共同推动环保项目的实施,如植树造林、海洋保护、水源保护等。与供应商建立可持续供应链,共同推动环保、社会责任的实践。在社会推广上,这些积极参与者推动环保技术的应用和普及,促进低碳技术的推广和应用;支持环保公益慈善事业,捐赠资金、物资,回馈社会,关爱环保事业。积极参与者的行动不仅有助于改善企业形象,还为构建绿色、低碳的未来作出了实质性的贡献。同时,积极参与者的示范和鼓励也能够带动更多企业参与气候行动,共同推动全社会朝着可持续发展的目标迈进。

通过积极参与气候行动和环保事业,企业能够更好地履行社会责任,促进企业的可持续发展。例如,中国建设银行作为首家担任银行业协会绿色信贷专业委员会主任单位的商业银行,通过金融工具的创新与升级大力发展绿色金融,推动经济转型绿色发展,助力国家生态文明建设,彰显了国有大行的责任担当。绿色金融通过为环保、节能、清洁能源、绿色交通、绿色建筑等领域的项目提供投融资、风险管理、项目运营等金融服务,引导资源从高污染、高能耗产业流向理念、技术先进的部门,从而促进环境保护及治理。通过建行内部战略体制建设传播、举办会议座谈以及各分行开展业务培训、对外宣传等传播手段，中国建设银行凝练"绿色金融理念"并将其内化融入企业文化。自推广实施以来，全行绿色信贷余额增速不断加快，吸引越来越多的企业加入"绿色金融"项目对其企业进行转型升级，建行的社会责任表现也因此逐步提升。2019年，中国银行业协会组织的绿色信贷在绿色银行评价中位居大行前列。近些年，建行在运用一系列传播手段对其项目进行推广宣传的同时，也树立了其有绿色金融创新的企业新形象，并且将其逐步打造成一种企业文化，从企业核心价值观、产品理念、服务理念，到企业内部员工工作方式与流程规范节能减排的办公与生活行为、践行等，都融入了绿色低碳发展观念，在加深社会对企业绿色金融产品认同的同时，也树立起了"绿色"企业形象。

三 环保信息传递者

所谓"环保信息传递者"，是指在企业气候传播中，企业充当起传递气候变化和环保信息的角色。信息传递者通过多种渠道向公众、利益相关者和员工传递气候变化相关的知识、措施和成果，以增加对气候问题的认知，提高环保意识，促进公众和其他利益相关者的积极参与和支持。在具体行动上，信息传递者具有以下八个特点：一是宣传企业的环保成果：信息传递者通过企业网站、社交媒体、新闻稿等渠道，宣传企业在气候行动方面所取得的成绩和环保成果，向公众展示企业的环保形象和努力。二是教育公众和员工：信息传递者开展环保教育活动，向公众和员工传递气候变化的知识和环保意识，提高大家对环保重要性的认识。三是举办环保讲座和培训：信息传递者组织环保讲座、培训等活动，邀请专家学者分享环保经验和研究成果，推动气候变化相关知识的普及。四是发布环境报告：信息传递者编制并公开企业的环境报告，向公众和利益相关者披露企业的环境绩效、减排目标和环保计划。五是参与环保活动：信息传递者积极参与各类环保活动，如清洁行动、植树造林等，向公众传递企业对环保的承诺和行动。六是与媒体广泛合作：信息传递者与媒体合作，发布绿色新闻、环保宣传报道等，将环保信息传递给更广泛的受众。七是通过社交媒体传播：信息传递者利用社交媒体平台，发布环保内容，吸引更多关注和参与。八是利用环保标识和宣传物料：信息传递者将企业的环保理念和成果体现在宣传物料、产品包装和环保标识上，向公众传递企业的环保形象。

通过充当信息传递者的角色，企业能够向公众传递积极的环保信息，增强公众对气候变化的认知，培养环保意识，促进公众参与到气候行动中。同时，有效的信息传递也有助于塑造企业的社会形象，提升企业的社会认同度，为企业的可持续发展打下坚实基础。随着可持续消费意识的兴起，消费者对产品的关注已不仅仅停留在满足基本生活需要，更多人开始追问产品在设计、生产、运输、销售以及使用过程中对环境产生了什么影响。如果企业尚未作出低碳转型，消费者行为的转变在短期内会导致企业客户群流失、销售额下降等情况，而在长期则可能影响企业的品牌形象。必须把可持续发展融入企业的品牌基因，才能持续吸引消费者，实现长足发展。例如，随着行业低碳转型需求的日渐紧迫，循环经济模式的运用和推广也成为当务之急。在服装纺织品行业，不少服装品牌已经在积极研发衣物降解新技术，并且面向 C 端消费者推出旧衣回收计划。除此之外，一些时尚电商巨头推出了"二手交易"平台。在日化品行业，低碳生产需要进行原材料、生产线的改善更迭，减少资源浪费也需要推进包装的循环利用。许多跨国日化公司正从战略层面自上而下推进循环经济模式的试点。

四 伙伴关系建构者

所谓"伙伴关系建构者"，是指企业在气候传播中，与政府、非政府组织、学术界等各方形成合作伙伴关系，共同推动气候行动和环保事业。通过与合作伙伴共同合作，企业能够汇聚更多的资源、专业知识和支持，加强合力，实现共同的气候目标。首先是与政府部门开展合作：政府是气候治理的重要参与者和决策者。通过与政府部门合作，企业能够更好地了解政府的气候政策和法规，遵守相关规定，同时政府也能为企业提供政策支持和指导，推动企业的低碳转型。其次是与非政府组织（NGO）的互利共赢：环保 NGO 和非营利性组织在气候传播中发挥着重要推动作用。通过与环保 NGO 合作，可以借助其专业知识和资源，开展环保项目，共同推动环保行动，加强公众和社会的参与。再次是以智库为代表的学术界，他们的研究成果和专业知识对于气候传播和环保行动具有重要参考价值。通过与学术界合作，企业可以获取最新的研究成果，推动科技创新，开发环保技术。最后，是与产业协会、上下游供应商和其他企业的深度联系：企业可以通过加入产业协会，与同行业企业共同研究和解决行业内的气候问题，促进行业的可持续发展；企业之间也可以形成合作伙伴关系，共同推动环保和气候行动。合作的企业可以共享经验、资源，互相鼓励和支持；通过与绿色供应商合作，企业能够优先选择环保、低碳的产品和服务，推动供应链的可持续发展。企业可以与其他组织或企业共同发起环保倡议，呼吁更多企业和公众参与气候行动，形成更大的声势和影响力。

通过与各类合作伙伴展开合作，企业能够整合各方力量，形成合力，共同推动气候传播和环保行动。合作伙伴关系不仅能够帮助企业更好地实现气候目标，也为企业树立积极的社会形象，增强企业的社会责任意识，促进可持续发展。例如，作为负责任的大型央企，国家电网立足国情，把握自身工作实际，深刻领会到电网功能及其社会属性，坚定不移地发扬绿色低碳责任和意识，制定绿色发展战略，深入思考战略本质，推动实践绩效，努力推进自身、产业和社会的绿色低碳协同发展，全面发挥电网优势，带动企业和社会经济转变为低碳高效模式，在全社会范围内凝聚绿色低碳共识，集结社会合力为节能减排做贡献，成为企业绿色低碳社会责任传播的先锋力量。企业的供电服务网络遍布各地，高覆盖的辐射区域使其传播范围广泛，电网设法激发全体员工参与绿色低碳行为的积极性和主动性，大力支持社会绿色传播平台建设，汇聚多方力量，传播生态文明，为国家生态进步提供稳定的资源和社会保障。在大力开展环保宣传的基础上，电网主动配合各级生态环境主管部门组织主题宣传活动，发放宣传材料，发表宣传文章，发布环保政策与形势任务宣传手册，利用"电网头条""环境保护"等微信平台和广播、电视、报纸等大众媒体，不断传播电网环保传播知识。

五 绿色技术推动者

"绿色技术推动者"是指在企业气候传播中，积极推动绿色技术的发展和应用的企业或组织。这里的"绿色技术"，主要指的是环保和低碳技术，包括可再生能源、清洁生产技术、节能技术等，旨在减少对环境的影响，降低碳排放，促进可持续发展。作为绿色技术推动者，企业在气候传播中发挥着关键作用，通过技术创新和应用，助力实现低碳转型和环保目标。以下是作为"绿色技术推动者"的企业在气候传播中的一些特点：在环保技术研发与推广上，绿色技术推动者积极投入研发资金，厚植绿色创新发展氛围，开展环保技术的研究与创新，并将绿色技术广泛应用于企业的生产和经营过程中，推动其在行业内的普及，满足市场对环保、低碳产品的需求。在技术普及培训和分享交流上，绿色技术推动者通过组织培训和技术交流会等活动，普及绿色技术知识，推动技术的广泛应用；与行业内外的相关利益相关者分享自身的技术经验和绿色创新成果，促进技术交流与共享。在政策和市场参与上，绿色技术推动者积极参与环保和气候政策的制定过程，为政策的出台和实施提供建设性建议；支持绿色创业者，鼓励和资助具有环保潜力的创新项目。

绿色技术的推广和应用有助于减少碳排放，提高资源利用效率，促进经济可持续发展，为建设生态友好型社会奠定基础。通过成为绿色技术推动者，企业不仅能够提高自身的竞争力和创新能力，还能为推动整个行业向绿色、低碳方向转型发展作出积极的贡献。例如，格力电器作为民族品牌的代表，一直积极响应国家低碳发展的战略规划，在节能减排上不断推陈出新，通过技术创新引领绿色家用电器研发和生产，努力降低产品能耗，提高产品能效比。低能耗、高能效一直是格力电器的研发重点和产品卖点，从"低频运行才是关键"——运行频率仅为6赫兹的"月亮女神"变频卧室空调，到刷新变频空调产品性能记录的"1赫兹变频空调"，格力电器一步步地创新与突破，为格力赢得了市场的肯定，一步步成为中国家电行业的龙头老大。多年的经营，得到了行业主管部门和消费者广泛的认可，但是格力并不想止步于此。随着能源技术的进步，格力从中看到了从低碳产品到零碳家居发展的可能，希望通过技术创新、产品创新实现"零碳健康家"的目标。在气候传播上，格力利用多种营销方式与传播渠道，以超级人物IP、公关事件营销、赛事传播以及各类线上传播为主要形式致力于打造全方位、深层次、高精度的整合营销、传播模式，将企业的"绿色"文化深入人心，并在这个过程中通过引领行业潮流、制定行业标准、主办行业会议等方式，让"绿色才是真科技"的企业观念逐步推广至行业，并深刻影响家电行业的未来，从而打造看得见的美好生活。

六 社会责任实践者

所谓"社会责任实践者"，是指企业将气候传播纳入其社会责任的范畴，将环境社会责任融入企业经营和发展，通过环保投资、公益慈善和社区支持等方式，回馈社会的同时，促进自身可持续发展。企业应该认识到其在社会中的角色和影响，积极履行社会责任，关注社会公众的利益。以下是社会责任实践者的一些特点和行动：在社区支持上，社会责任实践者关注所在社区的需求和问题，积极参与社区发展，支持社区公益项目，提高社区居民的环保意识。在公益慈善上，社会责任实践者通过捐赠资金、物资或参与公益活动，回馈社会，支持环保和气候保护等公益事业。在人权与劳工权益保障方面，社会责任实践者尊重和保障员工的权益，关注人权问题，采取措施确保员工的安全和福祉。在透明度与道德经营上，积极公开企业的社会责任举措和环境绩效，保持企业运营的透明度，倡导道德经营。在气候教育与倡导上，通过组织气候教育活动、参与气候倡导，提高公众对气候问题的认知，推动社会气候行动。在公共政策参与上，通过参与公共政策的制定过程，提供企业和社会责任相关的意见和建议，推动政策的出台和落实。

社会责任实践者的行动不仅体现了企业对社会和环境的关心和关

注,也有助于提升企业的社会形象和声誉。这种积极的社会责任实践对于推动气候传播和环保事业的发展具有积极的促进作用。同时,社会责任实践者的表率作用也会激励其他企业加入气候行动,共同构建绿色、可持续的未来。例如,蚂蚁森林是支付宝客户端为首期"碳账户"设计的一款公益行动,于2016年8月正式推出,因其应对气候变化的创新路径和积极示范,蚂蚁森林获得2019年"地球卫士奖"的"激励和行动"奖。蚂蚁森林将用户的步行、地铁出行、在线缴纳水电煤气费等减排行为加以记录,通过计算转化为虚拟的绿色能量球,累积到规定数量就可以在支付宝里养一棵虚拟的树,公益组织、环保企业等蚂蚁生态合作者,会"买走"用户的"树",在现实某个荒漠种下一棵实体的树。作为一个践行低碳行为的互联网绿色公益项目,通过网络成功将企业公益与广大消费者减排行为关联起来,从企业主动承担绿色低碳责任推广到倡导公众减排责任,号召全社会共同为节能环保、防治荒漠化贡献力量。该活动唤醒数亿人的环保意识,用行动面对气候变化挑战,让每个个体都加入保护地球的行动。通过蚂蚁森林,一点一滴的改变正在蔓延,人人随时随地都能参与到低碳行动中,共同守护地球的环境清洁,改善赖以生存的美好家园。

七 环境风险管理者

所谓"环境风险管理者",是指在企业气候传播中,负责识别、评估和管理企业可能面临的环境风险,采取预防性措施,降低气候变化对企业经营的不利影响。这些环境风险具体包括气候变化影响、自然灾害、资源短缺、环境污染等问题,对企业的经营和发展可能带来不利影响。以下是环境风险管理者在企业气候传播中的一些特点和行动:在风险评估与预警上,环境风险管理者对企业所处地区的环境风险进行评估和预警,识别可能的环境风险和潜在威胁。在预防控制措施上,环境风险管理者采取预防措施,降低环境风险的发生概率,如加强设施安全管理、进行环境保护设施的维护和更新等。在应急预案与响应上,环境风险管理者制定应急预案,以应对突发环境事件,及时采取相应措施，减轻对企业和环境的影响。在环境监测与报告环节，环境风险管理者对企业的环境状况进行监测和评估，定期向相关部门和公众报告环境数据和环保措施。在公众参与与沟通层面，环境风险管理者与公众进行沟通和交流，增加公众对企业环境风险管理的了解和信任。通过有效的环境风险管理，企业能够更好地应对潜在的环境挑战，保障企业的稳健经营，减少环境风险对企业的负面影响。

环境风险管理者的责任不仅仅是保护企业自身的利益，更是对社会和环境负责的表现，有助于推动企业向着可持续发展的目标迈进。例如，北京经济技术开发区从建设那天，就将绿色发展确定为发展战略，致力于建设宜业宜居绿色新城市。近些年，北京经济技术开发区坚持绿色低碳发展，科学应对各类环境风险，从产业约束到清洁能源节约利用，再到加强大气污染治理和污水处理、落实清洁空气行动计划，再到"无废城市"建设，一步一步践行着新发展理念。迄今为止，开发区已先后获得国家生态工业示范园区、国家循环化改造示范园区和国家级绿色园区等建设支持。2020年，园区对未来生态建设进行了新的部署，启动"无废城市"建设，为打造世界一流的产业新城吹响了新的号角。他们的发展之路，给国内的其他园区提供了一个样板。只有把绿色作为底色，发展才会有亮色。"无废城市"的建设不仅将让我们的生活环境更加宜居，背后还蕴藏着巨大的经济效益，据估计，到2030年我国固废分类资源化利用的产值规模将可达到7万亿—8万亿元，有望成为一个重要的产业门类。

第三节 新时代我国企业气候传播的话语建构

企业气候传播话语体系构建是指企业在与外部公众、利益相关者和社会进行气候传播时，构建和塑造一套有组织、有条理、有目标的沟通话语体系。这个话语体系旨在传达企业在气候变化和环保方面的立场、努力和成就，同时形塑企业在公众心目中的形象和认知。通过构建积极、透明、可信的话语体系，企业能够传递准确可靠的气候和环保信息，确保公众对企业的认知是基于真实情况的，借以增强公众对企业的好感和认同，使公众更愿意信赖企业的气候承诺和努力，塑造企业形象。此外，积极的话语体系能够鼓励社会广泛参与气候行动和环保事业，激励企业在气候问题上持续投入和创新，吸引公众参与企业的环保活动，增强公众的环保意识和行动能力，推动社会共识，为可持续发展营造有利条件。在新时代，企业气候传播的话语体系应当更加注重社会责任、可持续发展和公众参与。企业需要构建一个有力、一致、透明和可信的气候传播话语体系，积极回应社会的期待和关切，通过有效的传播，共同推动气候保护和环保事业的发展，为构建绿色、可持续的未来贡献力量。具体来看：

一 构建绿色低碳企业文化

企业文化是在一定的条件下，企业生产经营和管理活动中所创造的具有该企业特色的精神财富和物质形态。它包括企业愿景、文化观念、价值观念、企业精神、道德规范、行为准则、历史传统、企业制度、文化环境、企业产品等。企业文化由三个层次构成：（1）表面层次的物质文化，是指由职工创造的产品和各种物质设施等构成的器物文化，称为企业的"硬文化"。包括厂容、厂貌、机械设备，产品造型、外观、质量等。（2）中间层次的制度文化，包括领导体制、组织机构和管理制度等。（3）核心层次的精神文化，称为"企业软文化"。是用以指导企业开展生产经营活动的各种行为规范、群体意识和价值观念，是以企业精神为核心的价值体系。它包括企业哲学、企业精神、企业经营宗旨、企业价值观、企业经营理念、企业作风、企业伦理准则等内容，是企业意识形态的总和。

本研究系统整理了我国一些知名企业的企业文化（见表5-1），发现绿色低碳企业文化主要由以下三个方面构成：

（一）绿色低碳物质文化

物质文化是企业的第一印象[1]。企业绿色低碳物质文化主要内容

---

[1] 参见章喜为、涂曦《论低碳理念导向下的企业文化建设》，《全国商情》（理论研究）2010年第22期。

包括绿色低碳厂区、低碳车间、低碳设备、低碳产品、低碳标识以及低碳办公环境等。例如，人们对钢铁企业一直是"高耗能、高污染"的印象，宝钢集团在持续推进绿色制造的同时，也高度重视厂区环境建设，将厂区打造为环境优美的现代花园钢厂，与城市和谐共生，并对公众开放工业旅游，展现厂容厂貌的工业与自然交融之美。宝钢集团积极作为，建设生态和谐的"城市钢厂"，获得了"中华环境奖"这一国内环保领域最高社会性奖项。再如，新能源汽车企业低碳物质文化集中体现在汽车产品本身，新能源汽车整车设计、电池储能、续航水平等硬件是否真正实现节能减排，这是企业绿色低碳物质文化层面最重要的展现。

（二）绿色低碳制度文化

企业绿色低碳制度文化主要体现在领导体制、组织机构和规章管理制度三个方面。在领导体制上，要指定专门的领导人，并赋予明确的绿色低碳领导权力。在组织机构上，设置专门的低碳发展管理部门、低碳宣传部门或人员，其中，低碳发展管理部门是企业制定绿色低碳发展战略及目标、管理碳交易、制定企业绿色低碳管理制度并组织实施、进行评估的重要机构。而企业绿色低碳宣传部门或人员的设置则主要负责对内开展绿色低碳宣传、教育培训、对外开展企业绿色低碳宣传报道及公关活动的机构。在规章管理制度上，以明文规定的制度条文来确立企业生产、营销、管理、公益等各岗位绿色低碳责任，规范员工在生产、营销、管理、公益等方面的行为，做到节约能源资源，践行绿色低碳理念。

（三）绿色低碳精神文化

企业绿色低碳精神文化就是用以指导企业开展绿色低碳生产经营活动的各种行为规范、群体意识和价值观念，包括在企业哲学、企业精神、企业经营宗旨、企业价值观、企业经营理念、企业作风、企业伦理准则等内容中体现的绿色低碳文化。企业哲学体现了企业对人与自然和谐共生关系的意识形态，企业精神反映了企业全体或多数员工对企业节能减排、绿色低碳发展认同的态度与思想境界，经营宗旨体现了企业绿色低碳最高目标和理想，企业价值观体现的是企业绿色低碳基本信念和奉行的目标，企业经营理念彰显企业绿色低碳的生存价值、社会责任、经营目的、经营方针、经营战略和经营思想，企业作风反映企业员工对待绿色低碳工作的状态、情绪、信心、责任与习惯，企业伦理准则体现了企业对环境保护、应对气候变化、绿色低碳发展、社会责任等方面的行为准则。绿色低碳精神文化是企业的灵魂，是企业的绿色低碳形象的内核。

表5-1　　　　　　　　我国知名企业的企业文化一览表

企业名录	企业文化	特色行动
国家电网	宗旨：人民电业为人民； 使命：为美好生活充电、为美丽中国赋能； 精神：努力超越追求卓越	设立国家电网公益基金会，发布企业社会责任报告
宝钢股份	愿景：成为全球最具竞争力的钢铁企业和最具投资价值的上市公司； 使命：做钢铁业高质量发展的示范者做未来钢铁的引领者； 价值观：诚信创新绿色共享； 文化认知：宝钢人的知与行	设立战略、风险及ESG委员会，发布《可持续发展报告》《气候行动报告》
比亚迪汽车	愿景：新能源汽车领导者； 企业低碳战略：致力于用技术创新促进人类社会的可持续发展，助力实现"碳达峰、碳中和"目标； 发展理念：技术为王、创新为本； 核心价值观：竞争、务实、激情、创新； 使命：用技术创新，满足人们对美好生活的向往	
万科	愿景：以人民的美好生活为己任、以高质量发展领先领跑，伟大新时代的好企业； 使命：为最广大的利益相关方，创造更长远的真实价值； 核心价值观：大道当然、合伙奋斗； 战略定位：城乡建设与生活服务商； 经营方针：创造真实价值、以客户为中心、以股东为优先、以奋斗者为本； 制度安排：混合所有制、事业合伙人制度	设立万科公益基金会，发布《可持续发展报告》
格力	使命：弘扬工业精神，掌握核心科技，追求完美质量，提供一流服务，让世界爱上中国造！ 企业愿景：缔造世界一流企业成就格力百年品牌； 核心价值观：少说空话、多干实事，质量第一、顾客满意，忠诚友善、勤奋进取、诚信经营、多方共赢，爱岗敬业、开拓创新，遵纪守法、廉洁奉公； 经营理念：一个没有创新的企业是没有灵魂的企业；一个没有核心技术的企业是没有脊梁的企业；一个没有精品的企业是没有未来的企业； 服务理念：您的每一件小事都是格力的大事	零碳健康家、光储空调系统

续表

企业名录	企业文化	特色行动
腾讯	愿景及使命：用户为本，科技向善； 价值观：正直、进取、协作、创造	企业社会责任报告、可持续社会价值报告、碳中和目标及行动路线报告、ESG报告
阿里巴巴	使命：让天下没有难做的生意； 愿景：追求成为一家活102年的好公司。我们的愿景是让客户相会、工作和生活在阿里巴巴。到2036财年，服务全世界20亿消费者，帮助1000万中小企业盈利以及创造1亿就业机会； 价值观：客户第一，员工第二，股东第三；因为信任，所以简单；唯一不变的是变化；今天最好的表现是明天最低的要求；此时此刻，非我莫属；认真生活，快乐工作	社会责任报告、ESG报告

资料来源：作者搜集各大企业网站整理。

二 创设绿色低碳企业管理制度

绿色低碳企业经营管理理念涉及的内容很广，涵盖了企业规划、研发、生产、销售、物流、售后服务、回收以及各供应链领域，要求企业在实际经营管理中践行绿色低碳理念，降低能耗和成本，不同规模、不同行业的企业低碳经营管理侧重点不同。企业应在各个管理环节中整合绿色低碳的工作思路，这包括供应链管理、产品设计、生产流程、能源使用、废物管理等。

（一）绿色低碳节能规划管理制度

目前，我国已全面建立实施绿色、节能、低碳认证认可制度，这些认证认可制度既有政府管理部门发起的，也有行业协会发起的，还有专业认证机构以及非政府组织发起的。由此产生了各类绿色、节能、低碳认证认可标识，其中包括中国环境标志认证、中国环境标志（Ⅱ型）认证、环保生态产品认证、中国环保产品认证、中国绿色产品认证、中国绿色环保产品认证、绿色建材认证、绿色建筑认证、中国环境质量产品认证、中国有机产品认证、绿色食品认证、中国气候好产品认证、中国天然氧吧认证、中国低碳产品认证、中国节能认证、中国节水认证、森林认证、能源管理体系认证、绿色供应链认证、绿色低碳电器认证、碳标签、碳排放量审定/核查以及相关合格评定机构（见图5-1）。对企业而言，绿色、节能、低碳认证认可，是目标管理，通过开展绿色、节能、低碳认证认可，可以明确企业在绿色低碳指标上的努力方向，提升企业及产品的能效和减排效率，激发企业应用节能减排先进管理技术的积极性，引导绿色低碳生产和消费模式，促进节能减排控制目标的落实。

图5-1 绿色、节能、低碳认证标识举隅

（二）绿色低碳产品研发设计制度

企业在产品的研发设计的过程中，不仅要考虑产品功能实用、质量过硬、外形美观、包装有特色等问题，还要考虑产品在生产加工过程和使用过程中的绿色低碳问题，并把它作为产品研发设计优选标准，从产品源头就植入绿色低碳的特征，这样才能为社会提供更多更好的绿色低碳产品。

例如，在新能源汽车领域，比亚迪把成为"新能源汽车领导者"作为企业奋斗目标，凭借技术研发和产品设计创新实力，比亚迪已掌握电池、芯片、电机、电控等新能源汽车全产业链核心技术，成为国产新能源汽车的领头羊。比亚迪双模混合动力技术，经过10余年不断升级，打造出了动力性能和经济性能同样出色的双模混合动力技术平台；2020年3月推出高安全的刀片电池，采用了磷酸铁锂技术，彻底改变中国电池方向。2021年4月19日，比亚迪在上海国际车展发布新一代e平台（e平台3.0），基于e平台3.0打造的电动车，零百加速最快仅需2.9秒，续航里程最大可突破1000公里。百公里电耗比同级别车型降低10%，冬季续航里程至少提升10%。比亚迪核心低碳技术加上它的整车设计创新，不仅使它的新能源汽车获得市场热烈响应，也获得了行业高度认同。2020年，比亚迪实现营业收入1565.98亿元，同比增长22.59%；归属上市公司股东净利润为42.34亿元。2021年，比亚迪实现营业收入2161.42亿元，同比增长38.02%；归属于上市公司股东的净利润为30.45亿元。2022上半年，比亚迪超越特斯拉成全球新能源车销冠。比亚迪汽车高效大功率轮边驱动系统关键技术入选2019世界新能源汽车大会"全球新能源汽车创新技术"名单；比亚迪高集成刀片动力电池技术获得2020年世界新能源汽车大会"全球新能源汽车创新技术"大奖；比亚迪唐获2020年中国专利奖（外观设计）金奖。

（三）绿色低碳企业生产流程管理制度

生产过程，是指从产品投产前一系列生产技术组织工作开始，直到把合格产品生产出来的全部过程。在企业生产过程中，原材料采购，采购之后的运输、运输后的仓储、生产过程的能源消耗、原材料使用与回收、工艺流程的设计等，每一个岗位的工作都涉及绿色低碳的问题，要通过制订实施生产岗位责任制度，促使每一个员工在每一个生产环节中，履行绿色低碳，勤俭节约的岗位责任，控制生产过程排放。例如采购绿色低碳的原材料，尽可能本地采购，减少运输环节，使用清洁能源，错开用电高峰时段，改进工艺流程，提高能源与生产效率，原材料使用过程中注意节约与回收利用等。

广汽丰田从创立开始就以"构建中国NO.1环境企业"为目标，致力于打造可持续发展的绿色工厂，从绿色产品、绿色工厂、绿色产业链等环节全方位打造车辆绿色生命周期，助力国家"30·60碳达峰、碳中和"目标的实现。2020年，广汽丰田通过了"广汽丰田环境中期规划（2021—2025）"，从研发、采购、销售、生产等各个环节，联动全产业链，努力成为"与自然共生企业"。在研发源头，广汽丰田致力于降低CO_2排放，挑战2050年实现新车CO_2零排放。在采购方面，广汽丰田制订了《绿色采购指南》，依照"就近原则购置""健全周边配套设施"的战略方针，在整个供应环节上努力实现降低成本和实施碳减排措施。在能源及碳排放管理方面，广汽丰田全面布局可再生能源利用，导入光伏发电系统，充分利用厂房屋面及停车场铺设太阳能板，力图实现"自发自用，余电上网"的电能供应模式，目前能为企业生产提供年发电量1020万千瓦时的自产清洁能源，待新生产线等光伏项目投产并网后，预计每年发电量达8100万千瓦时，每年可减少CO_2排放6万吨。在生产端，广汽丰田严格推进能源管理与节能减排、通过技术改善持续降低VOC（挥发性有机物）、通过生产工艺改善减少废弃物产生、坚持在生产的各个环节推进节水措施，并定期开展风险递减活动。

（四）绿色低碳供应链管理制度

供应链是指生产及流通过程中，涉及将产品或服务提供给最终用户活动的上游与下游企业所形成的网链结构，即将产品从商家送到消费者手中整个链条。由供应商、厂家、分销企业、零售企业、消费者构成。从上游来讲，主要涉及零配件及原材料的生产、采购及运输，从下游来讲，涉及产品的物流运输、销售、安装、维修保养等。在供应链的每一个环节，都可以通过绿色低碳管理制度对整个过程加以控制，规范各环节绿色低碳考核标准，提高整个供应链的绿色低碳水平。

例如新能源汽车的供应链涉及领域比较多，上游供应链包括电池设备、电解液、隔膜、正负极材料以及所需金属材料，中游产业链包括电池、电机、电控、BMS等重要零部件及整机装配，下游产业链包括运营租赁、充电设施等。新能源汽车绿色低碳供应链管理是从零部件供应到整车交付、配套充电设备、维修保养过程中的所有流程，包括了生产计划、采购、加工生产、运输物流、销售以及配套充电设备、维修保养等步骤，要在整个供应链流程中贯彻绿色低碳化管理标准，作为部门及岗位考核的一项依据。原材料采购上对供应商提出绿色低碳化标准和要求；加工生产中坚持绿色低碳工艺和流程，应用绿色低碳能源与技术；物流上选择低能耗运输工具，制定最优路线；配套充电设备上选择优势场所，实行共享机制，错峰充电；维修保养上坚持绿色保养、低碳修复；同时对报废汽车进行低碳回收，循环利用，减少耗材和污染。新能源汽车绿色低碳供应链可以降低能耗，节约能源，提高能源效率，充分体现了企业绿色低碳经营管理理念。

物流领域作为高端服务业，实现绿色化、低碳化发展是必然选择。通过实现共同配送、循环使用废旧物流设施、进行可重复利用绿色环保包装以及推动低碳物流信息化、电子商务化，可以有效降低物流对生态环境的影响，合理分配资源，减少资源浪费。汽车企业低碳物流主要表现在运输最优化、选择新能源低碳物流车、建立低碳物流电子信息化系统等。

三　传播绿色低碳消费观念

绿色低碳消费又称"可持续消费"，是指消费者在商品的购买、使用和后期处理过程中，满足减少碳排放、生态保护和可持续发展需要，使消费行为对气候变化和环境的负面影响达到最小化的消费模式。绿色低碳消费的内容非常宽泛，不仅包括适度有节制的消费，以避免或减少浪费，也包括优先使用绿色低碳节能产品，还包括资源能源的有效使用、物资的回收利用等。企业可以向公众传播以下几个绿色低碳消费观念：

(一) 适度消费不浪费

随着人民生活水平的不断提升，人们的消费品类、消费档次和消费数量也在加速提高，出现了一些因过度购买、冲动消费引发的浪费。虽然消费者付费了，但是对于社会资源而言，就是一种浪费。

企业可以通过公益传播引导消费者购买确实需要的商品，避免冲动消费、过度购买不需要或用不着的商品，以减少浪费。例如，定食制、光盘行动或将剩余食品打包回家，促销打折季或促销打折商品如无需要也不要购买，有保质期的商品购买的数量要符合自己的使用量，正在使用的商品使用完再换用新的商品等。

(二) 绿色节能产品优先

推广可持续发展的产品和服务，把是否环保、是否节能减排、是否可回收利用等因素作为企业营销的诉求点，鼓励消费者选择具有环保认证、符合绿色标准或生态友好的产品。这包括购买能源效率高的家电、使用可再生材料制成的产品、选择可循环利用的包装以降低废弃物的产生、选择有环保认证的食品等。企业可以提供消费者相关产品信息和比较指标，帮助他们作出环保选择。

(三) 低碳节能好习惯

推广公共交通和非机动出行方式：鼓励使用公共交通工具、步行、骑行等非机动出行方式，减少个人车辆的使用，降低碳排放。宣传公共交通的便利性和环保优势，提供相关信息和出行指南，引导消费者享受绿色低碳出行的好处。

倡导可持续饮食：推广素食、有机食品和本地农产品的消费观念，鼓励消费者减少肉类摄入、选择环保友好的餐饮业务。提倡健康饮食，避免浪费食物，关注食物生产和供应链的可持续性。

节约能源与资源：强调节约能源和资源的重要性，鼓励消费者在日常生活中采取节能措施，如合理使用电力、水资源，选择高效能源设备等。

(四) 循环利用节约资源

塑料减量与回收利用。呼吁消费者减少对塑料制品的使用，鼓励使用可替代塑料的产品,如纸袋、可降解材料等。推动塑料的回收利用,引导消费者正确分类垃圾并参与回收行动,减少塑料污染对环境的影响。

提倡循环经济与再生能源。向消费者介绍循环经济的概念和实践,促进废弃物的回收再利用,例如通过垃圾分类和资源回收站点的设立。宣传再生能源的重要性,鼓励消费者采用太阳能、风能等可再生能源技术,减少对传统能源的依赖。

第四节 新时代我国企业气候传播的行动策略

当前,越来越多的中国企业成为环保倡导者,积极参与气候保护和环保行动。它们在传播中强调企业的社会责任,展现在减排、节能、循环利用等方面的努力,树立积极的形象。新时代中国企业气候传播更加注重环保倡导、科技驱动和国际合作。企业积极参与气候保护行动,将气候问题融入企业发展战略,为推动中国可持续发展和环保事业作出积极贡献。在新时代生态文明建设与绿色发展大背景下,企业气候传播的行动策略应当紧密结合可持续发展目标和社会责任,通过多样化的措施和行动,积极推动气候保护和环保事业。具体来看,有以下几个层面。

一 总体战略层面

(一)深入贯彻和大力宣传习近平生态文明思想

以习近平新时代中国特色社会主义思想为指导,深入贯彻和大力宣传习近平生态文明思想,立足新发展阶段,贯彻新发展理念、构建新发展格局,坚决贯彻落实党中央、国务院关于实现碳达峰、碳中和目标的重大决策部署,进一步加强碳达峰、碳中和传播宣教工作,促进产业结构和能源消费结构调整,建立健全绿色低碳循环发展的经济体系。加快严格控制化石能源消费,提高可再生能源发电规模,引导传统高能高碳产业带头压减落后产能,鼓励高技术产业和战略性新兴产业绿色创新发展，发挥好国有企业特别是中央企业的引领作用，压实民营企业履行主体环境责任，帮助民营企业解决气候治理困难，提高绿色发展能力。倡导绿色、科学、可持续的发展理念，构建市场导向的绿色低碳技术体系，推广绿色低碳前沿技术，推动经济社会绿色转型发展全面提质，高质量引领支撑我国如期实现碳达峰、碳中和。

（二）坚持系统布局、前瞻引领、重点突破、创新引领等基本原则

坚持系统布局。切实提高政治站位，坚持全国一盘棋，坚持系统观念，科学处理好发展和减排、整体和局部的关系。做好顶层设计，坚持党对碳达峰、碳中和传播宣教工作的全面领导，有序推进生态文明与绿色低碳传播宣教进企业、进工厂。

坚持前瞻引领。坚持科学布局，先立后破，科学处理好短期和中长期的关系，循序渐进推进各项工作。坚持实事求是，压实各方责任，根据各行业、各企业的实际情况分类施策，完善相关传播宣教政策体系。

坚持重点突破。加大在碳达峰、碳中和重点领域的传播宣教资源投入力度，指导和督促电力、钢铁、石化、化工、有色、建材、交通等重点领域、行业、企业科学设置目标、制定行动方案，引导企业高质量发展迈出新步伐。

坚持创新引领。充分发挥传播宣教工作推动创新发展、广泛凝聚共识、引领社会风尚的重要作用，创新传播宣教形式，弘扬科学精神，传播科学思想，倡导科学方法，培育科学、绿色、低碳、可持续发展文化，打造好新时代创新发展的"传播之翼"。

（三）构建面向重点行业领域的碳达峰碳中和传播宣教新体系

到2025年，初步构建起面向"两高"行业的碳达峰碳中和传播宣教新体系，形成企业科技创新和传播能力提升的双促进机制，重点行业领域的传播供给侧结构性改革成效显著，为企业抢占碳达峰碳中和科学创新制高点、实现绿色低碳转型与可持续发展提供有力支撑，确保我国碳达峰碳中和目标愿景如期实现。

首先，面向企业的高端传播宣教平台体系基本建成。集聚资源和渠道推动建设"两高行业"碳达峰、碳中和传播宣教平台，建立健全

各细分领域碳达峰、碳中和传播专家库和资源库,做好权威发布、专家咨询、线上传播、线下服务、专题宣传等相关工作。

其次,企业绿色科学创新发展示范效应显著提升。聚焦绿色低碳、减污降碳和碳负排放科技创新领域,建设一批国家级、省级可持续发展创新示范区,争创一批国家科技创新基地,积极推动一批龙头企业牵头组建低碳转型科技创新联合体,设立一批以"率先实现碳达峰碳中和,推动绿色低碳循环发展"为主题的传播宣教示范企业,打造一批国内领先的绿色低碳技术创新集聚平台,充分发挥典型企业的示范引领作用。

再次,企业绿色转型发展高端智库人才竞相汇聚。重点做强一批企业绿色转型与高质量发展后备人才培养基地,做大一批企业碳达峰、碳中和行动高层次智库,做好一批企业碳达峰、碳中和人才培训中心,做好一批碳达峰、碳中和传播宣教名师工程和人才竞赛评比活动,打造一批具有国际顶尖水平的专业人才团队。

最后,企业绿色低碳技术创新氛围日渐浓厚。瞄准世界前沿,强化企业低碳、零碳、负碳技术攻关和技术推广工作,厚植企业创新发展氛围。到2030年,着眼碳达峰战略目标,推动绿色低碳技术创新及产业发展取得积极进展,在可再生能源、储能、氢能、碳捕集利用与封存(CCUS)、生态碳汇等领域关键核心技术达到国际先进水平,抢占碳中和技术制高点。

二 传播策略层面

根据上述战略布局,深化传播供给侧结构性改革,提高面向"两高"行业的碳达峰碳中和传播宣教供给效能,着力固根基、扬优势、补短板、强弱项,构建主体多元、手段多样、供给优质、机制有效的企业科技创新与传播能力提升的双促进机制,在"十四五"时期重点围绕以下几个方面展开工作:

(一)开展习近平总书记重要讲话指示精神研习行动,强化企业绿色发展理念

1. 组织企业各级党委开展专题学习会。将学习宣传贯彻习近平生

态文明思想作为主要政治任务，深入学习贯彻习近平总书记关于碳达峰、碳中和的重要论述精神，全面准确把握核心要义、精神实质、丰富内涵、实践要求，深刻分析企业实现碳达峰、碳中和面临的形势、环境和条件，不断增强贯彻落实的思想自觉、政治自觉、行动自觉。

2. 深化碳达峰、碳中和科学理论学习与研究。充分调动政府部门、企业自身、高等院校、科研院所等各界力量，广泛开展碳达峰、碳中和系统研究。针对"两高行业"实际情况，依据科学碳目标倡议（SBTi）、中小企业气候中心计划（The SME Climate Hub）等国际标准，科学制定企业碳达峰、碳中和行动实施意见和行动方案，明确时间表、路线图、任务书，把碳达峰、碳中和纳入企业中长期发展整体布局。

3. 加大习近平生态文明思想和关于碳达峰、碳中和重要讲话指示精神宣传力度。强化企业宣传引导工作，有效传达相关惠企政策，把贯彻落实碳达峰、碳中和重大部署、实现高质量发展作为企业"争当表率、争做示范、走在前列"的重要标尺，通过线上和线下多种形式，组织实践案例宣传，引领企业坚定不移走生态优先、绿色低碳的高质量发展道路。

（二）加强碳达峰、碳中和战略行动企业动员，支持企业提高绿色发展水平

1. 动员和引导企业不断探索绿色创新发展新模式。持续加大帮扶政策和技术指导力度，引导地方提高环境管理能力、企业提升绿色低碳发展水平，坚决淘汰落后产能，加快企业转型升级，提高企业精细化管理水平和科技创新能力，推动企业生产运营绿色化、清洁化，建设现代化企业。推介一批可再生能源、储能、氢能、碳捕集利用与封存（CCUS）、生态碳汇等领域关键核心技术，优选一批支撑试点城市（园区）重点产业的新锐企业以及服务重点区域科技经济融合发展的产学研融通组织，引导探索技术服务与交易的新业态、新组织、新模式，激活创新引领的合作动能。指导民营企业以减污降碳促转型升级，主动对标高质量发展。对不同类型民营企业，有针对性地提供指导服务，积极利用市场机制，鼓励加快环境管理和节能减排技术创新，推

动民营企业在达标排放基础上不断提高环境治理绩效水平，建设绿色工厂，树立行业标杆。

2. 压实企业积极履行环境社会责任。强化企业环境主体责任意识，发挥企业在社会治理体系中的重要作用，要求企业依法向社会公开碳排放、污染物排放等相关信息、环境年报和企业社会责任报告。组织开展企业环境社会责任相关培训工作，提高企业管理人员依法履行环保义务能力。帮助企业发现问题，紧盯问题整改，切实提高执法效能，实现碳排放"检测—预警—处理—反馈—督导"闭环监管。鼓励民营企业积极履行社会责任，建立自行监测制度，主动公开碳排放信息，自觉接受公众和社会监督。组织开展民营企业绿色发展培训，帮助民营企业及时了解和掌握国家相关法律法规标准、政策措施等，推动企业履行好生态环境保护责任和义务。

3. 营造企业绿色创新发展氛围。构建政府为主导、企业为主体、社会组织和公众共同参与的生态环境治理体系。营造企业环境守法氛围，加强行政审批与执法环节有效衔接，在行政审批的同时，以告知书、引导单等形式告知企业生态环境保护责任义务要求以及办理流程、时限、联系方式等。严肃查处企业环境违法行为，推动形成优胜劣汰的市场竞争环境。厚植企业绿色创新氛围，重点围绕践行新发展理念，大力弘扬科学精神，提高企业绿色创新发展意识，加强企业研发机构建设，强化企业创新主体地位。

（三）深入推进传播供给侧结构性改革，开展面向企业的精准化传播服务

1. 建立健全碳达峰、碳中和传播宣教联动协调机制。各级发改委、生态环境、气象、宣传、科技、科协等部门之间要加强沟通与联系，建立部门协作机制，共同搭建信息平台、技术服务与交易的运营平台，人才与技术的赋能平台，不断促进要素集成，开放融通，资源共享。推动碳达峰、碳中和科技创新与传播服务"进（试点）城市、进行业、进园区、进企业"，提升工作专业化、规范化、常态化、精准化水平。组织动员地方科协、全国学会、企业、高等院校、科研院所、社会组织等多元主体参与，扎实推进"政、产、学、研、金、服、

用"结合，有效汇聚科技创新资源，以试点城市（园区）为依托，以组织创新为核心，拓宽传播载体，打造融通平台，做好传播服务、科技政策推送、创新方法推广、创新人才培养、科技成果转化、学术交流活动组织、技术创新活动组织、外部资源引进、标杆企业培育等，持续构筑科技、经济、生态环境相融合的发展生态。

2. 共建面向企业的碳达峰、碳中和高端传播宣教信息化平台。发挥"科创中国"平台作用，大力推进"两高"行业专业领域内容传播信息化建设，支持传播中国平台升级，针对不同细分产业领域开发储备碳达峰、碳中和行动企业传播内容资源，汇集国家和省级碳达峰、碳中和政策制度、机制平台、工作抓手、典型案例等相关内容，按照"品牌引领、内容为王、共建共享、培育生态"的工作理念，着力打造面向企业的碳达峰、碳中和行动传播内容库、专家库、团队库和品牌矩阵、渠道矩阵、活动矩阵，加大内容生产和传播渠道的统筹力度。

3. 加强面向企业的碳达峰、碳中和传播内容资源建设。强化以企业为核心、兼顾经济利益与社会效益的传播内容输出，构建以企业绿色低碳科技创新成果、企业绿色科学创新文化、企业科技创新人才等为核心的内容供给体系。广泛调研重点行业企业需求和现有作品，围绕"碳达峰、碳中和"、绿色发展、节能减排、低碳技术、应对气候变化等主题，推进行业共识、咨询报告、传播图书、影视动画、展教具等专项创作，大力提高传播作品供给能力。完善传播产品市场化机制，推动社会力量参与开发与制作，在全国范围内形成一批专业化生产机构。实施传播创作精品资助计划，加大传播原创精品创作支持力度，支持遴选和推介宣传一批优秀传播原创作品，不断增强传播供给源头活力。

4. 开展面向企业的碳达峰、碳中和主题传播活动。借力学会组织，推动各级学术交流平台向企业延伸，同时，支持企业结合行业创新需求，定期组织和举办产业展会、行业论坛、项目路演、科学家与企业家沙龙、学术研讨及技术交流活动，实现企业科技创新与科学普及双向促进。利用全国低碳日、生物多样性日、世界海洋日、国际保护臭氧层日、全国科技活动周、全国传播日、文化科技卫生"三下乡"等重要时段和契机,积极面向企业开展知识宣讲、技能培训、案例解读等多种形式传播宣教活动。

5. 培育面向企业的碳达峰、碳中和传播专业人才。聚焦产业需求,坚持市场导向,支持相关学科建设,培养复合型绿色低碳科技人才,加大科技转化和技术服务人才培养,构建高校、科研院所、企业三位一体的人才流动机制。大力加强开放型、平台型、枢纽型企业科协组织建设,加强企业"三支"人才队伍(企业科协负责人、技术经理人、一线创新工程师)培养,实现企业科技创新与科学普及双赢。创建企业绿色转型与高质量发展后备人才培养基地、高层次智库与人才培训中心等,鼓励企业积极培养使用绿色创新型技能人才,在关键岗位、关键工序培养使用高技能人才。发挥学会、协会、研究会作用,引导、支持企业和社会组织开展传播职业能力水平评价。做好年度主题传播人物及传播作品的宣传展示,树立科技工作者传播工作典范。

(四)鼓励企业参与生态价值理念和低碳文化科学传播,发挥企业示范效应

1. 营造有利于企业传播宣教能力提升的政策环境。发挥企业在公众生态环保意识与科学素质建设中的主体地位和重要作用,通过政策引导激发企业创新热情和传播动力,将加强企业传播能力建设纳入地方科技政策制定,促进企业科技资源传播化,全面加强企业传播功能建设。加强以政府部门为核心提供政策及环境助力(税收优惠、低息贷款等),以科协、科学技术咨询服务中心等为核心提供资源助力(工作指导、人员培训、服务与交流平台搭建等)。将企业传播类项目纳入各级科技奖励范围,探索建立由同级科技社团作为传播项目推荐单位的申报体系,建立完善对企业传播工作的考核评价机制,努力营造良好的企业科学传播氛围。

2. 引导企业有序承接地方政府传播职能及相关工作。鼓励企业积极探索在传播方面的承能工作,在低碳环保专业领域有序承接包括传播产品鉴定、传播活动承办、传播作品创作、科技教育培训等方面的职能或工作。在政府围绕碳达峰、碳中和战略开展的专项行动活动中,充分发挥企业丰富的智力资源和科技资源,主动参与政府购买服务的

市场竞争，成为传播活动策划实施的主要力量。鼓励企业广泛开展面向市场的以实现企业的经济效益、品牌认知度和国际影响力为导向的传播，面向社会公众的以实现企业的社会效应和社会责任为导向的传播，形成由内向外、向全社会辐射的企业传播新格局。

3. 支持企业打造品牌主题传播宣教活动。鼓励企业在确保安全的前提下，通过深化低碳环保设施开放、设立企业开放日、建设教育体验场所、开设低碳环保课堂、开展生态文明公益活动等形式，参与碳达峰、碳中和传播宣教，推动科技成果的转化应用，向公众提供优质碳达峰、碳中和传播宣教服务。支持企业结合行业创新需求，举办相关学术研讨及技术交流活动，推动企业以传播场馆集中开放、研学游活动等形式参与全国传播日、加入科技志愿者队伍，进而增强企业的吸引力、凝聚力和社会影响力。鼓励企业打造业内技术推广与合作交流品牌活动，引入业内创新资源，帮助企业实现项目对接，为企业科技创新和产业集聚发展注入源头活水。

4. 推动企业与媒体联系合作。加强企业自身媒体矩阵建设，强化舆情研判能力，对热点舆情问题及时进行回应。创新企业线上宣传载体和内容，不断提升信息发布时效、发布频次、原创水平和内容质量，实现与主流媒体的联动协调，重大信息传播同频共振。打造企业线下传播宣教媒介集群，用好书籍、报刊、广播、影视等传统大众传媒，制作刊播优秀主题公益广告作品，在户外、交通工具等张贴悬挂展示标语口号、宣传挂图，生动形象地展示企业绿色文化。做好企业与媒体的对接外联工作，让媒体走进一线单位，走进活动现场，发掘一批先进人物和集体的典型事迹，做好做实正面宣传报道。

5. 加强企业传播人才队伍建设。发现和培育企业中的传播领军人物，以业内科学家、技术专家和科学传播专家等为核心，积极组建科学传播专家团队，通过传播讲座、科技咨询、传播展览、传播活动等方式，鼓励专家团队与公众面对面交流，促进公众理解科学。完善企业传播人才激励机制，通过深化人事体制机制改革，进一步调动员工参与传播工作的积极性。

（五）聚焦落地赋能，提高产业工人低碳环保意识和科学素质

1. 开展企业员工生态价值理念、理想信念和职业精神宣传教育。

开展"中国梦·劳动美"、最美职工、巾帼建功、低碳先锋等活动，大力弘扬劳模精神、劳动精神、工匠精神，培育生态价值理念与理性思维，营造劳动光荣的社会风尚、精益求精的敬业风气、勇于创新的文化氛围。

2. 实施绿色低碳技能中国创新行动。开展多层级、多行业、多工种的绿色低碳科学创新技能竞赛，建设低碳劳模和工匠人才创新工作室，统筹利用企业碳达峰、碳中和行动示范基地、高科技人才培训基地、国家级技能大师工作室，发现、培养绿色环保高技能人才。组织开展群众性绿色环保创新活动，推动绿色产业大众创业、万众创新。

3. 实施低碳意识与科学素质职业培训行动。在职前教育和职业培训中进一步突出科学素质、绿色生产、可持续发展等相关内容，构建生态教育、职业教育、就业培训、技能提升相统一的产业工人终身技能形成体系。通过宣传教育培训，切实提高职工生态意识、低碳意识、科学素质，提高劳动生产、绿色环保、创新创造的技能。

4. 发挥企业家提升产业工人科学素质的示范引领作用。弘扬企业家精神，提高企业家科学素质，引导企业家在爱国、创新、社会责任和国际视野等方面不断提升，做绿色创新发展的探索者、组织者、引领者和提升产业工人科学素质的推动者。

（六）深化企业国际绿色低碳科技交流合作机制，做好企业对外传播

1. 深化与国际传播宣教机构的交流合作。围绕提升全球公民科学素质、促进可持续发展，充分发挥行业协会、学会、商会及科学共同体优势和各类人文交流机制作用，在国际舞台传播和普及双多边"碳达峰、碳中和"科学合作项目，促进传播产品交流交易，组织国际化传播品牌活动、搭建国际传播宣教作品开放合作平台，积极提供全球"碳达峰、碳中和"行动中国智慧、中国方案。开展青少年应对气候变化科学素质交流培育计划，做强绿色青少年创客营与教师研讨活动品牌，巩固绿色国际科学教育协调委员会伙伴关系网络。

2. 加强企业国际传播能力建设。引导具有对外交往能力的绿色低碳企业积极"走出去"，加强企业国际传播能力，积极宣传我国应对

气候变化的决心、目标、举措、成效,用案例讲好中国故事,全方位向世界展示习近平生态文明思想的理论和实践成果。鼓励有条件的企业建立外文网站、开设海外社交媒体账号、创办外文期刊等,搭建或利用国际性会议、论坛、书展、影视节等平台,传达我国企业"碳达峰、碳中和"战略行动,广泛开展绿色外交。

(七)完善政府组织保障,建立健全相应工作机制

1. 提高思想认识。各级部门要坚持习近平新时代中国特色社会主义思想,深刻认识到做好"碳达峰、碳中和"传播工作的重要意义,增强责任感和使命感。要主动担当作为,着眼长远、兼顾当前,补齐短板、强化弱项,完善工作机制,细化工作措施,强化科学统筹,不断夯实"碳达峰、碳中和"传播工作基础,进一步形成各部门齐抓共管的"碳达峰、碳中和"传播新局面。

2. 完善行动保障。各级政府部门要将推动"碳达峰、碳中和"传播工作纳入部门经常性项目,工作经费列入年度财政预算,鼓励和引导社会力量投入,实现"碳达峰、碳中和"传播资源投入多元化。要加强实施督导,加大政府购买服务力度,促进社会力量参与"碳达峰、碳中和"传播工作,鼓励教学、科研、传播人员和社会志愿者开展传播理论研究与实践活动。

三 企业自身层面

在应对气候变化的行动中,企业既是节能减排生产活动的组织者、实施者、受益者、担责者,也是绿色低碳产品的推介者、绿色低碳生活的倡导者、绿色低碳公益活动的发起者和赞助者。企业不仅可以承担起为应对气候变化而采取的节能减排责任,还可以在气候传播方面扮演积极的角色,争做可持续发展倡导者。企业自身可以在以下四个方面努力:

(一)凝聚全员共识,实现企业绿色低碳发展目标

企业应支持并参与政府制定的减排政策和行动,制定企业绿色低碳发展战略,积极采取措施,降低自身生产过程和产品使用过程中的

温室气体排放,通过提高能源效率、采用清洁能源、改善生产工艺等方式,实现企业制定的绿色低碳发展目标。具体来看,可以采取以下措施:在意识提升上,通过内部培训和宣传活动,向全员普及气候变化的知识、绿色低碳发展的重要性和益处。增强员工对环境保护和可持续发展的认识,使他们意识到自己在实现企业绿色低碳发展战略目标中的重要作用。在共享目标上,确立明确的绿色低碳发展战略目标与阶段性目标,并将其与企业的价值观和使命相结合,使员工理解这些目标对企业的战略重要性。通过内部沟通渠道,与员工分享目标并征求意见,建立共同的参与感和归属感。在内部沟通和信息共享上,建立有效的内部沟通渠道,确保员工了解企业的绿色低碳发展策略、目标和进展情况。定期发布内部通信、举办会议和工作坊等活动,使员工能够分享经验、交流观点,并获得反馈和支持。在奖励和激励机制上,建立奖励机制,激励员工积极参与绿色低碳发展行动。这可以包括设定绩效目标、提供奖金或奖励,以及公开表彰那些取得显著成就的个人或团队。在参与决策过程中,鼓励员工参与决策过程,尤其是与绿色低碳发展相关的决策。通过征求员工意见、设立专门的绿色低碳发展委员会或工作组,促进员工参与,建立共同的决策机制。在激发创新思维环节,鼓励员工提出创新的环保和低碳解决方案,开展内部竞赛或众包活动,激发员工的创造力和积极性。同时,为员工提供资源和支持,使他们能够将创新转化为可行的实践措施。在角色榜样示范上,培养一批绿色低碳发展的榜样员工,他们在环保领域有突出表现,能够激励和引领其他员工。通过宣传他们的事迹和成就,树立起员工追随的榜样,促进全员的积极行动。通过以上措施,企业可以有效地凝聚全员共识,激发员工的热情和创造力,实现企业绿色低碳发展目标。同时,员工的参与和承诺也将为企业带来更广泛的影响力和可持续竞争优势。

(二)开展员工培训,落实企业绿色低碳岗位责任

企业绿色低碳发展目标能否实现,取决于每一位员工能否在各自的工作岗位责任中予以落实,因此要加强员工培训,提升员工意识与责任感,把绿色低碳自觉地贯穿到自己的工作中。具体来看,可以包

括以下几个方面：

1. 制订培训计划和培训内容

根据企业的发展需求和员工的实际情况，制订详细的培训计划。考虑到员工日常工作的安排和时间限制，灵活安排培训形式和时间，可以结合在线培训、面对面培训、工作坊等多种形式进行培训。明确绿色低碳发展的相关知识和技能要求，根据不同岗位的特点和职责，确定适合员工的培训内容。这可能包括环境保护理念、节能减排措施、资源循环利用、绿色供应链管理等方面的知识和技能。其中，要寻找专业培训机构或内部讲师，如果企业没有专业培训师资，可以寻找外部培训机构提供相关培训课程。另外，也可以培养公司内部的讲师团队，他们具备专业知识，并能够有效传授给其他员工。

2. 提供培训资源和支持，实施培训活动

根据培训计划，组织和安排培训活动。确保培训内容生动有趣、易于理解，并与员工实际工作相结合，注重实际操作和案例分析。同时，鼓励员工积极参与讨论和互动，加强学习效果。为员工提供必要的培训资源和支持，如培训材料、在线学习平台、技术设备等。确保培训过程顺利进行，并及时解答员工的疑问和问题。

3. 检查和评估培训效果

在培训结束后，进行培训效果的检查和评估。可以通过考试、问卷调查、实际操作等方式，评估员工对培训内容的理解程度和应用能力。根据评估结果，及时调整培训计划和方法，提升培训效果。此外，还要定期复习和更新培训内容。绿色低碳发展是一个不断发展和变化的领域，因此，定期复习和更新培训内容是必要的。保持与行业最新趋势和政策的接轨，及时调整培训内容，确保员工一直掌握最新的知识和技能。通过有针对性的员工培训，企业可以提高员工的绿色低碳意识和能力，使其能够理解和落实相应的环保措施，更好地履行绿色低碳岗位责任。这将有助于推动企业的可持续发展，并为实现绿色低碳目标作出贡献。

（三）培育企业文化，打造绿色低碳企业环境

在绿色低碳发展的时代背景下，企业也要将绿色低碳发展的精髓

有机融入企业文化之中，重构企业物质文化、企业制度文化和企业精神文化，在企业使命、企业愿景、企业价值观、企业精神、企业道德规范、企业行为准则、企业制度、企业文化环境、企业物质环境、企业产品等多方面得以体现，形成绿色低碳的企业"大气候"。企业如何更好地培育企业文化，可以采取以下措施：

1. 设定绿色低碳目标和指标，倡导和明确企业价值观

一方面，要制定具体的绿色低碳目标和指标，如减排目标、能源消耗降低、资源循环利用等。确保这些目标与企业的战略规划相一致，并将其融入绩效评估和奖励机制，激励员工积极参与实现这些目标。另一方面，要确定并明确企业的核心价值观，其中包括可持续发展、环保意识和社会责任等方面。将这些价值观纳入企业的使命和愿景，并通过内部沟通和培训，向员工传达、强调和倡导。在这个过程中，要尽可能为员工提供必要的资源和支持，以便他们能够在日常工作中采取绿色低碳行动。这可能包括提供技术设备、培训课程、信息资料、经费支持等。同时，在员工的工作场所创建绿色环境，例如推广节能设备、优化能源利用等。

2. 建立绿色低碳管理体系，发挥领导力示范作用

要建立绿色低碳管理体系，包括制定相关政策、流程和指南。确保这些管理体系与组织的各个层面和部门相结合，并进行定期审查和改进。通过内部审核和认证机构的评估，提高管理体系的有效性和可行性。对此，企业的领导层应起到榜样的作用，积极参与绿色低碳行动，并向员工传递积极的信号和价值观。领导层应该展示承诺、支持和推动绿色低碳发展的行动，以激励员工的参与和倡导。通过领导示范带动，从而开展常态化的员工培训和教育活动，提高他们对绿色低碳发展的认识和意识，鼓励员工在日常工作中采取节能减排、资源节约和环境保护等行动。建立员工参与和反馈机制，鼓励他们提出创新想法和解决方案。与利益相关者开展长效合作，包括供应商、客户和社区等。与供应商合作，推动绿色采购和供应链管理；与客户合作，推广绿色产品和服务；与社区合作，共同参与环境保护和气候变化项目。

通过以上措施，企业可以培育出绿色低碳的企业精神，并打造一个鼓励和支持员工参与绿色低碳行动的企业环境。这将有助于推动企业可持续发展，并为实现绿色低碳目标作出贡献。

（四）推介绿色产品，促进绿色消费和低碳生活

企业一方面通过对绿色技术和创新的投入，研发和生产绿色产品。这些产品具备较高的能效、低碳排放、资源节约等特点，并符合环保标准和认证要求；另一方面通过不断改进产品质量和性能，满足消费者对绿色产品的需求。这些绿色产品需要企业向消费者推介，才会被消费者知晓，一旦消费者接受、购买和使用他们，就促进了绿色消费和低碳生活。企业如何更好地向消费者推介绿色产品，可以采取以下措施：

1. 提供详尽的产品信息，应积极宣传和营销绿色产品

企业应提供详尽的产品信息，包括产品的环境影响、材料来源、生命周期分析等。通过清晰、透明的产品标识和说明，帮助消费者了解产品的绿色属性和优势，从而作出明智的购买决策。在宣传和营销上，突出产品的环保特性和可持续发展的理念。通过广告、宣传资料、社交媒体等渠道，向目标消费者传递绿色消费的重要性，并强调购买绿色产品对保护环境的正面影响。此外，企业还可以提供绿色产品的示范和体验机会，让消费者亲身感受产品的性能和效益。通过展示中心、体验活动等方式，向消费者演示绿色产品的使用方法和效果，增强其购买欲望。

2. 开展教育和培训活动，提高公众的绿色意识和知识水平

企业可以通过举办讲座、工作坊、培训课程等形式，向消费者传授低碳生活的技巧和实践，鼓励他们采取节能减排、资源回收等行动。对此，企业应树立良好的企业形象和品牌价值观，以社会责任和可持续发展为核心价值，积极参与社会公益事业。通过支持环保项目、社区参与、捐赠等方式，扩大企业的社会影响，激发消费者对绿色消费的认同和支持。通过这些措施，企业可以积极推介绿色产品，引导消费者采取低碳生活方式。这不仅有助于保护环境、减少碳排放，也符合可持续发展的目标，促进绿色经济的发展。

（五）披露社会责任贡献，树立环境友好型企业形象

企业积极披露自己在经济、社会和环境方面的责任和绩效，可以有效增进公众和利益相关者有效了解、分析和关注企业未来可持续发展情况，在公众心目中形成环境友好型企业形象。企业如何更好地向社会披露社会责任贡献，可以采取以下措施：

1. 发布可持续发展报告，参与社会评价和认证

企业可以定期发布可持续发展报告，详细介绍其社会责任实践和环境保护措施。报告应包括企业的环境管理政策、碳排放情况、资源利用情况、员工福利、社区参与等方面的内容。报告应准确、透明，并符合国际可持续发展报告准则。企业还可以参与第三方机构的社会责任评价和认证，如环境管理体系认证、社会责任标准认证等。通过获得权威机构的认可和认证，增强企业社会责任贡献的可信度和公信力，树立环境友好型企业形象。

2. 建立沟通渠道和反馈机制，设立社会责任网页或专栏

企业应建立与利益相关者的沟通渠道和反馈机制，包括消费者、员工、业务合作伙伴、社区等。通过定期举办利益相关者会议、问卷调查、在线反馈等方式，了解并回应各方对企业社会责任的期望和关切，并及时调整和改进相关举措。在社会责任传播上，企业可以在公司官方网站上设立专门的社会责任页面或专栏，用于展示企业的社会责任行动和成果。该页面可以包括企业的社会责任政策、重要举措、合作伙伴关系、公益项目等信息，向公众传递企业关注社会和环境问题的态度。

3. 开展公益活动和项目，共担绿色低碳社会责任

企业可以积极参与社会公益活动和项目，关注环境保护、教育支持、健康促进等领域。例如，捐资助学、环境保护活动、志愿者服务等，通过实际行动体现企业的社会责任和环境友好理念。在气候传播上，企业可以与非政府组织、社会机构、学术界等建立合作伙伴关系，共同开展环境保护和社会责任项目。通过与权威机构的合作，提高企业社会责任贡献的专业性和影响力。在对外沟通过程中，通过企业营销和公益传播和公关传播，向公众倡导绿色低碳理念和生活方式，帮

助公众树立绿色低碳理念，形成绿色低碳生活方式，协同共担绿色低碳社会责任。同时，企业应该充分发挥员工的力量和影响力，让他们成为企业社会责任贡献的推动者和传播者，分享企业的社会责任成果和故事。

总之，企业在应对气候变化和气候传播方面承担着重要的主体职责。通过凝聚全员共识，实现企业绿色低碳发展目标，开展员工培训，落实企业绿色低碳岗位责任，培育企业精神，打造绿色低碳企业环境，推介绿色产品，推动绿色消费和低碳生活，披露社会责任贡献，树立环境友好型企业形象，倡导绿色低碳理念和生活方式，共担绿色低碳社会责任等，企业可以积极应对气候变化的挑战，并为构建低碳、环保的社会作出积极贡献。

第六章 新时代我国公众气候传播的战略定位、话语建构与行动策略

覃哲 郑权

我国是一个以煤为主的能源生产和消费大国,温室气体排放总量位居世界第一。但与此同时,我国也是世界上最大的发展中国家,人均碳排放量不仅远低于发达国家,而且低于世界人均水平。虽然我国没有义务减少或限制温室气体排放,但在过去的30多年里,我国把应对气候变化作为推进生态文明建设、实现高质量发展的重要抓手,通过控制人口增长速度,提高能源利用效率,推广植树造林等多方面的努力,为减缓和适应全球气候变化作出了世界公认的贡献。

我国坚持绿色可持续发展道路,既是为了人民,也是依靠人民。一方面,我国是气候变化敏感区,气候变化给国家经济社会发展和人民生命财产安全带来严重威胁,应对气候变化关系到最广大人民的根本利益。我国坚持绿色低碳发展,就是坚持人民至上、坚持以人民为中心。近些年来,我国在推动经济高质量发展的同时,坚定走生产发展、生活富裕、生态良好的文明发展道路,坚持发展经济、创造就业、消除贫困、保护环境等协同增效,充分考虑人民对美好生活的向往、对优良环境的期待、对子孙后代的责任,始终坚持保障和改善民生,增进广大人民群众的福祉。这一点,人民有口皆碑、世界有目共睹,是我国应对气候变化工作的底色和亮色。

另一方面,我国应对气候变化目标的实现,不仅要全面调整现有的经济社会活动,更重要的是需要全民的理解和支持。人民群众是历

史活动的主体,也是绿色生活创建活动的主体。近些年来,作为共建"美丽中国"的自觉行动,亿万群众积极参与应对气候变化社会行动中。从"光盘行动"、反对餐饮浪费到节水节纸、节能节电等,绿色节俭低碳风吹进千家万户,全国节能宣传周、全国低碳日以及世界环境日、地球日、海洋日等环保公益活动如火如荼,以新浪微博"绿植领养"、共享单车等为代表的互联网+绿色公益行动方兴未艾,绿色低碳、可持续发展理念深入人心。

但与此同时,由于我国对应对气候变化与气候传播的认识和实践刚刚起步,有的方面还没有破题,需要广泛探索。作为数量最为庞大的能动主体,公众的主体地位还没有受到应有的重视。一方面,我国公众对气候变化仍处于"高关注、高认知、低行动、低参与"状态,气候变化应对工作尚未取得全民的深度理解和广泛行动支持。多项公众调查显示,中国公众在逐渐提升对于气候议题的关注程度的同时,其气候行动水平在世界范围内仍然较低。此外,在既有的气候传播中,精英导向的话语与公众个体日常生活脱节、缺乏对不同受众群体之间差异的关注,以及传播渠道的针对性不足等原因,也造成了中国公众在气候行动方面的成效不够显著。另一方面,在谈论气候传播中公众所扮演的社会角色时,过往研究主要将目光聚焦于公众作为信息的受传者加以考量,"公众"常常被当成"被动员""被接受""被改造"的"传播客体"而存在,其主体地位往往被忽视,能动性也被矮化,这导致公众无法发挥出自身独特优势。

当前,无论是与气候传播相关的风险传播、科学传播、环境传播,还是更大范围内的受众研究,均强调从"单向度撒播(dispersion)"走向"平等对话(dialogue)"。因此,"以公众为中心"观念的确立,以及公众角色定位的转变,不仅存在于技术变革、社会文化、价值观念变化等动因之中,而且是一种历史发展的必然。从这一角度看,加强和壮大公众气候传播是一种必然趋势。2009年联合国哥本哈根气候谈判后,中国政府意识到应对气候变化公众参与的重要性,积极采取各种政策手段、措施来推动公众参与的发展,在法律以及制度上逐步保障公民的参与权、发言权和监督权。当前,要通过建立传播制度和机制，来保障公众参与应对气候变化的积极性，提高公众开展气候传播的积极性，建立和完善全社会共同参与的全民行动体系，使气候传播事业走向全民化。

基于此，本章拟立足我国生态文明建设和绿色发展这一宏大背景，厘清新时代我国以公众为主体的气候传播的内涵及外延，明确我国公众气候传播的角色定位，依据"六位一体"的行动框架提出公众气候传播的行动策略，引导公众积极参与气候传播与全球气候治理。

第一节 新时代我国公众气候传播的基本内涵、主要特点与实践环境

任何事物都有区别于其他事物的特性，这些特性形成了质的规定性，构成了这个事物内在的和外在的形象表征。但有的特性并非其独有，这便形成了事物之间复杂的关系。"公众"是一个复杂的集合概念，在内涵和外延上有着广泛的指代性和较为复杂的构成，同时，它还是一个历史性概念，在不同时期不同场景下有着不同范畴。而"公众气候传播"，更是一个全新研究领域。因此，对其基本内涵、特征加以审视，将有助于我们深入理解这一概念的理论意蕴，把握其实践价值，并使之更好地服务于应对气候变化与气候传播行动之中。

一 新时代我国公众气候传播的概念界定

在气候传播实践中，公众既是工作的出发点，也是工作的落脚点。说它是"落脚点"，是因为如果没有广泛的公众参与，各种"以寻求气候变化问题解决为目标的社会传播活动"就无法实现。说它是"出发点"，是因为公众本身也是气候传播的行为主体，是传播环节中的参与者。如果没有公众作为传播主体的参与，气候传播就很难在社会各个阶层中真正形成"气候"，应对气候变化的各种目标也就无法实现。只有当千千万万的公众广泛参与到气候传播中时，才能够掀起浩大的传播声势。

但谁是公众,如何确定公众代表,也即公众的内涵与外延界定问题,是摆在公众气候传播上的首要问题。实践的挑战、理论发展的滞涩以及不同学科的交融,给我们明确这一概念边界带来了困难。

在《现代汉语词典》中,"公众"的解释为"社会上大多数的人"。在大众传播学中,公众主要指受众(audience),一对多的传播活动的对象或受传者,例如会场听众,戏剧表演、体育比赛的观众,报纸刊物的读者,广播电视的收视者,网络媒体的用户,等等,都属于受众的范畴[1]。在市场营销学中,"公众"指的是"对一个组织完成其目标的能力有着实际或潜在兴趣或影响的群体"[2];在公共关系学中,"公众"指的是"与某个组织直接或间接相关的个人、群体和组织,他们对该组织的目标和发展具有实际或潜在的利益关系和影响力"[3],在一定意义上公共关系也被称为公众关系。上述不同定义,由于各自学科定位不同,表达了"公众"不同面向特性,其总和标注着公众的本质、价值与形象。

在法律意义上,明确"公众"的内涵和外延,也是一个立法上的国际难题。在我国,2014年修订的《环境保护法》专门设立"信息公开和公众参与"一章。从内容上看,公众参与的主体包括个人、法人和其他组织。在权利和义务的主体结构中,和公众相对应的主体是政府和企业,政府和企业对社会的义务具有公益性。由于气候变化行动涉及气候正义伦理诉求,因为对公众的界定,除了要与现行的《环境保护法》规定的范围大体一致,还需要更加突出妇女、青年、少数民族群体、基层社区的参与作用。此外,由于"公众"这一概念的模糊性,在不同的场合可能有不同的具体指向。例如,在国家政策制定的情形下,"公众"主要为根据本国法律规定享有权利和承担义务的"公民",包括享有宪法和法律规定的一切公民权利并履行全部义务的"人民"[4]。

---

[1] 参见郭庆光《传播学教程》,中国人民大学出版社2011年版,第89页。
[2] 参见高孟立主编《市场营销学》,西安电子科技大学出版社2018年版,第43页。
[3] 参见余明阳、薛可主编《公共关系学》,北京师范大学出版社2019年版,第12页。
[4] 人民是一个政治概念,它相对敌人而言。现阶段,我国"人民"是指全体社会主义劳动者、拥护社会主义的爱国者和拥护祖国统一的爱国者。

在日常生活中，给公众下一个确切的普适定义也很困难，如果定义不全面、不科学，反而会限制公众的权利和义务。公众作为一个日常概念通常是指"具有共同的利益基础、共同的兴趣或关注某些共同问题的社会大众或群体"[①]。1991年2月，联合国在《跨国界背景下环境影响评估公约》中首次对"公众"进行了明确界定："公众是指一个或一个以上的自然人或法人"。随后，"公众"一词被世界各国广泛应用于社会生活的众多领域。"公众"作为一个在不同的场合具有不同含义的概念，其内涵和外延都难以确定，然而必须明确的是，在一国特定的政治构架内，公众从本质上说仍然是私权主体，既可以用于日常生活，也可以用于严谨的法律条文，其适用范围正在不断延伸。

虽然"公众"一词在不同学科中的内涵和外延并不一样，但是可以看出在多个学科中，"公众"指的都是个人或组织实现目标的对象，是被动接受行为的客体，带有明显的"被动""消极""他者"的标签。在气候传播领域中，对"公众"的认知也同样存在这样的偏差。例如，许多传播效果研究会把公众视为目标对象，普遍采用公众认知度调研的方式来了解公众认知水平。例如，国际社会耶鲁大学气候传播项目和乔治梅森大学气候传播中心（2014）在美国已经进行了十余年这方面的认知调研，并提出"六个美国人"的受众类型，即"警醒型"受众、"关心型"受众、"谨慎型"受众、"漠然型"受众、"怀疑型"受众、"轻视型"受众，每一类受众都以独特的方式回应着气候变化议题。在我国，中国气候传播研究中心（2013）基于我国城市公众低碳意识及行为方式调查数据，将我国公众划分为"低碳乐活族""低碳意向族""低碳行动族"和"低碳潜力族"四个类型。

当把"公众"视为"具有能动性的私人"时，其社会角色便体现了"主体间性"（inter-subjectivity）的概念。随着公众中心地位的确立与角色转向，公众作为气候传播新的主体角色的研究开始成为学术前沿。罗伯特·考克斯（2013）通过使用声音（voice）概念，描述了公共领域中为环境而发声的个人与群体的角色及特征，认为这些声音主

[①] 卫欢：《公众参与：基本内涵及理论基础》，《农村经济与科技》2016年第12期。

要源于市民和社群、环境团体、科学家和科学话语、企业和企业游说者、反环境主义者和气候变化批评者、新闻媒介与环境记者、公共官员等，这七种声音包含了官员、记者、技术专家、市场顾问等多种特定的角色与职业[1]。科学传播学者苏珊娜将新媒体环境下的公众视为"新型的受众：主动的信息寻求者""新型的知识中介：新媒体与新的行动者""多元化的气候传播参与机构"等[2]。

作为一个抽象的集合概念，"公众"自身不会为自己确立身份和社会角色，所有对"公众"在"气候变化公共领域"中应该扮演的角色讨论都是在建构一种主观意愿投射与角色期待，用以帮助"公众"在介入话语公共空间过程中更为准确地确立自身的社会角色，发挥主体能动性。气候变化问题归根结底是由资本主义不惜一切攫取剩余价值、征服自然的生产价值观念和生产发展方式以及政治经济制度所造成的全球性环境危机。在西方社会，这一环境危机引发公众强烈抗议和争论，在此背景下，倒逼出了强调公众参与的风险治理模式。与之不同，我国生态文明建设与全球气候治理始终注重全民参与。因此，我们在讨论新时代我国公众气候传播的概念界定时，不能随意借用西方理论和其他学科"公众"概念，而是需要突出公众在传播中的主体地位。

在公共讨论和传播语境中，著名德国哲学家哈贝马斯曾经对17世纪在"公域"进行讨论的"公众"给过一个经典界定：所有"拥有财产、受过教育"，以私人身份对"与众有关""普遍"的话题开展平等讨论的公民[3]。虽然哈贝马斯讨论公众所研究的社会背景及社会制度，与当前的中国有很大的变化，但是在对公众的界定中，"私人身份"这个限制条件对目前的公众传播仍有很大指导性。正如哈贝马斯所说，"私人身份的人们必须通过彼此间合理的交往来自主地决定它的意义，

---

[1] Robert Cox, *Environmental Communication and the Public Sphere*, SAGE Publications, 2013.
[2] Priest, S., *Communicating Climate Change: The Path Forward*, London: Palgrave Macmillan, 2016.
[3] 参见哈贝马斯《公域的结构性变化》，载邓正来、[英] J. C. 亚历山大编《国家与市民社会：一种社会理论的研究路径》，中央编译出版社1999年版，第161—164页。

必须用语词对其加以表达，因而必须明确说出它当中在那么长时期内能默默地具有权威的东西。"

因此，在气候传播中，就"公众"而言，我们所认定的意义是所有以"私人身份"出现的，介入"气候变化公共领域"的传播主体。所谓"公众气候传播"，是指以公民个人身份出现的传播者，在合理行使话语权力的基础上，为公共利益和切身利益借助各种沟通渠道，介入气候变化公共领域，将气候变化信息及相关科学知识为他人所理解和掌握，并通过他人态度与行为的改变，以寻求气候变化问题解决为目标的社会传播活动。

"私人性"是公众区分气候传播中政府、媒体、NGO、企业、智库等其他主体的最主要特征。公众气候传播的本质属性是传播主体的极端多元化，是全民性的和常态化的，能够产生强大的传播能量，为全球气候治理带来了传播活力与舆情风险并存的局面。公众气候传播所表达的内容是围绕气候变化议题的多数人的观点和思想的普遍经验，在信源上具有高度不确定性、匿名性和无序性，在质量上与其环保意识、科学素质、媒介素养等息息相关。在新媒体环境下，信息生产与交换方式变革，拓展了公众气候传播的渠道，极大激活了其传播主体性，并催生出新的生活方式、生产方式和消费方式，一定程度上推动了社会观念的变革、时代精神的迭代与社会结构的变迁。

二 新时代我国公众气候传播的主要特点

（一）私人性

在气候传播中，政府、企业、NGO、媒体、智库等传播主体，其传播行为是以所在单位或所属群体的官方名义进行的，也即以法人或官方代表身份开展传播活动，其所表达的内容、观点和态度都是官方立场的体现。而"公众气候传播"中的"公众"指的是以私人身份开展传播工作的自然人。私人性是公众区别于政府、企业、NGO、媒体、智库等其他传播主体的最显著特征。公众传播主体也可能具有多个私人身份，扮演多种角色。例如，他们可能是媒体的主持人/记者/编辑、可能是科研机构的科学家/学者，也可能是政府机构的公务人员，还有可能兼有这些职业身份，但只要他们的传播行为是以个人非所隶属单位来进行的，仅代表其自身立场，为自身的传播行为负责，那这种传播形式就属于公众气候传播。

（二）自主性

在公众气候传播中，传播的主体是"公众"，接收信息的对象也是"公众"，说明这是一种由部分公众发起，向更多公众传播的"一对多"与"多对多"并存的"泛众传播"形式。由于作为传播主体的公众以原子化、私人化的形式存在，其传播活动并不代表所属的群体，也不是组织/单位/官方所指派的传播行为，因此在传播行为上，具有高度自觉、自主的特征。这些传播者依据各类传播法律法规、政策和伦理规范，自行决定如何选题、如何制作、通过什么渠道发布、面向什么样的受众，以及预期取得怎样的效果。由于他们的信息传播行为仅代表个人的意见与立场，也没有所隶属的机构对其进行严格、专业的把关过滤，这也导致内容质量的良莠不齐，为传播规制工作带来一定困难。但另一方面，由于是一种高度自主性的传播，公众所采取的内容形式和表达方式往往更为灵活且接地气，充满个人风格与生活气息，能够激发其他公众的共情，取得较好的传播效果。

（三）多样化

在公众气候传播中，包含了自我传播、人际传播、组织传播和大众传播等所有的传播形式。其中，在大众传播方面，依托微博、微信、短视频等自媒体平台，发布气候变化相关信息是目前公众气候传播最为重要的形式。同时，公众通过日常生活中的言语和行为，所进行的自我传播、人际传播、家庭传播、群体传播、组织传播等也是公众气候传播活动的重要补充。公众气候传播的内容和形式可谓包罗万象，可以是在家庭生活中的言传身教，也可以是公益活动中的演讲、发传单，还可以是在微博上讲解最新科学研究进展，也可以是在直播平台上发表自己游历冰川的体验。也正是由于公众身份的多元性，公众气候传播与其他传播主体相比，形式更为多样、内容更为丰富。

（四）碎片化

"碎片化"，顾名思义就是化整为零、化繁为简，把原本完整的东西破碎成诸多的小碎片。公众气候传播的内容涉及范围极为广泛,关系到公众社会活动的方方面面,最深度地嵌入国家经济社会改革发展之中。由于与现实生活紧密交织,注定了公众气候传播视角和内容高度私人化、琐碎化。在互联网时代,数字技术、网络技术、传输技术的大量应用,大大强化了公众作为气候传播个体处理信息的能力,碎片化现象不但让受众群体细分呈现为碎片化现象,也引发着受众个性化的信息需求,整个公众气候传播呈现为碎片化语境。此外,由于自媒体平台对传播作品有字数、时长的限制,公众气候传播内容为了适应平台规则,往往都很短小精悍,这也从侧面助推了公众气候传播碎片化。当前,"碎片化"已成为信息传播发展的趋势,影响到社会的方方面面。这对于政府、媒体、企业等其他主体而言,尤其是对新型主流媒体来说,需要适应这种碎片化的传播环境,适当对原来的那种大版块、长时段的传播形态进行细分切片改造,善于运用微博、微信、微视频、微电影、微动漫等方式,推出更多微内容、微信息,方便人们利用碎片化时间阅读信息。

三 新时代我国公众气候传播的实践环境

(一) 新时代我国公众气候传播面临的机遇

近几十年,在世界范围内,科学传播、公共管理和外交领域的理念发生了较大变化,这对于公众气候传播实践产生了较大影响。了解这些理念的变化,对于指导我国气候传播有着重要意义,同时也为我国做好公众气候传播带来了机遇,创造了条件。

1. 科学传播从"单向度撒播"转向"平等对话",有利于公众参与传播

气候传播的范畴与科学传播着较高的交叉性,科学传播的理念发展转变对国际气候传播也产生了影响。"公众参与"范式的提出,使科学传播活动建立在了超越"撒播"的多元主体平等对话的理念之上,即通过主体间交往,实现公众与政府、媒体、科学界的对话沟通。这个传播理念的转变,使公众作为包括气候传播在内的各种科学传播

活动主体身份的合理性得以大大提升。公众作为科学知识的生产者、科技创新的参与者、科学成果的受益者与分享者，广泛参与到科学决策之中，这恰恰是对民主原则的一种实践。因此可以说，这一范式将传播视为一个民主和参与的问题，平等对话既是民主达成的目标，也是一种达成民主的手段。

科学传播范式的转变，对我国公众气候传播有着重要的指导推动作用，西方和中国的环境运动历程及环境管理经验都已证明，任何重大的环境目标，离开了公众的广泛参与都是难以实现的，应对气候变化，实现我国生态文明建设亦是同理。动员最广大的公众投身到应对气候变化的传播实践中去，形成"自下而上"而非"自上而下"的传播热潮，才能够很好地激发公众在这场变革中的主人翁意识，在点滴间汇聚人民群众保护环境的伟大力量，保障好关乎所有人的民生福祉。

2. 广大发展中国家对环境公平正义的强调，有利于彰显我国公民话语权利

气候变化作为一种能给自然环境与人类社会带来巨大风险的事件，其影响的分布是不均衡的，存在着区域层面和代际层面的"不公平"现象。在区域方面，气候变化对世界上最为贫困的人群影响最大，他们并非主要的环境破坏者，但却需要面临气候变化所导致的生存发展威胁，由于现实的不平等，他们的诉求往往没有被纳入解决方案的讨论之中。在代际方面，气候变化带来的威胁，影响的不仅仅是当代人，对未来子孙后代也会带来严重威胁。目前生态环境的破坏，损害的不仅仅是当代人的权益，也包括了子孙后代的生态环境和生命健康权益。

近二十年来，围绕气候权益和义务分配的气候正义问题逐渐被国际学术界所关注，环境正义要求"所有国家、地区和个人都应当公正地分配气候资源，在享有气候资源的权利同时也要公平地承担应有义务，造成气候问题的责任主体应向气候变化受害者提供补偿"[1]。要求减少温室气体排放，保持全球生态的可持续性、关注气候变化中的弱

---

[1] 参见郑保卫《论气候正义》，《采写编》2017年第3期。

势群体、向受气候变化威胁或影响的社区提供援助等措施。

在传播方面,国际上也提出重视"气候正义"的问题,具体地说就是在环境传播中,全世界所有公民应该公平地享有话语权。既然气候所带来的利益和福祉,应公平地分配给全体社会成员,那么在受到气候变化威胁和损害的时候,每个社会成员应该有权进行表达。特别是处于多数但居于弱势地位的公众的困境及利益表达应该得到保障。因此,在国际范围的各种公众活动中,越来越重视吸收世界各地不同阶层的公众参与交流。在制定应对气候变化政策时应尽可能考虑弱势群体的利益。另外,在传播中,除了关注当代人的气候权益,还要时刻关注子孙后代的权益,保证子孙后代的生存权与发展权。

"气候争议"观念的引入,为我国公众气候传播活动也提供了机遇。在国内传播层面,我国幅员辽阔,人口众多,不同地区经济社会发展不平衡,不同地区受到的气候变化影响也不尽相同,高寒山区和东南沿海地区所面临的气候变化威胁差异很大。因此,公众加入气候传播实践,可以更全面地呈现气候变化给不同公众生活带来的变化与威胁,更广泛地表达自己的诉求与建议,这样既可以保障公众在气候变化议题上的表达权,让应对政策实现科学化合理化,也可以让公众更深入全面地了解各地公众的情况,加深对于气候变化应对工作复杂性的认识。

另外,当前我国气候传播中,大部分人关注的仅仅是当代人环境权益分配的问题,很少人会注意到子孙后代的环境权益问题,而"代际气候正义"观念的引入,能够让更多的人意识到,当代人有责任去保护子孙后代的家园与环境,有责任让后世代免受气候变化给他们带来的危害。如果越来越多的人理解并传播气候正义的观念,让大家明白采取积极减排行动不但为了当前的自己,还有未来的子子孙孙,那将会对传播和动员工作有很大推动。在国际传播层面,在各种国际交流平台上,我国公众可以更好地参与气候变化的讨论与交流,积极呈现自己的意见,反映世界各地公众遭受的气候变化境遇,为其争取权益,以维护全球气候治理政策的公平正义。

3. 从政府官方互动到民间社会交流，公众气候传播成为公共外交新内容

冷战结束之后，各国公众开始加入国与国之间的交往和表达政治见解的活动中，公众在国际关系中开始承担起自己的角色。到了20世纪90年代之后，随着全球民主化浪潮的兴起，越来越多的非国家行为体加入到国际外交活动中，进入新世纪之后，"新公共外交"理念的提出，更是将这一理念视为提升国家软实力、塑造国家形象和增强国家话语权的重要战略。各国也将这种通过加强公众间的沟通与交往，以加强外国公众对本国情况了解，树立本国良好形象的活动称之为新公共外交活动。

目前气候变化是人类共同面临的最大挑战之一，尤其近十年来的极端天气频发对全世界的生物多样性、粮食安全、生命健康都带来巨大威胁，气候变化议题在全世界公众中有着很强的关注度，这也使其成为国与国公共外交实践中重要的组成部分。

在气候变化问题上，我国不断履行大国责任，逐渐成长为全球生态文明建设的重要参与者、贡献者、引领者，这也引起了一些国家的不安和恐惧，西方国家不断炮制和宣扬"中国威胁论""环境殖民主义"等言论，让我国在国际舆论中陷入不利境地。近年来，我国在全球气候治理方面开始转变思路，越来越多地发动公众和民间组织等主体参与到公共外交活动中，以实现更好的对外交往和对外传播效果。

因此，近些年来我们可以看到，在全球气候治理和气候变化应对国际合作的舞台上，活跃着越来越多中国公众的身影，他们通过著书、演讲、行动示范等一系列方式，向世界各国公众展示我国应对气候变化的决心与态度，展示我国生态文明建设与绿色发展的"中国经验"与"中国方案"，使气候传播成为外国公众了解中国的一个重要窗口。

（二）新时代我国公众气候传播面临的挑战

1. 国内层面：公众气候认知与行动意愿不协调

国家发展改革委2020年发布的《促进绿色消费实施方案》提出，"到2025年，重点领域消费绿色转型取得明显成效，到2030年，绿色

消费方式成为公众自觉选择"。根据2020年针对我国公众的低碳行为意向调查数据，虽然我国公众的"绿色生活方式总体有所提升"，但是在开展绿色消费、进行垃圾分类等方面，仍然存在着"高认知度、低践行度"的问题。上述结果表明，现阶段的气候传播应该从过去注重风险认知提升，转到激发公众参与意愿与低碳行动上。

为什么在大家都对低碳行为有较明确认知的情况下，仍然出现"知易行难"的问题呢？这是因为气候变化给人类带来的威胁是不显著的，存在着长期性和隐蔽性，对普通公众日常生活并不产生直接影响，因此难以激起公众较强的行动意愿。此外，包括气候变化在内的许多生态环境问题，具有明显的集体属性，存在零和博弈的"搭便车"困境。一些低碳生活方式行为，可能会让公众付出较高的经济成本，还可能需要改变已经形成的生活惯性，让公众付出"走出舒适区"的不良体验。加上我国人口基数大，地方差异大，公众的生活水平、生活习惯、受教育程度、对气候变化的认知情况存在很大差别，因此在全国范围内推进"全民"转变生产生活方式是一个巨大的挑战。这些因素，都可能会阻碍低碳环境友好的生活方式的推行进程。

2. 国际层面：西方"不和谐"声音对我国民间社会的干扰

当下在国际层面，西方"不和谐"的声音对我国民间社会的干扰很大。与低碳环保倡导者截然相反，西方存在相当数量的"气候变化怀疑论者"，他们对气候变化问题抱有否定或不确定态度。这一群体反对和质疑的目标，既可能是环境政策，也包括环境科学本身。他们或认为气候变化根本没有发生，或认为即使发生，也是由地球环境的自身变化所引起的，与人类活动没有必然关系；或对于气候变化影响范围存有不确定性，认为气候变化存在，但不是在当下，也不是本地（比如是在南北两极地区），与自己及身边周围人群没有直接关系。还有部分人认为，气候变化是"政治阴谋"，是部分国家借助话语垄断地位炮制出来的，用以阻碍其他国家化石能源利用和经济发展的政治工具。

在欧美地区，气候变化怀疑论与政党选举等政治议程联系紧密，气候变化怀疑者们反对任何节能减排政策提议，主张退出国际气候治理合作框架，以获取化石能源巨头企业的经济赞助，争取其他持同样意见的选民选票。这些人常常利用媒体专栏、博客文章、短视频等，散布消极观点。还有机构组织部分科学家著书立说，论证气候变化不存在；组织拍摄制作类似《了不起的温室效应骗局》等电影作品，以科普形式说服大众抵制气候行动。这些极端观点与逆全球化、右翼民粹主义、反智主义等思潮相联系，对欧美一些国家的气候变化政策和环境政策影响很大。2017年，美国总统特朗普上台之后，就以气候变化怀疑论为说辞，宣布美国退出《巴黎协定》，给气候变化全球治理带来了很大负面影响。在我国，调查表明，受气候变化怀疑论影响的人并不多，大部分的公众对气候变化的知晓度比较高，对气候变化影响的严峻性的认识也较为一致。但由于欧美媒体强大的对外传播能力，一些气候变化怀疑论的观点还是流入了中国，这对于我国的气候传播工作带来了挑战。

近些年来，西方主要国家不仅主动且充分地利用媒体传播打造本国良好形象，并利用社交媒体平台作为舆论战场，引领广大的受众群体，建构对他国的形象认知。一些西方媒体在环境话语上，对中国政府和公众极力抹黑，渲染"中国威胁"，干涉中国内政，攻击中国环境与民生政策，试图纠集内部和国际上的"共识"来对华全面遏制打压。有学者通过研究统计发现，在2007—2017年十年中，美国的《纽约时报》《基督教箴言报》，英国的《卫报》《独立报》，加拿大的《环球邮报》等媒体，给中国公众贴上了"气候变化危机认知度低""相较于气候变化，更关心经济和收入"等标签，将中国公众描述成对气候变化漠不关心、各种素质低下的群体。还有些媒体通过构建"意识形态方阵"，刻意将西方发达国家公众和中国公众划分为"我们"和"他们"两个群体，西方国家中的"我们"是身处优良的生活环境、拥有良好的环保意识、认知水平高、长时间关注气候变化的高素质群体，而中国的公众却是"生存环境恶劣、气候保护意识薄弱、气候治理方式激进的负面、消极"的群体。这些媒体的报道，无疑加剧了其他国家公民对中国政府和公众的偏见，这对我国公众开展气候传播带来许多不利影响。

第二节　新时代我国公众气候传播的角色定位

在"政府主导、媒体引导、NGO推助、企业担责、公众参与、智库献策"的"六位一体"气候传播行动框架中,公众作为气候传播的行为主体之一,有着独特的地位和作用。我国政府明确了构建政府为主导、企业为主体、社会组织和公众共同参与的环境治理体系,强调生态文明是人民群众共同参与、共同建设、共同享有的事业。在生态文明建设与绿色发展理念的指导和要求下,围绕共商共建共享原则,我国公众气候传播应该定位于生态文明建设与全球气候治理的建设性力量。其建设性作用,主要表现在以下几个角色方面:

一　低碳环保意识的倡导者

所谓"低碳环保倡导者",是指最关注气候变化问题且寻求通过各种倡导活动(advocacy campaign)而实现社会动员的一类公众。这类公众对低碳的知识认知程度、低碳付费意愿和低碳行为表现等方面都要高于普通公众。作为最关注气候变化问题且寻求通过各种倡导活动(advocacy campaign)实现社会动员的一类公众,低碳环保倡导者广泛活跃在气候行动领域中。他们使用了各种宣传倡导和信息传播方式,以扩大气候变化行动传播和影响。具体包括通过人大代表选举、社会动员、环境诉讼等政治和法律途径,影响环境立法、司法与政策执行;也包括通过公共环境教育、媒体宣传、公益行动、社区活动等直接吸引受众参与,影响受众的认知、态度与行为;还包括利用低碳消费倡导,通过联合抵制或购买行动影响企业生产行为和社会责任,构建绿色市场。总之,他们广泛活跃在气候行动之中,并使用各种倡导模式和传播方式,以扩大气候变化议题的影响。

在2021年10发布的《国务院关于印发2030年前碳达峰行动方案的通知》中,关于在公众"推广绿色低碳生活方式"的内容中有以下表述:"开展绿色低碳社会行动示范创建,深入推进绿色生活创建行动,评选宣传一批优秀示范典型,营造绿色低碳生活新风尚。"在当前我国实现"双碳"目标时间如此紧迫的情况下,除了政府的政策指导和宣传,在各地各界活跃的"低碳环保倡导者"所起的倡导和带头示范作用也显得非常重要。

公众的低碳行动不仅是气候传播的目标,其本身也是一种重要的传播手段,这一点尤其体现在一些有较大社会影响力的公众人物身上。例如,中国气候传播项目中心顾问委员会主任、中央外宣办原主任、国务院新闻办公室原主任、全国政协原第十一届外事委员会主任、原中国人民大学新闻学院院长赵启正,被誉为"中国国家形象大使""中国政府公关总管""中国发言人制度化建设的引领者和示范者",在对外传播和公共外交领域有着丰富实践和独到见解。在 2013 年气候传播国际会议致辞中,他以"中国人已无处可逃"作为开场语,谈及自己夏天在上海连续遭遇高温热浪和两次台风极端天气的经历,进而指出"在气候变化问题上,地球上没有旁观者!"他的发言可谓层层递进、真情意切、鞭辟入里,通过讲述亲身故事来切入主题,寓意十分深刻,不禁引人深思。他从普通百姓视角和全人类共同价值观出发来进行气候传播,让人感到十分真实、可信、感人。

此外,一些普通公民自发聚集,围绕气候议题形成聚集性传播,并由此形成现实交互,进而带动整个网络空间和现实社会广泛参与,推动了传播赋能气候变化应对工作常态化、长效化开展。例如,在 2013 年 1 月,来自山东、浙江、内蒙古等地的 20 多名热心公众,有感于餐桌上的浪费的严重,便组成公益团队"IN_33",发起了"光盘行动"。从最开始在餐馆散发传单,到在百度贴吧上设立"光盘节"吧,在微博平台发出发起#光盘行动#的微话题,这些环保倡导行为形成了一场规模浩大的群聚传播活动。相关话题上线仅 11 天后,转发数量就达到了 5000 万次,很多网络意见领袖都晒出自己的"光盘行动"照片表示支持。在不到半个月的时间里,行动范围就从线上转移到了线下,拓展到了全国。2017 年 8 月,国务院发出了全国开展"光盘行动"号召,掀起了又一轮的行动热潮。时至今日,"光盘行动"的标语、海报、公益广告等依然遍布大街小巷,成为社会新风尚。实践证明，低碳环保倡导者是我国绿色转型的重要推进力量，积极推动着我国环境保护事业与社会绿色低碳可持续发展。

二 民间气候故事的分享者

所谓"气候故事分享者"，是指在公众利用人际传播、群体传播、大众传播等传播形式，持续分享自己的日常低碳环保"小故事"与"小经验"。与"低碳行动倡导者"重在通过自己的榜样行为来感召和动员其他公众不同，这类公众更注重个人经历和感受，试图通过自己的故事讲述，向他人传递自己的生活理念。

过去，在媒体专业生产内容（PGC）模式下，主流媒体扮演着重要的风险信息/知识传递的中介角色。但由于许多媒体所青睐科学传播"知识缺陷"模式，既将公众视作知识匮乏的群体、认为公众应该成为科学知识的被动接受者，也导致了传播上的不对称关系。单向的、自上而下的传播，以及缺少问责的制度使得公众对于科学界产生了不信任。

在用户生产内容（UGC）模式下，技术赋权消解了新闻生产前后台界限，"新闻场域"里的行动者不再限于职业记者，那些拥有专业知识背景的业务人士、"类专业团体"（quasi-journalistic group）在自组织模式下被激活，并通过"关系赋权"成为内容生产的主要生产力。随着移动新媒体技术的不断发展，这一类群体利用微博、知乎、短视频等社交平台来分享与传播他们的低碳环保故事，已经成为了一种方兴未艾的气候传播方式。这种通过自媒体讲述的"气候变化故事"，具备另一种以个人日常经验与生活环境为基础、富含社会文化意义的实地经验与知识（local/practical knowledge），足以与专家的专业知识和能力相匹配。

相较于职业新闻媒体机构所推出的工业化、流水化、高度同质化的作品而言，公众气候传播作品有着许多独特优势。一方面，它相对于传统媒体作品在数量上更有可触达性。传统新闻机构作品固然重要，但是由于专业新闻媒体版面和播放时长的限制，以及严格的内容审查制度和市场经济压力，很难提供全面的、多样化的内容。而在新媒体时代，公众传播最大的优势就是"积众成多"，能够提供海量的个性化内容，这些信息在各大平台分布越多、扩散范围越广，就越可能形成"头部效应"，其他公众所接触到的可能性也越大，对他们低碳意识的提升和行动改变的可能性也就越大。另一方面，相比起专业新闻媒体的作品，公众通过自媒体开展故事分享更有心理接近性。公众在自媒体上传播的信息大多来自自己的日常生活经验，有着独特的新闻价值，内容和形式也都更接地气，能够满足公众在自媒体时代对信息多样化和贴近性的需求。

在我国，近几年出现了较多公众通过自媒体进行气候传播的典型案例。其中，较为著名的是视频博主"冰川哥"。"冰川哥"本名叫王相军，是一个出生于四川农村的青年。2012年，一个偶然的机会，他喜欢上了冰川探险。此后，他花了7年的时间，徒步70多座冰川，把各种冰川消融的画面上传到了微博、短视频等各种网络社区。在社交平台上，除了展示冰川美景之外，"冰川哥"还向公众展现了冰川退化、山体垮塌、森林萎缩等一系列因为气候变化引起的生态问题，呼吁大众关注全球气候变暖。他所分享的视频短片，很快在网络上引起了广泛关注，他的快手短视频账号也因此被评为"2018快手十大科普号之一"。

正是如"冰川哥"这种"民间气候故事分享者"队伍的不断扩大，我国近十年来气候传播事业才取得长足发展。2019年12月，"冰川哥"被邀请参加在西班牙举行的第25届联合国气候变化大会。这一次，他走上国际舞台，向全世界公众分享了他的人生故事和对气候变化的见解。2020年12月，"冰川哥"在攀登西藏那曲嘉黎县的依嘎冰川时，不幸失足跌入冰川暗河中遇难。他的事迹，也引来了更多社会公众他所拍摄的视频内容的关注，带动了更多的人通过分享自己身边故事，阐述个人对应对气候变化的理解，投身应对气候变化事业。正如歌里所唱：谁是真的英雄？平凡的人们给我最多感动。

三 生态环境舆论的监督者

所谓"环境舆论监督者"，是指公众在气候变化应对和环境治理过程中，担负着舆论监督责任，通过传播行为曝光和检举破坏生态环境、阻碍低碳发展行为，从而保障自身享受良好的生活环境、免遭环境污染侵害的合法权益。

舆论监督和正面宣传是统一的。进入新时代，科学而准确地开展舆论监督，是维护党和人民利益的需要，是推进社会主义民主政治建设的需要，是增强社会治理、基层治理的需要。多年的实践证明，建设性舆论监督非但不是"无事生非"，反而是解决一些老大难问题的"助推器"，更是干群之间的"连心桥"。

随着公众参与社会公共事务制度的不断完善，越来越多的普通公众参与到气候变化的治理事务之中。在2014年修订的《环境保护法》中专门规定了"公民、法人和其他组织发现任何单位和个人有污染环境和破坏生态行为的，有权向环境保护主管部门或者其他负有环境保护监督管理职责的部门举报"。在2015年制定的《环境保护公众参与办法》中就有关于公众舆论监督的条目："环境保护主管部门支持和鼓励公民、法人和其他组织对环境保护公共事务进行舆论监督和社会监督。"为了让公众更好地发挥好对环境保护和节能低碳的监督作用，政府部门开设了大量的传播渠道供广大的公众举报投诉。

由公众发起的建设性舆论监督，是解决一些地方生态环保问题的重要舆论手段，也是公民有效参与生态环境治理的重要途径。2022年，山东省生态环境厅专门制定了有关监督企业碳排放的办法，在山东省《控排企业碳排放报告质量弄虚作假有奖举报实施方案》中规定，鼓励广大公众监督控排企业碳排放报告，对碳排放数据弄虚作假行为，公众可以通过环保举报微信公众号、全国环保投诉举报平台、电话等方式进行监督举报，实名举报者最高可奖励50万元。

近些年来，随着我国气候传播的不断深入，公众的低碳环保意识不断提升，也涌现出了一批利用大众媒体和网络媒体开展舆论监督的公众。例如，浙江省通过媒体常态监督、政府主动作为、群众广泛参与，推动解决了一大批群众身边的生态环境突出问题，设立常态化"曝光台"浙江卫视《今日聚焦》等，以舆论监督作为整治环境问题的利器，让天更蓝、地更绿、水更清。

四　全球气候治理的助推者

作为全球共同关注的国际议题，气候变化一直都是各国话语博弈的重要场域。公众参与到国际气候谈判中，以民间视野观照国际议题，通过公共外交，可以以更加客观、理性和建设性的视角开辟舆论互动的新路径。内容上的去政治化，能够满足不同国家和文化背景受众信息需求，实现意义和价值的跨越民族—国家边界的全球共时性流动。

所谓"气候谈判助推者"，是指公众作为气候传播主体，可以以公民个体的身份，就全球共同关注的气候变化议题发表意见，推动国际领域的气候变化谈判、气候变化合作等全球气候治理进程。

近年来，中国的公众代表也越来越多地出现在气候变化谈判和治理的国际舞台，成为一支重要的参与力量。这些公众代表以民间视野观照国际议题，通过公共外交，可以从更加客观、理性和建设性的视角开辟舆论互动的新路径。

例如，中国气候传播项目中心专家委员会主任、中国工程院院士、原副院长杜祥琬教授，为国家需要，他三次改换研究领域，为一线科研工作，两次婉拒国家行政职务。作为能源研究领域专家，他认识到"气候变化是能源惹的祸"，自己从事的国家能源战略咨询研究应该服务于国家应对气候变化的战略决策，从此他开始介入气候变化战略决策相关工作。

作为中国气候传播的"首席专家"，在多年的国际气候谈判中，杜祥琬院士始终遵循国家权益至上，数次在联合国气候大会发声。在2015年巴黎气候大会上，年近八旬的他事无巨细、亲力亲为，精心准备了关于中国低碳发展、能源转型、城镇低碳化、应对气候变化建设人类命运共同体等5份中英文报告，接连出席了多场边会和活动，接受了国内外多家媒体的采访。他提出的气候谈判要"吵而不崩，斗而不破，其最终出路在于合作共赢"，受到了与会人士的一致认同。对于气候变化与气候传播工作，他强调我们不要只关注争议、收获的大小，而是应该更加深刻认识到气候变化谈判的实质与初衷，提出要对气候变化的科学问题作通俗化表达、进行一系列从内到外和从外到内的具体传播策略。这些观点，为我们讲好中国气候变化故事、实现更好气候传播效果提供了宝贵经验。

此外，还有一些以普通公民身份出现的传播者，为中国公众同国际社会力量在全球气候治理方面携手共进、共同发展做出了自己的贡献。例如，在2019年马德里的联合国气候大会（COP25）上，来自中国成都的9岁女孩黎子琳，用流利的英文发表了演讲，内容以大熊猫保护为切入点，从熊猫生长环境，到二氧化碳减排，再到气候的变化，从孩子视角引申到大众意识，从国家主张落地为青少年行动，她的演讲震撼了在场的国际人士，并获得了"熊猫女孩"的称号。

与通贝里的极端激进做法不同，中国女孩黎子琳在联合国气候大会上介绍中国人如何进行实际环保工作，并通过介绍自身的行动去引发他人思考如何进行环保，建议在生活中设立一些力所能及的环保目标，实实在在、脚踏实地地去改变目前的环境，而不是一刀切地建议不用化石燃料。黎子琳代表了理智的声音、可预见的目标和脚踏实地的行动，展现中国大国担当的同时，也彰显了中国公民的良好素养和道德风范。这种正确、恰当的环保倡导方式，也更容易被大家所接受。

五 气候公众科学的参与者

"公民科学参与者"是连接科学领域和公共领域的关键中介人，这一群体以公民科学家或私人身份出现的科普工作者为主，其声音是对官方的全民科普和科学素质提升的有益补充。从外延上看，从事公民科学活动的公众不需要任何专业的技术背景，只要参与科学知识阐释与普及的任何公众都是公民科学家。作为公众参与科学的重要形式，他们主要是与科学家或科学框架合作，以实现科学目标。

在中国，一些从事气候变化相关研究工作的专业人士以私人的身份和名义，出现在互联网以及其他民间科普活动中，通过个人自媒体或私人演讲、讲座的方式推动气候传播的发展。如著名的天气预报主持人、中国气象局首席专家、教授级高级工程师、中国天气·二十四节气研究院副院长宋英杰教授，他不仅是一位在气象学领域颇有造诣深厚的专家，同时也是一名民间科普工作者。他在喜马拉雅网络电台、抖音等新媒体平台上，搭建了自己的账号矩阵，以科普方式诠释二十四节气等中国传统文化，通过各种天气物候知识，向公众传递气候变化知识，以及其衍生的各种生态智慧和文化习俗。他所推出的短音频和短视频内容短小精悍，符合大众对音视频信息的接受规律，能够快速"抓住"人们的眼球和耳朵。他的全网粉丝量超过百万，其中微博内容日阅读人数超10万，喜马拉雅播放量高达200余万，订阅量近5万，抖音粉丝2万余，获赞超12万。除了网络音视频作品，宋英杰老师还出版了《二十四节气志》《故宫知时节：二十四节气·七十二候》《中国天气谚语志》等书籍。正是这些以个人身份开展传播的科普参与者，广泛活跃在各大科普平台上，作为意见领袖发挥了重要力量，推动了气候变化应对的科技创新和全民科学素质提升。

第三节　新时代我国公众气候传播的话语建构

全民性、常态化、多领域的公众气候传播赋予了气候传播新的内涵与动力，极大丰富了气候传播的格局和话语体系，也进一步提升了气候传播的现实影响力。作为低碳绿色理念践行者、气候变化故事传播者、气候社会治理监督者、国际气候谈判推动者，我国公众广泛活跃在网络空间、现实社会与国际舞台等不同场域，发挥着重要的建设性作用。乔舒亚·梅罗维茨（J. Meyrowitz）认为，"个体的行为与其所处的情境有着密切的关系，新的情境会为新的行为的产生提供基础"[1]。公众气候传播具有极高的自由性和生动性，在公共情境和私人情境中互相交叉，当发生多情境融合时，处在新情境中的人们会为了适应环境变化而做出新的适应行为。因此，考察不同情境下的公众气候传播很有

---

[1] 参见［美］约书亚·梅罗维茨《消失的地域：电子媒介对社会行为的影响》，肖志军译，清华大学出版社2002年版，第4页。

必要。本小节拟就网络平台、现实沟通以及国际传播这三个不同场景下，我国公众气候传播的话语建构策略展开讨论，以期为我国公众气候传播提供一定的话语支持、价值引领和实践参考。

一 微博平台气候变化议题的公共讨论状况

本节以微博平台话题#气候变化#为对象，通过大数据文本挖掘，考察参与议题的网民主体的结构特征、内容框架与态度倾向，并就这些因素与在微博平台所获得传播影响力之间的显著性展开分析。

（一）研究设计与研究方法

1. 样本来源与数据抽样

本部分选取2015年巴黎气候大会至2019年马德里气候大会（即2015年11月30日至2019年12月31日）为抽样期，以新浪微博平台话题#气候变化#为爬虫对象，使用Python 3.6作为爬虫工具，对数据文本进行内容汇总后，共获得原创微博18062条，总长度达1106748字符。由于样本容量过大，在数据库基础上，为进一步聚焦研究问题，本文采用分层抽样方式，先随机抽取一个月中的某一天，对这一天微博进行数据清洗，再从中随机抽取原创微博10条，总计获得原创微博500条，接着对文本进行编码，从而将原本分散的微博内容聚合并进行要素量化。

2. 编码设置

传播主体（X_1）编码：依据郑保卫和中国气候传播项目中心（2011）所提"五位一体"行动框架，将传播主体划分为政务微博（X_{11}）、媒体微博（X_{12}）、NGO微博（X_{13}）、企业微博（X_{14}）、公众微博（X_{15}）等五大类型。为避免重叠，诸如@李冰冰全球后援会等明星网红，以及@NASA爱好者等自媒体等归入公众微博（X_{15}）范畴。

内容框架（X_2）编码：在传播内容编码上，在综合邱鸿峰（2016）和詹姆斯·佩特（James Painter, 2013）等人相关研究中的框架划分标准的基础上，细分为科普（X_{21}）、风险感知（X_{22}）、影响后果（X_{23}）、减缓（X_{24}）、适应（X_{25}）和行动倡导（X_{26}）等六大类。

态度倾向（X_3）编码：采用正面（X_{31}）、中性（X_{32}）和负面（X_{33}）划分。

传播影响力（Y）编码：谢耘耕将微博传播中不同节点对网民的影响力值设定为"评论量+转发量"[①]。这里将这一变量扩充为"评论量+转发量+点赞量"，本部分论述过程中所指的传播影响力（Y）为该微博的评论量、转发量与点赞量的数量叠加。

3. 数据处理方法

大数据文本挖掘：主要包括 Python 爬虫与数据分析，因社交媒体碎片化的内容及形式难以提供足够的背景信息，给传统的新闻框架分析带来了新的挑战，利用 SNA 的思路可以改进和更新新闻框架研究（史安斌，2018），故本文在内容编码考察的基础上，辅以 python 语义网络方式对公众气候传播话语体系进行补充说明。

多元线性回归分析：主要通过 Excel 和 SPSS 统计分析完成，对上述三大变量进行逐步回归，筛选出最为显著的变量，因传播主体（X_1）、内容框架（X_2）、态度倾向（X_3）均为虚拟变量，统计中进行 0/1 哑变量设置。

（二）数据结果与研究发现

1. 用户地域涵盖全国，一线都市集聚媒体资源

通过对 500 条原创微博的统计发现，本次抽样涉及微博 ID 总计 434 个，具有以下结构特征：

认证情况上，未加 V 认证的 ID 占比 50.2%，经过实名认证的 ID 占比 49.8%，两者数量十分接近，这体现气候变化话题所具有的公共性与全民性。地域分布上，ID 地址涵盖全国全部 31 省、自治区与直辖市，其中北京（32.6%）占比最高，其次为上海（13%）、山东（4.8%）、广东（3%），从数据来看，上述地区作为我国一线大都市与沿海经济大省，汇聚各类影响力机构与精英人才，气候传播所依托的传媒资源优势也都集聚于此。

[①] 参见谢耘耕、荣婷《微博传播的关键节点及其影响因素分析——基于 30 起重大舆情事件微博热帖的实证研究》，《新闻与传播研究》2013 年第 20 卷第 3 期。

2. 不同主体所获的传播影响力呈现幂律分布，政务微博和媒体微博优势明显

传播主体的身份类型（X_1）上，公众微博（X_{15}）数量最多，占据63%，其中认证为自媒体的占12.8%，粉丝数量在4万—1800万不等，具有代表性的有科普博主@NASA爱好者、电影博主@电影费洛蒙、财经博主@宋清辉，以及@莱昂纳多中文网等明星网红。媒体微博（X_{12}）占据16.8%，其中大型主流媒体集团牢牢占据话语高地，代表性的如@人民日报评论、@中国日报等央媒，以及@南方周末、@新京报等区域性党媒。此外，@美国国家地理、@Nature自然科研等报纸杂志也受到一定关注。

政务微博（X_{11}）占据15.8%，以国内政府机构，以及地方气象与环保部门为主，代表性的有@中国气象局、@上海发布等。相较于国内，国际组织和驻外使馆等海外微博在传播影响力上表现突出，联合国及附属组织所建立的微博矩阵在粉丝数量和活跃程度上均占据前排，传播影响力（Y）排行上前十独占九条。上述结果一方面反映出气候议题的国际性，另一方面也说明我国政务微博在气候传播上仍然具有较大提升空间。相比于上述三类，NGO微博（X_{13}）和企业微博（X_{14}）较为少见，其中企业微博占比仅2.8%，发布者主要为碳排放交易所、新能源企业等。NGO所发微博数量占比最少，仅为1.6%，这一结果可能与国内气候环保领域NGO数量较少有关。

不同主体所获的传播影响力（Y）分布极不均匀，呈现幂律分布特征。整体上，话题传播影响力（Y）均值仅为77.4，与微博亿级用户体量差距甚远，气候变化议题的网络热度不高。不同传播主体上，政务微博、媒体微博所获的传播影响力较大，NGO、企业与普通公众处于边缘地位。政务、媒体、公众认证自媒体发布帖子227条，占据全部转发评论点赞量的88.3%，企业、NGO与普通公众仅创造了11.7%的评论转发点赞量。这一结果体现了气候传播议题传播影响力呈现幂律分布特征，头部少数意见领袖把控着信息的流向与流量。

3. 主导框架多强调风险灾难性后果，存有严重话语断裂

在内容主导框架上，统计发现，现阶段微博气候变化议题主导框

架多强调风险灾难性后果（36.0%）。气候变化导致的洪水、飓风、高温热浪等极端天气与次生灾害，雾霾、两极冰川融化、海平面上升等生态影响，以及北极熊、珊瑚等物种保护等三大类话题占据语义网络关键节点（见图6-1）。语义网络中，灾难性后果框架虽占比较高，但与其他框架联结较弱，呈现严重话语断裂（topic gap），其中"影响后果＋科普"框架仅占4.2%，"灾难后果＋行为倡导""影响后果＋中方行动"等框架均低于1%。

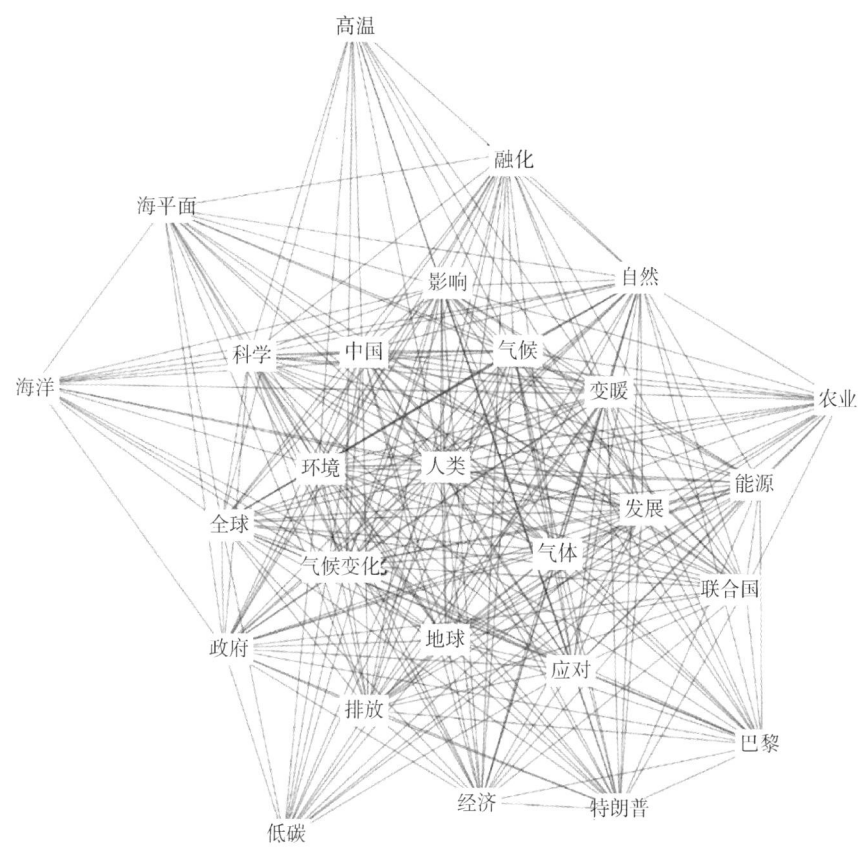

图6-1 微博公众气候传播语义网络图

4. 政府行动被予以较多关注，风险感知上出现较大心理距离感

如表6-1所示，围绕气候变化风险解决路径的讨论中，减缓框架占据27.4%，位列第二，与之相比适应框架仅有1.2%，数据结果与

《中国公众气候变化与气候传播认知状况调研报告2017》呈现较高一致性（这一调查中仅6.7%的受众认为适应更重要）。本次研究的样本中，从减缓的子框架来看，中方行动（7.6%）被予以最多关注，过去五年，中国在全球气候变化应对与生态文明建设中发挥的参与者、贡献者、引领者作用被网民予以高度赞扬。国际合作（6.2%）、美方行动（5.0%）紧随其后，"联合国""特朗普""巴黎""应对"等关键词位于语义网络右下方，这体现气候变化应对所不可或缺的大国责任与国际合作，同时也意味着各行为主体之间话语博弈十分激烈。国内微博关于美方行动框架话语前后呈现出现较大反差，相较于奥巴马时期，特朗普"能源新政"、退出《巴黎协定》等行动饱受指责。

表6-1　　　　　　　　微博公众气候传播主导框架

框架（n=500）	子框架	操作性定义
科普（13.6%）	N/A	普及气候变化相关知识
风险感知（11%）	自身经历体验（43条）	日常生活中感受到气候变化
	不确定性（12条）	科学怀疑论、责任争议、对议题不感兴趣等
影响后果（36.0%）	N/A	气候变化所造成的各类灾难性后果
减缓（27.4%）	中方行动（38条）	中美两国以及其他国家（地区）为应对气候变化所作出的承诺与行动
	美方行动（25条）	
	国际合作（31条）	
	投资新能源（16条）	投资核能、电力、风力等非化石能源
	科学技术（17条）	发展气象、绿色建筑、农业等新技术
	市场路径（3条）	通过碳交易市场等应对气候变化
	绿色营销（4条）	企业推广绿色产品
适应（1.2%）	N/A	改变耕种或生活方式等适应气候
行为倡导（15.6%）	N/A	呼吁遏制气候变化，倡导低碳行动

风险感知框架（11%）占比较低，且只见于普通公众微博对于衣食住行日常生活自述中，其传播影响力在微博场域几乎可以忽略。在子框架上，讽刺气候变化观点、气候变化不确定性、责任归属争议以及对议题不感兴趣等观点共计12条，占比超过风险感知框架的1/5。这一数据结果表明微博平台网民对气候变化存有一定的心理距离，使

公众在风险信息处理时对议题与个人相关性判断大打折扣。

5. 负面情绪表现强烈，恐慌担忧情绪较多

态度倾向是促成行为的关键因素（Lazarus，1991）。所得样本中，态度倾向为负面的占比43.8%，中性的占40.8%，正面的仅15.4%。在气候变化风险传播中，由于政府和媒体过多强调灾难性后果，且风险责任归属无法归因于单一国家或个体，导致网民对议题持有较强的负面态度倾向，尤其是恐慌担忧情绪较多。日常生活中，气候变化引发的洪涝干旱、高温热浪、空气污染等，也加剧了网民的负面态度倾向，表现为吐槽、厌恶、悲观等。

6. 媒体微博与行动倡导框架正向预测公众参与度，媒体气候传播话语框架亟须调整

逐步回归模型会自动识别出有显著性的自变量（X），不具有显著性的X会自动移出模型。本文就上述传播主体（X_1）、内容框架（X_2）、传播态度（X_3）三大变量对公众参与度（Y）显著性展开实证考察，对样本数据进行依次多元逐步回归，从而找到相关性最为显著的影响因素。如表6-2所示，经过模型自动识别，最终余下媒体微博（X_{12}）、行动倡导（X_{26}）一共2项在模型中，R2值为0.070，意味着媒体微博（X_{12}）、行动倡导（X_{26}）可以解释公众影响力（Y）7.0%变化原因。而且模型通过F检验（F=17.402，p=0.000<0.05），说明模型有效。

表6-2　　　　公众参与度（Y）的影响因素多元逐步回归结果

	回归系数	VIF
常数	13.693（-0.99）	—
行动倡导（X_{26}）	124.691（3.748**）	1.003
媒体微博（X_{12}）	147.538（4.766**）	1.003
样本量	463	
R2	0.07	
调整R2	0.066	
F值●	F（2,460）=17.402，p=0.000	

注：因变量：公众参与度
D-W值：2.044
　＊p<0.05，＊＊p<0.01 括号里面为t值。

模型公式为：$Y = 13.693 + 124.691 \times X_{26} + 147.538 \times X_{12}$

这一结果说明通过对媒体所开展的微博气候传播实践进行针对性内容话语框架调整，能够更为有效促进公众线上参与。

（三）研究结论与讨论

整体上，微博平台气候变化话题热度不高，公众关注与参与讨论的意愿较低，议题传播影响力有待提升。不同主体的传播影响力呈现幂律分布特征，议题主导框架多强调气候变化灾难性后果，网民表现出较强的负面倾向，恐慌担忧情绪较多。针对上述问题，本研究就如何进一步推进我国公众气候传播的影响力作出了简要讨论，以期提升我国气候变化公众网络参与。

1. 调整气候传播话语框架，激发网民讨论意愿

气候传播首先要调整话语框架，明示风险"此时此地"影响，拉近公众与气候议题的心理距离，提升公众风险应对行为策略知识。集体效能的激发的一个重要前置条件是个体相关性，只有当公众认为集体危机与自身或所属群体相关时才会启动理性效能路径，从而作出行动判断。当前微博平台气候传播中，多围绕#南极冰层融化#、#亚马逊森林火灾#，或#60年后东京被淹没#、"2500年，仅南极冰川融化就能让海平面上升15米"等议题展开报道讨论，这一定程度上虽能够唤起公众关注，但是由于心理距离上与公众"此时此地"关联较弱，导致公众常认为"事不关己"，因此，气候传播中需要明示议题时间（此时）、空间（此地）、社会关系（自己、家属还是他人）相关性。此外，效能感的产生重要先决因素在于个体自身行为策略知识储备。激发效能感的较好方法就是直接告诉人们此时此刻能做哪些事情，以及怎么做，进而促进行为意愿。

2. 强化相互关注与情感联结，丰富网民互动过程情感能量

当前气候传播中，政务机构与媒体仍处于话语网络的核心，网民则作为外围参与者而存在。在网络传播中，对于网民来说，获得情感归属和身份认同才是参与互动的最终目的。因此，需要注重用户需求，用新奇、趣味、有意义的焦点内容和陌生化的方式吸引大众，及时调整互动形式和内容，提升用户的情感能量以形成牢固的情感

联结。在关键的气候事件节点中，充分利用和创造"网络群体景观"，通过这种文化"仪式"来塑造群体记忆、维系群体感情、强化群体凝聚力。

3. 激发网民个体"微力量"，理性应对"搭便车"难题

当集体效能过高而自我效能不足时，群内成员可能会产生"搭便车"意愿。这一涉及集体行动参与者成本—收益分配的两难问题，在应对气候变化这种大规模事业中特别明显。人们似乎更愿意认为，在一个庞大的集体中，他们必须提供的实际上可能"微不足道"，个人努力似乎并不重要。实际上，这一问题可以通过足够的他人按照一个人的个人效能行事，从而把集体效能提高到可能产生有价值的物质、社会和自我评价结果的水平。这一干预方式可以借力公众气候传播中人际传播优势，尤其是意见领袖的作用。公众气候传播中，网民作为个体是微弱无力的，但作为整体通过蝴蝶效应所展示出来的"微力量"则是惊人的。对于政府、媒体、企业等其他主体，要更加重视、发掘和利用这种"微力量"。

二　新时代我国公众气候传播对内传播话语建构

（一）构建主导话语，凝聚国内公众共识

美国学者德雷泽克在论述世界环保话语体系的时候指出："当一种话语得到了广泛的社会认同，而且被当成为理所当然的文化存在时，或者说当这种话语有足够的力量使得特定的政策和实践合法化时，我们可以称这种话语为当前时代主导型的话语。"[1] 主导性的话语本身就是意识形态的表现形式，也是这个社会共享共通的社会规范。

应对气候变化，实现碳达峰碳中和，是贯彻党的二十大精神，加快形成绿色经济新动能和可持续增长极，显著提升经济社会发展质量效益，体现了中国式现代化的本质要求，是党中央统筹国内国际

---

[1] 参见周裕琼《从标语管窥中国社会抗争的话语体系与话语逻辑：基于环保和征地事件的综合分析》，《国际新闻界》2016年第38卷第5期。

两个大局作出的重大战略决策，也是我国生态文明建设和绿色发展的重要内容。因此，在话语构建方面，不但需要构建话语体系，争夺气候变化国际话语权，在国内也需要形成有利于生态文明建设的主导性话语，形成良好的社会舆论氛围，形成节约低碳的社会价值规范。

目前我们正处于生态文明建设和绿色发展转型的关键时期，要善于将气候传播内容与国家重要方针政策及社会主义核心价值观相结合，在公众中间形成推动全国人民共同"建设人与自然和谐共生的美丽中国"的主流话语。首先，要让我国公众看到我国开展生态文明建设和气候变化应对行动的重要性和必要性。可利用"像保护眼睛一样保护自然和生态环境"等平易近人的话语资源，提升公众环保意识。其次，我们要推动"人人参与低碳环保"社会氛围。例如，在环境宣教中，多使用"每个人都是生态环境的保护者、建设者、受益者，没有哪个人是旁观者、局外人、批评家，谁也不能只说不做、置身事外"的责任要求话语，凸显公民个体职责。最后，为体现我国生态文明建设与绿色发展的一致性，可以充分阐释和宣介党的二十大报告中提出的"中国式现代化是人与自然和谐共生的现代化"等重大命题，使党的惠民政策真正飞入"寻常百姓家"。

除了话语资源，主导性的话语还离不开所在社会主流的价值体系支撑。因此，在气候传播中，要积极寻找应对气候变化行动与社会主义核心价值体系的结合点、触发点。例如，可以将低碳生活保护环境的行为细节，与文明、和谐、节俭等核心价值观相结合，引导公众在话语生产和传播中不断凝聚共同信念，从而更加坚定不移地走生态优先、绿色低碳的中国式现代化道路。

（二）倡导低碳绿色发展话语，讲好民间低碳绿色故事

在西方发达国家，绝大部分的环保低碳运动都是由基层公众和民间组织发起的，一般说来，在西方的政府机构、高校、研究院所、企业都不发起环境倡议，有关低碳、环保等宣传教育活动基本由普通公众和草根民间组织来发起倡议。西方的环保运动实践也显示，这种"自下而上"由公众发起的倡议行动，比起政府组织的"自上而下"

宣传动员更能够起到更好的传播效果，更能激发其公众的"主人翁"的意识。因此，通过传播手段发起与应对与适应气候变化有关的倡议就成了"公众气候传播"的重要内容。

正如前文所提到风靡全国的"光盘行动"，其倡议就是由普通公众发起的，号召由几个人发起，在网上展开讨论，后来倡议活动因引起了媒体的报道而引起更多人的关注，最后成为避免餐桌浪费最为重要的代名词。实践证明，由具有较高低碳意识和行动能力的公众引领的低碳倡导行动，对于营造良好的社会低碳生活氛围，推动其他公众形成良好生活习惯有着异常重要的作用。

一是分享对自然的感悟。一般由政府或者媒体所发起的气候传播活动，很难避免采用宏观叙事的视角，大谈气候变化对全球和全国的影响，某项公共政策的重要意义等内容。气候变化的对人类的影响以及国家的重要政策信息不可谓不重要。但是作为民间传播者，微观的故事和体验分享可能更能推动一般公众的态度变化和行为改变。例如，深圳国际公益学院（简称公益学院）副院长黄浩明教授，这些年一直通过气候变化教育、调研，拓展社会动员的形式，扩大环境宣教的成果。1997年，黄浩明教授随中国科学院地理所来到青海西宁，黄浩明目睹了青藏高原冰川融化、自然灾害频发给当地农业和畜牧业带来的负面影响，对大自然的敬畏深深触达他的内心。仰望地球第一峰，藏族人民心中的"女神"，黄浩明彻底被震撼了：这是一场人与气候的长期博弈，民间组织在气候变化这一全球议题中如何发挥力量？发挥哪些力量？经过多年的努力，他通过研究《巴黎协定》，总结出民间组织参与全球气候治理的一些规律性成果，使得中国民间组织的气候传播力量赢得了国内学界及相关部门的关注和认可，吸引了大量媒体的报道，产生了广泛的社会影响。为表彰黄浩明教授在气候传播领域的付出和贡献，2020年中国气候传播项目中心向黄浩明教授颁发"中国气候传播研究十年重大贡献奖"。

二是分享低碳生活的经验。例如，2013年10月，在由中国气候传播项目中心和耶鲁大学气候传播项目中心等单位共同主办的"气候传播国际会议"上，河南省农民环保志愿者田桂荣女士的发言，引发了与会国内外专家学者的热烈掌声，大家为她自愿投身环境保护的事迹所感动。田桂荣女士原先在村里以卖电池谋生，后来听说电池污染环境便转而专门收购旧电池，并自发组织全村群众做环境保护工作。她在谈到对气候变化的认识时说，"大道理我说不来，但我感觉得到这些年天气变得不正常了，该下雨时不下雨，该晴天时不晴天，庄稼不好种了，农活不好干了"。为了吸引和团结更多人关注环境、宣传环保，田桂荣在2001年投入3000元，请人搭建"田桂荣环保网站"，开通环保热线向人们宣传环保知识和绿色理念，并开始学习打字和网站管理。2002年，田桂荣注册成立了"新乡市环境保护志愿者协会"，这不仅是河南省首家民间环保群众团体，同时也是全国首家由农民发起成立的环保组织。此后，她还先后帮助一些学校、公司建立了环保组织，新乡市几乎每个县都成立了环保协会分会。在她的影响和带动下，新乡市处处涌动着环保志愿者队伍，全市掀起了民间环保的高潮。

三是借助国际平台和青年声音表达中国民间社会态度。青年是应对气候变化的新生力量，各国的低碳教育和气候变化应对方案都相当重视青年的参与。面对共同挑战，青年群体有共同的责任、担当、激情与梦想，要充分发挥引领作用。他们是青年人，也是气候传播者、行动者和未来社会中坚力量。不同年龄、不同专业的青年人在气候治理中可以发挥不同的角色。因此，我国青年公众代表与其他国家的同龄人共同分享和讨论共同面对的气候议题，常常会引起国际上的关注。例如2019年11月，清华大学举办了首届世界大学气候变化联盟研究生论坛，共有来自6个大洲、9个国家、55所国内外高校的150余名师生参加。中国气候变化事务特别代表、清华大学气候变化研究院院长解振华和联合国秘书长气候行动特使迈克尔·布隆伯格担任此次论坛的名誉主席。中国气候变化事务特别代表解振华和被誉为"气候经济学之父"的尼古拉斯·斯特恩勋爵与会发表主旨演讲，斯特恩勋爵评价："联盟组织的学生活动让我看到了气候事业的未来！"

（三）借助互联网平台普及气候变化科学话语

随着网络平台的高速发展，各大平台上的信息越来越呈现专业化、垂直化的特征，很多具有较高专业能力和科学素养的自媒体人则利用自媒体开展了各个领域的科普、教育和培训工作。

公众通过自媒体做气候科普，有其独特优势。首先，这些传播者垂直深耕、专业性强。做科普的自媒体账号，要运转得好，需要定位准确，一个科普耕某一个科学领域，不仅作品的专业程度高，而且能够从前期的反馈中了解受众的喜好，做好选题策划，大大提高作品的到达率。其次，这些传播者善作"人设"，号召力强。在自媒体上的传播者，需要精心在公众面前打造自己的人设，需要通过互动了解公众的信息需求，通过优质的作品获得粉丝的关注和青睐。往往这些博主在各自的粉丝圈层中拥有很高的影响力和号召力，能够较好地影响公众的态度与行为。最后，相关的传播内容能够细水长流，长期运营。由政府和媒体主导的气候变化应对以及低碳宣传，一般都是依托世界环境日、世界地球日、低碳日等的主题日，常常是主题日前后宣传"轰轰烈烈"，主题日一过便"偃旗息鼓"，对公众的影响有限。而自媒体平台上的垂直知识内容能够做到定时定量的长期供应，保证公众能够稳定地接触与气候变化相关的信息，帮助公众积累知识、培育观念和养成习惯。

随着气候传播越来越成为人们的共识，在网络社区中，也开始出现专注气候科普的意见领袖，他们给公众科普气候知识，为公众答疑解惑，回应公众关切。让关注气候变化，保护环境的意识融入公众的日常生活，促进公众采取应对气候变化的行动。中国气象局高级工程师卞赟就是一位活跃在微博、知乎、腾讯视频等新媒体平台上的著名气候科普博主，从 2010 年开始，卞赟在微博注册"@天师—卡赞"账号，进行气候科普活动。他的微博账户更新频繁，日活跃度高，内容覆盖面广。例如，他录制的《霸王级寒潮到底是怎么回事？》《北京这个春天为何又遇上沙尘暴？》等气候科普视频，用专业的术语讲解气候的知识，提醒公众用更科学的方式应对气候变化，用话题聚集起公众对气候事件的关注。截止到 2021 年 7 月，他的微博账户已经拥有粉丝 317 万名。

三　新时代我国公众气候传播对外传播话语建构

（一）当前气候传播领域国际话语权的现状及成因

话语权指的是"一种掌握、控制、支配和阐释'话语'的权利与权力，就是对话语背后的是非判断、价值取向和意识形态进行引导和塑造的一种资格、能力、身份与地位。"[1] 在目前的气候变化全球治理领域，国际话语权就是对于全球气候问题治理相关的国际标准、规范、模式、程序等方面的制定权、解释权、主导权和控制权[2]。

法国社会学家米歇尔·福柯就曾指出，话语常常是和知识与权力绑定在一起的。在社会权力的作用下，话语往往帮助权力支配者建构和维系相应的"真理"和社会秩序。在围绕气候变化展开的各种国际合作和博弈，都离不开各种知识体系和权力运作的作用。

不同气候变化应对话语，就是由不同的知识体系搭建起来的气候治理观，这些知识体系是建立在一定的权力运作规则之上的，各种主体之间通过对"气候变化"意义的构造，"来获得对生态矛盾进行命名和解释的权力"[3]。

话语权本身就是一种软性的权力，它与传统的军事、政治等硬性权力的压制与威胁不同，话语权的争夺更强调议程设置、叙事策略等方式实现，因此，话语权的力量更多地体现在话语在国际公众间的吸引力和认同感上。

随着中国日益走近世界舞台的中央，在国际气候治理的领域中，逐渐从原来的参与者变成了引领者，近年来，中国在引领世界气候变化应对合作以及自主降低温室气体排放等方面作了大量的工作并取得了巨大的成就。我国在全球气候问题方面的制定权、解释权、主导权和控制权逐渐提升。但不可否认的是，在全球范围内，有关气候变化的话语权基本上还是掌握在欧盟和美国手中。

---

[1] 参见王永进《话语理论与实践》，上海交通大学出版社2018年版，第6页。
[2] 参见王伟男《国际气候话语权之争初探》，《国际问题研究》2010年第4期。
[3] 参见刘涛《环境传播：话语、修辞与政治》，北京大学出版社2011年版，第11页。

究其原因主要有几个方面：第一，美国和欧盟国家相对其他国家来说，较早地关注了气候变化的科学研究，由美国和欧洲各大研究机构提供的研究成果和研究结论，早已深刻地影响了全球气候变化的话生产，各种科学术语和科学结论，在全世界科学界被广泛地引用和转载，这些内容都引领了全世界气候变化领域专业知识的话语生产。第二，政策制定层面，欧盟等国家研究机构的研究话语、权威官员的讲话、联合国相关文件，这些带有权威性话语经常被转述，形成了话语的互文性验证，进一步巩固了欧盟和美国等国家在该领域的权威形象和领导地位，为其在国际气候变化事务中争取更多话语主导权。[①] 第三，在公众传播的层面，美国和欧盟研究机构中产生的各种概念在国际中广泛传播，较早地引起了国际社会公众的关注，形成了较高的认同。美国与欧盟的环保人士与民间组织成立较早，他们关注气候变化问题的时间也较早，其中的专业人士较多，他们也积累了较多的调查资料和研究数据，据此生产出了大量的属于自己的话语。除了在国际论坛、科普教育等形式开展传播，还通过请愿、游说以及各种吸引眼球的"街头表演"，引起社会公众对气候变化的关注，其话语在国际公众心目中拥有重要的影响力。

对此，需要提升我国公众气候传播话语生产能力。正如前文所言，我们所讨论的公众气候传播中的"公众"是在气候传播过程中的主动开展信息传播的主体而非单纯接收信息的客体或者"被动员""被说服"的对象。因此，我们在此所讨论的公众角色也是基于将公众作为信息传播主体的前提，探讨其在多元的国际传播场域中所承担的社会功能与作用。冰冻三尺非一日之寒，美国和欧盟发达国家对气候变化的话语权的影响，短时之间无法消除，构建其属于中国的传播话语体系，我们还需要作出经历较长的过程和大量的努力。想要提升我们国家的在气候变化话语权，首先要解决的是在这个领域的话语生产能力。一方面，需要不断提高我国在气候变化方面的科研能力，

[①] 参见曾亚敏《欧盟气候治理话语研究——基于批评话语分析的方法》，博士学位论文，华中师范大学，2019年。

为我国的国际气候话语权提供科学支持。如果一味地追随欧盟和美国的话语体系思路走，我们根本无法解决"说什么"的问题，自然也不会拥有属于自己的话语体系。另一方面，包括公众在内的传播主体，需要积极地提升中国在世界上的气候话语的议程设置能力和国际规则的制定力、解释力、主导力和控制力。我国的公众数量庞大，目前越来越多地参与国际事务，而且公众传播的形式灵活多样，亲和力和说服力都比较强，是中国在气候变化领域话语权争夺的重要力量。

（二）我国公众气候传播对外话语体系建构

2021年5月31日，习近平总书记在中共中央政治局第三十次集体学习时强调："必须加强顶层设计和研究布局，构建具有鲜明中国特色的战略传播体系，着力提高国际传播影响力、中华文化感召力、中国形象亲和力、中国话语说服力、国际舆论引导力。[①]"因此，面向国外做好气候传播，构建中国公民气候传播对外话语体系，讲好中国故事、贡献中国方案，也是我国国际传播能力建设的一个重要方面。

1. 用好传统生态文化资源，构建文化话语体系

要推动我国在国际交流上掌握话语权，首先需要的是话语生产，构架属于自己的话语体系，解决"说什么"的问题，只有建立起自己的话语体系，不断进行话语生产，才能避免一直成为别人话语体系中的追随者。中国的公众在国际舞台上以个人的名义开展气候传播，大部分的情况出现在民间交流领域，在不同国别的人们开展交流，需要做好利用好本国的传统资源来进行话语生产。

中国作为文明古国，各种文化资源必然不少，在哲学领域，中国自古"天人合一、万物一体"的自然观、"取之有度、用之有节"的发展观、"顺天应时、建章立制"的制度观等价值理念，都能给我国对外气候话语叙事提供理论上的支撑。在文学方面，夸父追日、后羿射日、大禹治水等先民与极端气候作斗争的古代神话故事也异彩纷呈，

[①] 《习近平在中共中央政治局第三十次集体学习时强调　加强和改进国际传播工作　展示真实立体全面的中国》，《人民日报》2021年6月2日第01版。

在进行国际民间交流的时候,都有可能引起国际社会兴趣。

中国能够成为好的故事的资源很多,但是缺乏属于中国的自主话语体系。在民间交流领域中,我们应该自觉构建文化伦理共同体的文明中国话语体系,因为中国和西方的宗教型文化不同,中华文化有着"有伦理、不宗教"的文化基因,是"以入世超越为轴心的伦理"型文化。因此,应该建立儒家文化伦理共同体,并将其作为中国文化的认同核心之一。

在国际传播中,公众气候传播同样可以突出中国的伦理观念和责任观念。例如,习近平主席在有关气候变化的外交场合中多次强调中国传统的天人合一观。在2021年4月22日,习近平主席受邀以视频方式出席领导人气候峰会,会上提到"中华文明历来崇尚天人合一、道法自然,追求人与自然和谐共生"[1],我们为了做好气候变化应对工作,将生态文明理念和生态文明建设写入了宪法,向世界公布中国碳达峰碳中和战略,践行多边主义与推行气候变化南南合作。在这样一个中国引领全球气候变化治理的过程中,中国政府体现了自己的大国担当,中国公众在国际舞台上开展传播实践的时候,也一样可以强调自己对传统"天人合一观"的体悟,以及自身对于气候变化的责任担当。

2. 推崇"人类命运共同体"价值理念,强调每个人为世界所作的贡献

中国提出的构建人类命运共同体理念,倡导无论是在应对自然灾害、瘟疫暴发,还是维护经济秩序、政治安全、生态保护等方面,都要守住道德底线和国际规则,根据权利义务对等原则,承担起维护世界和平与发展的职责。在应对气候变化这种全球性的问题上,做好国际传播,需要在共享价值观的语境下才能起到良好的传播效果。在国际气候治理中,习近平主席多次强调"人类命运共同体"理念。在2021年4月22日,习近平主席参加领导人气候峰会上会议上指出,各国共同应对气候变化的挑战,为的是以人为本,为了"各国人民对美

---

[1] 习近平:《共同构建人与自然生命共同体》,《人民日报》2021年4月23日第02版。

好生活的向往、对优良环境的期待、对子孙后代的责任"①。我们国家积极推进国际气候治理工作，其最终目的就是保护人类共同生存的生态环境，保护未来子孙后代的发展权益。在气候传播中，除了展示国家应对气候变化的决心和行动，也需要讲述中国普通百姓的故事，展示中国人民追求人与自然和谐、保护美好家园的故事，表达出作为世界一分子的中国人民的追求与行动。

例如，为唤起大众低碳行动，在新浪微博上出现了一些气候变化意见领袖，他们根据自己的兴趣、专业选择某一话题，通过微博发声并与粉丝积极互动，影响并推动公众参与某一低碳行为，现任生态环境部宣传教育中心主任、《世界环境》杂志社长兼总编辑，研究员贾峰就是其中一个代表。他选择骑行作为生活方式绿色化教育实践活动，通过"贾峰"新浪微博账号向公众传播，分享骑行故事与经验，推动完善骑行友好环境，身体力行，实现一人一年一吨碳的减排目标。由于粉丝数量大，使得话题扩散范围广，传播速度快，互动便捷高效，贾峰的传播行动在应对气候变化公众动员中发挥了极大的作用。

3. 尽可能地选择中微观叙事，突出公民个人体悟与经验

美国哲学家杜威说到"教育即生活"，提倡教育要向生活回归，向鲜活的感性世界回归。使学生以直接经验为始，经过经验的改造改造，最后使学习者获得适应社会环境的能力。② 在国际传播中，拥有着多种叙述层次：有反映国家政策的宏大叙事，讲述一个行业和一个领域变化的中观叙事，还有反映一个人的生活与情感的微观叙事。在气候传播中，不仅仅是开展国际传播的媒体机构需要注意调整表达方式，作为公众在进行气候传播的时候，也需要注意叙事方式。对于公众传播者来说，缩小讲故事的切口，尽可能选择中观和微观的叙事是一种较为方便使用的传播策略。作为以私人名义开展的气候传播，在分享应对气候变化和低碳生活故事的时候，更应该发挥好这种个人视角的叙事优势，通过个人的感受、展现某个领域的变化，从人性共通

---

① 习近平：《共同构建人与自然生命共同体》，《人民日报》2021年4月23日第02版。
② 参见顾红亮《杜威"教育即生活"观念的中国化诠释》，《教育研究》2019年第40卷第4期。

的角度出发，展示人们对美好生活的向往。

第四节 新时代我国公众气候传播的行动策略

当前，我国气候传播整体仍停留在"传播气候"的层面，在传播主体上，仍以政府、媒体为主，以公众为传播主体的民间传播力量仍相当弱小；在内容上，已经形成了一种固定的议程设置与报道框架，即主要围绕宏观政策法规、国内外数据报告发布、联合国气候大会召开以及极端天气事件发生等，与公民生活息息相关的内容较为少见；在传播范式上，单纯向广大公众灌输科学知识的"科技范式"仍较明显，而动员广大公众参与传播活动的"民主范式"仍处于萌芽阶段。这种传播格局在一定程度上影响了公众参与气候变化的积极性与主动性，也阻碍了气候传播在全国真正"形成气候"的进程。对此，我们应该重视作为大多数公众在传播中的作用，推动"传播气候"向"气候传播"转向，即通过搭建"意见的自由市场"，提供不同主体进行建设性对话的多元意义空间，使气候变化公共领域成为连接国家与社会之间的桥梁，真正做到气候治理共商、共建、共享。具体来看，需要从以下几方面努力：

一 体制机制层面：构建"六位一体"的行动框架，推动全社会形成共识

促进气候传播工作是一项系统工程，要靠全社会的共同努力，因此这些年我们一直在强调要构建"政府主导、媒体引导、NGO 助推、企业担责、公众参与、智库献策"的"六位一体"的行动框架。在具体行动上，需要各大主体各司其职、互为支撑。

首先，要做好顶层设计，发挥多元主体协同优势。政府作为"主导者"，需要不断强化政策引领，以改革创新为动力，构建人与自然和谐相处为目标，把握全社会绿色转型与低碳发展的大方向，在国际舞台上加强"一带一路"绿色发展合作，构建"人类命运共同体"。

媒体作为"引导者",对内需要主动设置议程、引导舆论,构建社会共识,对外需要传播好中国声音、树立好大国形象。社会组织作为"助推者",对内需要了解气候变化谈判进展,为本土公民参与行动提供政策参考,对外需要展示我国民间应对气候变化的意愿,促进我国民间力量与世界各国的对话、交流。而企业作为"担责者",需要承担起社会责任,从供给侧着手,加快绿色低碳转型,倡导公众绿色、合理消费。要特别重视发挥公众作为"参与者"的作用,要通过各种方式和多种渠道来传播绿色低碳生活理念,增强公众对气候变化问题的认知度和参与度,把全社会方方面面的力量都动员起来,共同去为应对气候变化,建设"美丽中国"作出贡献。

其次,培育公众主体责任与公民意识,推动公众广泛参与。每一个公众都是风险的最终承担者,合理的气候变化应对行动框架,需要承认和尊重每一个个体的风险感知与普遍经验。气候变化作为公共议题,已经具备天然公共性,但这种公共性的凸显还需要政府、媒体、社会组织等主体的培育。因此,需要把将公众培养成具有高度行动积极性和认知理性的传播主体,作为气候传播活动的主要目标。对此,至少需要以下几个层面的行动:一是政府决策系统的民主性,要围绕气候变化所制定的减缓与适应战略,以及相应的顶层设计与制度建设工作,要鼓励引导公众广泛参与,要有效吸纳源自公民的声音和力量,将民主协商视为国家行政机制的重要补充。二是专家知识系统的开放性。如前所述,尽管气候变化有着较高的知识壁垒,但公众也具有实际经验与知识。因此,专家知识系统,以及包括媒体在内的"准专家机制",需要容纳个体生活经验与诉求。媒体要积极主动地为公众提供便捷的信息渠道和舆论平台,让他们更好地传播信息,表达舆论,发挥作用。三是社会公共系统的参与性。当前,我国生态环境部已经印发了《"美丽中国,我是行动者"提升公民生态文明意识行动计划(2021—2025)》,在接下来一段时期内,需要进一步统筹推进,发挥公众的主观能动性,使他们在与其他系统良性互动的格局下走向成熟与完善,形成生态文明全民行动的良好格局。

最后,要搭建信息平台消除认知分歧,形成传播合力。在公众进行气候传播的过程中，不同类型的公众、公众与媒体、公众与科学家等主体间可能存在较大的认知与诠释矛盾。一般来说，公众更倾向于"绝对性"的答案，而非专家所讲述的往往是"相对性"风险；公众较少主动寻求气候变化资讯，甚至只凭个人感官、亲身经验或周遭实例来认知风险，无关乎科学证据的正确与否。在对话过程中，各个主体间容易出现各说各话、各行其是的传播隔阂，最终导致"交流的无奈"。在"后真相"语境下，即使各类声音在公共领域得以充分讨论，公众也可能仅仅是基于立场进行选择性接触，导致难以形成共识。从职业管辖权的角度看，公众还可能威胁到媒体、科学家等作为知识生产垄断者的权威地位和经济利益，加剧双方矛盾冲突。

对此，需要搭建基于公众参与的开放信息平台。首先，政府需要进一步推进信息公开制度建设，发挥政府信息对人民群众生产、生活和经济社会活动的服务作用，在确保国家利益前提下扩大公开的主体和范围。其次，媒体需要秉持新闻专业理念，坚持知识生产的客观性与透明性，引导公众参与气候传播，促进传播范式从单向撒播转为平等对话，让公众所需的科学素养与媒介素养在对话与互动中完成建构。最后，公众自身需要提升知识储备，激发自我效能与集体效能，增进参与意愿，践行公平正义，进一步推进公众参与的效果。

二 传播类型层面：整合多种传播类型，提升公众气候传播效能

（一）人际传播：传播示范，形塑观念

人际传播是公众日常传播中最为常见、最为基础的传播形式。虽然目前大众传播的科学技术发展日新月异，有关气候变化和低碳生活的信息主要都是通过互联网、广播电视等大众媒介和微博、抖音等社交媒体平台进行传播。但是，很多低碳生活的习惯，如崇尚适度节约、物品循环使用等消费观念和生活理念，需要在人际沟通和家庭环境中不断养成和巩固。

在日常生活中，家庭成员之间的气候传播具有重要的劝服作用。

这种传播方式，既可以是家里长辈、家庭主妇对家中其他成员的言传身教，也可以是晚辈向长辈们的"数字反哺"，传递社会低碳新风尚。例如在天津市，有一位叫范德祥的老人，他曾经是一位工艺美术师，也是本地装裱技艺的非遗传承人。范老秉承着"成物不可损坏""物尽其用"的祖训，将家中的各种废旧物品制作成纸巾盒、笔筒、卡套等生活用品，送给社区公众使用，号召家人和邻居关注环保，节能减排从身边的小事做起。同时他还通过参加志愿者活动、讲座等方式，带动更多的人关注气候变化、养成简约适度的观念。在范德祥的影响下，他的家人和周边社区公众不但对气候变化、低碳生活有了更深刻的认识，对我国的传统工艺美术技艺也产生了浓厚的兴趣。通过他自己的传播行动，范德祥成了社区环保达人。2019年，全国妇联将范德祥家庭评为"全国最美家庭"。

另外，在家庭的人际传播实践中，家庭主妇是一个重要的传播主体。许多家庭主妇是家庭成员中的主要消费者和日常生活的管理者，其生活习惯和消费习惯对家庭其他成员可以形成无可替代的影响。中国妇联目前也开始重视了广大妇女在低碳生活中的重要作用，部署开展了"绿色生活"等家庭主题实践活动，引导广大妇女和家庭共建绿色家园。例如，倡导"零浪费"的北京"90后"女孩余元就是一个典型案例。原来她是一个"购物狂"，从2016年开始践行"零浪费"绿色生活后，她感受到了低碳生活的魅力。近些年，她与男友一起，通过各种传播渠道推广自己绿色简约生活心得，引导公众从源头上减少浪费，让生活中的物品循环利用起来，她的事迹被各大媒体报道。

（二）群体传播：巧用传播手段，重视文化载体开发

所谓"群体"，是指为了实现某一个共同目标而聚集起来的人类集合，他们有各自分工和所承担的责任，相互实现群体目标。公众和政府、企业、社会组织等传播主体不一样，本身就是以原子化的形式分布在社会各处，往往因公共事务才聚集到一起，一切传播皆因"聚"而来，也因下一次"聚"的发生而阶段性结束。这种短暂而接连不断的公众群聚传播，实则是一种群体传播形式。

群体传播在公众气候传播的实践中发挥着重要作用。因此，在组

织公众气候传播时,需要不断创新形式,巧妙地借助公众日常的群聚形态,通过他们喜闻乐见的方式来汇聚声势,形成集体行动。

例如,广西的"气象山歌"就是一个很典型的案例。广西少数民族群众有着唱山歌的传统,在少数民族聚居的地区,唱山歌是当地民众喜闻乐见的休闲娱乐和沟通方式。同时,广西也是我国气象灾害最为严重的省区之一,为了提升少数民族地区公众的气象灾害防范意识和应急避险能力,广西壮族自治区气象局创造了"气象山歌"的科普传播模式。广西气象局的工作人员专门组织广西民间的"山歌王"进行前期气象培训,讲解气象基础知识、气象灾害防范措施等内容,在气象工作者和民间歌手的合作下,将专业性强、内容枯燥的科普知识编写成浅显易懂、易于传唱的"气象山歌"。在气象山歌会上,用唱和的方式在众多观众面前演绎出来,引起了当地群众的广泛兴趣,取得了较好的社会反响。

十几年来,气象山歌吸引了大量少数民族群众参与其中,壮族、苗族、侗族、瑶族、京族、毛南族等多个民族多种语言的山歌在歌台上争奇斗艳,曲调和内容非常丰富。包括有入选广西非物质文化遗产名录的瑶族溜喉歌、毛南族民歌等曲调,在填入气象科普内容后,这些古老的民歌焕发出全新活力。截至目前,广西气象山歌覆盖受众超过1500万人次,参加网上唱山歌视频赛的群众,上至六七十岁的老者,下至牙牙学语的幼童,朗朗上口的山歌将应对气候变化和防灾减灾知识传遍千家万户,气象山歌也成为广西公众气候传播的一张重要名片。

广西气候山歌传播的成功,正是气象科普工作者巧妙借助当地特有的文化形式和群体传播手段,创新科普方式,实现了很好的气候传播效果。借助这个工作思路,我们可以将社会公众的团体文化活动作为载体,将气候变化的知识和低碳环保的生活理念融入这些团队的群体传播中,在文化娱乐中实现公众观念的转变。目前,在各个年龄段的公众,都有与之对应的文化兴趣团体。宣传部门、科协、生态环保部门、气象部门等相关政府组织或事业单位可以牵头,做好组织管理工作,加大文化创新,发挥公众参与的创造力与积极性,公众文化组织和团体将是今后公众气候传播的一个重要阵地。

此外，社区、学校和单位都是国家进行管理的基层机构，拥有足够的行政管理和组织资源，也是目前开展公众气候传播的重要场景。比如可以探索"街道—社区—住户"三级传播互动机制，定期开展低碳出行、垃圾分类、电器节能等生活主题宣传活动，激发个人低碳生活实践的集体荣誉感和社会责任感，营造人人参与应对气候变化的氛围；通过"低碳达人"的行为示范，让普通公众了解低碳行为方式，实现从了解信息向采取行动跨越，实现公众从"你们"到"我们"、从"我"到"我们"的行动思维的转变。

（三）大众传播：重视自媒体在公私域流量的聚合作用

在公众气候传播中，我们可以通过政府倡导、主流媒体认可、资本注资扶持等形式，在自媒体平台上，培育孵化民间那些深受公众喜爱、能够讲好环保身边事，分享低碳故事、不断传播绿色正能量的自媒体传播者，使其成为网络意见领袖，让他们拥有更好的条件向社会公众传递气候变化应对和低碳生活故事。例如，2022年6月，人民日报社、生态环境部和人民网在节能宣传周期间联合开展了摄影作品征集活动，年近八旬的河北石家庄老人王汝春的作品，因连续8年每天拍摄记录了同一片天空的变化而入选。人民日报将他的作品制作成融媒体作品《天空日记：3000多张照片记录8年蓝天之增》，引起了社会广泛关注。各大媒体竞相采访王汝春老人，他的故事也很快流传开来。

低碳生活方式是与公众日常结合最为紧密，最容易接受的领域，我们在进行低碳生活方式倡导的时候，光靠新闻媒体所能够提供的低碳生活方式"模板"是非常有限的，有时候还难以落实。开展生活方式倡导，提供生活良方，最重要的还是需要公众的力量。在UGC时代，一旦公众的积极性被激发，各种低碳生活的具体经验与方式会源源不断地涌现。这些由公众创作且发布出来的作品，也很容易被转发分享，形成很好的社会效应。

（四）行动示范：推动公众在日常行动中实现传播

公众行为改变是温室气体减排不可或缺的一部分，社会全面动员、企业积极行动、全民广泛参与是实现生活方式和消费模式绿色转变的重要推动力。一方面，大力推进全民绿色低碳行动，可以显著降低终端消费碳排放强度。从国际上看，美国、德国、日本等发达国家人均用能分别为9.9吨、5.5吨和5.2吨，而我国目前约为3.5吨。当前，我国仍处于工业化、城镇化深化发展阶段，人均用能还有较大提升空间。只有引导全民广泛参与，自觉节水节电、践行低碳出行、杜绝粮食浪费，才能以更低的能耗和碳排放水平实现更高质量的经济增长。另一方面，公众消费偏好对企业生产行为具有重要的导向作用，绿色生活方式将反向推动生产方式转变。引导公众广泛认知、践行绿色低碳理念，将有力推动能源开发、工业生产、交通运输、城乡建设各领域发展方式转变，也是助推可再生能源开发、新能源车船替代、低碳建筑发展等减碳政策落地的关键。

对此，要积极推广绿色低碳生活方式。深化绿色家庭创建行动，引导居民优先购买使用节能节水器具，减少塑料购物袋等一次性物品使用，倡导步行、公交和共享出行方式，杜绝食品浪费，自觉实行垃圾减量分类，在衣、食、住、行各方面自觉践行简约适度、绿色低碳的生活方式。充分发挥公共机构示范引领作用，积极推进既有建筑绿色化改造，进一步加大绿色采购力度，优先使用循环再生办公产品，积极推进无纸化办公。

三 传播渠道方面：跨越渠道藩篱，发挥多种媒体协同效应

（一）扩展媒体传播渠道，有效提升信息的到达率和接受率

在进行气候传播过程中，要全面把握媒介融合的趋势和规律，适应当前差异化、分众化的传播趋势，整合多种优质资源，广泛宣传，加大力度讲好中国生态环保与气候治理故事。在创新议题呈现方式上，多采用大数据、VR、短视频等手段，利用数据诉诸视觉，从而更加贴近互联网信息消费与人际传播表达方式，扩大议题的影响力。

其中，短视频平台能让普通用户通过手机屏幕，与国内最权威的媒体及科研机构"面对面交流"，为气候传播工作提供新的机遇，"短平快"的内容形式，能够有效助力知识生产和传播的大众化。据《短

视频与知识传播研究报告》显示，早在2018年年底，抖音上粉丝过万的知识类创作者近1.8万人，累计发布超过300万知识类短视频，累计播放量已超3388亿次，其中科普类短视频最受欢迎。

如今，以精准和互动为特征的数字传播依托大数据技术极大地提升了传播效能。传播效果从个体层面来说，则可以分解为传播的精度（准确度）和传播的深度（受者的卷入度）两个维度。我们可借助大数据技术，构建气候传播受众群体的用户画像，根据受众气候议题卷入程度不同进行精准传播：对于卷入程度高、经常关注议题的"老用户"，在气候科普上应多注重诉诸理性，信息处理上强调专业性和逻辑性；对于卷入程度低、关注议题较少的"路人"或"新用户"，应多采用诉诸感性方式，提升信息内容的共情性与感染力，为吸引这一群体的兴趣，可以多采用趣味科普短视频、科普漫画等内容形式，传播上可通过聘请"宣传大使""气候传播代言人"等，发挥名人、明星网红等意见领袖的影响力。

（二）利用趣缘圈层分众传播，实现渠道精细覆盖

作为数字化时代的文化热词，"圈层"指人们对信息的接收、文娱产品的选择以及社交范围圈定，均在某一相对固定的群体范围内进行。信息传播的圈层化，是互联网技术和大数据应用的副产品。根据人生经历、教育背景、兴趣爱好等多方面的大数据，用户被划定为若干个群组，并依此"精准"推送不同种类的信息和文娱产品。在此过程中，个体构建起具有独特自我标识的信息世界，对信息和知识的获取，也在不知不觉中成为"从我认识或认可的人那里获取"。

新媒体环境下，"圈层"的出现有其必然性。面对海量内容，人们需要高效率地筛选出有效信息，因此形成对特定信息源的偏好和依赖。另外，当前内容产品不断丰富、受众市场不断细分，无论个人爱好多么小众，通过网络和社交媒体，都能找到同好。特定圈层一经形成，信息沟通模式也随之诞生和固化。

以公众作为主体的传播正好对应了圈层化的传播格局。首先，公众作为传播主体，其人数众多，背景各异，保证了其传播话语的多样性呈现。其次，目前公众在网络世界中，趣缘圈层传播中的"众智书

写"越发明显,如豆瓣、知乎等平台,公众往往围绕共同感兴趣的话题进行分享和创作,其传播的创作积极性、互动性等卷入程度要远高于普通的传播形式。另外,在趣缘群体的传播活动中,分享的不仅是知识或信息本身,更重要的还是形塑对这个群体的价值观念和身份的认同。

因此,在公众气候传播中,传播者需要重视受众定位与个人风格,提升传播的差异性,针对不同类型公众的开展精准传播。要利用好趣缘圈层传播这块"沃土",根据这些圈层的兴趣分布和话语风格,发起与气候变化相关的话题,引发群内成员的讨论和分享,巧妙地将气候信息融入其讨论、跟帖、打卡、分享等活动之中,提高知识信息的有效到达率。此外,还可以根据群体的兴趣和人员特点,形塑他们"守护地球""环保达人""俭以养德"等群体价值认同,激发群体效能。

(三)多平台联动,有效聚合各渠道传播影响力

公众利用新媒体平台开展传播,可以通过短视频、直播、主流媒体等多个渠道相互配合,扩大地域覆盖面、人群覆盖面、内容覆盖面,通过建立全媒体传播体系,连接最广泛的用户,实现传播效果最大化、服务功能社会化。

一是各级新闻报刊、广电台网、网络平台等媒体属性机构应继续把传播生态文明理念作为重点的"自觉选择",不要觉得全社会参与了,媒体就可以降温。媒体必须始终在党中央领导下履行好生态文明理念宣传"旗手方阵"的神圣使命。

二是各级党委政府、生态环境部门应将关于生态文明理念的政策解读与回应关切作为关键的"自觉行为"。做好生态环境保护工作的同时,讲好生态文明故事,让更多人聆听并达成社会共识。

三是企事业单位和社会组织应不断总结提炼生态文明理念的具体实践,让交流生态环境治理经验和传颂生态文明实践故事成为大家的"自觉集体行动"。让生态文明理念于情感共鸣中、于真实场景里不断传播,成为共识。目前,很多企业结合群众存在质疑的项目设立了生态环境教育基地,普及了污染治理等科学知识,传播了生态文明理念。

比如，中国石化在镇海炼化厂区建设了白鹭园，净化污水排放口，呈现水草茵茵、白鹭在汀的优美景象。这种情景化传播方式，让公众对生态文明有了切身感受。

四 传播内容层面：调整内容话语框架，凸显公民声音力量

（一）寻求议题社会内涵，加强公众与话题的关联

研究表明，在气候变化上，公众对气候变化议题心理距离主要表现在时间距离（认为影响在未来）、空间距离（离自身所处地较远）、社会距离（对他人影响更多）以及不确定性（存在与否有争议）等四个面向，这些心理距离感的存在会使公众在风险信息处理时对议题与个人相关性判断大打折扣，导致公众常认为"事不关己"。对此，通过采用日常人际交流对话的方式，丰富报道的"人情味"，能有效解决这一问题。因此，要提倡媒体调整报道话语框架，报道视角向微观的、个体的以及老百姓所关心的方向转移，探索议题的社会内涵，将气候变化与食品安全、生活环境、城市环境规划、生态扶贫、空气污染等联系起来，从"百姓视角"深挖气候变化故事中的"生活故事"，建立起公众与气候变化的关联。

如 2021 年"刻进中国人 DNA 的环保习惯"登上了微博热搜，由于这个微博话题具有很强的生活气息，似乎每个人都能参与讨论，很快便引起了公众广泛关注与参与。很多人都分享了自己家中的环保习惯，如"奶奶趁下雨的时候洗纱窗，拿旧衣服做抹布"，等等，引起了很多人的围观。最后参与讨论的微博总数达到了 4.3 万、浏览人数达到 1.4 亿人次。这种紧贴日常生活、充满代入感的话题，能够很好地展现出生活细节，让公众产生强烈的情绪共鸣。

（二）遵守平等理性的传播伦理，实现传播内容的百花齐放

与国际上的话语权争夺不同，国内公众气候传播的目标主要是为了凝聚共识，营造良好的社会氛围。因此，对于呈现"原子化"特征公众传播主体来说，营造一个好的话语环境，对他们实现顺利沟通并最终达成共同行动目标非常重要。

哈贝马斯提出过"理想话语情境"（Ideal Speech Situation）的概念，他认为，参与交流的人们要在传播交流中自觉地保持平等开放沟通伦理，才能保证沟通的有效性，最终促成信任达成共识。在这其中，传播者首先应该输出富有"真实性""可领会性""真诚性""正确性"的话语①。另外，所有的讨论者应该保持平等开放的心态，每一个人都有反对、质疑别人观点的权利，同时，任何人在传播和讨论中都应该自觉遵守讨论的理性和对别人的尊重，不固守自己的观点，勇于放弃自己不正确的意见。只有这样，沟通才是理性而有效的。②

哈贝马斯的观点对于公众气候传播来说有着较高借鉴意义，以公众作为主体的气候传播，相比于其他主体的传播形式，本身就体现着更为开放平等的传播属性，是一种"百花齐放，百家争鸣"的传播状态。因此，作为传播者，首先应该持续输出内容真实、符合社会主流价值观念、深入浅出的高质量传播内容；其次，应该以更加开放包容的心态来对待传播实践，避免使用强制、命令式的口吻传播信息，也不应以精英的身份自居，以"好为人师"姿态开展传播，应以"出色辩论的能量"来阐明观点，赢得受众；最后，对于不同意见和质疑声音，也应该通过真诚、深入、理性的讨论来达成共识，最终实现对社会现实的改造。

（三）内容具象化：融通专业话语与百姓故事

正如前面所言，我国目前的气候传播格局仍然是以政府和科学家的精英专业话语为主导，与公众生活相关的贫民话语较少，让公众难以获得关注气候变化政策和采取行动的强烈意愿。

在以政府为主导，开展全国性的宣传活动时，常常容易出现一个问题："声势大调子高"，标语、口号、海报很快会呈现在公众周围，但很可能会出现"假大空"、不够具象的问题。在以公众为主体的传播实践中，传播的话语内容一般较为微观，因此更具有具象化的优势。例如宋英杰教授在通过微博、短视频等形式向公众科普气候变化知识

---

① 参见艾四林《哈贝马斯交往理论评析》，《清华大学学报》（哲学社会科学版）1995年第3期。

② 参见石义彬《批判视野下的西方传播思想》，商务印书馆2014年版，第79—80页。

时，一直强调的"降维表达"，就是尽可能将抽象的科学知识与老百姓的生活场景相结合，使之具象化。他在讲述"什么是夏天"的时候，就说"在北京，'夏天'就是见到西瓜的时候，'盛夏'就是西瓜卖不到一块钱一斤的时候"，十分富有生活趣味。在他的短视频作品中，诸如《秋裤赋：露里走 霜里逃 感冒咳嗽自家熬》《春捂秋冻怎么捂》《雨水翻译成 Rain Water 太 low?》之类的科普短视频，也获得很高的播放量和转发量。这种以"第一人称"视角，呈现气候变化下的身体感受、生产生活改变等内容形式，能够让受众具有较强的代入感。

（四）微言大义：让普通公民充当关键意见领袖

随着知识经济时代的到来和新媒体的技术赋权，无论是气候传播、环境传播、科学传播还是风险传播，都强调从公众理解的"技术范式"向关注公众参与"民主范式"转变。公众参与传播传达弱者呼声，能体现气候正义原则与民主诉求。公众参与可以提升新闻生产的客观性与透明性，开放出更多通往真相的路径，使对话和参与建立在更加理性的基础之上。因此，我们要鼓励媒体引导公众作为"类专业团体""新知识中介"与"协作策展者"，广泛参与到气候变化议题公共领域中，通过"关系赋权"成为重要传播者。在全球化进程加速演变和中国改革开放事业不断推进的时代背景下，中国日益迎来外部世界或热切、或审视、或疑惑、或挑剔的目光。新时期的中国气候传播，需要千千万万个活跃在各种场合和国际舞台上的"意见领袖"。这些"意见领袖"未必都是"大人物"；相反，他们是常常是人们生活中所熟悉和信赖的普通人。也正因为他们为人所熟悉和信赖，他们的角色才更能够产生传播学所谓的"自己人效果"，他们的意见和观点也才更有说服力。

第七章 新时代我国智库气候传播的战略定位、话语建构与行动策略

张伟超 刘 毅

随着信息时代和知识经济时代的到来，国际形势纷繁复杂，科技革命日新月异，全球化进程带来的思想文化交流更加频繁，观点碰撞更加激烈，世界强国都在千方百计争取国际竞争中的话语权。智库作为创新思想的集散地，对内承担着为政府提供决策咨询的使命，对外则要担负起国家软实力代言人的使命，其在国家治理体系中的重要作用已经受到各国政府的重视。

党的十八大以来，以习近平同志为核心的党中央高度重视中国智库建设，就建设中国特色新型智库、建立健全决策咨询制度作出了一系列重要论述和指示，特别强调要从推动科学决策、民主决策，推进国家治理体系和治理能力现代化、增强国家软实力的战略高度，把中国特色新型智库建设作为一项重大而紧迫的任务切实抓好。2013年11月，党的十八届三中全会通过的《中共中央关于全面深化改革若干重大问题的决定》提出"加强中国特色新型智库建设"的任务。2015年1月，中共中央办公厅、国务院办公厅印发了《关于加强中国特色新型智库建设的意见》，为中国特色新型智库建设指明了方向。由此，中国的智库数量快速增长，质量稳步提升，组织结构不断优化，日益发挥其重要作用。在党的十九大报告中，习近平总书记指出，要"加快构建中国特色哲学社会科学，加强中国特色新型智库建设"。

在党的二十大报告中，习近平总书记强调，要"不断提高战略思

维、历史思维、辩证思维、系统思维、创新思维、法治思维、底线思维能力，为前瞻性思考、全局性谋划、整体性推进党和国家各项事业提供科学思想方法"。这是落实当下加强中国特色新型智库建设国家战略的根本遵循。智库作为国家"软实力"和"话语权"的重要组成部分，必须在党的二十大精神指引下不断改革创新，实现自身的高质量发展，积极响应和贯彻落实党的二十大决策部署。

从 2009 年哥本哈根联合国气候大会成为西方舆论的"众矢之的"，到今天我国在气候变化与气候传播领域成长为贡献者、引领者，我国气候变化与气候传播事业取得长足进展。在国内，应对气候变化被纳国家重大战略，碳排放强度显著下降，能源、产业结构持续优化，低碳发展体制机制不断完善，全国碳市场建设扎实推进，各具特色的地方低碳发展模式初步显现，适应气候变化能力不断提高，全社会绿色低碳意识明显增强。在国际上，我国积极建设性参与全球气候治理，坚持多边主义、共同但有区别的责任等原则，高度重视应对气候变化国际合作，积极参与气候变化国际谈判，深入开展气候变化南南合作，推动达成和加快落实《巴黎协定》，以中国理念和实践引领全球气候治理新格局，逐步成为全球生态文明建设的重要参与者、贡献者和引领者。在气候变化这一专业性话题大众化和主流化的过程中，我国气候传播事业为形成全民共识发挥了巨大推动作用，而智库以其专业性、权威性和前瞻性在其中发挥了建设性作用。

基于此，本章将梳理气候传播的发展以及其与智库的密切关系，讨论智库在气候传播中的主体职责与角色定位，探索智库气候传播的话语体系建构，并立足我国生态文明建设和绿色发展这一大背景，提出智库在其中的战略定位与行动策略，从而为我国参与国际气候治理、建设"人类命运共同体"提供有益思路。

第一节 新时代我国智库气候传播的基本内涵、主要特点与职责任务

智库气候传播是由智库或研究机构开展的关于气候变化的传播活

动。这类活动旨在传达与气候变化相关的科学知识、政策信息以及行动措施，以提高公众对气候问题的认识和意识，并促进社会对气候变化的应对和解决方案的支持。这样的传播工作对于推动全球气候行动和环保意识的提升非常重要。长期以来，我国智库牢牢把握中国特色新型智库建设的根本宗旨，积极服务党和国家应对气候变化重大战略需求，不断强化在咨政建言、理论创新、文化传播、舆论引导、社会服务、国际交往等方面的功能作用，为气候行动聚智聚力。深化推进中国特色气候传播新型智库建设高质量发展，需要进一步准确把握智库气候传播的基本内涵、形势特点与职责使命，本章拟对此展开集中论述，以期为探讨智库气候传播规律、深化智库气候传播实践提供一定理论参考。

一 新时代我国智库气候传播的基本内涵

（一）气候传播的发展及其与智库的关系

"气候变化"作为一个特定概念，是指由人类活动引起的气候改变现象。人类对气候变化问题的认识经历了约 200 年的发展过程，直到 20 世纪 70 年代，随着全球生态环境的恶化，这一原本模糊的概念才逐渐被厘清和认识。在 20 世纪 80 年代中后期，气候变化开始出现在公共议题中，并逐渐主流化，成为一个涉及环境科技、经济、政治、外交等多领域的综合性战略议题。

气候变化问题是工业化的产物，最早被西方发达国家所注意。因此，气候传播方面的研究也始于西方，特别是英、美等发达国家。美国在 20 世纪七八十年代开始进行气候传播相关研究，英国在 21 世纪初也开始着手通过气候传播提升公众对气候变化问题的认识。我国关于气候传播的研究相对较晚，直到 2009 年哥本哈根气候大会，在西方强大的气候舆论攻势下，我国在气候谈判中处于非常不利的地位，这才激发了我国学界在这一领域的探索和研究。2010 年，中国气候传播项目中心在中国人民大学成立，这是中国也是发展中国家的首个气候传播研究机构，可以说是我国气候传播研究的开端。从此，我国气候传播研究有了自己的专门阵地，并且逐渐形成了专业的研究团队。

由于气候传播兴起的时间不长，学界对气候传播的定义还未达成共识。美国学者普莱斯特认为，气候传播是根据研究对象，即气候变化，进行划分而成的传播类别，是大众传播的一种类型[①]。西方国家的气候传播研究主要围绕公众气候变化认知展开，研究框架主要遵循以下路径：公众认知→媒介与新闻文本分析→话语框架。

中国气候传播项目中心主任郑保卫认为，气候传播是将气候变化信息及其相关科学知识为社会与公众所理解和掌握，并通过公众态度和行为的改变，以寻求气候变化问题解决为目标的社会传播活动[②]。这一定义不仅明确了气候传播的大众传播属性，还强调了这一传播活动的目标，即通过影响公众来寻求气候变化问题的解决。

项目中心团队成员王彬彬（2019）认为，气候传播研究整体起步较晚，在发展过程中陆续吸收了相关应用传播研究和发现的养分，主要包括环境传播、发展传播、健康传播、科学传播、风险传播、政治传播等。这也从侧面反映了气候变化议题的专业性，以及其逐渐扩张的外延[③]。

"智库"，相对来说也是一个新概念。根据麦甘的研究，智库的明确提出，是在第二次世界大战期间的美国，主要基于军事战略需求[④]。第二次世界大战以后，"智库"这一术语用来指代为军方提供深度思考和项目评估的研究机构，如兰德公司。到20世纪60年代，智库又扩展为能够形成各种政策建议的专家团体，主要是国际关系和战略方面。到20世纪70年代，智库的关注点开始扩展到政治、经济、社会的各个热点问题。其与政府决策密切关联，逐渐成为政策策源地和战

---

① 参见［美］苏珊娜·普莱斯特《气候变化与传播：媒体、科学家与公众的应对策略》，高芳芳译，浙江大学出版社2019年版，第20—26、48—51页。

② 参见郑保卫《从哥本哈根到马德里：中国气候传播研究十年》，燕山大学出版社2020年版，第3—5页。

③ 参见王彬彬《中国路径：双层博弈视角下的气候传播与治理》，社会科学文献出版社2018年版，第21—22页。

④ 参见［美］詹姆斯·麦甘、安娜·威登、吉莉恩·拉弗蒂主编《智库的力量：公共政策研究机构如何促进社会发展》，王晓毅等译，社会科学文献出版社2016年版，第153—157页。

略引领者。

在生态环境领域，智库虽然起步较晚、发展较慢，却起到了直接而关键的作用。1972年，研究国际政治问题的智库罗马俱乐部发表了题为《增长的极限》的报告，通过设置环保议题，对人口、资源、污染、工农业生产等方面作出了悲观预测，迅速引发了公众对不可持续发展模式的关切和深刻反思。该报告发行数千万份，翻译成数十种语言，使原来"籍籍无名"的气候和环境问题进入了公众的视野，实现了对民众的"启蒙"。如前文所述，在20世纪80年代，围绕"气候变化是不是伪命题"，一些专家在媒体上进行了长达十多年的辩论，公众在获得了充分的信息普及后，逐渐形成了正确的判断。

近二十年来，智库在气候变化领域中的重要性和不可替代性日益突出，主要有两个关键原因：一是这一领域需要高水平的科研能力，以更好地解读环境方面的挑战、因果关系、地球观测技术、污染控制技术、清洁生产，以及经济社会响应机制、科学知识在政策制定过程中的作用等。高知识壁垒使得普通民众，甚至一般机构都极其倚重智库专家的研究和成果。

二是气候变化从原来的环境政策的一部分，逐渐发展成一个与能源、交通、城市化、工业转型等密切相关的独立政策领域，并随着时间的推移和社会的发展，扩散到其他新兴领域（如可持续发展、绿色金融、碳市场等），成为一个庞大的议题群。要应对气候变化，无法依靠单个甚至几个学科，也无法单纯依靠学术研究，而必须以具体问题为导向，将横向的学科交叉研究与纵向的解决方案进行整合，提出可行性政策建议，这些正是智库的优势和长处。

我国的智库建设起步较晚。2013年，我国将建设"中国特色新型智库"确定为国家战略，之后智库建设才有了飞速发展。值得一提的是，我国智库大发展之际，恰逢气候问题在国内持续升温，从政府到民众以及社会各界对该领域的知识产品需求明显加大。在这一背景下，我国气候变化智库顺势得以蓬勃发展。

当前，我国气候变化智库有些是由直接服务于政府环境决策的技术支撑单位、自然科学和社会科学研究系统单位以及高校研究单位等转变而来，有些是民间环境团体和国际智库或 NGO（non-governmental organizations，社会组织）在我国的办事处承担起了部分中国智库的角色，这从侧面显示了国外智库较高的全球化水平。此外，还有很多综合性智库也加大了对气候变化议题的关注力度。

与西方智库相比，我国气候变化智库整体上尚处于起步阶段。根据魏一鸣等对全球 314 家气候变化智库的研究，按照政策影响力、学术影响力、企业影响力、公众影响力等因素进行综合评估，欧美发达国家智库在前 50 名中占据绝对主导地位，特别是美国以 24 家在综合国际影响力方面占据绝对领先地位。

根据宾夕法尼亚大学智库研究中心（the think tanks and civil societies program，TTCSP）发布的《2020 全球智库指数报告》，在环境政策类的 99 个最具影响力的智库中，我国智库仅有四家，具体见表 7-1。

表 7-1 《2020 全球智库指数报告》环境政策类智库的中国智库

第 25 位	生态环境部环境规划院
第 37 位	中国环境科学研究院
第 47 位	思汇政策研究所
第 78 位	中华环境保护基金会

魏一鸣等还将国际气候变化智库划分为七类（见表 7-2），尽管我国智库发展的时间较短，但也基本可以纳入这个分类当中。

表 7-2 气候变化智库主要类型及典型代表

智库类型	国外典型代表	国内典型代表
政府设立型	英国气象局下属的哈德利气候变化研究中心（Hadley Centrefor Climate Change）	生态环境部环境规划院
大学设立型	剑桥大学气候变化减缓研究中心（Cambridge Centrefor Climate Change Mitigation Research）	清华大学气候变化与可持续发展研究院
社会组织型	国际应用系统分析学会（International Institute of Applied System Analysis）	创绿研究院
依托研究机构设立型	国际气候与社会研究所 IRI（The International Research Institute for Climateand Society）	绿色低碳发展智库伙伴

续表

智库类型	国外典型代表	国内典型代表
国际或区域合作型	亚太经合组织能源工作组（APEC Energy Working Group）	中国环境与发展国际合作委员会
论坛型	斯坦福大学能源建模论坛（Energy Modeling Forum）	气候与健康传播学术研讨会
公司型	英国石油公司BP（British Petroleum）	中国石化石油勘探开发研究院

注：其中"智库类型"和"国外典型代表"根据魏一鸣等编著的《气候变化智库：国外典型案例》制作，不代表影响力或排名情况。

（二）智库在气候传播方面的引领与实践

气候变化领域的不断发展，同传播和智库都有着密切的联系。当气候变化仅仅是一个模糊的概念时，新闻与传播界在对全球变暖、气候变化等现象的描述、定义、推广等方面起到了巨大的推动作用，而智库在其中扮演了引领者的角色。在气候变化议题刚刚出现时，莫泽（Moser）发现，当时的大众认知水平较低，气候传播是一场"专家间的决斗"，关注的主要是最新的科学发现和对政府间气候变化专门委员会（The Intergovernmental Panel on Climate Change，IPCC）定期报告、极端气候事件以及高级别会议等情况的解读。20世纪80年代以后，气候变化逐渐成为全球议题，但围绕气候变化是否存在、气候变化问题是否真实的辩论持续了十多年，辩论双方都是专业人士，为赢得大众支持都不断地利用媒体发声，拉近了这个复杂的科学议题同普通民众的距离。

气候传播和智库间能形成长期的密切配合，原因在于两者之间的互相需要。一方面，气候传播依赖智库的专业性与权威性。普莱斯特认为，气候传播是科学传播的一种类型，专家尽管不一定具备高超的传播技巧，却扮演着关键传播者的角色，这是由于专家的专业背景使得其深受大众的信任。

另一方面，智库需要借助大众传播扩大自身的影响力。与一般的学术机构相比，智库的影响力不在于学术成就或理论研究，主要体现在对公共政策的影响力上。麦甘认为，智库不能强行让政治体系接受自己的政策选择，如何帮助政府作出决定，其中的机制并不清晰，一般而言，智库只能通过劝说方式来影响政策的制定，因此，智库对观点传播有着天然而强烈的需求。

从智库与气候传播互相需要的关系而言，智库愿意通过传播来影响公众，进而提高政策主张的接受度。在实践中，有些智库主动承担了政策制定过程中的宣传工作，不仅通过传统的出版、会议、研讨班来影响关键人物和意见领袖，而且随着新媒体和互联网技术快速发展，许多智库还主动适应碎片化、图片化、短视频等趋势，直接面对公众进行政策解释、情况说明，从而增加了政策的执行力度和顺畅程度。

（三）智库气候传播的概念界定

智库气候传播可以被定义为智库或研究机构开展的关于气候变化的传播活动。这些传播活动旨在传达与气候变化相关的科学知识、政策信息以及行动措施，以提高公众对气候问题的认识和意识，并促进社会对气候变化的应对和解决方案的支持。智库在气候传播中扮演着重要角色，通过研究和传播工作，为政府决策提供科学依据，推动气候政策的制定和执行。智库气候传播还包括与各利益相关方的合作，例如政府、企业、非政府组织等，共同推动气候行动和可持续发展。

智库气候传播形式涵盖多种途径，包括学术研究报告、政策建议、媒体宣传、社交媒体运用等，旨在将科学知识转化为公众易于理解和接收的信息，以增强公众对气候变化的认知，并促进对气候变化挑战的共同应对。

需要说明的是，由于气候变化已经从单纯的环境议题发展成涉及政治、经济、发展、外交、安全等方面的综合性话题，关注气候变化的智库也从单一的环境类智库延伸至各个专业领域，如《2020全球智库指数报告》的环境政策类智库排名中，就有不少综合性智库。因此，本文中的"智库"或"气候变化智库"并非单指气候变化或环境领域的智库，也包括所有进行气候等相关领域研究的综合性和专业性智库。

智库气候传播具有以下基本特征：一是科学性与专业性：智库气

候传播的信息基于科学研究和数据，具有较高的专业性和可信度。这有助于确保传播的信息准确、全面，使公众对气候变化问题有更深入的了解。二是策略性与针对性：智库在气候传播中会采取策略性的方法，根据不同受众的需求和特点，针对性地传播信息，以提高传播效果和影响力。三是多方合作：智库气候传播通常与政府、学术界、非政府组织和行业等各利益相关方合作，形成联盟，共同推动气候变化信息的传播和应对方案的实施。四是沟通与互动：智库气候传播强调与公众之间的沟通和互动。除了向公众传递信息，还重视倾听公众的意见和反馈，以更好地满足公众的需求。此外，智库气候传播涉及跨国合作和国际智库组织的交流，促进全球范围的气候合作和共享最佳实践。五是具有政策影响力：智库在气候传播中扮演着政策倡导者的角色，通过提供科学支持和政策建议，影响政策制定，推动气候政策的实施。

综上，智库气候传播具有科学性、策略性、合作性、互动性以及政策影响力等特征，是推动气候行动和环保意识提升的重要手段。气候变化是一个长期性的全球挑战，智库气候传播也需要持续进行，不断更新和适应不断变化的情况。

二 新时代我国智库气候传播的主要特点

智库，以公共政策和公共利益为导向，服务于决策，而不承担行政职能并发布行政命令，参政议政而不执政，因此智库在国外又被称为继立法、行政、司法、媒体外的"第五种力量"。

我国智库类型众多，在组织结构、隶属关系、规模大小、资金来源、研究专长等方面各有特点。在类型划分上，按组织属性可分为政府官方智库、半官方智库或民间智库；按专业性可分为综合性和行业型智库；按照所属单位可以分为党政军及社会科学智库、高校智库、科研智库、单位和企业智库以及民间智库等；按机构职能可分为全职和兼职智库；按研究方向可分为政府决策咨询，投资功能咨询，技术转让咨询，以及为企业服务的纯营利性咨询机构等。

党的十八大以来，习近平总书记就建设中国特色新型智库、建立健全决策咨询制度作出了一系列重要论述和指示，特别强调要从推动科学决策、民主决策，推进国家治理体系和治理能力现代化、增强国家软实力的战略高度，把中国特色新型智库建设作为一项重大而紧迫的任务切实抓好。近年来，中国智库发展迅疾，在出思想、出成果、出人才等方面取得明显成绩。在气候传播领域，主要形成了以下几大特点：

一是聚焦服务国家重大需求。进入新时代以来，我国智库在气候传播中，牢牢把握中国特色新型智库建设的根本宗旨，积极服务党和国家应对气候变化战略和"碳达峰碳中和"行动部署，不断强化自身在咨政建言、理论创新、文化传播、舆论引导、社会服务、国际交往等方面的功能作用，为改革发展聚智聚力。其中，以中国气候传播项目中心为典型，我国智库广泛参与全球气候治理，着力建设党和国家离不开、用得上、靠得住的新型智库。自成立以来，中国气候传播项目中心始终秉持"两路并进，双向使力"理念，以寻求气候变化问题解决为行动目标，积极为推动全球应对气候变化鼓与呼。在国际层面，主动为我国政府、媒体、社会组织、企业、公众和智库"5+1"气候传播行为主体提供国际交流与合作平台，为促进气候变化全球共治发挥引领作用；在国内层面，努力为政府落实相关气候政策，提升媒体气候传播能力，普及公众气候变化认知提供理论指导，并积极推动气候传播进社区、学校、企业、农村，使节能减排、生态保护、绿色发展成为社会共识和全民行动。

二是强化创新理论引领支撑。推动构建中国特色哲学社会科学学科体系、学术体系、话语体系，必须坚持强基固本、守正创新，加强理论研究和学术优势建设，做到强基、扬长、避短、补缺。在以"构建中国特色新型智库"为目标的发展进程中，以广西大学气候与健康传播研究中心为代表的民族地区高校智库，在"优和特"上持续发力，形成了特色优势研究领域，为服务地方政府科学决策、助推区域经济社会高质量发展贡献了智慧与力量。广西大学气候与健康传播研究中心所开展的研究工作，一方面坚持从生态文明建设和气候变化全球治理的大视野、大格局入手，探讨我国气候与健康传播的战略定位与"双碳"科普的行动策略，推动我国乃至世界生态文明建设和绿色发展进程。另一方面又注意从小处落脚，结合传播工作实际和广西地方特色，利用自己的专业能力维护好"金不换"的广西绿水青山生态环境，服务好少数民族地区广大群众的健康福祉。

三是深化对外交流合作共赢。新型智库是开展公共外交和文明交流互鉴的重要主体，在对外交往中发挥着不可替代的重要作用。作为"内知国情、外知世界"的思想库智囊团，智库通过双边或多边国际交流，塑造国际上的中国叙事，推动中国故事海外传播和中国话语国际认同。当前，我国大量智库参与到全球应对气候变化的议程中，并形成了关系密切的智库网络。尤其是国家气候变化战略研究与国际合作中心、生态环境部宣传教育中心、广西大学气候与健康传播研究中心、清华大学气候变化与可持续发展研究院、中国观察智库、武汉大学气候变化与能源经济研究中心、绿色低碳发展智库伙伴等，在气候传播领域数十年密切合作，成为影响全球气候研究、谈判和行动的重要新兴力量。

三　新时代我国智库气候传播的职责任务

应对气候变化、做好气候传播要构建"政府主导、媒体引导、NGO 助推、企业担责、智库献策、公众参与"的"5＋1"六位一体行动框架。行动框架中，智库的战略定位是献策者，要起到理论研习和出谋划策的独特作用。具体来看：

政府智库要围绕党和国家应对气候变化的中心任务和重点工作，做好政策研究者、决策评估者，积极聚焦重大战略问题，提出对策建议；高校及科研院所智库要围绕提高国家气候治理能力、参与全球气候共治等理论与实践问题，做好国情调研者和理论研究者，提出咨询建议；媒体智库要发挥信息资源优势，做好公共政策解读者和公民意见领袖，研判社会舆情，促进国家气候与环境政策和经济社会发展深度融合。

（一）对内咨政建言献策，影响社会行为主体

中办、国办印发的《关于加强中国特色新型智库建设的意见》明确指出了中国特色新型智库的服务对象是"党和政府"，其功能包括咨政建言、理论创新、舆论引导、社会服务和公共外交。由于气候变化直接关乎各国的社会经济发展方式和能源发展战略，气候类智库作为一种新型特色专业化智库，功能主要聚焦于资政建言和社会服务。

在生态文明建设和绿色发展理念背景下，我国智库在气候传播中的主体职责是聚焦战略问题，咨政建言献策，影响社会行为主体，其中，咨政建言献策是智库的主体责任，影响社会行为主体是智库的社会责任，专业性和权威性是智库的核心竞争力。

智库在气候传播中资政建言献策的主体责任主要集中在三个维度。一是政策倡议与决策评估。任何问题背后都有理论基础和现实规律，脱离了理论和现实的决策有可能造成方针政策错误，气候变化更是一个复杂的战略性课题，研究其背后的理论和规律需要专业基础，智库凭借其专业性，能够长期深耕气候变化理论研究，提出政策倡议，分析决策可行性，评估决策实施难点和实施效果。

二是知识转化与技术整合，传播绿色发展技术。智库是气候传播的知识库、智囊团，持续丰富绿色发展知识、研发绿色发展技术的同时，既要推进知识向政策和行动转化，也要整合不同智库的理论、观点和科学技术，为决策的全面分析提供可能性。

三是经验评鉴与思想生产，创新绿色发展理念。智库能够获取大量的国内外经验，通过比较分析和研究评价提出可行性建议并在评鉴经验的基础上创新思想，围绕气候传播中出现的新形势、新问题，不断提出新观点、新理念、新思想，为我国生态文明建设和绿色发展提供科学的、前瞻的理论指导和技术支持。

智库在气候传播中的主体职责包括主体责任和社会责任，社会责任是指一个组织对社会应负的责任，通常是指组织承担的高于组织自己目标的社会义务。影响社会主体行为是智库的社会责任，主要集中在两个维度。

一是依托权威性动员和引导广大公众的行为。智库具有舆论引导、社会服务的重要功能是中央对新型智库的定位，因此，气候智库要为社会公众服务，担当起解读阐释政策、引导社会舆论、动员社会公众等社会责任，智库的权威性是提升公众信任度的重要依托。

二是依托专业性影响社会组织、企业等社会主体的行为。这些主体比普通公众更集中，群体更专业，承担着比单个公众更为重要的环境责任，国家在应对气候变化时既依赖他们，也对他们提出了更高要求。帮助他们处理好经济发展与绿色发展之间的关系，促使其支持和执行政府决策，需要智库在气候传播中要充分依托自身的专业性进行沟通、提供指引，这也是智库必须承担的社会责任。

（二）对外推进跨国交流，引领全球气候治理

从初期环境议题的密切关注，到当前全球气候治理的有力引领，我国始终是全球气候合作的积极参与者，在参与全球气候智库网络与碳中和国际合作实践的过程中，我国智库的能力、态度以及国际影响力在各阶段呈现不同特征。

第一阶段是密切关注期，即2007年巴厘岛路线图确定之前。我国坚持达到中等发达国家水平前不承担减排义务的方针，当时国内智库主要的工作聚焦于对碳减排的初步探索与评估。

第二阶段是积极参与期，即巴厘岛路线图确定至2015年《巴黎协定》签署前。这一时期，我国不断增强应对气候变化的力度，在坚持国家利益与坚守共区（共同但有区别的责任）原则的基础上，积极调解气候议题的南北冲突，开始成为国际气候变化谈判的重要协调方。这一阶段，国内气候智库网络的重心聚焦在为中国气候谈判提供学理及策略支撑。

第三阶段是主动引领期，即2015年至今的后《巴黎协定》时代。《巴黎协定》的成功签署，彰显着我国在推进全球气候议题协调上的巨大潜力，也开启了我国全面参与全球气候治理的新征程。这一阶段，我国气候智库网络取得跨越式发展，政府型智库、科研院所、公司型智库、论坛型智库等多种类型智库的数量与规模持续扩大，我国智库的引领力也不断彰显。例如，清华大学气候变化与可持续发展研究院，

通过"巴黎协定之友"高级别对话以及世界大学气候变化联盟的发起,挖掘了二轨外交新资源,扩大了全球气候治理的参与渠道,树立了良好的国际形象。

第二节 新时代我国智库气候传播的角色定位

智库开展气候传播有以下优势和重要性:在科学支持上,智库能够基于科学研究和数据提供准确、可靠的气候变化信息,帮助公众了解气候变化的严重性和影响。在多方合作上,智库通常与政府、学术界、非政府组织和行业合作,形成联盟,共同推动气候问题的传播和解决方案的实施。在社会认同,由于智库具备专业性和独立性,其传播的信息更容易被社会认可和信任,有助于构建可靠的气候意识。在深度研判上,智库能够对气候变化问题进行深入分析,研究其原因、趋势和解决方案,为决策者和公众提供有价值的参考。因此,智库的气候传播活动可以提高公众对气候变化问题的认知和意识,增强人们对环境保护的重视;智库的研究和传播工作有助于影响决策者,推动制定更加全面和有效的气候政策和法规;智库气候传播还可以鼓励个人和组织采取更环保的行动,推动减排、节能和可持续发展;通过智库的传播,气候变化相关的知识和经验可以得到传承,为未来的决策和行动提供支持。总的来说,智库开展气候传播在推动气候行动、社会环保意识和政策制定方面发挥着重要作用,为建设可持续发展的社会作出贡献。进一步发挥智库气候传播的独特作用,需要准确把握中国特色新型智库建设的角色定位、使命任务和发展理念,具体来看,可以分为以下几点:

一 气候政策的献策者

气候变化议题首先是一个科学话题,专业和非专业之间会出现巨大的认知不对称。在现代社会中,向专业人士征求专业意见,是提高决策效率、促进公共决策的关键所在。近年来,随着科学技术的迅猛

第七章　新时代我国智库气候传播的战略定位、话语建构与行动策略

发展，科技与社会之间已经形成了密切的互生、互动关系，科技不仅成为公共决策的重要内容，也逐渐成为公共决策的基础。同时，气候变化、环境等问题往往需要较为漫长时间过程，效果才能显现。因此，政府和决策机构需要依赖智库的长期和前瞻性研究进行政策制定和效果监测。

气候变化议题本身带有较高的知识门槛，既要有较强的科研操作与分析能力，又要有对各国政策持续而深入的跟踪和了解，还要对各种新兴领域、交叉学科有较高的把握能力。这都需要智库专家群体的长期研究、分析谋划，不断总结气候治理的经验和教训，为国家气候应对政策提供坚实的基础，为政府、公众、企业以及其他气候传播主体的活动提供行动指导和科学支撑。

例如，在2010年，时任中国人民大学新闻与社会发展研究中心主任郑保卫教授，倡导组建了我国，也是发展中国家第一个气候传播研究机构——中国气候传播项目中心（以下简称"项目中心"）。十多年来，项目中心始终致力于为应对全球气候变化鼓与呼，努力推进气候传播在中国，乃至全世界真正"形成气候"，在气候传播理论研究和社会推广，特别是咨政献策方面，取得了较多成果。项目中心先后主编了《气候传播理论与实践》（中英文对照，在南非德班联合国气候大会期间对外发行），撰写了《中欧社会应对气候变化共识文本》（提交至秘鲁联合国气候大会），出版了《论气候变化与气候传播》《中国气候传播研究十年》等多部著作，发表了近百篇论文，同时先后组织了多次全国性公众调查，调查结果被收入中国国家应对气候变化白皮书，受到时任联合国气候变化框架公约秘书处执行秘书长帕特里夏·埃斯皮诺萨（Patricia Espinosa）高度评价。项目中心还收集了大量政府、媒体、企业、NGO、智库和公众气候传播典型案例，为理论研究和政府决策提供了可靠资料。

此外，项目中心还通过提交调研报告和咨询报告，以及举办各种研讨会、工作坊、主题边会、媒体记者培训班等形式，为政府、媒体、NGO、企业在国际气候谈判舞台上开展有效气候传播提供策略建议和理论支持，受到政府部门、新闻媒体、NGO和一些企业的肯定与好评。

二 权威信息的阐释者

气候变化是影响世界和未来的重大议题,而公众既是气候变化的被影响者,同时也是改变气候变化的最大力量。要推动气候变化政策的顺利施行,公众的力量不容忽视。

智库以影响政策为己任,而公共政策的制定、执行和评估过程中,公众都是不可忽视的因素,其接受、配合与支持的程度直接关系到政策实施的效果与成败。因此,智库在宣传与推动气候政策实施的同时,要把针对公众的动员、宣传、鼓动、培训、反馈收集作为重要工作。尤其是气候变化议题能够从一个被广泛质疑的话题变成被主流民众接受的议题,20世纪八九十年代智库以及专家在大众媒体上的正反交锋就起到了重要的启蒙作用。

针对气候变化专业话题,传播者的专业身份会让信息得到更广泛的传播。专业智库作为阐释者,降低受众阅读门槛的同时,相当于给信息盖上"科学钢印",可以避免受众艰难地判断信息的"正确性"和"可信度"。随着气候变化成为关注度颇高的议题,智库也有意识地在利用自身的优势,持续通过各种形式的传播活动向外界发出清晰而有力的信息,支持应对气候变化的行动。

例如,在2010年5月中国气候传播项目中心举办的首届气候传播国际研讨会上,郑保卫教授等提炼和概括了"气候·传播·互动·共赢"八个字,将其作为"后哥本哈根时代政府、媒体、NGO的角色及影响力研讨会"的主题,率先在国内亮出了"气候传播"的旗帜,并提出了政府、媒体、NGO三方须"加强互动,实现共赢"的学术主张,为气候传播研究确定了基本范畴,确立了基本方向,提出了基本任务。

在关于气候传播行为主体角色定位及相互关系上,项目中心提出要建构包括"政府、媒体、NGO、企业、公众、智库"在内的"5+1"气候传播主体行动框架,即"政府主导、媒体引导、NGO助推、企业担责、公众参与、智库献策",同时强调要整合多个行为主体的传播资源,打造多元主体传播网络,以构建多主体、多功能、立体化的气候变化传播网络。

在关于气候变化与气候传播的内涵及实质的问题上,项目中心明确阐述了一个基本观点,即"气候变化既是环境问题,也是发展问题,但归根结底是发展问题",因为它不仅涉及环境保护与治理问题,还涉及整个国家的经济社会发展,乃至全人类的可持续发展问题。郑保卫教授认为,正是有了气候变化问题,才衍生出了"环境""低碳""生态""绿色"等一系列问题。因此,"气候传播"是比"环境传播"外延更宽,内涵更丰富,更具概括性、统领性的概念。在2013气候传播国际会议上,项目中心提出要使气候传播在中国,乃至全世界能够真正"形成气候",使气候变化成为公众的重大关切,推动全社会和全球应对气候变化的自觉行动,这些倡议得到了与会国内外专家学者的一致认同。

此外,项目中心还围绕气候传播的原则和诉求提出了一系列新理念新表述。例如,我们率先提出了"维护气候正义"的理念和主张,并对其内涵及实质作出学术阐释。郑保卫教授认为,从全球治理和国际传播的立场看,气候属于一种"公共资源",其"利"或"害",应当按照公平与正义的原则,由社会人群共同享有或承担。因此,解决气候变化问题和做好气候传播应以"价值中立"为取向,坚持"公平、客观、公正"的立场,这应该成为基本遵循。项目中心明确提出发达国家要为其工业化过程中大量排放温室气体所造成的全球环境污染和生态破坏买单,要对发展中国家进行"气候援助";相对富裕人群要对相对贫困人群进行"气候补偿";当代人要"瞻前顾后",自觉为子孙后代留下青山绿水好环境,等等。

项目中心始终坚持并倡导"共同但有区别的责任",这符合世界大多数国家利益诉求的应对气候变化根本原则,这也是我国参与气候谈判的政治前提和思想基础。作为一个发展中国家,坚持这一根本原则,并借助国际传播维护人类可持续发展利益,引导国际舆论督促发达国家切实履行义务,共同呵护地球家园良好生存环境是我们的基本立场和诉求。同时,鉴于我国又是世界上能源消耗和碳排放大国的现实,我们认为在国际舞台上要多强调作为一个负责任大国,愿意为全球节能减排,实现绿色发展多作贡献,以此来争取世界各国的广泛支持。

针对日益严重的由于气候异常变化所带来的疾病与健康问题,郑保卫教授还提出了要"融通气候与健康",打通气候传播与健康传播,把建设"美丽中国"和"健康中国"结合起来,以维护人类共同的环境与健康福祉的观点。2018年,郑保卫教授在受聘广西大学新闻与传播学院院长之后,通过资源整合,在广西大学组建了国内首家"气候与健康传播"专门研究机构——"广西大学气候与健康传播研究中心"。此举既拓展了气候传播的范畴,使之与健康传播相融通,因而更加接地气、通民心,同时也提升了健康传播的站位,使之与事关人类可持续发展的气候变化联系起来,因而更具战略性和前沿性。

三 气候理论的建构者

习近平总书记2016年在哲学社会科学工作座谈会讲话中指出:"要加快构建中国话语和中国叙事体系,用中国理论阐释中国实践用中国实践升华中国理论,打造融通中外的新概念、新范畴、新表述更加充分、更加鲜明地展现中国故事及其背后的思想力量和精神力量。"[①] 对于气候变化这种全球性议题而言,理论体系和话语体系构建尤为重要。根据大众传播学的议程设置理论,通过议程选择与议程框定,可以设置议程,从而塑造新的世界结构。虽然各国政府可以决定国内的气候政策与应对策略,但在气候变化领域,国际层面并不存在明确的和绝对的权威,世界本质上处于一种话语"博弈状态",需要智库机构提供专业的、精确的、实时的信息和跨学科解决方案,制定于己有利的理论体系、话语体系和议程设置。

例如,武汉大学气候变化与能源经济研究中心在近10年中,主持教育部哲学社会科学研究重大攻关项目、国家重点研发计划课题、国家自科基金与社科基金、地方政府与企业以及欧美国际合作项目近40项,在国内外高水平期刊发表学术论文180多篇,出版专著8部。其

---

① 习近平:《在哲学社会科学工作座谈会上的讲话》,《人民日报》2016年5月19日第02版。

中，教育部哲学社会科学研究重大攻关项目的研究成果《低碳经济转型下中国碳排放权交易体系》获得 2019 年第八届高等学校科学研究优秀成果奖（人文社会科学）著作一等奖，并获得 2018 年国家社科基金中华外译项目资助译为英文向全球推广。

绿色低碳发展智库伙伴动员伙伴机构和专家协作共同出版专著《中国城市低碳发展规划、峰值和案例研究》。该书从规划、学术研究以及实践案例等多角度对城市的低碳转型进行了记录和总结。围绕"低碳智库伙伴"专家委员王庆一先生的研究成果编辑《能源数据》系列图书。在"低碳智库伙伴"秘书处绿色创新发展中心研究人员的协助下，出版了《2015 能源数据》（中英文版）、《2016 能源数据》（中文版）、《2017 能源数据》（中文版）、《2018 能源数据》（中英文版）、《2019 能源数据》（中英文版）。出版《低碳智库译丛》系列丛书，集聚了以斯特恩为代表的全球低碳经济研究领域的权威著作，对发达国家的低碳政策、低碳产业和碳市场，有全景式概览，也有专业深度解析，是低碳发展的政策决策者、研究者、实践者的重要参考书，对于推进我国低碳发展具有重要的政策和学术价值。

四 气候科学的普及者

气候变化的影响以及对安全的威胁超越了国家的边界，全球气候治理是一个相互联系、相互影响、相互作用的有机整体，需要加强利益相关方的团结合作，从而形成合力。各国智库及其学者彼此之间由于学术研究、科学方法、研究议程的共通性，进行客观交流的机会更多、对话能力更强，容易相互联合以扩大影响，而其在各自国家的公共事务中又发挥着意见领袖的作用。因此，由智库和学者组成的全球范围的圈层和网络，为交流信息和问题提供了方便，为可能的解决方案提供了讨论平台，为政策的传播和主流化提供了渠道。

另外，随着全球气候治理的专业性、协作性和竞争性的不断深化，气候变化议题日益复杂化，要求在不同专业、领域间进行充分沟通、交流、互补，这种在不同专业、领域间沟通的角色，只能由具备长期学术积累和政策聚焦的智库来承担。

比如，国家应对气候变化战略研究和国际合作中心为进一步宣传低碳发展理念，提高地方政府、社会公众对低碳发展的认识，推动应对气候变化行动，在国内积极组织"低碳中国行"活动，推动与地方交流。自2013年开始，先后在天津、河南、湖北、新疆、福建、广东等省开展了低碳中国行活动，活动以开展座谈、举办论坛和实地调研为主，通过邀请主管司局的领导和院士专家与地方政府相关负责同志进行研讨，结合当地的经济社会发展及低碳政策执行的过程中所出现的问题，邀请专家对地方的发展提出政策建议，或者通过讲授当前的政策动向，为地方各级干部进行能力建设培训。

国家应对气候变化战略研究和国际合作中心在国际合作与交流方面的作用则更为突出：连续10年主办联合国气候大会中国角，加强国际社会对于中国应对气候变化工作的了解，展示中国积极应对气候变化的工作措施和成效，加强与国际机构的交流与合作。中国代表团每年在联合国气候大会中国角举办多场边会活动，组织邀请有关国际组织和国内政府部门、高校科研机构、企业和媒体代表近千人次参加中国角边会活动。中国气候传播项目中心自2012年多哈联合国气候大会开始，每年都在中国角或独立，或与战略中心、中新社等机构共同举办气候传播边会，借中国角提供的舞台介绍中国气候变化与气候传播的情况和经验，阐述中国科研机构及专家学者在应对气候变化方面的立场和观点，开展与国际同行的交流和合作，在国际气候变化与气候传播领域产生了积极影响。

此外，生态环境部宣传教育中心、广西大学气候与健康传播研究中心、清华大学气候变化与可持续发展研究院、武汉大学气候变化与能源经济研究中心、中国观察智库和低碳智库伙伴等其他各类气候传播智库都会定期或者不定期举办学术研讨会、学术论坛和峰会等，以构建学术研究和实践推广共同体。特别值得一提的是参会人员通常来自多个领域，除了高校和科研院所的学者，还有来自政府部门、民间组织、医疗机构、媒体、智库、企业单位的领导和专家等。另外，研讨会还会邀请联合国政府间气候变化专门委员会（IPCC）相关人员等国外学者到会并作发言。

第三节 新时代我国智库气候传播的话语建构

综观人类社会发展史,每个时代都有体现其时代特征的话语体系,每个社会也都有表征其价值取向的话语体系。哲学社会科学领域更有着与时代相适应的话语体系和知识范式。伴随着中国特色社会主义新时代新征程,以及中国国际地位的不断提升,蓬勃发展的中国智库更要自觉强化使命担当,通过科学有效、富有特色的话语体系解读应对气候变化的中国方案、表达中国声音、传递中国智慧。

智库是增强国家软实力的重要载体,也是世界上多样化文化文明相互融通的桥梁。由于中国特色新型智库建设起步较晚,智库研究中仍有一定的西方话语色彩,较少提出能够吸引国际学界、政界关注并引起共鸣的概念、观点等,一定程度上陷入"有理讲不出、讲了传不开"的尴尬境地,这一点必须尽快改变。对此,我们有必要明确新时代我国智库气候传播话语建构的意义,探索智库气候传播话语体系的内容及策略,从而畅通气候传播各行为主体之间的交流互动,进一步发挥我国智库气候传播的国际引领作用。

一 新时代我国智库气候传播话语建构的意义

在气候传播领域,智库不仅是国家和政府决策的重要信息来源,是国家和政府政策走向的讯息场,也是影响和联动其他各行为主体的重要枢纽,更是我国在应对气候变化中国际形象构建和国际引领作用发挥时最显著、最敏锐、最直接的推手之一,总之,智库话语构建在新时代我国气候传播过程中对内对外都有显著意义。

(一)对内畅通与气候传播各行为主体的交流互动

智库是气候传播中的智囊团,需要与政府、媒体、NGO、企业和公众等其他主体保持直接或间接对话,探索与各主体话语体系融会贯通的话语策略有利于智库气候传播畅通交流、提升传播效果。此外,智库涵盖政府智库、媒体智库、社会组织智库等类型，涉及专业领域广泛，不同性质、不同学术领域的智库之间需要加强交流互动，融通话语体系。

智库与各主体的交流互动主要有直接对话和通过媒体间接对话、单向对话和双向反馈（见图7-1）等。如图7-1所示，智库与政府、媒体、NGO、企业和公众可以实现直接对话和双向反馈，也可以将媒体作为中介桥梁，通过媒体与政府、公众和NGO、企业实现间接对话和反馈。对话方式包括提供研究报告、政策专报、发表文章、出版专著、媒体发文、创发音视频作品、举办会议、出席论坛、组织活动等。

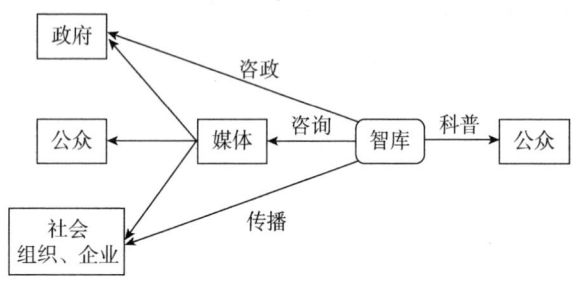

图7-1 气候传播中智库与其他主体的传播关系与主要路径

智库话语体系与政府、媒体、NGO、企业、公众等话语体系既密切相连，又有所区别，要推动智库在跨界切磋和思想碰撞中实现话语革新，畅通与气候传播各行为主体的交流互动。

（二）对外提升我国智库气候传播的国际引领作用

全球气候变化和气候治理是国际关系和外交对话的重要突破口，要满足对理论和实践双向供给的需要，使智库能更好地服务于国家气候传播战略，亟须从智库的对外话语体系建构上取得突破。

2012年，国内有学者提出了开展"智库外交"的建议。"智库外交是指主权国家通过智库间的国际交流，实现国家外交目标的活动。智库外交是公共外交的重要载体。智库外交既包括以智库为主体、智库之间的国际交流，也包括以他国智库为对象与目标的国际交流"。基于对智库外交的理解，在气候变化问题国际交流中，智库也发挥着同样的作用，正因为智库不从属于官方，让国际交流有了更多"就事论事"的可能性，但同时，智库的表达也必然与本国诉求交织在一

第七章 新时代我国智库气候传播的战略定位、话语建构与行动策略

起,是官方交流的重要补充,也是气候传播对外工作的重要内容。因此,智库在对外气候传播中具有特殊地位。

我国智库相较于西方智库起步较晚,但发展迅速,已经成为我国气候变化领域的一支重要力量,在我国气候变化研究和国际合作方面担负着重要的使命任务,即致力于向国际社会传递我国政府在气候变化领域的措施和成效,加强与国际机构的交流与合作,向国际社会展示我国在气候变化领域的开放度,赢得国际社会的广泛认可,进一步提升我国智库在国际气候治理和应对气候变化行动中的引领作用。

我国智库完成以上重要使命任务的前提是构建具有新时代中国特色的智库话语体系,建立良性的国际对话关系,从议题设置、话语文本和话语表达等方面确立我国在国际气候传播当中的角色、地位和作用,建构有利于己的全球气候传播话语体系和议程,提升我国智库在气候传播中的国际引领作用。

二 新时代我国智库气候传播话语建构的内容

"话语"是在人与人的互动过程中呈现出来的语言。新时代我国智库气候传播话语建构的主要内容包括建构哪些话语内容,采用何种文本呈现内容,采用何种方式进行叙述等。本节将从话语建构的文本和话语建构的内容两个方面来阐述。

在此之前,需要全面了解智库气候传播的对话过程、对话关系主体和对话方式。智库与政府的直接对话方式表现为四类:一是提供研究报告、政策专报和参政建言等,二是承担研究项目、研究课题,三是开发政策产品,四是组建政策咨询专家库。

智库与媒体的直接对话方式主要包括媒体发文和媒介使用。"媒体发文",是智库作为第三方通过提供新闻线索,新闻信息,新闻投稿,接受媒体采访,参与媒体活动等方式在报纸、电视、互联网和移动媒体等大众媒体上发声。"媒介使用",是智库作为媒体的用户和内容生产者,运用手机客户端、微博、微信公众号、短视频账号等各类社交媒体平台进行 PGC 内容生产。值得注意的是,智库与媒体的直接对话方式,

也是媒体发挥桥梁作用，实现智库与其他主体间接对话的主要途径。

智库与 NGO、企业等组织的直接对话主要包括承担研究项目，提供技术咨询、技术指导和技术服务，组建技术咨询专家库等。

智库与公众的对话大多需要借助大众媒体和社交媒体渠道，但依然有直接对话的方式，主要包括公开发表研究报告和期刊文章、线上线下投放广告、开展社会动员、组织社会活动、举办技能竞赛等，让公众参与到气候传播行动中。

此外，不同国家、不同性质、不同领域智库之间的对话方式主要包括举办会议、参与论坛、构建智库网络等。

（一）我国智库气候传播话语建构的文本来源

随着国内气候传播类智库的发展和各主体交流与对话的增强，智库成果越来越丰富多样，涉及政策咨询与研究报告、媒体信息报道、企业技术指导、学术研究和公众活动等纷繁复杂的领域。为方便对智库成果的管理和研究，精准提升智库在气候传播中的效用，需要对智库气候传播的话语文本进行分类理解、整合和研究。

1. 研究报告

党政机构是智库最重要的服务对象，组织开展应对气候变化政策、法规、战略、规划等方面研究是智库的主要职责和核心竞争力，通过提供研究报告、政策专报和参政建言等方式为我国政府气候变化政策的制定与实施，以及绿色低碳发展提供理论支撑和决策支持。

表7-3 国内气候传播智库部分研究报告主题及类型

智库	报告主题	报告类型	数量（份/字）	采纳机构
广西大学气候与健康传播研究中心	全国及南宁公众气候变化认知状况调查	政策建议	2份	相关部门
	面向公众的"碳达峰碳中和"科普策略研究	科研报告	10万字	中国科普所
	健康传播干预实验和健康传播效果分析	研究报告	5份	农业农村部

第七章 新时代我国智库气候传播的战略定位、话语建构与行动策略

续表

智库	报告主题	报告类型	数量（份/字）	采纳机构
清华大学气候变化与可持续发展研究院	中国低碳发展转型战略与路径	政策建议	*	相关政府部门
	应对气候变化的基于自然的解决方案合作平台（C+NbS）	全球案例研究	*	在贵阳生态文明国际论坛发布中文版，在联合国生物多样性大会发布英文版
武汉大学气候变化与能源经济研究中心	国家参与国际气候谈判	研究咨询报告	5份	科技部和商务部
	碳市场理论研究应用于湖北碳市场试点建设	研究咨询报告和决策建议	12份	湖北省政府和湖北省发改委
	武汉市低碳城市试点建设	决策建议报告	3份	武汉市政府和武汉市发改委
	武汉市低碳城市试点建设	参事建言	2份	武汉市政府和武汉市发改委
	把2019年在武汉举办的第七届世界军人运动会打造成"碳中和"军运会	参事建言	1份	武汉市政府和世界军运会筹委会
	"十三五"时期碳排放总量控制对湖北经济发展的影响	调研报告	1份	湖北省发改委

根据表7-3统计的部分智库研究报告主题及类型可以看出，我国智库话语文本类型中的研究报告主要包括以下三类：

一是通过举办研讨会、论坛等方式对气候传播问题进行讨论和研究，形成研究报告，这类报告主要由政府设立型智库、大学设立型智库和论坛型智库提供，以政策建议和科研报告为主；二是通过开展座谈、实地考察调研等方式对相关问题进行调查和研究，形成报告，这类报告主要由政府设立型智库和大学设立型智库提供，以调研报告和技术报告为主；三是通过承担国家和各部门相关的科研项目，开展科学研究，形成报告，这类报告主要由大学设立型智库和依托研究机构设立型智库提供，以政策咨询、决策建议和参事建言为主。

2. 学术著作和文章

智库的研究人员主要由相关部门、高校、媒体和研究机构的专家、学者组成。发表学术文章和出版学术著作是智库相较于气候传播其他主体独特的优势。智库围绕国家和全球气候变化与可持续发展的重大议题，开展跨学科的前沿性研究，通过学术文章和学术著作等话语文本贡献创新的思想和建议。

例如，中国气候项目中心作为一个研究机构和智库平台，始终把深化理论研究，提升研究水平放在重要位置，通过申报项目、组织科研，发表论文、出版著作，举办会议、开展研讨等方式，不断拓展研究领域，增加学术成果，提升研究能力，在气候变化与气候传播领域发挥了学术引领和理论指导作用。

在项目申报与组织科研上，在2019年，中心主任郑保卫教授作为首席专家组织申报的《生态文明建设和绿色发展理念背景下我国气候传播的战略定位与行动策略》项目成功获得立项，成为国家社科基金项目中第一个气候传播研究重点项目。该项目立足中国，放眼世界，把气候变化和气候传播放在习近平生态文明思想的框架下，放在低碳节能、环境保护、绿色发展和气候治理的背景下，探讨气候传播的战略定位与行动策略，提高了研究站位，拓宽了研究领域，加深了研究内容，在一定程度上体现出项目中心的科研能力和水平。

为提升项目中心的整体理论研究水平，郑保卫教授在人大新闻学院博士生专业方向中专门设置了"气候传播研究方向"，先后招收了三位博士生。来自乐施会的王彬彬结合其工作性质侧重研究社会组织（NGO）的气候传播定位及策略；任职于生态环境部国家气候战略中心的张志强侧重研究政府的气候传播定位及策略；《人民日报》记者杨柳则侧重研究媒体的气候传播定位及策略。他们分别从研究社会组织、政府机构、新闻媒体三个主要气候传播行为主体所完成的博士学位论文，提升了气候传播研究的理论层次，为建构中国气候传播学科体系作出了贡献。

近些年，在项目中心的倡导、联络和推动下，目前全国已有百余家高等院校、科研机构、社会组织开展气候变化与气候传播理论研究和行动推广工作，走出了一条理论与实践相结合、国内与国际相结合、科学研究与社会推广相结合的智库型研究道路。

广西大学气候与健康传播研究中心依托国家社科基金重点项目"生态文明建设和绿色发展理念背景下我国气候传播的战略定位与行动策略"，吸引众多学者参与研究，目前已发表学术论文十余篇、出版学术著作《从哥本哈根到马德里：中国气候传播研究十年》。

清华大学气候变化与可持续发展研究院通过与国内顶尖同行智库合作，组织开展中国低碳发展转型战略与路径项目研究，为国家低碳转型提供政策建议。在推进研究的同时，气候变化研究院与时俱进积极尝试传播新方法。比如，2021年，《读懂碳中和》一书由中信出版社正式出版，通过与商业出版社合作、开新书线上交流会、定向推介等形式，《读懂碳中和》成功售出三万本，作为研究院重大战略项目的核心学术产出，为碳中和科普贡献了一份力量。

由以上几家智库为代表的各类气候传播智库，已逐步建设成国内外享有一定声誉的综合性应对气候变化、绿色低碳发展和能源经济的科研机构，在气候变化风险评估及其政策应对等新的学术增长点上，取得了较大的学术话语权和影响力，成为国家、地方政府和企业重要的智囊团队。

3. 会议发言

人与人面对面的实时互动沟通交流是人际沟通的高效模式。气候传播智库践行这种高效模式主要表现为两种方式：一是国内沟通，通过举办各类重大会议、论坛、学术研讨会和座谈会，畅通专家学者与政府机构的交流渠道，增强对气候问题的研究广度、深度和显示度。二是国际沟通，通过组织智库人员参加国际会议和举办国际研讨会、论坛，邀请国际上重要的政府官员和专家学者参与气候议题讨论，这也是智库提升自身国际传播能力，广泛深入地开展国际交流合作的重要途径之一。智库人员在这些会议和论坛上的发言和讨论交流，已经成为智库必不可少的一种话语文本形式。

根据国内和国际会议性质的不同，会议发言对内对外的侧重点也不同。对内主要聚焦于相关问题的深入讨论和交流，对外则将重点放在讲好中国气候故事，传播中国气候声音，阐述中国气候理念。

例如，在这十多年里，中国气候传播项目中心坚持将气候传播置于国家公共外交的大格局之中，广交朋友，广结善缘，联络了一批有志于气候变化与气候传播研究的国内外专家学者，形成了关系密切的学术"朋友圈"。在参与重要国际气候变化会议和举办气候传播国际边会方面，郑保卫教授作为联合国气候大会观察员，与项目中心几位骨干成员从2010年起，连续参加了在墨西哥坎昆、南非德班、卡塔尔多哈、波兰华沙、秘鲁利马、法国巴黎、摩洛哥马拉喀什、德国波恩、波兰卡托维兹、西班牙马德里举行的共十届联合国气候大会，较为完整地经历了我国参与全球气候治理的关键阶段及重要过程。

另外，自2012年我国政府在联合国气候大会设立"中国角"以来，项目中心联合其他一些相关机构连续举办了八场气候传播国际边会，搭建学术平台让国内外学者、官员、媒体机构和民间组织人士交流研究心得，展示研究成果，表达立场观点，在国内外形成了一定影响力，受到了国内外同行专家的认可与肯定。这些年我们不断加强同国内外政府机构、新闻媒体、NGO组织等各方人士的交流、沟通与合作，在气候变化国际舞台上努力扩大中国话语权，提升中国传播力和影响力。

时任中国人民大学新闻学院院长赵启正教授早在2010年项目中心成立不久举行的首届气候传播国际会议上，就建议我们要以公共外交理念及方式来从事气候变化国际传播。他提出"学者也应成为公共外交家"。本着这一理念，项目中心这些年不断拓展对外交往平台，凝聚志同道合的国际气候传播专家学者，形成了包括耶鲁大学气候传播项目中心主任安东尼教授，联合国环境记者培训首席专家、英国广播公司资深环境记者柯比，瑞典环保机构高级顾问丹尼斯等人为代表的国际科研合作网络。特别是耶鲁大学气候传播项目中心，与中国气候传播项目中心合作开展科学研究，共同主办国际研讨会，加强信息沟通与学术成果共享，实现了合作共赢。例如，2012年联合国气候大会期间，双方就在多哈联合举办了"中美印三国公众气候变化认知状况比较研讨会"，收到了很好的效果。

在国内，自2010年以来，项目中心先后举办了七届气候传播学术研讨会，发布最新研究成果，表达我国学界与民间声音，与国际社会积极开展学术对话。特别是在2013年10月，项目中心与耶鲁大学气候传播项目中心合作，由中国人民大学共同主办的"2013气候传播国际会议"，是迄今为止世界上规模最大、最具影响力的气候传播国际会议。来自美国、英国、德国、法国、俄罗斯、印度等十多个国家的百余名联合国相关机构、国内外高等院校、研究机构、新闻媒体、社会组织、企业界的专家、学者出席研讨会，在如何应对气候变化，如何做好气候传播方面达成了许多共识，取得了不少成果，在国际气候传播领域产生了重要影响。

4. 媒介信息

智库与媒体的直接对话方式主要包括媒体发文和媒介使用，媒体发文是智库作为第三方通过提供新闻线索，新闻信息，新闻投稿，接受媒体采访，参与媒体活动等方式在报纸、电视、互联网和移动媒体等大众媒体上发声。媒介使用是智库作为媒体的用户和内容生产者，运用手机客户端、微博、微信公众号、短视频账号等各类社交媒体平台进行PGC内容生产。值得注意的是，智库与媒体的直接对话方式，也是媒体发挥桥梁作用，实现智库与其他主体间接对话的主要途径。因此，第三方媒体发布的信息或者智库使用媒介平台自主发布的信息等媒介信息是智库与各主体沟通交流的重要话语文本形式。具体而言，主要包括以下三类：

一是媒体型智库自主发文的媒介信息。比如，作为媒体型智库代表的中国观察智库，为进一步做好气候领域的国际传播工作，依托《中国日报国际版》和中国观察智库网、观中国微信号、观中国推特账号、观中国今日头条号等多个平台进行传播，主动设置气候传播相关议题。到2021年年底，中观智库共刊发了200余篇气候变化及环保类的中英文文章，话题囊括全球气候治理、生物多样性保护、海洋治理、生态文明、能源转型、绿色城镇化、绿色"一带一路"、绿色金融等。通过这些议题，呼吁更多人关注环境气候这一关系人类未来和命运福祉的议题，向国际社会阐述中国在环境治理、气候变化等问题上的引领作用。此外，中国观察智库长期从事国际传播，面对复杂的国际舆论局面，力争多方位阐明中国立场，积极有效参与国际舆论斗争，努力破除美国和西方舆论干扰。

二是智库自主开设媒介平台发布信息。比如，低碳智库伙伴在平台成立之初就开设了"绿色低碳发展智库伙伴"的微信公众号及专门的网页，力求迅速准确地传递"低碳智库伙伴"的工作动态和专家观点。"低碳智库伙伴"的微信公众号关注者人数已经超过4000人，日常还维护着两个超过百人的活跃在线社群。微信公众号累计发表文章200余篇，其中单篇文章最高点击量超过3000，平均阅读量500左右。部分专家的观点文章在微信公众号上发表后被《中国日报》《可持续发展经济导刊》《中国环境报》《石油观察》《北极星电力网》等多家传统媒体或新媒体转发。

三是智库在报纸、电视、互联网和移动媒体等大众媒体上以被采访报道的方式发布的媒介信息。比如，国家应对气候变化战略研究和国际合作中心每年在全国低碳日和联合国气候大会等时间节点，都会通过举办媒体沙龙、吹风会等多种形式，组织国内媒体开展专题培训，向媒体介绍政府的工作政策与决策部署，并结合媒体关心的问题，邀请相关负责同志作讲解，使媒体能够更好地配合政府做好宣传工作，提高媒体气候传播的质量与水平。此外，武汉大学气候变化与能源经济研究中心研究人员和广西大学气候与健康传播研究中心研究人员都曾被国内国外主流媒体多次采访，进行专题报道和深度报道等，扩大了智库的学术影响。

5. 课程和培训

智库通过开展培训和开设课程，不仅能够提高专业人员、媒体和社会公众对于气候变化工作的认知，了解了当前一段时期内的工作重心和要点，同时，也通过对于气候变化的基础知识的交流和讲解，增强了全民的气候传播专业素养，也有利于培养一些专业人才，为气候传播工作提供更多专业支持。因此，课程和培训是智库与气候传播其他各主体对话的形式之一，而课程和培训中涉及的具体内容也就成为智库重要的话语文本形式。

比如，生态环境部宣传教育中心的主要职责就包括大量课程和培训内容：承担生态环境教育理论研究和内容设计，为有关部委和地方开展"自然学校"创建提供技术支持，创建和推广自然教育，承担线上生态环境学习课程及音像、海报等大众生态环境教育产品策划制作工作；承担生态环境系统干部培训和发展中国家生态环境保护专业人员援外培训，负责部党校日常管理，承办部党校各类培训班等。

再如，清华大学气候变化研究院创办了"气候变化大讲堂"，邀请包括联合国秘书长安东尼奥·古特雷斯、联合国常务副秘书长阿米娜·穆罕默德、中国气候变化特使解振华、美国前气候变化特使托德·斯特恩、欧盟委员会执行委员蒂默曼斯、澳大利亚第26任总理陆克文、加拿大前环境部长凯瑟琳·麦肯娜等全球气候领袖，英国伦敦政经学院教授尼古拉斯·斯特恩、中国工程院院士杜祥琬、国家气候变化专家委员会主任何建坤、IPCC报告第一工作组联合主席翟盘茂及多位致力于绿色转型的商界领袖分享他们对于本国及全球应对气候变化问题的认识，交流如何推进全球气候变化治理的实践行动和倡议，讲堂开讲期间进行同步网络直播，单场讲座观看人次达10余万，成为气候领域具有世界影响力的对话与交流旗舰平台。2019年4月"气候变化大讲堂"被列为清华大学研究生院和20个院系为研究生开设的11门"综合讲座与前沿热点"系列课程之一，为培养全球气候治理的未来领军人才作出自己的贡献。

武汉大学气候变化与能源经济研究中心则培养了一批服务于低碳经济与碳市场的专业人才，中心连续多届硕、博士研究生全程参与碳市场的理论研究和政策实践。中心还为武汉大学硕士研究生开发低碳经济、碳市场方面新课程。在欧盟"让·莫内"项目资助下，先后为全校研究生开发了"欧盟一体化中的气候与能源政策""EU ETS：演变、改革与前景""低碳经济学：欧盟经济一体化的新驱动力"等课程。这些课程的开发和教学，培养了一大批了解欧盟气候与能源政策及其碳市场的跨学科交叉人才。

6. 气候传播活动和科普材料

智库与公众这一行为主体的对话交流主要通过开展各种活动、开设教育基地、将气候知识融入学校教育和制作并发放科普宣传材料等途径来实现。因此，气候传播活动和科普材料的形式和内容，都是智库与公众对话的主要指标，这些指标需要借助相应的话语文本来呈现。准确地说，气候传播活动和科普材料，不是一种单一的话语文本，而是一种话语形式，这种形式里面包含着多种话语文本，具体而言主要有以下三类：

一是举办展览、竞赛等主题宣传活动。比如，国家应对气候变化战略研究和国际合作中心以2013年全国首个低碳日为契机，在首都博物馆、世纪坛等地承办全国低碳日活动。通过举办应对气候变化大型展览，全国各省市地方及社会各界广泛开展富有特色的主题宣传活动，普及应对气候变化知识，提高公众应对气候变化和低碳意识，在低碳日掀起节能减碳活动高潮。低碳日还得到社会各界的积极支持，如在2016年"全国低碳日"主题口号、招贴画、flash动画和中小学生命题作文等一系列征集活动中，累计收到来自全国各地的口号10000余条，招贴画800余幅，flash作品50余部，命题作文200余篇，评选出的获奖作品均在展览现场展出。在全国低碳日活动中重点加强对青少年和儿童的教育，通过绘画等多种形式，激发儿童和青少年对于绿色低碳发展的理解力。

二是面向公众开放环境教育示范基地。比如，总建筑面积约1200平方米国家环境宣传教育示范基地就是面向公众开展环境教育的场所。2015年7月10日宣教基地正式对外开放，主要包括环保征程展厅、绿色生活两个区域，其中环保征程展厅分为"文明的反思""只有一个地球"和"习近平生态文明思想"3个展区，绿色生活展区分为水、能源、垃圾、有机农业、核与辐射安全等生态环保科普和互动体验内容。宣教基地通过展览展示、科普体验、环保培训、生态环境互动教学等多种方式宣传生态环境知识、推广环境理念，自基地成立以来，吸引了各国机构人员、各地基层干部、各大高校学生、各地中小学生参观，宣教基地已逐渐发展成为面向中国公众尤其是青少年开展生态文明教育的学习中心、信息中心、活动中心、培训中心。

三是创作和发行杂志、宣传片等科普材料。比如，生态环境部宣传教育中心主办《世界环境》双月刊，自创刊以来，始终把握全球环境保护的前沿动态，追踪发展趋势，提供可资借鉴的实例与观点，为中国环境决策提供信息和建言献策，较好地突出了它的唯一性、权威性、导向性、专业性和知识性等特点。此外，创作并发布各类宣传片、海报、易拉宝、气候传播融媒体产品等科普材料也已经成为各类智库的日常工作之一。

（二）我国智库气候传播话语建构的内容组成

依托于研究报告、学术文章和著作、会议发言、媒介信息、课程培训和气候传播活动及科普材料等话语文本类型，智库具备丰富且专业的发声途径，那么，依托这些文本形式，智库在气候传播中主要表达哪些内容则是本小节的分析重点。

基于智库气候传播案例书稿中7大智库的主要职责和工作内容，运用内容分析的方法，分析出我国智库气候传播话语建构的5方面内容：分析全球气候变化与治理的局势和问题；阐释我国在气候环境领域的方针政策和积极行动；研究我国绿色低碳发展的挑战和对策；交流推进全球气候变化治理的行动和倡议；传播践行绿色低碳生活的理念和策略。

1. 分析全球气候变化与治理的局势和问题

气候变化是一项重大而紧迫的全球性挑战，全球气候变化治理进程仍任重道远。围绕全球气候变化与治理的局势和问题，各智库积极开展相关工作。

表7-4 气候传播智库分析全球气候变化与治理的局势和问题的主要内容

智库	话语文本类型	主要内容
清华大学气候变化与可持续发展研究院	会议发言："巴黎协定之友"高级别对话	三十余位高级别嘉宾参加对话：为2019年9月联合国气候行动峰会及2020年后落实《巴黎协定》提供建议。围绕如何在2020年后落实《巴黎协定》、如何将气候行动与疫情后绿色复苏相结合、如何使2021年举行的联合国气候变化缔约方大会（COP26）取得成功展开讨论
	会议发言：气候变化大讲堂	邀请多位全球气候领袖和致力于绿色转型的商界领袖分享他们对于本国及全球应对气候变化问题的认识，交流如何推进全球气候变化治理的实践行动和倡议，讲堂开讲期间进行同步网络直播，单场讲座观看人次达10余万，成为气候领域具有世界影响力的对话与交流旗舰平台

续表

智库	话语文本类型	主要内容
清华大学气候变化与可持续发展研究院	气候传播活动：全球青年零碳未来峰会	峰会以"气候变化协同（ClimateX）"为主题，强调应对气候变化与保护生物多样性之间的协同关系，启发全球青年破圈思考、跨界创新。峰会还策划了若干场活动，全球参与人次达125万，为全球学者和利益相关方搭建了交流共享的平台，为全球气候治理提供了多元研究维度，为推进全球气候治理贡献了高等教育合力
生态环境部宣传教育中心	科普材料：《世界环境》杂志	《世界环境》始终把握全球环境保护的前沿动态，追踪发展趋势，提供可资借鉴的实例与观点。杂志包括卷首语、封面故事、环球扫描、日历、绿色圆桌、速读、镜头、热点关注、绿色科普、他山之石、特别报道、观点、青年论坛、文图故事、人物、NGO之窗、旅游天地、ENN精粹、特别报道、绿色实践、环境教育21个栏目，每期印数10000册
	媒介信息："世界环境"微信公众号	"世界环境"微信公众号自开通以来，坚持以跟踪国内外重大环境热点事件、专家权威解读、国际环保事件解析等内容为主，在热点事件快速反馈、内容统筹、栏目互动、互动传播四方面进行了有益探索，并已经形成"世界环境杂志"新浪微博、今日头条"世界环境"头条号、"世界环境"一点资讯一点号、搜狐公众平台等新媒体矩阵

从表7-4的内容可以看出，清华大学气候变化与可持续发展研究院通过举办国际对话、气候讲堂、国际峰会等，邀请来自世界各国气候领域的相关人员，围绕着全球气候变化与治理的局势和问题展开了深入的讨论和研究。生态环境部宣传教育中心则主要以《世界环境》杂志及其全媒体传播矩阵为基础，紧跟国内外环境热点事件，始终把握全球气候变化与环境保护的前沿动态，追踪发展趋势，提供可资借鉴的实例与观点。由此，可以认为，智库气候传播话语建构的内容之一是分析全球气候变化与治理的局势和问题。

2. 阐释我国在气候环境领域的方针政策和积极行动

我国在气候环境领域的方针政策和积极行动，一方面需要向国内相关机构、媒体和公众等主体做更为深刻和准确的阐释，帮助各行为主体了解政府气候变化的政策与决策部署，更好地配合政府做好气候应对工作。另一方面，我国自2007年开始成为全球最大的碳排放国，并成为国际舆论的焦点，加强与国际社会的合作与沟通，展示中国在气候变化领域的政策与成效，是气候变化国际传播的重点任务之一。

相比于政府、媒体和NGO等其他气候传播主体，智库基于其专业性、权威性和国际沟通性强的特点，在向国内外阐释我国在气候环境领域的方针政策和积极行动时更能发挥效用。

表7-5　　　　气候传播智库阐释我国在气候环境领域的
方针政策和积极行动的主要内容

智库	话语文本类型	主要内容
国家应对气候变化战略研究和国际合作中心	会议发言：主办气候大会中国角	自2010年设立中国角以来，通过举办边会、新闻发布会主题展览、影片展映、图书展赠等多种方式，展现中国政府应对气候变化的政策与行动。同时，也邀请发达国家、发展中国家、联合国机构以及一些社会组织的政府官员、专家、学者参加中国举办的学术交流，为国际社会更深入地了解中国提供了开放平台
	课程和培训：媒体沙龙、吹风会和记者培训	为帮助媒体了解政府气候变化的政策与决策部署，更好地配合政府做好气候变化报道，每年在全国低碳日和联合国气候大会等时间节点，都会通过举办媒体沙龙、吹风会等多种形式，组织国内媒体开展专题培训，向媒体介绍政府的工作政策与决策部署，帮助媒体与政策制定者进行面对面交流，进一步提高气候传播的精准度和有效性
广西大学气候与健康传播研究中心	会议发言：碳达峰碳中和科普策略研究智库论坛	论坛邀请国内能源、气候、生态、社科领域的专家学者，研讨如何加强"碳达峰碳中和"科普能力建设，提升全民低碳环保意识与科学素质，推动经济社会实现全面绿色转型。专家还表达了自己对"双碳"目标实现的方针政策和科普行动的理解
中国观察智库	媒介信息：中观智库共刊发了200余篇气候变化及环保类的中英文文章	在气候环境领域，中观智库将重点放在对国家的重大方针政策进行权威阐释，尤其是对习近平生态文明思想的对外传播上。2020年9月习近平总书记在联合国大会上宣布中国力争2030年前"碳达峰"、2060年前实现"碳中和"这一重大目标之后，中观智库在前后数月时间内，围绕绿色复苏和国际合作，邀约中外政要、学者、国际组织成员、科研人员等以言论文章发声，突出强调中国在应对气候变化问题上发挥的引领作用，将中国塑造为"国际公认的全球可持续发展的倡导者"

从表7-5的内容可以看出，各类智库通过多年的工作，从能源、建筑、交通、城镇化、自然生态等细分行业领域切入，展示中国气候行动和环境改革的魄力和可行性，以及在全球气候治理中的引领作用。包括全球气候治理、生物多样性保护、海洋治理、生态文明、能源转

型、绿色城镇化、绿色"一带一路"、绿色金融等。智库通过这些话语内容，增强了社会机构和公众对于国家在气候环境领域的方针政策和积极行动的认知，加强了国际社会对于中国气候政策的理解。由此，可以认为，智库气候传播话语建构的内容之一是阐释我国在气候环境领域的方针政策和积极行动。

3. 研究我国绿色低碳发展的挑战和对策

我国面对生态文明建设、绿色低碳发展，特别是要实现"碳达峰碳中和"目标和气候变化全球治理的任务，依然任重道远。

在中央作出"双碳"战略决策的背景下，我国为积极应对气候变化，推进绿色低碳发展，陆续出台相关政策、制定和实施各类行动方案。但是由于各地、各时期和各行业所面临的实际情况不同，政策、方案和行动目标统一性不强，不能采取"一刀切"的办法，此时，我国气候环境类智库积极参与其中，发挥其专业性强的优势，采用多种方式探索我国各地推进绿色低碳发展的现状和挑战，研究具有针对性的解决对策（见表7-6）。同时，智库开展研究的过程也能够发挥潜移默化的宣传和传播作用。

表7-6　气候传播智库研究我国绿色低碳发展的挑战和对策的主要内容

智库	话语文本类型	主要内容
国家应对气候变化战略研究和国际合作中心	气候传播活动：低碳中国行	自2013年开始，先后在天津、河南、湖北、新疆、福建、广东等省开展了低碳中国行活动。组织国内院士专家与地方政府开展座谈和调研活动，通过考察地方在加快推进产业结构转型升级中的经验和做法，增加了对于地方在低碳发展过程中现状和存在问题的了解，共同推进气候变化工作
广西大学气候与健康传播研究中心	研究报告：碳达峰碳中和科普策略研究	中国科普研究委托课题《面向公众的"碳达峰碳中和"科普策略研究》，针对目前国家提出的"碳达峰碳中和"目标，使用传播学、新闻学、大数据等学科理论及方法，以实现气候治理"全民共商、共建、共享"的战略目标来研究碳达峰碳中和公众科普策略，课题组重点梳理了国外碳达峰碳中和相关理论和策略，总结了国外低碳科普的优秀经验，调研了我国政府、媒体、企业等主体开展碳达峰碳中和科普工作的现状，围绕政策方针、权责任务、协调机制、制度保障等层面，提出了富有针对性和可操作性的政策建议，向中国科普所提交科研总报告10万字

续表

智库	话语文本类型	主要内容
清华大学气候变化与可持续发展研究院	学术著作：《读懂碳中和》	组织开展中国低碳发展转型战略与路径项目研究，为国家低碳转型提供政策建议，出版《读懂碳中和》一书，成功售出三万本，作为研究院重大战略项目的核心学术产出，为碳中和科普贡献了一份力量
武汉大学气候变化与能源经济研究中心	学术专著、学术论文：从世界经济视角聚焦于能源经济研究	依托能源经济相关项目，出版3本专著《欧盟金融市场一体化及其相关法律的演进》《气候规制与国际贸易：经济、法律、制度视角》《FDI对中国工业能源环境的影响研究》，发表学术论文60多篇
	学术专著、学术论文：从制度建设视角聚焦于碳市场研究	对全球主要碳市场制度演变、中国低碳经济转型与碳市场的相互作用机理、中国碳市场政策设计背后的理论原理等进行研究。出版3部专著《全球主要碳市场制度研究》《低碳经济转型下的中国碳排放权交易体系》《中国碳市场发展报告：从试点走向全国》，1部译著《碳市场计量经济学分析——欧盟碳排放权交易体系与清洁发展机制》，发表学术论文90多篇
	学术专著、学术论文：地方与企业绿色低碳发展研究	对武汉市低碳城市试点建设过程中的低碳发展社会规划、温室气体排放统计方法、碳排放峰值预测与减排路径，以及节能减排重点企业、重点行业低碳经济转型中的关键问题进行了研究。出版2本专著《碳减排路径与绿色创新激励机制》《偏向型技术进步对中国工业碳强度的影响研究》，发表学术论文近20篇

总的来说，智库气候传播的话语内容之一是研究我国绿色低碳发展的挑战和对策，具体内容包括：分析我国绿色低碳发展的挑战，比如能源结构改革、碳排放减排、资源环境保护等；探讨我国绿色低碳发展的对策；提出绿色低碳发展的政策建议，如完善绿色发展政策、加强绿色技术研发、推动绿色投资等；对绿色低碳发展的实施进行评估；对绿色低碳发展的未来趋势进行分析等。通过研究我国绿色低碳发展的挑战和对策，我国气候传播智库向党和政府的有关部门提出了有效的政策建议，为政府制定绿色低碳发展政策提供有力的支持。

4. 交流推进全球气候变化治理的行动和倡议

智库作为气候综合治理协作的沟通者，相比于气候传播的其他主体，有更好的机会和立场在交流推进全球气候变化治理的行动和倡议中做出积极贡献。随着全球气候治理的专业性、协作性和竞争性的不断深化，气候变化议题日益复杂化，在不同专业、领域间进行充分的沟通、交流、互补的需求越来越高，近年来，智库已经成为联合国气候谈判和行动的重要新兴力量。

首先，智库能够发挥推动作用，为国际社会提供政策建议。通过组织和参与国际会议、讨论和交流活动，我国智库为国际社会提供了政策建议，推动了全球气候变化治理的行动和倡议。例如，清华大学气候变化与可持续发展研究院广泛开展对话与交流，为联合国气候行动峰会和联合国气候变化大会参会代表提供政策建议，为落实《巴黎协定》作出了重要贡献。

其次，智库能够开展科学研究工作，为国际社会提供理论参考。通过一系列研究项目，深入研究全球气候变化治理的行动和倡议，为国际社会提供了有价值的研究成果。例如，我国智库发布的《全球气候变化治理报告》，详细分析了全球气候变化治理的现状和趋势，为国际社会提供了有价值的参考。

最后，智库能够发挥倡导作用，倡导国际社会加强合作，共同应对全球气候变化治理的挑战。气候变化本身是一个复杂的科学议题，又直接或间接影响政治、经济、地缘、法律、国际治理等众多领域。要做好气候传播，必须加强国际合作。例如，中国观察智库积极与专业机构、政府部门、国际组织的官员、专家、学者建立信任与密切合作，邀请国内外学者，特别是国际上在气候领域的权威决策者和知名人士全球气候变化治理各项议题展开讨论或撰写分析文章。

由此，可以认为，智库气候传播话语建构的内容之一是交流推进全球气候变化治理的行动和倡议。

5. 传播践行绿色低碳生活的理念和策略

绿色低碳生活的理念和策略是指以节约能源、减少污染、保护环境为目标，采取有效措施，实现低碳、绿色、可持续发展的生活方式。智库通过举办各种活动向全国公众和国际社会传播我国践行绿色低碳生活的理念和策略。

一是开展绿色低碳生活宣传活动。智库通过举办"全国低碳日""世界环境日"等宣传活动，通过开办展览、主题竞赛等方式，提升公众意识，增强传播"低碳"生活理念，推动绿色低碳生活的实施。

二是开展绿色低碳实践活动。智库通过开放环保基地、创办自然学校等一系列绿色低碳实践活动，倡导人与自然和谐共生，推动生态文明理念融入学校教育、家庭教育和社会教育，进而提高全民的环境意识和素养，以推动公众践行绿色低碳生活，实现低碳、绿色、可持续发展的生活方式。

三是提出绿色低碳生活政策建议。在政策层面，随着低碳省市试点、低碳园区等工作的不断深入，低碳发展的工作基础不断牢固，低碳实施的社会氛围不断增强，为后续深化低碳发展各项政策的出台奠定了坚实的社会基础。

四是开展绿色低碳生活研究工作。智库组织开展了一系列绿色低碳生活研究，包括绿色低碳生活研究、绿色低碳生活研究报告会、绿色低碳生活研究论文等，以深入研究绿色低碳生活的理念和策略，为推动绿色低碳生活的实施提供理论支持。

由此，可以认为，智库气候传播话语建构的内容之一是传播践行绿色低碳生活的理念和策略。让绿色成为发展底色，让节约成为日常习惯，让节能成为生活态度，让全社会都成为绿色低碳生活的践行者、倡导者和传播者。从绿色低碳出行到落实生活垃圾分类，从厉行"光盘行动"到节水节纸节电节能，从义务植树、"云端植树"到担任民间河长湖长，低碳生活就在身边，点滴行动就能为美丽中国、低碳中国出一把力。过去节能减碳，受限于发展阶段和社会认知，实质效果并不明显；如今节能减碳，通过科学知识唤起了坚持绿色发展的生态文明自觉，拥有了更深厚的潜能后劲。

第四节　新时代我国智库气候传播的行动策略

纵览当今世界，凡涉及重大国事问题，决策层都会积极征询各方智库意见，而各类智库也会通过不同的渠道积极参与，以名目不同的智库成果表达自己的政策选择偏好。智库可以通过研究和分析提出相关的气候政策建议，以支持政府决策，并促进制定更有效的气候政策和法规。因此，智库气候传播应该以科学为基础，采用易于理解的方式向公众传达气候变化的科学知识，帮助公众认识气候问题的严重性和影响；利用多样化的传播渠道，如社交媒体、短视频、科普动画等，以吸引更广泛的受众，提高气候信息的传播效果。此外，智库在传播中应强调可行的气候解决方案，鼓励并介绍可持续的生活方式和技术，以激励公众参与和行动。在与政府、企业、NGO 等利益相关方建立合作伙伴关系中，形成应对气候联盟，共同推动气候变化信息的传播和可持续发展目标的实现，借以关注气候变化对不同社会群体的影响，包括弱势群体和贫困地区，以确保传播的信息更具包容性和普惠性。除了传播气候变化的知识，智库还可以开展环保教育活动，培育公众的环保意识和行动，推动可持续发展；通过收集、整理和分析气候变化相关数据，提供决策支持，帮助政策制定者作出科学合理的决策。在国际交流与合作上，积极参与国际气候合作，与其他智库进行交流合作，分享经验和最佳实践，促进全球范围内的气候行动也是智库气候传播行动应有之义。这些行动策略将有助于智库在气候传播中发挥更大的作用，提高公众对气候问题的认知和意识，并推动全社会共同参与气候行动。具体来看：

一 大力提高政治站位，从战略高度加强中国智库气候传播对外话语体系建设

加强国际传播能力建设，事关党和国家"治国理政、定国安邦"大局，事关为全面建成社会主义现代化强国、实现第二个百年奋斗目标，为中国式现代化全面推进中华民族伟大复兴营造良好外部舆论环境，同时也事关坚持胸怀天下，更好地推动构建人类命运共同体的历史进程，总之，我们要用很高的政治站位来认识这一问题。当前尤其要注意结合深入学习贯彻党的二十大精神，加强顶层设计和整体布局，做好增强中华文明传播力影响力的战略部署，积极主动加强和改进国际传播工作，广泛宣介中国主张、中国智慧、中国方案，全面提升国际传播效能，充分展现在新时代新征程上奋勇前进的中国的大国形象。

从一开始发出微弱的声音,到努力应对和处理国际社会对中国气候领域的偏见和质疑,再到主动参与国际气候议题的讨论和设定,我国智库付出了巨大的努力,也取得了一定的成果,但是,从智库的国际影响力、议题号召力、国际话语权等指标来看,我国智库依然还有很大的发展空间。因此,需要进一步探索我国智库气候传播的对外话语建构策略。

(一) 提升国际话语权

根据法国社会学家米歇尔·福柯的观点:"话语是权力,人通过话语赋予自己权力。"因此,话语权的本质是话语背后的权力关系。当前,我国的国际话语权意识高涨,从政治、经济、社会、文化等各个领域争夺话语权,而气候话语背后的话语权争夺也从未停止,作为非政府部门的智库,是我国在全球气候领域争夺话语权的一支重要力量。我国智库应坚持中国立场,树立全球视野和战略眼光,积极发声、主动发声、智慧发声,既要争取和创造一切可能的表达机会,主动表达,也要明确表达的主要内容,紧紧锁定重点议题,还要创新有效的表达方式和表达技巧,以达到引导国际舆论,提升国际话语权的目标。

一是积极参与全球气候治理进程,贡献中国智慧。在国际会议、研讨和论坛活动中,在与国际同类型智库的日常交流中,以开放、包容的姿态参与气候话题讨论,推广中国智慧和成功经验,为全球气候治理献策,通过不断开展有理有据的论述,引导国际社会重视中国气候方案的理论和实践,重视中国的话语表达,赢得国际话语权。

二是努力影响全球性气候与环境议题的设定,提升国际舆论引导力。要想在国际社会和国际议题发挥引领作用,我国智库不能仅仅作为议题的接受者和拥护者,更要努力成为议题的提出者、设定者、执行者。具体到话语表达层面,一方面要紧紧抓住国际气候治理中的核心问题和困难,探索解决方案,设置针对性强的议题;另一方面通过深入研究气候问题的社会本质和规律,强化议题,让国际社会围绕中国的话语主题进行讨论,争夺话语表达的核心地位。

三是积极创新话语体系,获得最大限度的国际认可。我国智库在国际话语表达中,要充分考虑国际受众的分类及其心理和特点,深入研究海外受众的接受方式和思维习惯，围绕真实反映受众关注的现实气候问题，使用国际上喜闻乐见的表述方式，特别是要以海外受众群体易于理解和接受的表达方式传播好中国气候声音，以达到最佳传播效果。

（二）提升传播内容质量

西方主流气候话语的实质，是西方的话语权政治，今天欧洲主导的气候问题国际话语，是一种选择性话语，而非平衡、客观的科学话语。那么，国际上关于气候问题的争论，不是气候科学与发展的争论，而是国际话语权的争论，上文中针对如何提升我国在气候传播领域的国际话语权提出了宏观策略，接下来将从话语建构的微观层面，进一步考虑我国智库气候传播的对外话语如何建构，才有利于提升我国在气候领域的国际话语权，让中国理念、中国行动和中国观点占据引领地位。

智库的国际话语权之争落实到话语建构的微观层面，关键就是提升我国智库气候传播的话语质量。

一是智库要正面传播国家形象，将中国的气候观念转化为国际主流话语，突出强调中国在应对气候变化发挥的引领作用，将中国塑造为"国际公认的全球可持续发展的倡导者"形象。

二是智库要以科学视角阐述气候问题，用正面话题引导国际舆论，跳出西方国家将气候问题解读为国际政治问题的怪圈，在G20峰会、联合国气候大会等重大国际话题的讨论交锋场所，提供自己独特、权威而有价值的研究成果，邀请国内外学者，特别是国际权威从各个角度围绕气候变化和低碳发展等问题进行探讨，提升我国智库在气候问题上的话语质量。

三是智库要传播我国在国际气候问题上的大国担当。坚持以"构建人类命运共同体"作为我国对外传播的核心话语，宣传我国在气候领域是如何践行"人类命运共同体"理念的。围绕全球气候治理、生物多样性保护、海洋治理、生态文明、能源转型、绿色城镇化、绿色"一带一路"、绿色金融等关乎人类命运与发展的重要议题展开讨论和研究，重点突出我国在这些问题上的大国担当。

（三）创新话语表达方式

上文在阐述如何提升智库气候传播的国际话语权时，从宏观和微观层面都提出了相应策略，其中提到要创新话语表达方式和表达技巧，以达到被国际公众接受和理解的目的，那么具体如何表达才能更好地实现这一目标呢？一是要利用国际通用语言进行表达，在中文成为世界通用语言之前，智库要加强国际化语言表达，首先要加强英语表达。比如，作为我国唯一的国家级英文日报《中国日报》创立的媒体智库，"中国观察智库"于2018年世界环境日当天，在"观中国"微信平台发出首篇原创文章，开启双语传播之路。

二是要加强国际化语言表达，要注重提高智库成员的全球气候素养。可以组织气候讲座，让智库成员参加培训，参加考试，参加比赛，参加论坛等，以提高智库成员的气候素养。

三是要不断提高国际视野，理解国际气候问题的现状和发展趋势，更好地站在国际视角参与国际社会的沟通交流。提高国际视野，一方面可以通过组织国际讲座，让智库成员参加国际培训、国际比赛、国际论坛等；另一方面鼓励智库专业人员走出去，通过参加国际会议、接受国外媒体采访等方式，主动在国际平台上表达观点。

四是要加强国际化语言表达，还要注重提高智库成员的沟通能力。智库成员要有较强的沟通能力，才能更好地表达自己的观点，更好地与国际社会沟通交流。

例如，这些年中国气候传播项目中心依据中国文化提出的一系列自然生态与气候变化的主张、理念和方案，在应对气候变化和开展国际传播过程中，充分显示了中国风格、气派和力量。郑保卫教授强调，在气候变化国际传播中始终保持政治定力，把握前进方向，坚守国家立场，要做到敢于发声，敢于亮剑，敢于维护气候公平与正义。这一点，项目中心顾问委员会主任、中国政府气候变化代表团团长解振华为我们作出了表率。自2006年被国家委以国际气候谈判代表重任起，在历届联合国气候大会上，解振华主任几乎出席了所有中国代表团举行的记者招待会，利用一切可能机会阐述国家立场。在国际气候谈判中，他始终坚定维护国家利益，对少数发达国家违背气候正义的言行和协议提案，他理直气壮，慷慨直言，表现出了中国政府官员的高度自信。

例如，2011年在德班联合国气候大会上，他针对西方一些国家拒不履行承诺，反而向发展中国家施压的做法霸气回应："……有一些国家已经作出了承诺，但并没有落实承诺，并没有兑现承诺，并没有采取真正的行动……我们是发展中国家，我们要发展要消除贫困，我们要保护环境，该做的我们都做了，我们已经做了，你们还没有做到，你有什么资格在这里讲这些道理给我？[①]"他充满自信、铿锵有力的发言给人留下了深刻印象。

也正是通过一次次这种充满自信的交锋与较量，我国在气候变化国际舞台上赢得了普遍尊重和信赖，为推动全球应对气候变化发挥了关键性作用、作出了历史性贡献。2015年，在我国政府大力推动下，巴黎联合国气候大会通过了国际社会期盼已久的《巴黎协定》，奠定了世界各国2020年后加强应对气候变化行动和开展国际合作的制度基础。时任联合国秘书长潘基文说，中国为《巴黎协定》的达成和巴黎气候大会的成功作出了"历史性贡献"[②]。

这些年在连续参加联合国气候大会，参与气候变化国际传播的过程中，我们项目中心团队成员也在不断增强自信，越来越敢于发声，敢于担责，敢于走在前面，努力发挥自己的智慧和能力，为气候变化全球治理多作贡献。2019年12月10日，在项目中心成立十周年之际，在马德里联合国气候大会新闻中心举行了一场"中国气候传播研究十周年新闻发布会"[③]，向国内外媒体介绍十年来我们项目中心所做的工作和所取得的成绩，再次提出愿意继续为推动气候传播在全世界"形成气候"多作贡献，受到了国内外媒体的关注，也赢得了业内同行的尊重。

[①] 《解振华气候大会上怒斥西方国家没资格讲道理》，凤凰网，https://phtv.ifeng.com/program/news/detail_2011_12/12/11268307_0.shtml，2011年12月12日。

[②] 参见谭晶晶、潘洁《走近世界舞台中心 党的十八大以来中国外交工作成就综述》，《中亚信息》2017年第8期。

[③] 《"中国气候传播十年"新闻发布会在马德里第25届联合国气候大会新闻发布厅举行》，人民网，2019年12月13日，https://baijiahao.baidu.com/s?id=1652761773001277217&wfr=spider&for=pc，2023年9月21日。

二 增强专业性知识赋能，打造智库气候传播自主知识体系

对于气候变化这样的专业问题，智库要利用自身优势，主动为政府、媒体、NGO、企业、公众等其他气候传播行为主体进行知识赋能，使传播更具科学性、目标性和有效性。此外，气候传播的长期性和系统性，都要求智库需要不断为此加油鼓劲。

（一）持续发出清晰明确的信息

全球气候治理的50年，也是一场大国政治、经济与科技角力。从表面上看，全球气候治理旨在解决当前或未来气候风险对人类社会生产和生活所造成的环境问题，但其内涵远超出科学范畴的全球变暖和环境保护，而是更为广泛的国际政治秩序与经济发展权争夺问题。因此，全球气候治理是错综复杂的国际关系的投射和延伸，也是撬动当前国际秩序转型的重要杠杆。由于各方在总体目标、责任区分、资金技术等关键问题上迟迟无法达成一致，国际气候谈判一度陷入僵局，全球气候合作乌云环绕，停滞不前。

2009年，第15届联合国气候大会在丹麦首都哥本哈根举行，这是一次被喻为"拯救人类的最后一次机会"的会议。来自192个国家的环境部长和谈判代表出席，共同商讨《京都议定书》一期承诺到期后的行动方案，即2012年至2020年的全球减排协议。在会上，由国际组织和发达国家学者提出的IPCC方案、G8国家方案、CCCPST方案等主要减排计划，都仅考虑"人均未来趋同"原则，对不同主体的碳排放空间直接作了分配，没有将"人均历史累计排放量"纳入减排比例，从而巧妙地回避了各国应该承担的历史责任，公然违背"共同但有区别的责任"原则。以中国、印度、巴西、南非（即"基础四国"）为代表的发展中国家认为，气候变化谈判应清算"历史账""人均账""法律账"，发达国家必须承担历史责任，更大幅度地提高减排目标，并在资金、技术转让和能力建设等方面向发展中国家提供足够支持。

在此次大会上，中国高调发声，展现了高度负责任的清新大国形

象。我国时任国务院总理温家宝带着中国政府和人民的诚心、信心和决心出席会议，他不顾疲劳，在会上会下作了大量沟通协调工作。中方不愿妥协的强硬姿态以及化解危机的能力，凸显了中国雄厚的外交实力，解振华的一针见血、何亚非的睿智、苏伟的幽默、于庆泰的理性，让中国"声音"响彻寰宇。此次大会，中国也是唯一单独设立新闻与交流中心的发展中国家，来自政府部门、科研院所、社会组织的数十位专家、学者参与了多场新闻发布会，就气候问题阐道明理，积极贡献中国方案。

在过去几十年中，气候变化这一概念从被广泛质疑，到逐渐为大众所熟悉和接受，智库的气候传播起到重要的引领作用，许多专家学者做了大量的科学普及和传播工作，才使得对气候变化的讨论重心从"有没有"变成"怎么解决"。但不可否认的是，直到今天仍然杂音不断。例如，美国前总统特朗普为了个别党派和利益集团的选票考虑，依然称气候变化为"伪科学"并退出巴黎气候协定，还得到不少支持。由此可见，气候变化以及相关概念，要被各国政府、机构、民众和社会所正确认识，是一个持续的过程，甚至是一个艰苦的过程，需要专家学者的不断努力。

而气候变化本身的不确定性又让这个过程更加曲折。杰弗里·希尔（Geoffrey Heal）认为，气候变化是复杂的、非线性的和动态的系统，其发展过程具有一定的不确定性。智库和专家需要对不断出现的新情况和新问题进行专业研究，及时提供清晰明确的信息，并作出权威解释，帮助社会与公众能够获得正确认知。

例如，路透社一篇报道指出，"今年夏天，中国创纪录的高温和历史性的洪水未能引发国内公众如何缓解气候变化的讨论。尽管过去中方官员和媒体曾表示，气候变化使中国更易遭受极端天气影响，但很少有人将两者联系起来，而且更不愿意将其与中国自己的排放量联系起来——目前中国约占全球排放总量的三分之一。"[1] 但事实上，北

---

[1] "China Avoids Climate Change Discussion Despite Extreme Weather", Reuters, August 12, 2023.

京 7 月强降水引发国内对气候变化普遍担忧,包括中国新闻周刊、澎湃新闻、界面新闻等国内主流媒体都进行了相关报道,呼吁提高城市气候适应能力,探寻碳中和愿景下国际大都市可持续发展路径。

(二) 搭建开放性建设性对话平台

出于种种现实原因,哥本哈根气候大会最终并没有达成任何具有法律效力的政治文件。时任国务院总理温家宝没有被邀请参加当地时间 12 月 17 日晚和 18 日晨由美国发起的"闭门会谈",英国环境部长埃德·米利班德在《卫报》上撰文称中国"劫持"了哥本哈根协议,将矛头指向中国。面对无端指责,尽管我国政府和媒体作了回应,但欧洲一些政界人士和新闻媒体却全然不理不睬,依然我行我素,使得负面舆论继续扩散、蔓延。我国政府和媒体失去了舆论先发优势,在西方媒体精心谋划和设置的议程中显得很被动。

大会相关报道和减排方案在我国民间社会也引发广泛关注。央视新闻节目《面对面》就"中国减排问题"专访时任中国科学院副院长丁仲礼的视频广为流传,至今仍激荡人心。面对"发达国家 11 亿人口拿走 44%,剩下的 56% 给发展中国家的 54 亿人口""科学家不能以国家利益为前提,而应为人类共同利益"等质问,丁院士反问"中国人是不是人?为什么同样一个中国人,就应该少排?……发达国家在已发展完的情况下,还要强行切掉一大块未来碳排放配额的蛋糕,还讲不讲道理?……维护发展中国家利益,保护发展中国家的联合国千年发展计划的落实,难道不是全人类的利益吗?"向公众阐明了气候问题背后的历史、人权和公正问题,彰显了实事求是的科学精神和不畏权威、仗义执言的国士风范。

这次会议也是全球应对气候变化的一道分水岭。大会之后,从 2009 年哥本哈根气候大会的无果而终,到 2015 年《巴黎协定》达成前,全球气候治理机制一直处在停滞阶段。发达国家遭遇空前金融危机,拒绝接受第二承诺期的减排义务,并要求逐渐弱化"共同但有区别的责任"原则;科学界"气候门"事件频频曝光,气候变化"怀疑论""阴谋论"甚嚣尘上,多个国家民间舆论开始怀疑国际社会应对气候变化的意义所在。

正是在这样错综复杂的国际环境和极端复杂的舆论生态下，作为大会进程亲历者和见证者，郑保卫教授倡导组建了"中国气候传播项目中心"，决心从总结哥本哈根气候大会期间我国政府、媒体和NGO气候传播的问题和教训入手，理直气壮地为全球应对气候变化事业鼓与呼，让气候传播在中国乃至全世界能够真正"形成气候"。

哥本哈根气候大会后，作为一个负责任的发展中国家，中国始终如一珍视世界和平与发展，坚定站在历史正确的一边、站在人类文明进步的一边，实施积极应对气候变化国家战略。中国应对气候变化的新发展理念为全球治理贡献了中国智慧，实现的历史性变化为全球治理积累了宝贵经验，不断强化的自主贡献目标展示了推动全球治理的中国决心，坚持的多边主义道路为全球治理注入了强大动力。

尤其是进入新时代以来，我国牢固树立共同体意识和"以人民为中心"发展理念，将应对气候变化摆在国家治理更加突出的位置，不断提高碳排放强度削减幅度，为《巴黎协定》的达成、签署、生效和实施作出了历史性的重要贡献，逐步站到了全球气候治理舞台的中央。近些年，我国加快构建碳达峰碳中和"1+N"政策体系，持续推进全国碳市场制度体系建设，推动经济社会发展全面绿色转型，共建公平合理、合作共赢的全球气候治理体系，以中国理念和实践引领全球气候治理新格局。

智库以影响公共政策为天然使命，与政策的制定者（政府）、执行者（NGO、企业、公众等）和宣传者（媒体）有着天然的连接。智库以问题为导向，以提供解决方案为使命，受到学科领域的限制较少，能够海纳百川，为"解决问题"所用。因此，在重视发挥政府、媒体、NGO、企业、公众等气候传播行为主体作用的同时，要以智库为中心，努力搭建开放性和建设性的对话平台，传播高质量的权威信息。

此外，在气候变化已经成为一门跨领域的交叉学科的背景下，智库的跨学科运行特质可以为后备人才培养作出更大的贡献。在实践中，很多高校特别是高水平大学以智库建设为契机，通过智库承担的一系列综合性、跨学科专题政策研究，推动校内不同学科之间实现了跨学科的协同创新，不仅产出了极具政策价值和社会影响的研究成果，极大强化了大学的社会服务职能，而且很好地带动了科学研究与人才培养工作的拓展和深化，由此智库与大学母体之间形成了良性互动，智库建设的内在价值和辐射效应得到了积极彰显。

三 加强传播能力建设，提升智库气候传播引领力影响力

气候传播是面向大众的传播，其目的在于改变大众的认知和行为。智库应当掌握政策语言、学术语言、新闻语言和故事语言之间的相互转换，把艰深的学术问题向政府进行透彻分析，从而制定好政策；把复杂的政策问题向大众解释清楚，从而助力政策的有效实施；把枯燥的理论问题向媒体进行生动讲述，从而引导社会舆论。除了传播的策略与技巧，智库需要格外重视话语体系建设与议程设置。

（一）解读好"中国概念"，为讲好中国气候故事提供支撑

2021年5月31日，习近平总书记就增强我国国际传播能力建设的讲话中指出，要加快构建中国话语和中国叙事体系，用中国理论阐释中国实践，用中国实践升华中国理论，打造融通中外的新概念、新范畴、新表述。他还特别指出，要从政治、经济、文化、社会、生态文明等多个视角进行深入研究，为开展国际传播工作提供学理支撑。

进入21世纪以来，随着我国对气候与环境问题的高度重视，"生态文明""美丽中国""健康中国"等重要概念陆续地被提出，这一大批具有中国特色的概念和理念，都需要智库和专家进行系统性的梳理、提炼和阐释，为搭建中国特色气候话语体系夯实基础。

目前，我国国际话语权仍然处于弱势，总体声音较小，依旧处于"有理说不出、说了传不开"的境地。相反，近年来，欧盟国家不断地抛出新概念，如"低碳经济""2度警戒线""1.5度警戒线""欧盟MRV"，以及"碳金融""碳捕获""碳封存"，等等。这些都提醒我国智库要及时地、创新性地对中国特色气候变化概念进行解读和阐释，整合话语资源，打造中国自身独具特色的话语体系。

（二）加强议程设置，打造符合我国利益的气候话语体系

从某种意义上说，气候传播的关键和目标都在于议题设置。"议

题设置"理论认为，可以通过提出问题、提供信息、设置相关议题来左右大众的关注点，进而将有限的注意力资源导向议题设置者的预定领域。

在气候变化议题设置中，科技等专业因素起到决定性和支撑性的作用，由于其是气候治理和政策实施的重要参考依据，因此，智库在气候议题设置方面的作用不可替代，应更加主动积极，做出开创性的议程设置。

习近平总书记在2023年全国生态环境保护大会上强调，"我们承诺的'双碳'目标是确定不移的，但达到这一目标的路径和方式、节奏和力度则应该而且必须由我们自己作主，决不受他人左右"。[①] CNN、《纽约时报》《日本经济新闻》等对此给予了报道，他们认为"习近平的做法标志着与2015年巴黎气候协议的决裂"，"中方无意被压迫，或屈服于外界压力——尤其是来自美国的压力。但克里认为气候变化工作不应涉及政治或意识形态。中方政府近些年在气候谈判中多次因为双边政治分歧中断沟通，阻碍两个大国国际合作，气候问题应该被视为'独立的'挑战，与其他更广泛的外交问题分开处理"[②]。《巴黎协定》体现"共同但有区别责任"原则，同时根据各自国情和能力自主行动，中印等发展中国家可以根据自身情况提高减排目标。我国气候战略部署是严格遵守协议的。美西方媒体罔顾事实、刻意曲解我方高层讲话，一再编造谎言，目的就是逃避自身责任，转移国际社会注意力，掩盖发达国家迟迟没有兑现援助、美国反复"退群"、多个欧洲国家放弃"碳中和"等客观事实。

目前，我国已经在有意识地进行气候议程设置的建构工作，包括引导"绿色金融""统一碳市场"等议题的讨论与发展，等等。但从整体来看，我国的议题设置能力仍须加强，智库可以发挥专业性、战

[①] 《习近平在全国生态环境保护大会上强调　全面推进美丽中国建设　加快推进人与自然和谐共生的现代化　李强主持　赵乐际王沪宁蔡奇李希出席　丁薛祥讲话》，《人民日报》2023年7月19日第01版。

[②] Nectar Gan, "Xi says China will follow its own carbon reduction path as US climate envoy Kerry meets top officials in Beijing", CNN, 2023.

略性和权威性的特长,将我国的话语资源嵌入人类发展的整体版图中,将中国的价值与世界发展融合成全球议题,打造符合我国发展方向的国际舆论场和路线图。

四 有效开展国际舆论的引导和斗争,大力推动国际传播守正创新

气候变化已经成为重要的国际议题,我国也正以更积极的姿态参与到全球气候治理之中。这就要求我国智库主动提高自身国际影响力,适应我国在气候变化国际治理方面的地位和战略需要。

(一) 加快国际化布局,增加我国气候行动国际能见度

从整体来看,应对气候变化有较强的外部性,如果没有全球共识和全球合作,气候变化问题难以解决。而对我国来说,在全球化加速、加深的背景下,我国的海外利益发展迅速,全球化融入程度较高,这都要求我国智库加强走出去的力度,不仅依托传统的项目和会议类的国际交流合作,更要加大全局性和系统性的国际化布局。

一方面,需要智库进行全球化的顶层制度设计。例如,瑞典的斯德哥尔摩环境研究所建有东南亚中心、非洲中心和英国中心,总部位于华盛顿的世界观察研究所拥有国际性的董事会和多个全球合作伙伴,这都为其全球性影响力和政策供给创造了客观条件。众多国际智库设在中国的办公室或分支机构,深度参与了我国应对气候变化的各项议程,在提供其国际经验和视角的同时,也提升了自身在我国的影响力。相比之下,我国智库受到经费和经验限制,需要摸索适合我国的道路,如通过建立全球合作网络、国际交流平台等各类常态化、周期性或短期机制来加强海外布局。

另一方面,是议题的国际化。目前,我国智库的研究方向大都局限于国内,重点在于对内引导,大大地制约了智库的国际能见度和话语权。罗马俱乐部的案例对我国智库会有一定启发。虽然在经费、成果数量上并无优势,但罗马俱乐部却长期享有世界声誉。这是因为罗马俱乐部关注的主要是人口、资源、环境、粮食、教育、贫困等国际

性问题，涉及整个人类即将面临的困境，而不是针对单一的国家或区域，也不是针对个别问题或超出普通生活的问题。这就要求我国智库要加大对关乎人类未来与命运、长期困扰世界的话题进行研究，加强对全球热点事件的应急和反应能力，同时，提高对研究成果和观点进行全球层面的发布、传播与管理，这对我国智库的国际能见度大有帮助。

（二）加强同发展中国家合作，提升我国气候传播国际话语权

在气候变化中，以农业为主的发展中国家，特别是最不发达国家，受到气候变化的影响最大，能够进行环境治理的资源和手段又比较少。更糟糕的是，在发达国家把持的国际气候治理话语体系中，环境与发展被刻意对立起来，这就否定了发展中国家的正常发展权利与空间，使其承受更大的发展压力。

事实上，气候和环境问题，归根结底是发展问题，其根本解决途径不在于放缓经济发展，而在于节能减排等技术的突破。但由于发达国家控制着话语权，发展中国家的需求和声音被长期忽视。近年来，发展中国家尽管话语权有所提升，但最终的规则制定还是掌握在西方发达国家的手中，双方僵持的结果是磋商效率下降，且发展中国家的权利得不到切实的保护，对发展中国家不公平，也无助于气候变化问题的整体解决。

我国作为一个发展中大国，一向主张在气候变化方面要实行"共同而有区别的责任"，在双轨制的气候谈判中也与发展中国家站在一起，为77国集团以及其他发展中国家呼吁发展的权利和空间、争取资金和技术支持。

因此，我国智库应当加强对发展中国家的调研分析，既可以总结我国经验、帮助其平衡经济发展和应对气候变化之间的关系，又可以加强我国与77国集团、基础四国等发展中国家的政策协调，了解彼此立场，在国际气候治理谈判和话语权建构方面形成合力，发出更大的声音。

（三）重视重大国际战略中的气候环境问题，维护好党和国家利益

气候变化问题关系到许多战略议题在海外的成败，智库要加强对一些重大国际战略中的气候因素的研究，这不仅能够提高这些战略的

可持续性，也能够提升中国参与国际治理能力和国家形象。

以"一带一路"倡议为例，随着"一带一路"走向深入发展，面临的挑战和需要破解的难题也不断增多，如合作区域地缘政治变数大、恐怖主义势力威胁多、第三方势力干扰、参与国家经济社会发展战略稳定性差、制度与政策发生较大变化、资源环境恶化、国际公共卫生突发事件冲击，一些互联互通建设项目的推进面临资金保障、技术条件限制、市场变化、外部竞争威胁、当地劳工组织抗议等。这些都给"一带一路"高质量、可持续发展增添了变数，提出了更高标准和更严要求。

共建绿色"一带一路"是践行绿色发展理念，推进生态文明建设和人类命运共同体建设的内在要求，也是积极应对气候变化、维护全球生态安全的重大举措。民心相通是"一带一路"建设的重要内容，也是其关键基础。因此，我们需要在绿色"一带一路"建设中，进一步持续深化科技人文交流，尤其要在提升公民科学素质、促进可持续发展方面多下功夫。

对此，智库要发挥自身优势和能力，在对过去一段时间"一带一路"倡议规划、落地实践中的成败得失和经验教训进行深入客观回顾基础上，结合国内外对共建绿色丝绸之路、数字丝绸之路、健康丝绸之路、提高"一带一路"对东道国经济社会发展贡献以及合作各方共享发展的愿景，在对合作目标区域、国别的政治经济制度、地缘环境、政策变化、市场条件、合作能力与项目潜力、风险评估等扎实研究基础上，积极主动与政府"一带一路"发展规划和企业对外投资项目筹划前期对接，协助参与研发高质量可持续发展远景蓝图、目标定位、重大项目规划、区位布局等，向有关各方提供强大谋划、决策引领。

后　记

　　本书是广西大学2019年获批立项的国家社科基金重点项目"生态文明建设和绿色发展理念背景下我国气候传播的战略定位与行动策略（19AXW006）"的最终研究成果。

　　项目组全体成员四年来按照项目申报书的设计和开题论证会专家提出的建议意见，把气候传播理论研究同国家重大战略需求和经济社会发展目标紧密结合，有组织地推进了项目的基础理论研究、行动框架研究、多领域融合研究和典型案例研究，取得了一系列学术成果，产生了良好社会效益，同时也为气候传播作为一门独立社会科学学科的理论体系建设作了一些积极探索。

　　本书的付梓出版，是气候传播国家社科基金重点项目的终点，也是今后完成构建中国特色气候传播学学科体系工作的起点。在未来，我们还需要进一步加强气候传播能力建设，在推动气候传播全面融入国家经济社会建设领域的过程中，倡导积极构建社会化协同、数字化传播、规范化建设、国际化合作的新时代气候传播大格局，让气候传播更好地服务于国家生态文明建设、气候变化治理和"双碳"目标宏伟大业。我们期盼本书的出版能够助力我国气候传播在今后实现"双碳"目标的历史进程中发挥理论指导、学术支撑和行动指引作用。

　　本书的作者都是国家社科基金重点项目组成员，他们中有中国气候传播项目中心和广西大学气候与健康传播研究中心的骨干成员，也有来自其他新闻院校、媒体和研究机构的朋友，大家为了共同的事业和学术旨趣聚合在一起，在本职工作之余抽时间完成了自己所承担的研究和写作任务。吴海荣教授为全书统筹协调和编辑统稿等方面作了许多工作，徐红教授在项目申报书设计以及本书稿统筹与框架结构搭建方面付出不少心血，郑权为此书编辑出版作了一些事务性工作，并担负了部分写作、修订任务；其他成员都按最初分工要求承担了各自的写作任务。作为项目首席专家和该书主编，我真诚地感谢大家为此所付出的辛勤劳动和所贡献的思想智慧。

本书各章写作具体分工如下：

序：郑保卫

第一章：郑保卫、吴海荣、郑权

第二章：张志强

第三章：杨柳

第四章：王彬彬、张佳萱、刘婧文

第五章：徐红

第六章：覃哲、郑权

第七章：张伟超、刘毅

后记：郑保卫

本书的编辑出版，得到了中国社会科学出版社领导，以及具体承担编辑出版工作的部门领导和编辑人员，特别是陈肖静责任编辑和张玥编辑的大力支持，是他们的精心安排和辛勤劳动才使此书得以顺利出版，在此向他们表示诚挚谢意！

经过四年努力，项目终于完成了，作为一个年近八旬，在气候传播领域奋斗了十多年的老人，我由衷地感到高兴！我真诚希望我国气候传播理论研究和行动实践队伍能够不断发展壮大。我也会以志愿者身份继续关注气候变化与气候传播，尽可能地再做些力所能及的工作，为助推气候传播在我国乃至世界真正形成"大气候"，为建设美丽中国和清洁美丽世界，为共建人与自然生命共同体和地球生命共同体贡献一份力量！

主编　郑保卫

2023 年 11 月 21 日